チョウの斑紋多様性と進化

−統合的アプローチ−

関村利朗・藤原晴彦・大瀧丈二　監修

海游舎

Chubu University International Meeting on IABP, August 1-3, 2016

国際研究集会 IABP-2016 の招待講演者，ポスター発表者，そして参加者の一部．
写真前列中央が H. Frederik Nijhout，そしてその右隣が関村利朗 (中部大学・
不言実行館・１階アクティブホールすぐ外の階段付近で 2016 年 8 月 3 日撮影)

本書の出版にあたって

2016年8月1日〜3日に国際研究集会「チョウの斑紋多様性の理解に向けた統合的アプローチ」(IABP-2016) が中部大学において開催されました．この集会は，チョウの収集家である藤岡知夫博士の有名な「日本の蝶コレクション」が中部大学へ寄贈されたことを記念して行われました．一方，ここ10年余りの間に，チョウの斑紋形成に関わる遺伝子が相次いで発見され，斑紋多様性と進化の謎が解明されようとしています．このタイムリーな時期に研究集会が開催され，遺伝子発見者の方々をはじめ，実験的また理論的研究において第一線で活躍中の研究者が一同に会しました．研究集会では，最新の研究成果が発表され有意義な議論が数多く交わされました．このような状況を受けて，世界有数の学術出版社 Springer に研究集会の報告論文集 (Proceedings) 出版の企画案が提出され，複数の匿名専門家 (reviewers) による評価を受けました．いずれの方からも高い評価を与えていただき，本書出版の運びとなりました．以下に，その評価のいくつかをまとめてあげておきます．

(1) チョウの斑紋研究は，遺伝学，発生学，進化学，生態学，そして数理モデル解析などを結び付け，統合化する非常に良い例を提供する．最近，チョウの斑紋の分子生物学，遺伝学分野での新発見が相次いでおり，本書の著者の数人はその発見者でもあり Nature, Nature Genetics, Science など世界の主要科学雑誌で原著論文を数多く出版している．

(2) チョウの斑紋研究は，今後5年以内に大いに進展すると思われる．というのも，昆虫の分子生物学における最近の技術革新 (例えば，low cost whole genome sequencing, gene knock out/down, and genome editing など) が，それを後押しするからである．本書はチョウの斑紋の統合的研究の進展に大いに貢献するのは間違いない．

(3) 本書のトピックは時期を得たものである．チョウの斑紋の変異，生態学的役割，関連遺伝子の特定，突然変異体，翅の表現型の構造など，ここ最近20〜30年間に非常に多くの研究がなされてきた．しかし，チョウの斑紋に関する包括的書籍は，H. Frederik Nijhout 著 "The Development and Evolution of Butterfly Wing Patterns" (Smithsonian Institution Press, 1991) 以来ほとんど

出版されていない．本書は，従来の発生生物学とチョウの系統分類学の本と
は異なり，最新の分子生物学的結果と数理モデル解析などを含む包括的書籍
であり，いま急速に進展している新しい研究分野に貢献するユニークな本で
ある．その出版を大いに歓迎する．

　(4) 本書は，大学院および大学上級レベルの進化学，昆虫学，遺伝学，発生
生物学，生態学などのクラスにおいて，また統合生物学 (integrative biology)，
特に，エコ・エボ・デボ (生態・進化・発生生物学：eco-evo developmental
biology) を目指す大学院コースにおいて「生物の多様性と進化」研究の非常
に良い具体例を提供するであろう．また，本書が大学などの研究機関の図書館
に所蔵されるよう，強く推薦したい．

　以上のような評価を得て，Springer 社からオープン・アクセス版
http://www.springer.com/jp/book/9789811049552 (同時に冊子体版も出版)
として出版されることになりました．それと同時に，日本のより多くの読者
の方々にも「チョウの斑紋多様性と進化」に関する最新の研究成果とその動
向を知っていただけるように，(株) 海游舎 (東京) から日本語版が出版される
運びとなりました．その際には，藤原晴彦教授 (東京大学)，大瀧丈二准教授
(琉球大学) のお二人には監修者としていろいろとお世話になりました．ここ
に心から感謝いたします．

　この日本語版はフルカラー印刷ではありませんが，Springer 社から出版さ
れるオープン・アクセス版はフルカラーですので，それと併せてご覧くださ
い．美しくまた興味尽きないチョウの斑紋研究の最新の動向をぜひ確かめて
いただきたいと考えています．

　最後になりましたが，国際研究集会の開催につきまして多大な援助をいた
だきました学校法人中部大学理事長飯吉厚夫総長，山下興亜学長をはじめ中
部大学の関係者の方々に心から感謝申し上げます．デューク大学ナイハウ教
授 (Professor H. Frederik Nijhout, Duke University, USA) には論文集の編集を
はじめ，国際研究集会開催の最初から最後まで様々な場面で大変お世話にな
りました．また，原著論文を執筆された研究者の方々，および翻訳者の方々
のご協力に心から感謝致します．

　2017 年 2 月

　　　　　　　　　　　　　　　　　　　　　　　　　　　　　関村　利朗

ご挨拶

　藤岡知夫「日本の蝶コレクション」が中部大学へ寄贈されたことを記念し，「チョウの斑紋多様性の理解に向けた統合的アプローチ」と題する国際研究集会が 2016 年 8 月に中部大学で開催されました．この研究集会には関連する多くの研究者，特に外国からも第一線で活躍中の研究者に多数お集まりいただき，主催者として心から感謝しています．

　中部大学は，このたび，レーザー工学の世界的な権威であり，チョウの収集家としても有名な藤岡知夫氏が収集された貴重な「日本の蝶コレクション」の全ての寄贈を受けることになりました．そのため，中部大学としても受け入れ体制を整えようということで，中部大学蝶類研究資料館を名古屋市昭和区鶴舞に位置する中部大学名古屋キャンパス内に開設することにいたしました．

　藤岡コレクションは，藤岡先生が 70 年間もの長い年月をかけて集められたものであります．その総数は 22 万頭を数え，今では絶滅した希少なチョウをも含み，翅の斑紋の地理的変異なども捉えられており，科学的価値も高く貴重なものであります．ドイツやイギリスなど海外博物館への流出の話もありましたが，日本固有のチョウは国内でしっかりと管理して有効に活用していくべきという判断から，中部大学が保管することにいたしました．私としては，この貴重なチョウのコレクションが今後広く一般の方々にも愛され，かつ国内外の研究者の貴重な資料となりますことを願っています．

　最後になりましたが，今回の興味深い国際研究集会「チョウの斑紋多様性の理解に向けた統合的アプローチ」は，チョウの斑紋多様性と進化の研究者であります中部大学の関村利朗教授とデューク大学 H.F.ナイハウ教授 (Prof. H. Frederik Nijhout, Duke University, USA) が中心となり企画・実現したものです．また，中部大学の実行委員会の皆様の研究集会開催に向けたたゆみない御努力に敬意を表したいと思います．本国際研究集会の論文集がチョウの

斑紋多様性と進化についての統合的研究の進展と今後の新たな議論を深める貴重な機会となることを心から期待しております.

2017 年 1 月

学校法人中部大学
理事長・総長

飯吉 厚夫

序　文

　チョウの翅のカラーパターン (色模様) に見られる多様性は自然界で最も壮観で，かつ神秘的な未解決の問題の一つである．種数 15,000 を超えるチョウのほとんどが翅の色模様だけでその種が同定されるが，それはこの生物の膨大な進化放散の証拠である．また，チョウの斑紋多様性の豊かさは間違いなく他のいかなる生物たちの追随を許すものではない．この膨大で多様な色模様がどのように生成され，また，それらが遺伝子的にどのように制御され，それらがどのように進化し，今も進化し続けているのか，その有効かつ効果的な解明方法は比較的最近まであまり無かったと言える．しかし，1980 年代後半になり，新しく強力な実験的また計算機などを使った解析方法が，これら未解決の問題解明のためにもたらされた．特に，過去 15 年の研究は，チョウの翅の色模様の発生，遺伝，そして進化についての我々の理解に紛れもない革命とも言える進展をもたらしてきた．これらの進展の多くは，チョウの擬態の理解のために最新の分子遺伝学的技術が応用され，翅の色模様の同定と発達に関わる発生初期，後期に発現する各種遺伝子の発見によりもたらされたものである．加えて，環境や気候変動がチョウの色模様形成に与える影響の研究などが，翅の色模様の可塑性とその広範性へのより深い理解へと導いたのである．

　チョウの翅の色模様の研究は，もともと比較形態学的なものであったが，それが多くの異なる専門分野，すなわち，最先端の実験的，解析的，また数理解析技術などを有する世界中の研究者たちの熱意と努力によって現在の大きな発展へと導かれたのである．このようなチョウの翅の色模様形成の研究における画期的進展を受けて，「チョウの斑紋多様性の理解に向けた統合的アプローチ (IABP-2016)」と題する国際研究集会が 2016 年 8 月 1 日～3 日の 3 日間，中部大学で開催された．この研究集会は，日本に生息するチョウ (絶滅種を含めて) 約 22 万頭の大コレクションとして有名な藤岡「日本の蝶コレクション」が中部大学名古屋キャンパスに寄贈・保管されることを記念して，中部大学が主催して開催されたものである．この藤岡コレクションは，整理・保管が完了した後でチョウの専門的研究者そしてアマチュアの方々の貴重な

生物資源として活用できるように計画されている.

　国際研究集会 IABP-2016 に招待され，講演を行った研究者の専門分野は実に広範囲に及び，"Evo-Devo"，"Eco-Devo"，"Developmental Genetics"，"Ecology"，"Food Plant" そして "Theoretical Modeling" などを含んでいる. 専門分野の多様性はチョウの翅の色模様の多様性と進化問題の深くて現実的な理解にとって本質的かつ必要な要因である．研究集会の招待講演者には新発見を行った幾人かの若い研究者が含まれ，また実験的研究と理論的研究の世界のリーダーたちが含まれている．研究集会の報告論文集は全ての招待講演者の論文と，ポスターセッションで発表された幾編かの優れた論文から構成されている．この研究集会は第一線で活躍中の研究者同士の研究交流の場を提供し，最近の研究成果を議論し，またチョウの翅の色模様の統合的理解の進展を促進する貴重な機会を提供するものであった．我々は，この報告論文集が集会への参加者のみならず，広く読者の皆様に集会の科学的興奮の一部を感じていただく一助となるとともに，チョウの翅の色模様多様性と進化に関する統合的研究の新たな扉を開く一歩となることを期待している.

謝　辞

　我々は学校法人中部大学理事長・総長の飯吉厚夫先生には変わらぬ温かいご支援と多大な資金的援助をいただき，心から感謝致します．我々は中部大学学長・山下興亜先生，同副学長・太田明徳先生には変わらぬ心強いご支援に感謝致します．また，我々は国際研究集会 IABP-2016 の中部大学実行委員会の皆様：中部高等学術研究所・福井弘道所長，応用生物化学科・堤内要教授，環境生物科学科・大場裕一准教授，環境生物科学科・長谷川浩一准教授，国際 GIS センター・杉田暁講師に深く感謝致します.

　国際研究集会 IABP-2016 は日本進化学会，日本生態学会，形の科学会，日本数理生物学会の後援をいただき，また，(財) 大幸財団の援助を受けました．ここに併せて感謝致します.

2017 年 1 月

関村　利朗
H. Frederik Nijhout

監修者・責任著者・共著者・翻訳者一覧*

監修者

関村利朗（中部大学教授）

藤原晴彦（東京大学教授）

大瀧丈二（琉球大学准教授）

責任著者

1章　H. Frederik Nijhout
（Department of Biology, Duke University, USA）

2章　Carla M. Penz
（Department of Biological Sciences, University of New Orleans, USA）

3章　鈴木誉保
（国立研究開発法人農業・食品産業技術総合研究機構, 生物機能利用研究部門）

4章　Arnaud Martin
（Department of Biological Sciences, The George Washington University, USA）

5章　Antónia Monteiro
（Department of Biological Sciences, National University of Singapore and Yale-NUS College, Singapore）

6章　Chandrasekhar Venkataraman
（School of Mathematics and Statistics, University of St Andrews, Scotland, UK）

7章　大瀧丈二
（琉球大学理学部海洋自然科学科生物系）

8章　Robert D. Reed
（Department of Ecology and Evolutionary Biology, Cornell University, USA）

9章　Chris D. Jiggins
（Department of Zoology, University of Cambridge, UK）

10章　藤原晴彦
（東京大学大学院新領域創成科学研究科先端生命科学専攻）

11章　西田律夫
（京都大学名誉教授. 専門分野 化学生態学）

12章　関村利朗
（中部大学応用生物学部応用生物化学科）

13章　Jameson W. Clarke
（Department of Biology, Duke University, USA）

---

*　最終原稿投稿時の所属・肩書を示す.

14章　佐々木那由太
　　　（北海道大学北方圏フィールド科学センター，苫小牧研究林）

15章　金 弘渊
　　　（東京大学大学院新領域創成科学研究科先端生命科学専攻）

16章　越川滋行
　　　（北海道大学大学院地球環境科学研究院）

17章　二橋 亮
　　　（国立研究開発法人産業技術総合研究所，生物プロセス研究部門）

共著者

Virginie Courtier-Orgogozo（4章）
　　　（Institut Jacques Monod, CNRS, UMR 7592, Université Paris Didero, Paris, France）

Linlin Zhang（8章）
　　　（Department of Ecology and Evolutionary Biology, Cornell University, USA）

鈴木憲幸（12章）
　　　（青山学院大学理工学部物理・数理学科）

竹内康博（12章）
　　　（青山学院大学理工学部物理・数理学科）

小長谷達郎（14章）
　　　（京都大学大学院理学研究科）

渡辺 守（14章）
　　　（筑波大学大学院生命環境科学研究科）

Ronald L. Rutowski（14章）
　　　（School of Life Sciences, Arizona State University, USA）

福冨雄一（16章）
　　　（京都大学大学院理学研究科）

松本圭司（16章）
　　　（大阪市立大学大学院理学研究科）

翻訳者

岩田大生（1章，5章）
　　　（東京農業大学，日本学術振興会特別研究員 PD）

大瀧丈二（1章，2章，5章）
　　　（琉球大学理学部海洋自然科学科生物系）

鈴木誉保（4章，13章）
　　　（国立研究開発法人農業・食品産業技術総合研究機構，生物機能利用研究部門）

近藤勇介（8章）
　　　（東京大学大学院新領域創成科学研究科先端生命科学専攻）

依田真一（9章）
　　　（東京大学大学院新領域創成科学研究科先端生命科学専攻）

目　次

I部　タテハチョウの斑紋の基本プラン (NGP) と多様化

1 章　眼状紋と傍焦点要素の共通の発生起源そして色模様形成の新たなモデル機構
H. Frederik Nijhout（翻訳：岩田大生・大瀧丈二）

2 章　ジャノメチョウ亜科 (ジャノメチョウ科) の初期系統における色模様多様性の探求
Carla M. Penz（翻訳：大瀧丈二）

6 章 チョウの翅の目玉模様の数と位置はどう決まるか？
― 反応拡散方程式の境界条件が数と位置を制御する？ ―
関村利朗・Chandrasekhar Venkataraman

7 章 自己相似，歪曲波，そして形態形成の本質：チョウの翅の色模様形成の一般原理
大瀧丈二

Ⅲ 部 斑紋の発生遺伝学

8 章 鱗翅目におけるゲノム編集ツール CRISPR/Cas9 の実践ガイド
Linlin Zhang・Robert D. Reed （翻訳：近藤勇介）

IV 部　チョウの生態学と適応

図 1-1　正常の色模様 (左) と比較した，ナミアゲハ (*Papilio xuthus*) の脈欠失変異の色模様修飾 (右)．(p. 3)

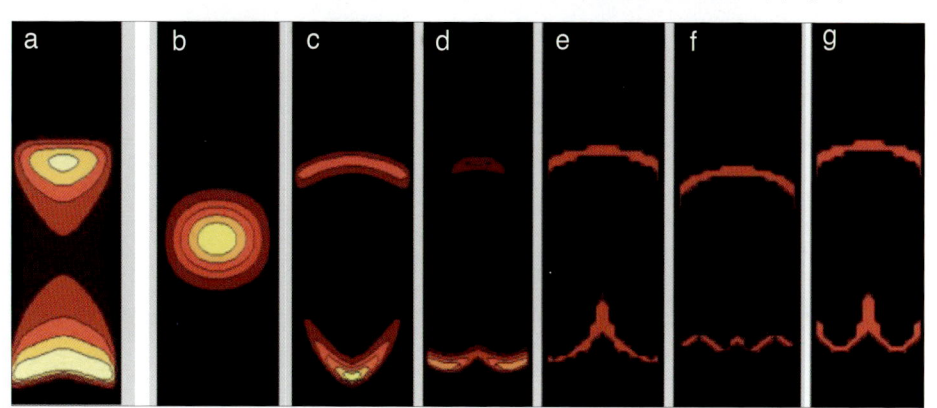

図 1-10　焦点発生源によって作られるパターンのシミュレーション．(p. 17)

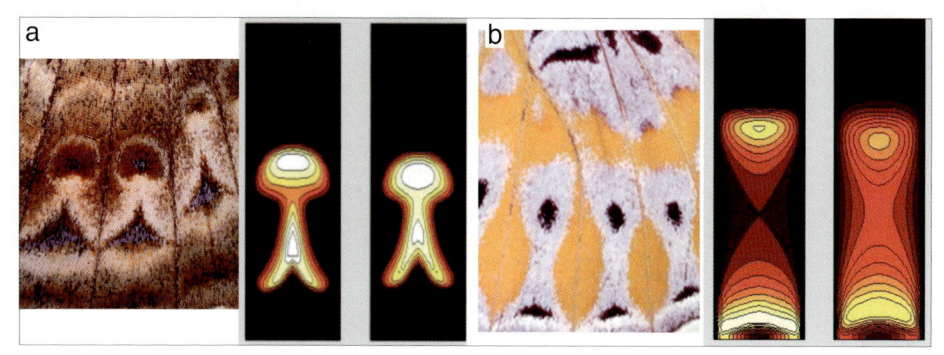

図 1-11　単一の焦点発生源によって生みだされるパターンのシミュレーション．(p. 17)

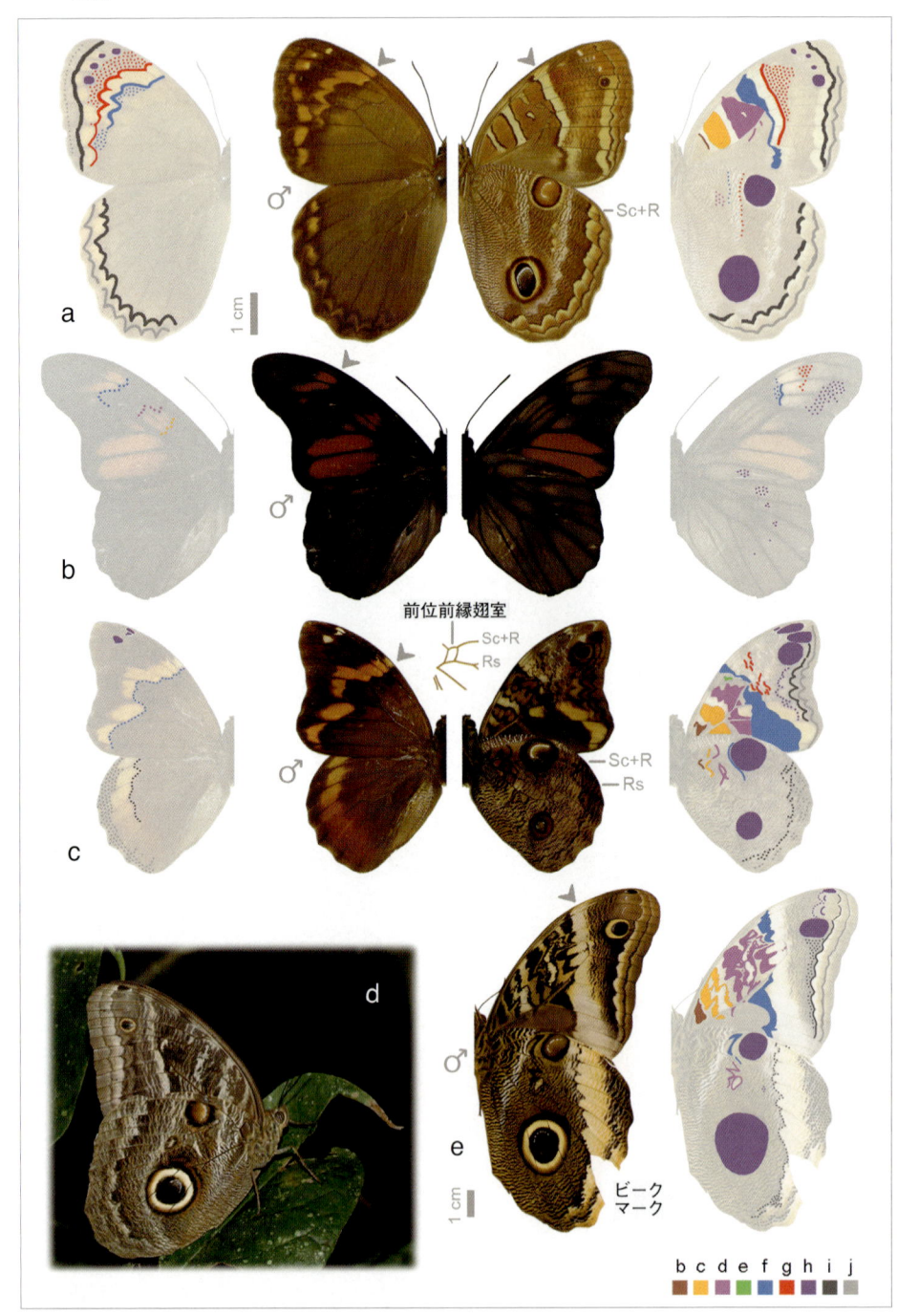

図 2-1　フクロウチョウ族の代表的な種における色分けされた翅模様要素．チョウの画像の左側は背側，右側は腹側である．灰色の矢印は要素 f に付随している色帯を指す．(p. 24)

図 2-4　マネシヒカゲ族およびコノマチョウ族の代表的な種における色分けされた翅模様要素．チョウの画像の
左側は背側，右側は腹側である．灰色の矢印は要素 *f* に付随している色帯を指す．(p. 27)

図 2-6　ゴマダラヒカゲ族の代表的な種における色分けされた翅模様要素. チョウの画像の左側は背側, 右側は腹側である. 灰色の矢印は要素 *f* に付随している色帯を指す. (p. 29)

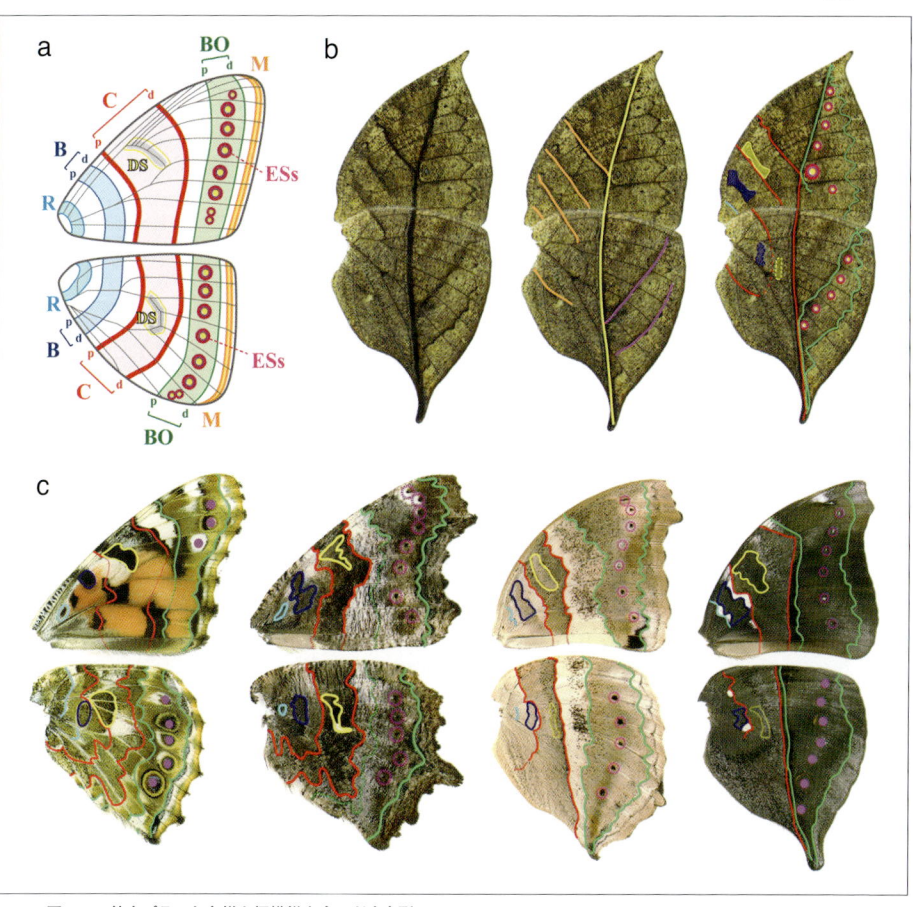

図 3-2　基本プランと多様な翅模様を生みだす変形. (p. 46)

図 3-5　基本プランをさまざまに利用した枯葉葉脈模様のブリコラージュ進化. (p. 53)

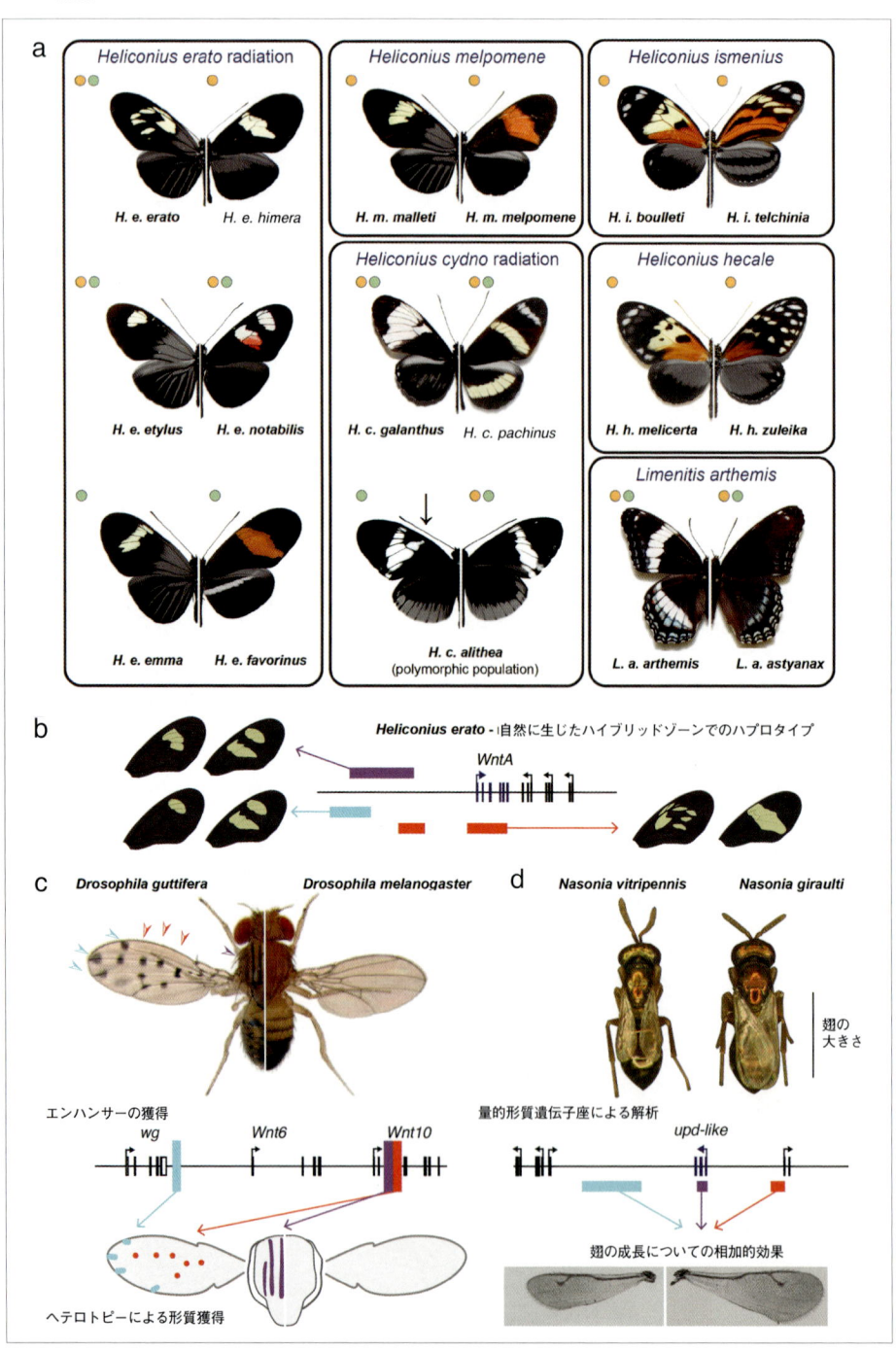

図 4-3　翅模様の違いを生みだしている遺伝子とそのシス制御．(p. 86)

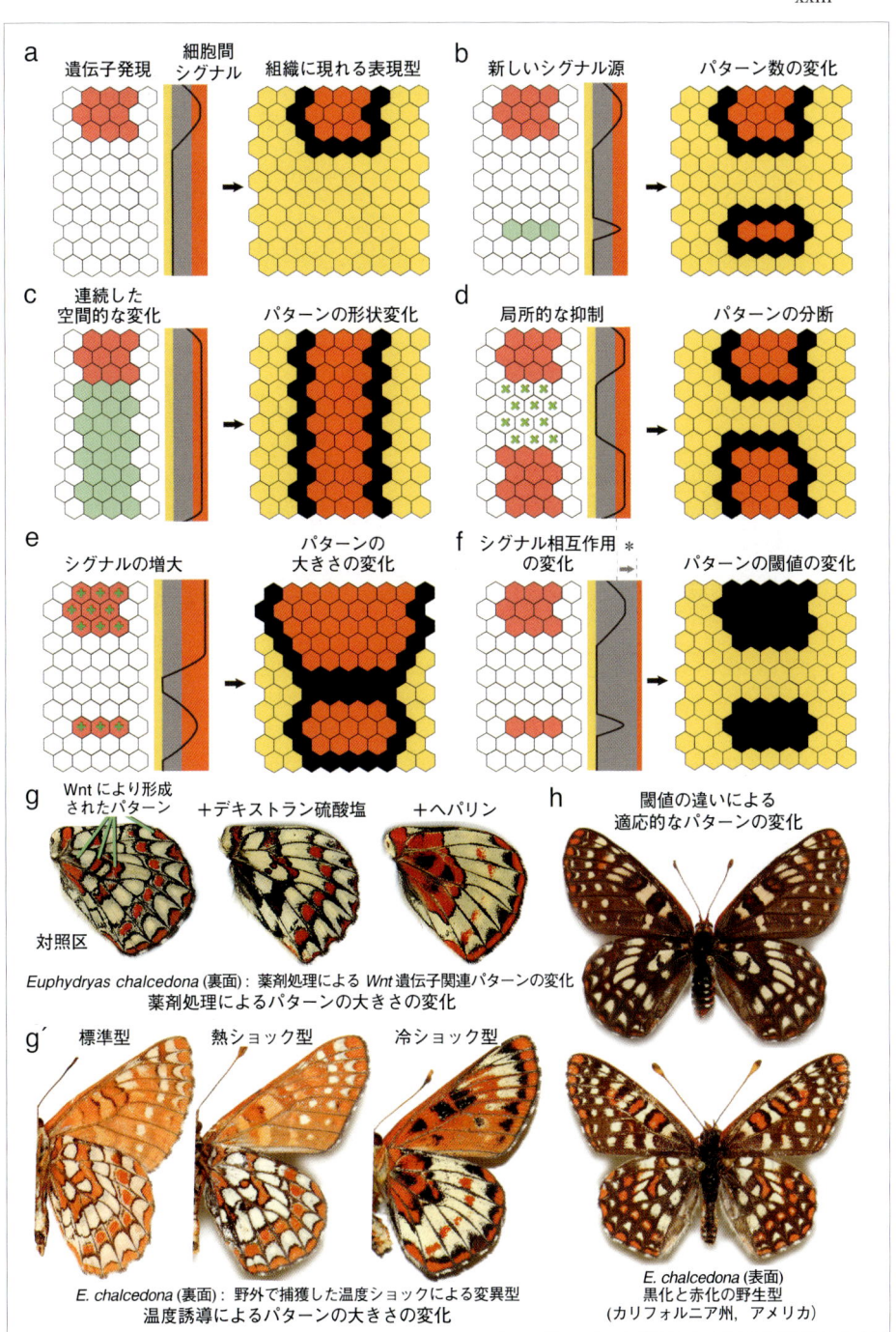

図4-4　パターンの違いはリガンド遺伝子の変化の仕方に依存するかもしれない．(p. 90)

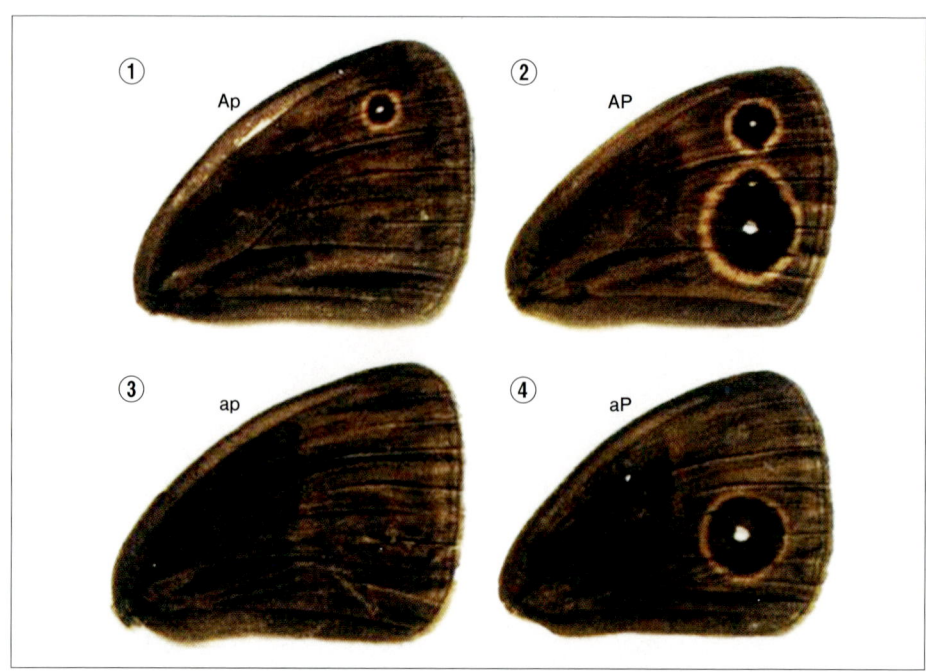

図6-3 アフリカヒメジャノメの人工的選択実験で生成された4タイプの目玉模様表現型. (p. 131)

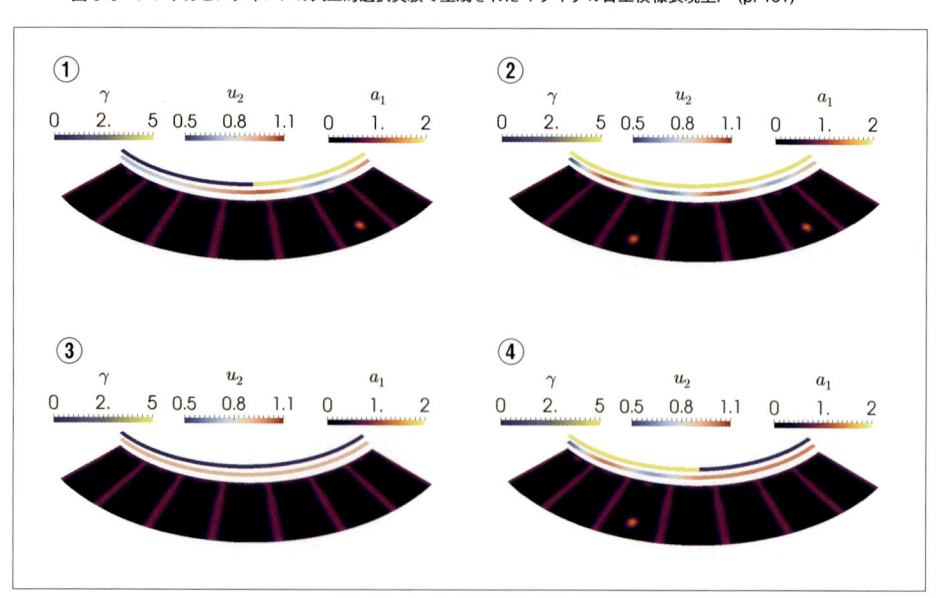

図6-5 二段階モデルを使った目玉焦点パターン形成のコンピュータ・シミュレーション結果. 図6-3に見られる目玉焦点の4種類の分布パターンを再現している. (p. 133)

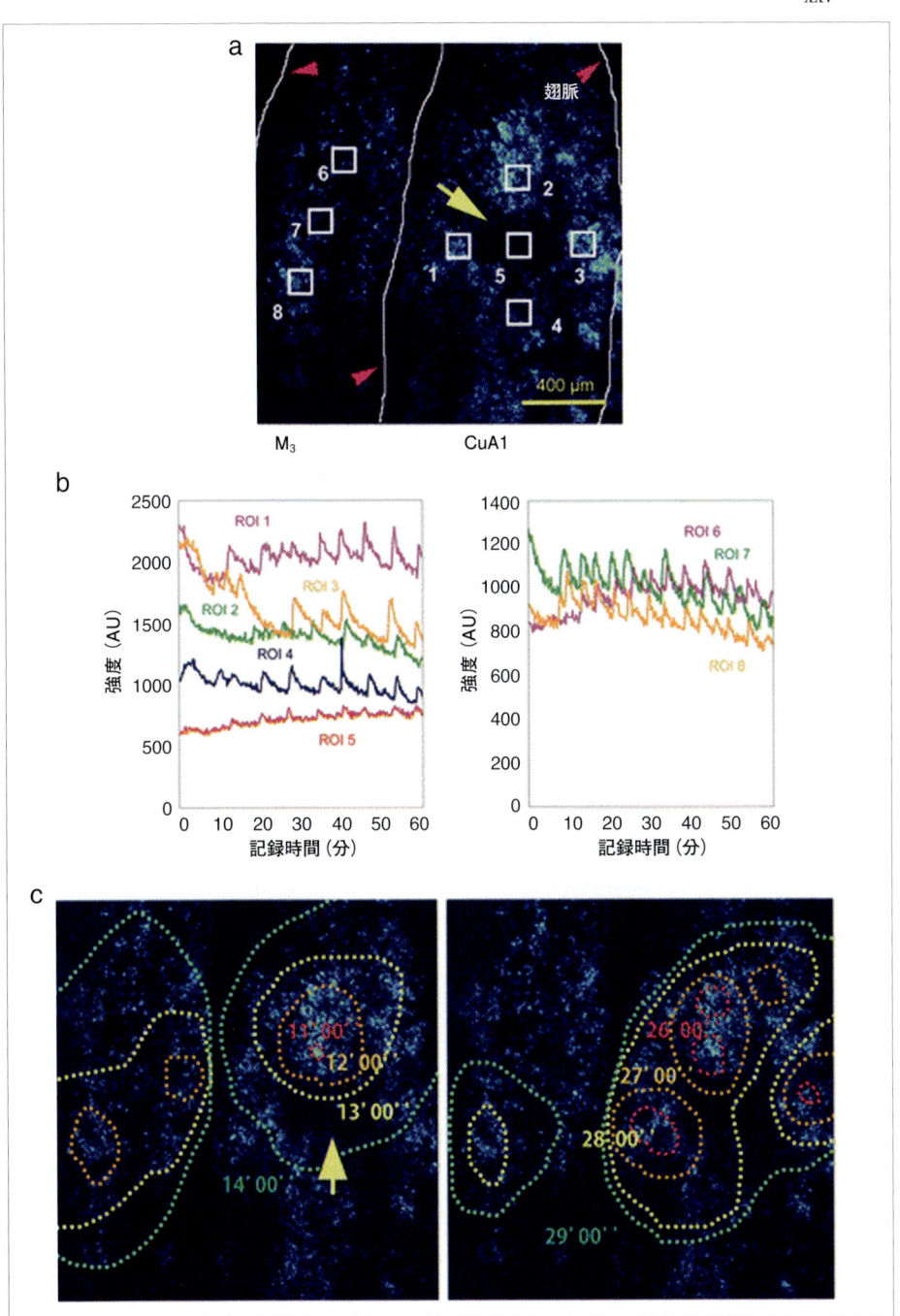

図 7-12　予定眼状紋の形成体中心からの自発的なカルシウム波. (p. 166)

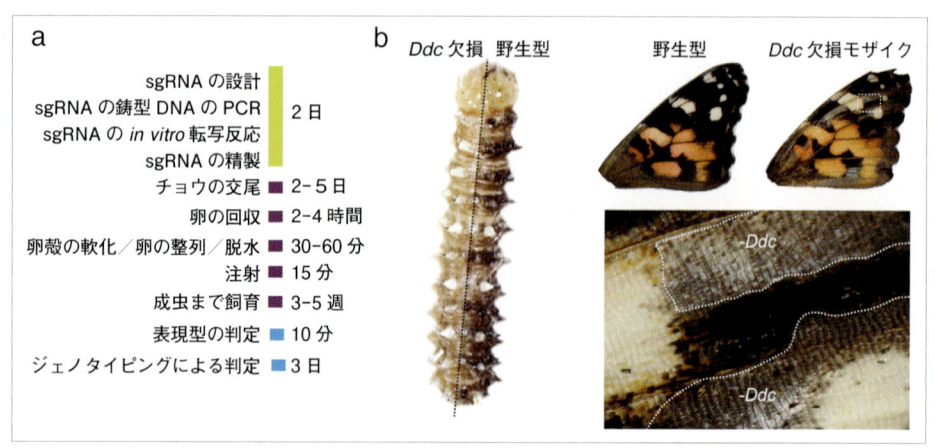

図 8-1　チョウ類で CRISPR/Cas9 によるノックアウトモザイク個体 (G₀) を得られるまでの日程と結果.　(p. 184)

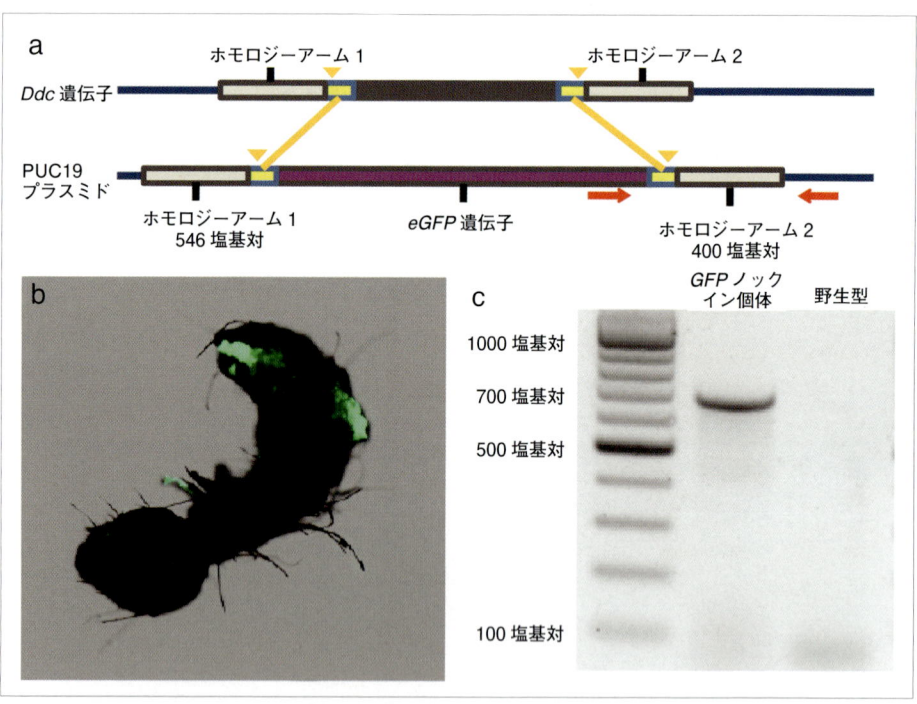

図 8-2　ヒメアカタテハの *Ddc* 遺伝子にエピトープ標識のノックイン.　(p. 187)

図 9-1　エクアドル西部の交雑地帯 (hybrid zone) で見られる表現型. (p. 203)

図 10-1 シロオビアゲハとモデルのチョウ（ベニモンアゲハ）. (p. 223)

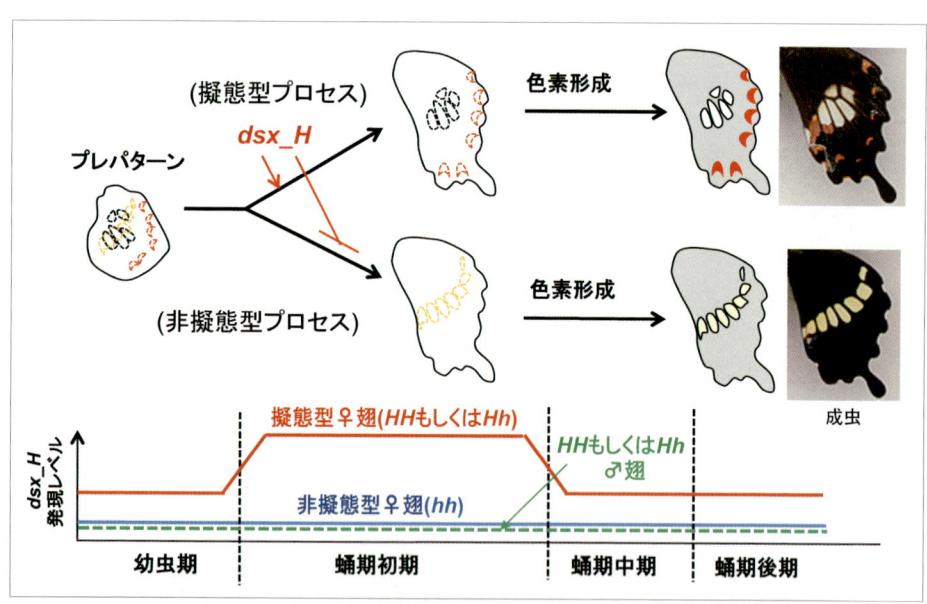

図 10-4 Dsx H の擬態型，非擬態型の翅模様形成における機能のモデル図. (p. 230)

図 11-2 カバマダラ (a) に擬態するツマグロヒョウモンのメス (b) と非擬態のオス (c). いずれも有毒のチョウ. (p. 240)

図 11-5　紅腹のチョウとガにおけるミミクリー・リング．(p. 246)

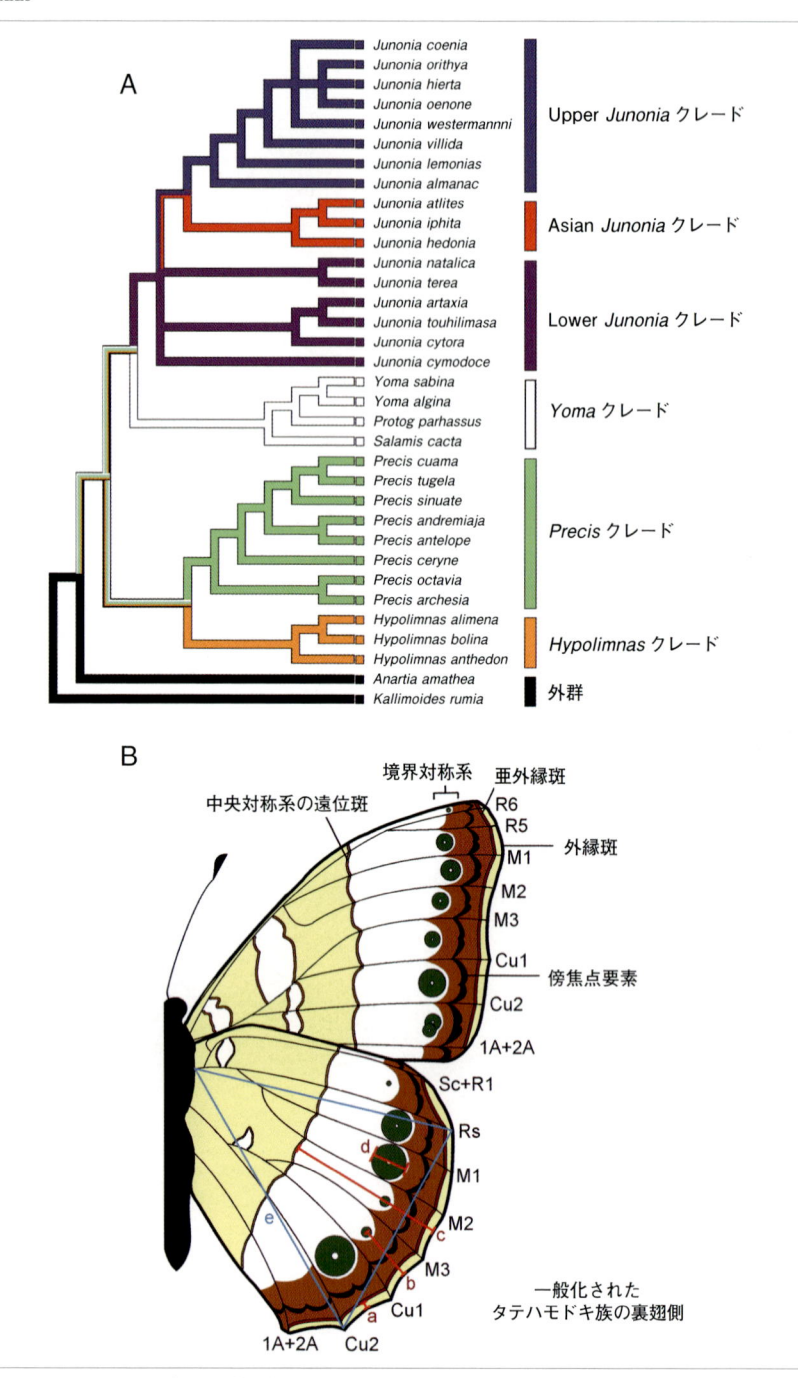

図 13-1 タテハモドキ族の系統樹と裏面の翅の図. (p. 276)

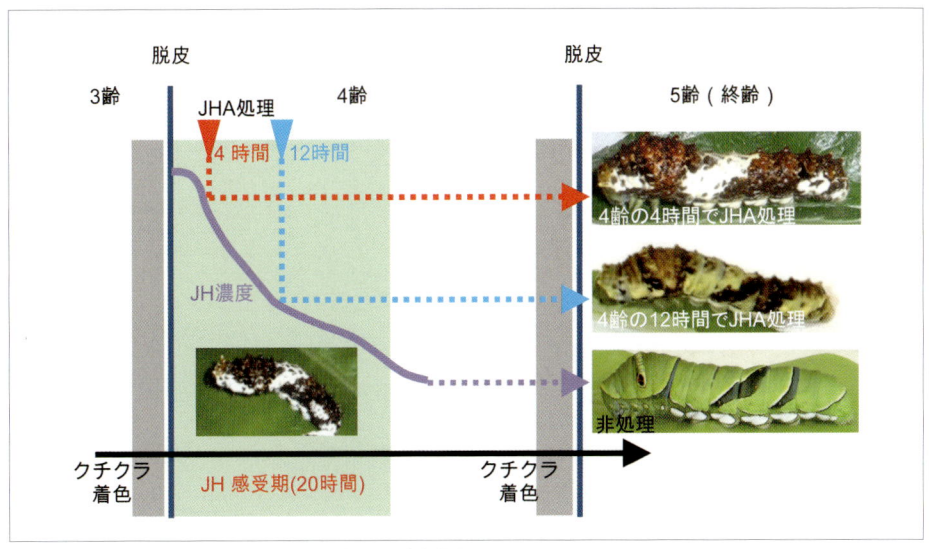

図 15-3　JH 感受期における JHA (JH 類似物) 塗布実験 (p. 315)

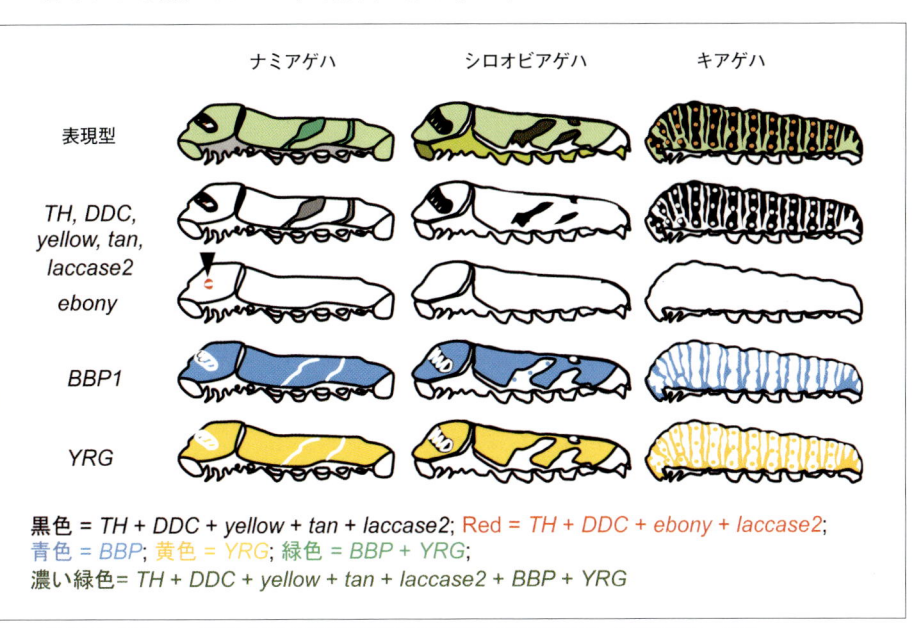

黒色 = *TH + DDC + yellow + tan + laccase2*; Red = *TH + DDC + ebony + laccase2*;
青色 = *BBP*; 黄色 = *YRG*; 緑色 = *BBP + YRG*;
濃い緑色= *TH + DDC + yellow + tan + laccase2 + BBP + YRG*

図 15-4　アゲハチョウ属幼虫における種特異的な色素関連遺伝子の発現パターンの模式図 (p. 318)

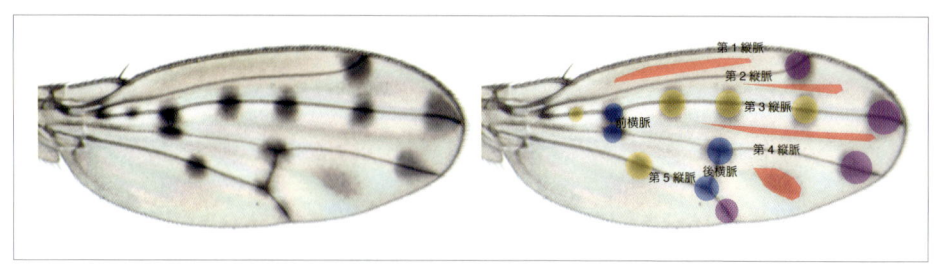

図 16-3　ミズタマショウジョウバエの翅の模様 (左) と模様の解釈 (右)．(p. 332)

図 17-1　トンボにおける種内の体色多型．(p. 343)

I 部
タテハチョウの斑紋の
基本プラン (NGP) と多様化

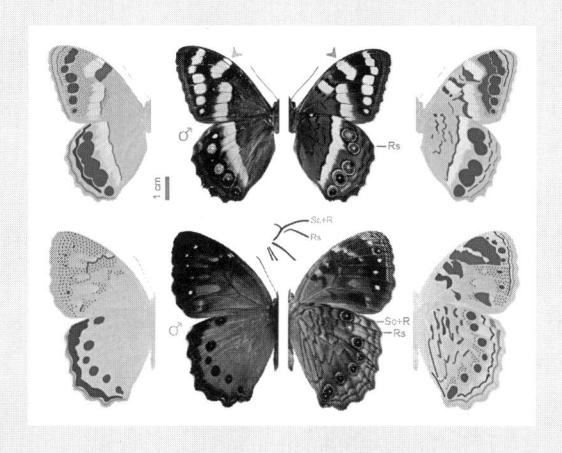

アフリカヒカゲ族 (ジャノメチョウ亜科) の代表的な種における翅模様要素
(第2章, 図2-5より).

1 章
眼状紋と傍焦点要素の共通の発生起源そして色模様形成の新たなモデル機構

H. Frederik Nijhout
（翻訳：岩田大生・大瀧丈二）

要 約

　辺縁部目玉模様 (border ocelli) とそれに隣接する傍焦点要素 (parafocal element) は，チョウの翅の模様における最も多様で細密な特徴の一つである．辺縁部目玉模様は円形，楕円形，ハート型になることもあるし，ドット (dot) や円弧 (arc) や短い線 (short line) として発達することもある．傍焦点要素は典型的には滑らかな円弧状であるが，しばしば V 型，W 型，M 型の場合もある．辺縁部目玉模様とそれに隣接する傍焦点要素の融合は，温度ショックと，ヘパリン (heparin) やタングステン酸イオン (tungstate ion) のような化学処理に対する共通の反応である．ここでは，辺縁部目玉模様と傍焦点要素の形成に関する新たな数理モデル (mathematical model) を開発する．このモデルは，胚発生 (embryonic development) において十分に確立された勾配-閾値機構に基づく反応拡散モデル (reaction diffusion model) であり，グラスファイア (grass-fire) のように，翅脈で開始されてそこから領域 (field) に広がる単純な連続的生化学反応を用いている．チューリング型のモデル (Turing-style model) とは異なり，このモデルは領域サイズに影響されない．実際の発生システムと同様に，このモデルは定常状態 (steady-state) をもたないが，そのパターンは，チョウの色模様を調節することが知られているエクジソン分泌の脈動のように，独立した発生シグナルに反応し，発生中のある時点で「読み出される」．グラスファイア・モデル (grass-fire model) は，眼状紋の焦点位置を決定する *Distal-less* 遺伝子の一連の発現を再現する．また，このモデルは，そのような単一焦点からどのように辺縁部目玉模様とその隣の傍焦点要素が生じるかを示している．さらに，このモデルは，辺縁部目玉模様と傍焦点要

素の融合は，正常発生過程であれば二つに分離すべきものが，おそらく未成熟に終わった結果であることを示しており，傍焦点要素が辺縁対称系 (border symmetry system) の遠位帯 (distal band) であるという仮説を支持している．

キーワード

数理モデル (mathematical model)，眼状紋 (eyespot)，傍焦点要素 (parafocal element)，グラスファイア・モデル (grass-fire model)，温度ショック (temperature shock)．

1-1　はじめに

チョウの翅の色模様は極めて多様である．それにもかかわらず，1 万 4 千種ほどいるほぼ全てのチョウを，彼らの色模様のみを手掛かりに同定することが可能である．通常は背側と腹側の色模様が全く異なるという事実，そして多くの種が色模様に関する多型，性的二型，可塑的な季節多型をもつという

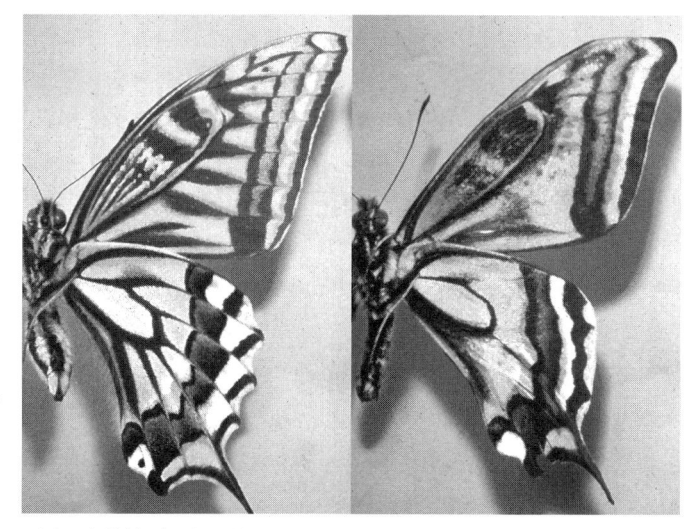

図 1-1　正常の色模様 (左) と比較した，ナミアゲハ (*Papilio xuthus*) の脈欠失変異の色模様修飾 (右)．縦脈 (longitudinal vein) の欠損と翅脈紋 (venous patter) の欠失が見られる．亜外縁帯 (submarginal band) は外縁 (wing margin) に平行に滑らかに続いている．そのことは，外縁も色模様決定に重要な役割を果たしていることを示唆している (口絵参照)．

事実が，こうした多様性を高めている．これほどまでに多様な模様の発生と
進化は非常に興味深いものである．特に，擬態の遺伝と進化 (Joron et al.,
2006; Baxter et al., 2008; Reed et al., 2011; Nedeau, 2016)，そして，眼状紋
(eyespot) のパターンの発生と進化 (Nijhout, 1980; Brakefield et al., 1996;
Monteiro et al., 1997, 2003; Monteiro, 2015) などは非常に興味深い．

　色模様の形成原理は徐々に解明されてきた．*Heliconius* (ドクチョウ属) の
擬態パターンの多様性は，ほんの一握りの遺伝子の変異に起因している
(Nadeau, 2016; Kapan et al., 2006)．そして今では，初期の胚発生に関連して
いる遺伝子の多くを再度使うことで色模様が形作られることが知られている
(Carroll et al., 1994; Brunetti et al., 2001; Reed and Serfas, 2004; Martin and
Reed, 2014)．

　色模様を特徴づける色素の空間分布パターンを生みだす発生メカニズムは
あまり理解されていない．しかし，翅脈 (wing vein) と翅縁 (wing margin) は
パターン形成の際に重要な役割を果たしている．この証拠は，特に翅脈を欠
損した突然変異個体の色模様の観察，そして外縁を改変する実験的操作から
得られている (例えば，図 1-1 と，Nijhout and Grunert, 1988; Koch and
Nijhout, 2002)．

1-2　眼状紋と傍焦点要素

　チョウの翅の色模様は三つの対称系 (symmetry system) として組織化され
ている (Schwanwitsch, 1924, 1929; Süffert, 1929; Nijhout, 1991)．基部対称系
(basal symmetry system) はしばしば欠損しているか，あるいはこの対称系の
遠位帯 (distal band) のみが現れている．中央対称系 (central symmetry sys-
tem) は翅の中央部を走っており，この対称系の中心には中央斑点 (discal
spot) [訳注1] が存在する．辺縁対称系 (border symmetry system) は遠位領域
(distal region) に沿って存在し，通常は外縁に対して平行に走っている (図 1-
2)．最も複雑な模様は一般的に辺縁対称系に見られる．この辺縁対称系の主
な要素は辺縁部目玉模様 (border ocellus) [訳注2]，つまり，眼状紋 (eyespot) で
ある．眼状紋の標準的な形態は，焦点と呼ばれる明確に定義された中心点を

訳注1　図 1-2 の d.
訳注2　図 1-2 の bo.

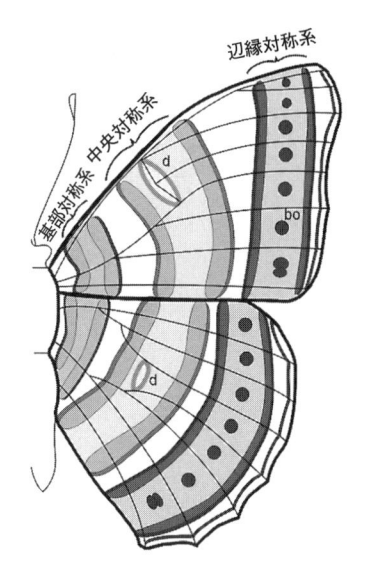

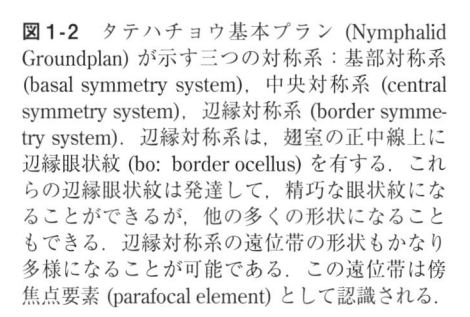

図 1-2 タテハチョウ基本プラン (Nymphalid Groundplan) が示す三つの対称系：基部対称系 (basal symmetry system), 中央対称系 (central symmetry system), 辺縁対称系 (border symmetry system). 辺縁対称系は, 翅室の正中線上に辺縁眼状紋 (bo: border ocellus) を有する. これらの辺縁眼状紋は発達して, 精巧な眼状紋になることができるが, 他の多くの形状になることもできる. 辺縁対称系の遠位帯の形状もかなり多様になることが可能である. この遠位帯は傍焦点要素 (parafocal element) として認識される.

もつ, コントラストのある色素で構成された一セットの同心円であるが, チョウの色模様はそれよりも多様であり, 眼状紋が円形であることは実際のところ, かなり珍しい. ほとんどの場合, 眼状紋の形状は円形から大きく逸脱しており (ハート型, くさび型, 棒型), しばしば円形要素と相同であることが認識できないほどである (Nijhout, 1990, 1991).

　辺縁対称系の近位帯 (proximal band) と遠位帯 (distal band) は大きく異なった特徴をもっている. 近位帯が存在する場合は, 一般的に弧状, あるいは直線に近い形をしている. 一方, 遠位帯はほとんどの場合存在しており, 非常に多種多様な形状をしている. その発生と進化は辺縁眼状紋からかなり独立しているので, この要素には, 傍焦点要素 (parafocal element) という特別な名前が与えられている (Nijhout, 1990). Süffert (1929) はこの傍焦点要素を, 辺縁対称系の遠位帯として認識した. しかし, 特別な名前をつけることはなかった. 一方, Schwanwitsch (1924) は, この傍焦点要素が実際に亜外縁帯系 (submarginal band system) の一部であると考えた. この論文の下記に示す結果は, 大瀧らが示した結果 (Dhungel and Otaki, 2009; Otaki, 2009, 2011) と同様に, Süffert の解釈のほうを支持している. 実際に, 傍焦点要素は発生過程で辺縁眼状紋に密接に関わっている. これら二つの形の決定因子にはか

なり違いがあるが，共通の決定機構から生じているように見える点において，これら二つは発生過程において相互依存していると言える．

1-3 温度ショック実験の不可解な結果

温度ショックおよびさまざまな化学物質により，斑紋異常が誘導されたとき，一般的に観察される特徴の一つとして，眼状紋と傍焦点要素が部分的あるいは完全に融合するという現象があげられる．この現象は，これまでに数多くの研究者によって観察されている (Nijhout, 1985, 1991; Nijhout and Grunert, 1988; Otaki, 2008). これら二つのパターン要素が滑らかに融合 (図 1-3) することは，それらのパターン要素が共通の発生機構を有していることを示唆している．図 1-3 に示されている一連の過程を逆の順番でたどっていくとすると，単一のパターン要素は二つに分かれるように見える．つまり，単一のパターン要素が傍焦点要素を形成する遠位要素と，眼状紋を形成する近位要素に分かれるように見えるということである．これを説明できるモデルは，最近の色模様形成モデルには存在しない．

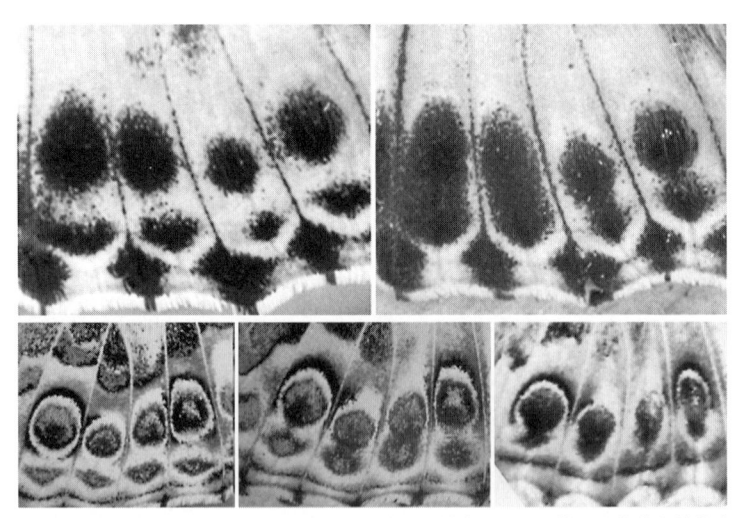

図1-3 ヒメアカタテハ (*Vanessa cardui*) における，温度ショック後の眼状紋と傍焦点要素の融合．上段：背側面．下段：腹側面．それぞれの段の左側は正常な模様である．下段の真ん中には中程度の影響を受けた模様が，下段の右には重度の影響を受けた模様 (完全に融合している二つの模様の要素) がある．

1-4　色模様形成モデル

　チョウにおける従来の色模様形成モデルでは，色模様形成が二段階の過程で行われているに違いないと述べられている．第一段階で形成体 (organizing center) の位置が決まり，第二段階で，これらの形成体から発信されるシグナルによって色素合成パターンが決定される，というものである．形成体として最もよく知られているのが焦点 (focus) である．ここでいう焦点とは，標準的な眼状紋の中心に生まれる細胞の集まりを指している．この焦点が Notch と Distal-less を連続的に発現し (Carroll et al., 1994; Reed and Serfas, 2004)，その後に焦点の周囲に Spalt と Engrailed が発現し，その部分が眼状紋の予定着色領域に対応することになる (Brunetti et al., 2001; Zhang and Reed, 2016).

　チョウの翅において，焦点の位置決定機構はまだ分かっていない．この焦点は翅脈 (wing vein) によって区切られた翅室 (wing compartment) の正中線上 (言い換えると，二つの翅脈から等間隔の位置) に正確に現れる．翅脈間の線状模様 (intervenous stripe pattern) (例えば，図 1-6) は翅室の正中線に沿って正確に生じている．そして，いくつかのアゲハチョウ科のチョウにおいて，これらの翅脈間の線状模様は分断されて斑点のような模様になっている (Nijhout, 1991). この事実は，翅脈間の線状模様と斑点の発生起源が共通であることを示唆している．

　翅脈系が確立された後すぐに，翅原基で色模様の決定が開始される．この翅原基は二つの細胞の層で構成されている．二つの細胞層のうち，一つは背側の翅表面を構成し，もう一つの細胞層は腹側の翅裏面を構成している．この二つの細胞層は，基底膜によってお互いにしっかりとくっついている．翅脈は，こうした二つの細胞層を分離するような管として発達する．翅脈は血体腔 (hemocoel) とつながっているため，血体腔を流れる体液 (hemolymph) は，発達中に，成長中の翅脈に流れ込んでいく．ボーダーラクナ (bordering lacuna) と呼ばれる特別な脈 (Nijhout, 1991) は，翅原基の周囲に形成され，それは翅脈の終点とつながっている (図 1-4).

　翅脈とボーダーラクナは翅原基において，模様形成が開始したときに存在する唯一の構造要素である．パターン形成の理論モデルによると，翅脈とボーダーラクナは発生シグナルが翅に入る唯一の経路であるため，これらの

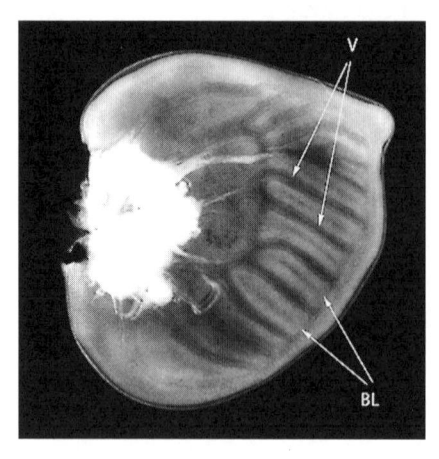

図 1-4　色模様決定時のアメリカタテハモ
ドキ (*Junonia coenia*) の翅原基．V は脈
(vein) を表し，BL はボーダーラクナ (bor-
der lacuna) を表す．脈によって模様形成の
ための輪郭が描かれる．

構造要素は模様の発生に関わる最初の開始プログラムあるいはオーガナイ
ザーであると仮定する (翅脈欠損変異体の斑紋異常によって支持されている一
つの考え方．図 1-1)．形成体中心の位置決定を含むパターン発生は，何らか
の方法で，翅脈とボーダーラクナから生じているシグナルによって決定され
なければならない．

　焦点の位置決定に成功した一つの理論モデルがある．それは，Meinhardt
(1982) によって発展された動力学 (kinetics) を用いた，チューリング的な反
応拡散モデル (Turing-like reaction diffusion) (Turing, 1952) に基づいたもので
あった．そのモデルは，自己触媒活性因子 (autocatalytic activator) と抑制因
子 (inhibitor) という二つの化学物質によってパターンが形成されると仮定す
る．それらの因子は相互の合成を制御し合い，細胞間を自由拡散し，抑制因
子は活性因子よりも遠くまで及んで作用するとされる．定常状態のシステム
から開始され，そこに翅脈から少量の活性因子が導入されることで，翅室の
遠位領域において，活性因子の産生が翅脈間の正中線に沿う線状模様として
最初に上昇する空間パターンを生みだす．この正中線上の線状模様の終末は，
活性因子の産生を特に強く行う発生源となり，この線状模様の残りの部分は
徐々に抑制される．その結果，焦点の存在場所と類似した正中線上に，安定
的な点状のパターンが形成される．焦点の正確な位置と生みだされた焦点の
数は，領域の大きさ (size of the field) や反応系のパラメータの数値などの境

界条件に依存する．色模様の初期決定因子の一つである *Distal-less* 遺伝子の連続した空間的発現パターンをほぼ正確に予想したという知見により，このモデルは支持された (図 1-5) (Nijhout, 1990, 2010)．

　次に，パターン形成の第二段階では，特定の色素合成を誘導するために，点状の焦点と，仮想的な活性因子のさまざまな線状分布の空間パターンが用いられている．新たな拡散性のモルフォゲンの発生源として，これらの活性因子の分布を利用した単純な拡散閾値メカニズム (simple diffusion-threshold mechanism) は，チョウに見られる色模様の多様性をほぼ完全に説明するのに十分であった (Nijhout, 1990)．

　しかしながら，このモデルには大きな問題があった．この問題は，特に，活性因子の分布の最初のプレパターン (prepattern) を決定する反応拡散メカ

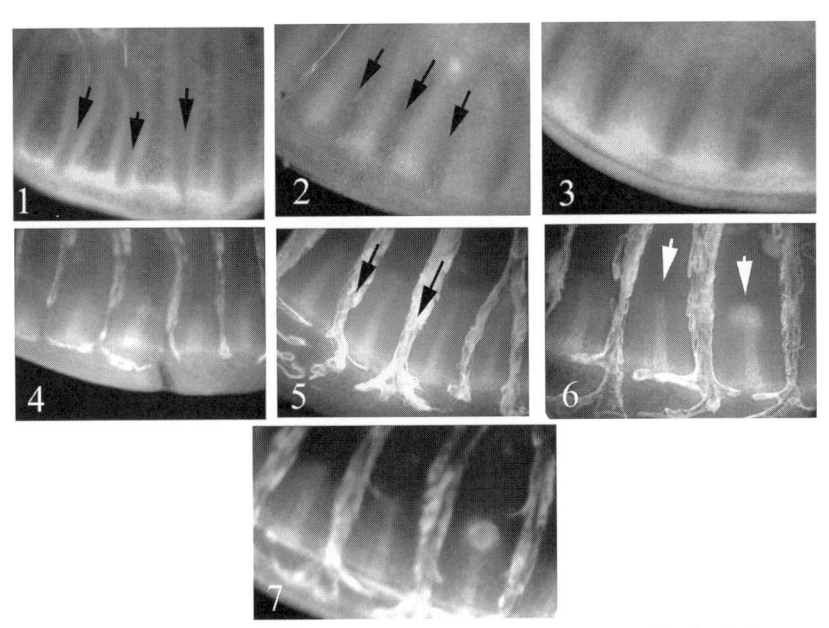

図 1-5　アメリカタテハモドキ (*Junonia coenia*) の翅原基の *Distal-less* 遺伝子の発現パターンの時系列．黒い矢印は翅脈の位置を示している．白い矢印は派生中の柄 (stalk) と Distal-less の点状の発現を示している．最初に，Distal-less は翅脈と外縁に沿って発現されるが (写真 1)．Distal-less の発現濃度は徐々に翅室の正中線上で高まっていく (写真 2-5)．眼状紋発生予定の翅室に存在する正中線の先端において斑点 (spot) が発生し，正中線上の棒状模様 (midline bar) は徐々に消滅する (写真 6-7)．

ニズムにある．反応拡散メカニズムは，悪評高くも，領域の大きさに影響を
受けやすく，パラメータ値と境界条件の選択に影響を受けやすいため，それ
らの正確な選択が必要となる．これらの因子のどれであれ，わずかな変更が
あれば，活性因子の空間分布パターンが極端なまでに異なってしまう可能性
がある．反応拡散メカニズムは，領域サイズに特に敏感であるだけでなく，
異なるサイズの領域では，大きく異なるパターンが形成される．これは生物
学的に非現実的に思われる．生物がさらされている多くの，そしてしばしば
深刻な遺伝的変動と環境的変動によって生みだされるようなパラメータの変
動と領域サイズの変動に対して，生物学的システムはかなり堅牢 (robust) な
傾向がある (Nijhout, 2002)．特に，チョウにおいては，非常に異なる大きさ
をもつ隣接した翅室において，同一の模様がしばしば発達している．最後に，
チューリング型の反応拡散メカニズムは多種多様な現実的なパターンを生み
だすことができるが，いくつかの魚の色素パターンに関する例外を除いて，
このメカニズムが発生中に機能していることを実験的に証明した実例はなく，
活性因子と抑制因子が特定された実例もない (Kondo and Miura, 2010)．

　このことから，私は，観察される多様な色模様を生みだすことが可能な，
より単純でより堅牢な機構の探索を行っている．胚発生の発生遺伝学的研究
によって，遺伝子発現の空間パターンを動的に変化させる広範な遺伝子調節
ネットワークが明らかとなっている．このネットワーク内では，一つの遺伝
子産物が，一つまたは複数の遺伝子に対する転写調節因子として働いている．
隣接細胞への遺伝子産物の拡散，あるいは近隣の細胞群における細胞表面の
シグナル伝達相互作用のいずれかによって，遺伝子の影響が伝播していく．

　パターン形成に関するこれらのメカニズムは，概念的にも物理的にも単純
である．実際に，それらは，物質がその産生細胞から遠くに拡散し，周辺の
細胞の閾値以上に上昇するときに効果を発揮する，拡散閾値メカニズムであ
る．これらの拡散閾値メカニズムは，私がグラスファイア・モデル (grass-fire
model) と呼ぶものに一般化できる．

1-5　グラスファイア・モデル

　このモデルは可能な限り最も単純な一連の反応から成り立っている．我々
が燃料 (fuel) と呼ぶ分子は，最初は領域にわたり広く分布し，生成物 (P1) を

生みだすための最初の反応に関わる基質として働く．次に，P1 は P2 を生みだすための基質として働く．その後，同様の反応が繰り返される．このモデルは次のように与えられる．

$$\partial \mathrm{fuel}/\partial t = -\mathrm{k1}^*\mathrm{fuel}^*\mathrm{P1} + \mathrm{D}_{\mathrm{fuel}}{}^* \nabla^2 \mathrm{fuel}$$

$$\partial \mathrm{P1}/\partial t = \mathrm{k1}^*\mathrm{fuel}^*\mathrm{P1} - \mathrm{k2}^*\mathrm{P1} + \mathrm{D}_{\mathrm{P1}}{}^* \nabla^2 \mathrm{P1}$$

$$\partial \mathrm{P2}/\partial t = \mathrm{k2}^*\mathrm{P1} - \mathrm{k3}^*\mathrm{P2} + \mathrm{D}_{\mathrm{P2}}{}^* \nabla^2 \mathrm{P2}$$

　最初に燃料のみが領域にある．P1 が，その領域のあるポイントで，例えば領域の縁に沿って導入されたときにパターン形成機構は開始される．このモデルは火炎前線を伴う燎原の火，すなわちグラスファイアに似ている．燎原の火は P1 が導入される地点 (発火点) で開始される．これにより燃料は消費され，燃焼生成物が後に残るが，この燃焼生成物の一部は別の反応に使われる．これらの反応に加えて，私たちは全ての化学物質は高濃度から低濃度の領域へ拡散可能であると仮定する．

　現段階で，我々は全ての反応は質量作用 (mass-action) であると仮定する．それゆえに，非常に単純な反応拡散システムであると言える．

　時間経過とともに燃料は枯渇していく．その後に続く全ての代謝産物も同様である．このシステムは安定した最終パターンを生みだすのではなく，三つの変数の値に関して，ゆっくりと変化する空間パターンを生成する．この点において，それはショウジョウバエの胚における，初期の遺伝子発現パターン形成事象に似ている．ショウジョウバエの胚において，連続した一連の拡散勾配と閾値による決定事象によって動的に進行する遺伝子発現の空間パターンが生みだされる (Tomancak et al., 2002)．我々は，独立した事象が発生中のある時点における化学物質の空間パターンを「読み取る」と仮定する．チョウにおいて，これは，脱皮 (molt) や徘徊期 (wandering stage) を開始させるエクジソン・シグナル (ecdysone signal) である可能性がある．脱皮と徘徊期はどちらも色模様形成の期間に起こるだけでなく，それらは翅原基 (wing imaginal disk) の成長と形態形成をも制御している．

　燃料，P1，P2 の実態は不確定である．どのようなシステムであれ，質量作用の動力学に従うものなら何でも差し支えない．動力学の種類は質量作用に限定されない．ミカエリス・メンテン (Michaelis-Menten) やヒル (Hill) のような飽和動力学も，あるパラメータ値の範囲で質量作用の動力学と同様のパ

ターンを作り出す．それゆえ，それらの反応は，生化学反応の順序や，遺伝子活性化の順序や，シグナル伝達カスケードの連続的な活性化や，これらの組み合わせを体現する可能性もある．

1-6　基本パターン

　我々は，領域が翅原基の区画として表されている長方形であると仮定する．この長方形において，上辺と長辺が翅脈であり，一番下の短辺がボーダーラクナである．反応はこれらの端に沿ってのみ開始することができる．パターンの変動は，開始点の位置 (全縁に沿う，あるいは，近位端や中間端や遠位端の付近のみ)，燃料の最初の分布 (均質，近位から遠位への勾配，脈から正中線への勾配)，そして，反応を引き起こす酵素や反応定数の勾配 (均質，近位から遠位への勾配，脈から正中線への勾配) の相違によって生じる．

1-7　翅脈模様と翅脈間模様

　最も単純で最も広く見られるパターンとして，区画の正中線に沿って走る線状模様と，翅脈に平行に走る模様がある．図 1-6 にいくつかの例を示した．その模様を見ると，翅脈がその全長にわたって模様を誘導しているわけではないことが分かる．図 1-6a において，斑紋は翅脈の中央領域のみで誘導されるが，翅脈の近位端と遠位端の付近では誘導されていない．翅脈帯 (venous band) に関して，近位部から遠位部へ向けての幅の勾配がしばしば見られる (例えば，図 1-6d-e)．この色模様の勾配は，誘導の強さ，あるいは誘導シグナルの伝播速度が勾配を形成していることを示している．これらのパターンは図 1-7 で示すように，グラスファイア・モデルでは容易に生みだすことができる．反応速度定数の近位から遠位への勾配が，翅脈に沿って次第に先が細くなる翅脈帯を生みだすのである (図 1-7c)．翅脈全体が模様を誘導し，燃料と反応速度の両方が均一に分布するのなら，翅脈間線状模様 (図 1-7) を形成することができる．Reed and Serfas (2004) は，眼状紋がなく翅脈間線状模様をもつチョウにおいて，Notch と Distal-less の発現が長い中心部正中線上の線状模様となっていることを示した．また，Notch および Distal-less は眼状紋の焦点の位置も指定する (下記参照)．それゆえに P1 と P2 のパターンは，これら二つのペプチドの発現をシミュレートできるかもしれない．

1-8 Notch と Distal-less の一連の発現過程に関するシミュレーション

　外縁から現れる短い正中線上の線状模様から始まり，次に線状模様の頂点に点が発達し，その後，点状の Distal-less の発現を残して線状模様が減退する，という Distal-less の一連の発現過程 (図 1-5) は，チューリング型の反応拡散プログラムによって正確に再現された (Nijhout, 1990). 実際に，それによって，状況証拠ではあるが，焦点形成の根本的なメカニズムとして反応拡散モデルは強く支持された. Reed and Serfas (2004) と Zhang and Reed (2016) は，ほぼ同一の Notch の発現パターンが，このような Distal-less の発

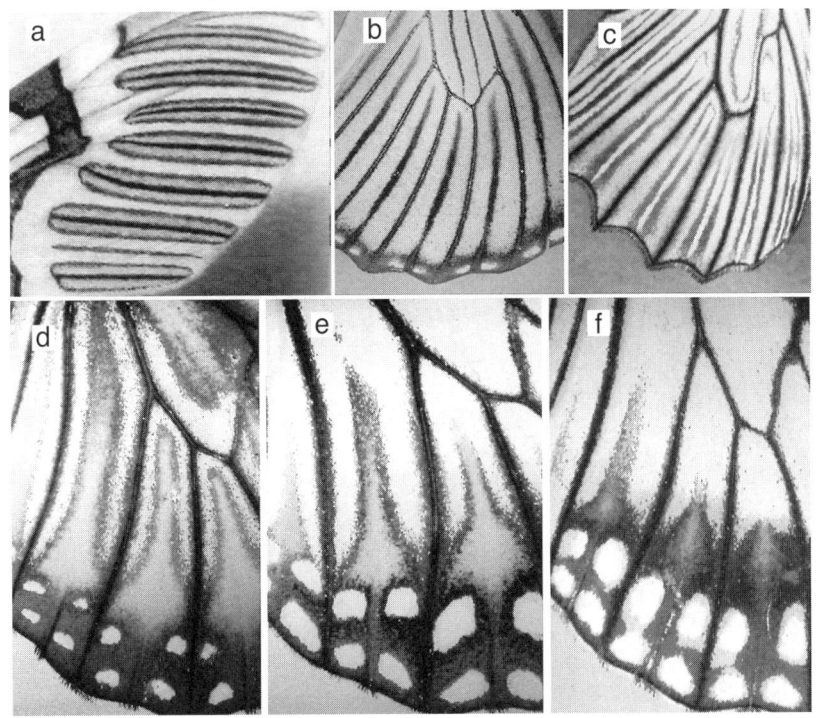

図 1-6　脈依存模様. 上段には，*Anaxita decorata* (a) の翅脈紋，およびイチモンジホソチョウモドキ (*Pseudacraea lucretia*) (b) と *Euploea eupolis* (c) の翅脈間線状模様 (intervenous pattern) を示す. 下段 (d-f) にはアフィニスカバマダラ (*Danaus affinis*) の個体変異を示す. *Danaus* 属では，翅脈から広がる範囲内において白い翅脈紋は変化する.

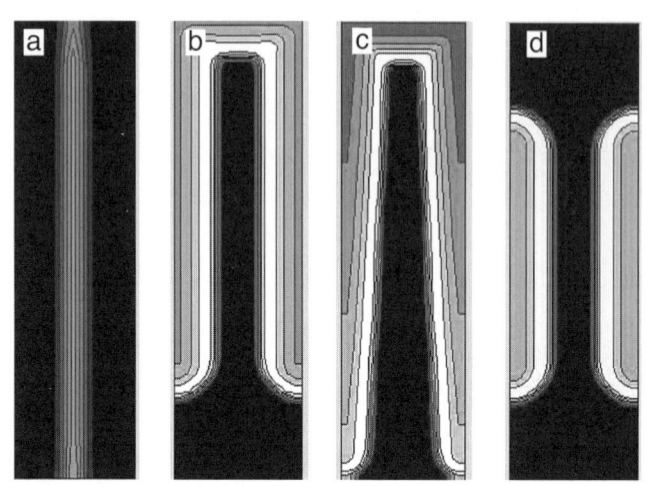

図 1-7　翅脈紋と翅脈間線状模様に関するモデルシミュレーション．それぞれの場合において，翅脈は開始点として用いられた．そして，「燃料」は均質に分布しているか，または，上から下へ (近位部から遠位部へ) わずかに勾配を形成しているとした．

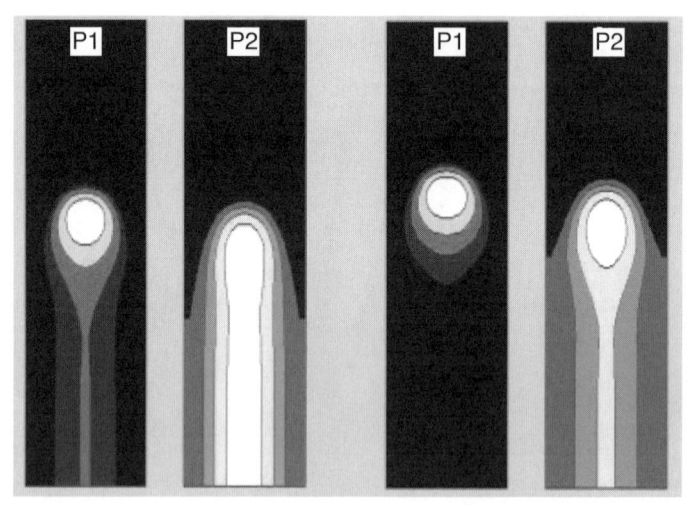

図 1-8　焦点形成のモデルシミュレーション．わずかに異なる「燃料」の初期分布を有する二つの実行結果が示されている．Notch と Distal-less にそれぞれ対応すると考えられる，P1 と P2 の分布が示されている．二つのパターンにおいて，「柄 (stalk)」の横方向の勾配の形状が異なり，この勾配の違いが，発生予定の傍焦点要素の形状に影響を与える．

現よりも先に現れることを示した.

　翅脈の遠位部分のみが開始源として働いており, 翅脈付近よりも正中線付近が高くなっている浅い勾配を形成して燃料が分布していると単純に仮定することによって, グラスファイア・モデルは両方のパターン順序 (図 1-8) を産生する. まさに Reed and Serfas (2004) と Zhang and Reed (2016) によって述べられている Notch と Distal-less の発現のように, 焦点の形状はわずかに翅室の長軸に沿って伸びている. P2 のパターンは P1 と同一であるが, P2 はわずかに遅れる. そのため, すでに P1 が斑点へと姿を変えているとき, いまだ P2 には柄が存在する状態である (図 1-8). それゆえに, P1 および P2 の進行はそれぞれ, Notch と Distal-less の進行に似ている.

1-9　傍焦点要素の形状

　上述したように, いったん焦点が確立されると, 色模様形成の第二段階において, 焦点からシグナルが発生し, このシグナルによって, 焦点の周囲で色素の生合成パターンが指定される. 我々は, この第二段階に関してもグラスファイア・モデルを用いる. その際, 開始点として焦点を用いる.

　仮にこのグラスファイア・モデルが単一の発生源から開始されるのなら, 形成されるパターンは自然に二つの前線に分かれ, それらの前線は遠位側と近位側にそれぞれが移動する. 用いられる初期基質が均一に分布しているのなら, 円形パターンは, 開始点から離れるように移動して二つの半円状の弧に分かれる.

　傍焦点要素の特徴は, 翅室の正中線に対して常に対称であること, そして, しばしばΛ型や, V 型や, W 型や, M 型であることである (例をあげると, 図 1-9). このことは, この要素の形成に正中線が特別な機能を果たすことを示唆する. 仮に移動する反応前線によって傍焦点要素が形成されるのなら, 正中線と翅脈の両方またはいずれか一方の反応前線の動きが, 他の場所の動きよりも, もっと速くあるいはもっと遅くなければならない. これを達成するための一つの方法は, 正中線に対して対称なパターンとして分布する, 反応に必要な代謝産物や前駆体を有することである. これに関する明らかな候補は, 焦点の形成に先行して形成された, 正中線パターンの残余勾配である (図 1-8). この正中線濃度勾配は徐々にしか減衰しない. そしてその濃度勾配

の性質はそのパラメータ値と初期の燃料の分布に依存している.

　それゆえに，この仮説は，焦点を形成する過程の残余勾配によって傍焦点
要素の形状が決定されるというものである．この考えは計算的にテストする
ことができる．図 1-10a と図 1-11 は，このモデルによって生みだすことが可
能な，多種多様な形状の傍焦点要素のサンプルを示している．これらのサン
プルの形状はかなり実際の傍焦点要素の形状に酷似しているが (例えば，図 1-
9)，眼状紋の形状は円形ではない．とは言え，それは典型的事象であると考
えてよいであろう.

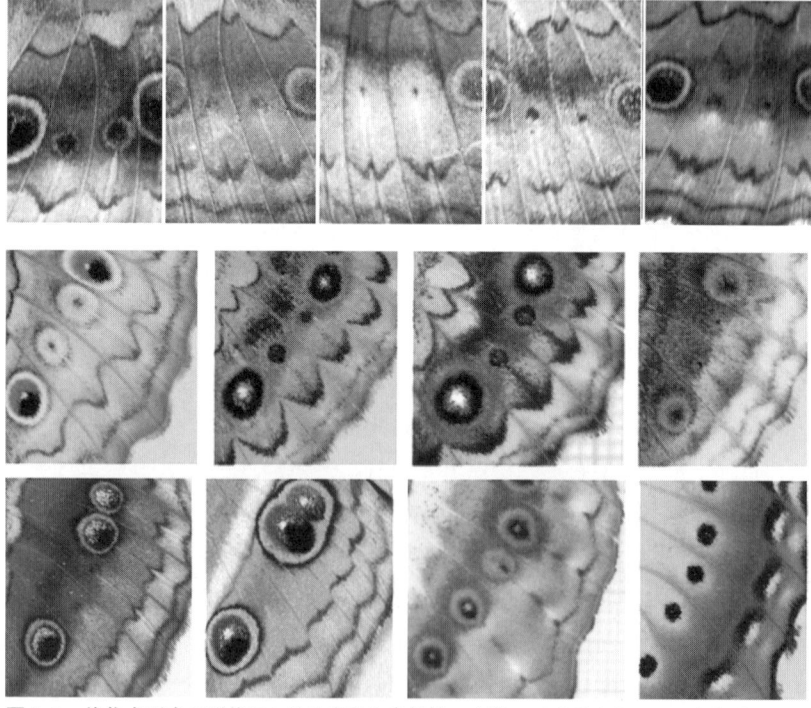

図 1-9　傍焦点要素の形状における変異と多様性．上段：アメリカタテハモドキ (*Junonia coenia*) の個体変異．下の二つの段：タテハモドキ族 (Junoniini) の一群における多様な傍焦点要素．中段：ハイイロタテハモドキ (*J. atlites*)，ビリダタテハモドキ (*J. villida*)，ビリダタテハモドキ (*J. villida*)，アフリカタテハモドキ (*J. oenoe*)．下段：カリプタテハモドキ (*J. genoveva*)，タテハモドキ (*J. almana*)，アルギナキオビコノハ (*Yoma algina*)，ケリネアフリカタテハモドキ (*Precis ceryne*)．

　完全に円形の眼状紋と，事象を反映した多様性をもつ傍焦点要素の両方を生みだすためには，焦点は異なる基質を用いる二つの異なるシグナル (おそらく一つは Notch によって開始されるシグナル，もう一つは Distal-less によって開始されるシグナル) の発生源であると仮定する必要がある．仮に一つのシグナルが均一に分布している基質を用いるのなら，それは円形の眼状紋を生みだす (図 1-10b)．そして，もう一つのシグナルが焦点形成の過程の残余勾配を用いるのなら，それは傍焦点要素を生みだす．興味深いことに，この第

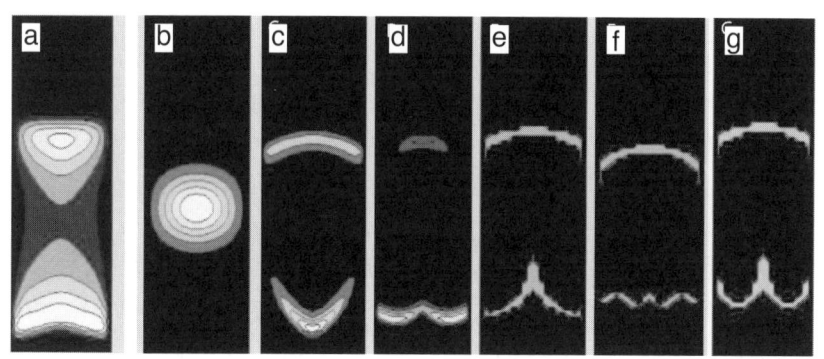

図 1-10　焦点発生源によって作られるパターンのシミュレーション．(a) 単一の発生源は眼状紋と傍焦点要素に分かれるが，眼状紋は円形ではない．(b-g) 焦点に二重の発生源があるとしたもの．一つは眼状紋を生みだす発生源であり (b)，もう一つは傍焦点要素を生みだす発生源である．傍焦点要素とは，辺縁対称系の弧状帯のことである (c-g) (口絵参照)．

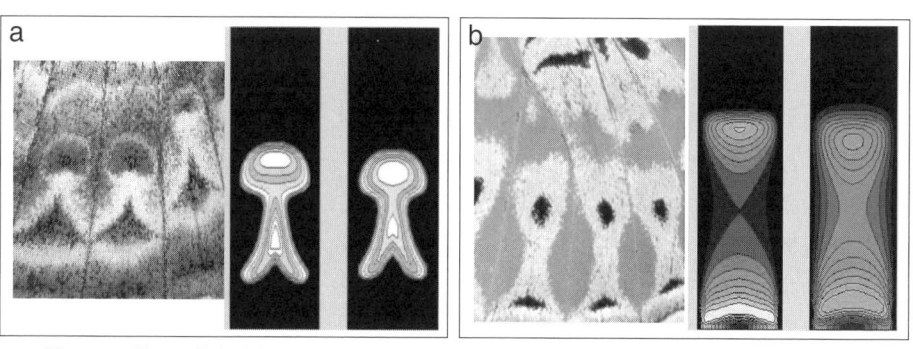

図 1-11　単一の焦点発生源によって生みだされるパターンのシミュレーション．カメハメハアカタテハ (*Vanessa tameamea*) (a) とムラサキヒョウモン (*Euryphura condoriae*) (b) の模様に似たパターンが生みだされる (口絵参照)．

二の発生源は眼状紋の近位側で弧状のパターンを生みだす (図 1-10c‐g). この発見は，傍焦点要素が辺縁対称系の遠位帯であるという Süffert の考えに一致している．第二の発生源によって作られる傍焦点要素と近位側の弧状模様は，辺縁対称系のペアをなす帯を構成している．これらのモデルの結果は，Otaki (Dhungel and Otaki, 2009; Otaki, 2009, 2011) によって提案された傍焦点要素と辺縁対称系の特徴に関する考えをも裏づけている．

1-10　眼状紋と傍焦点要素の融合と分離

　チョウの蛹が温度ショックに曝されたときに，多くの個体で眼状紋と傍焦点要素の融合が見られる．融合の程度は個体ごとにかなり異なり，極端な場合，二つの要素が単一の模様要素に融合する (図 1-3). この効果に関して考えられる理由として，温度ショックが，おそらく生合成や転写活性を停止させる熱ショックタンパク質やストレスタンパク質を活性化させることで (Mitchell and Lipps, 1978; Welte et al., 1995; Crews et al., 2016). パターン決定の進行を停止させる，ということがあげられる．このグラスファイア・モデルは，単一のパターン要素は二つに分離できること，そして，眼状紋と傍焦点要素が共通の発生源から産出されうることを示している．

1-11　色模様進化の様式

　発生パターンは，次の少数の変数のみに依存している．それらは，反応の動力学的パラメータと燃料の初期勾配である．ここで探求された全てのモデルに関して，これらの勾配は単純である．均質な勾配のほかに，近位から遠位に渡る滑らかな勾配や，翅脈に平行な正中線に対して対称な滑らかな勾配を用いた．後者は，翅脈からの拡散や翅脈による吸収によって，容易に設定することができる．それゆえに，翅脈とボーダーラクナという翅の解剖学的な特徴だけが，パターン形成を開始するために用いられるのである．

　提案されたパターン形成メカニズムが典型的なチューリング型の反応拡散メカニズムの仮説と大きく違うところは，そのシステムが決して定常状態ではなく，時間経過とともにゆっくりとパターンが変化していくということである．その発生パターンは，昆虫の変態期間においていくつかの時点で生じるように，発生期間の開始と終末を規定するホルモン分泌のパルスのような

事象によって，いわば，固定されるようになる．この性質も，胚発生中の遺伝子発現における漸進的な時間変化パターンと矛盾しない (Tomancak et al., 2002).

　この特徴は，パターン進化の一つの様式をも提言することになる．典型的には，パターンの進化は，反応速度と勾配の形状というパラメータ値の変化によって起こるであろう．しかし，発生中のパターンが凍結されたときの進化的変化が最終的な色模様の変化につながる可能性もある．これは，異時性の進化 (heterochronic evolution) という柔軟な進化様式を提言している.

　さらに，上で示したように，もし模様の固定がホルモン分泌のタイミングに依存しているのなら，このメカニズムはチョウの色模様の季節多型をも説明できるかもしれない．色模様の季節多型は，エクジソン分泌のタイミングの変化を介して生じるため (Koch and Bückmann, 1987; Rountree and Nijhout, 1995; Koch et al., 1996; Brakefield et al., 1998)，異なる段階で見られる形成中の模様の固定を行っているかもしれない．この見解に関して，季節多型の模様は，可塑的異時性の発現 (expression of plastic heterochrony) として考えることができるだろう．いったん可塑的模様のスイッチが確立されると，パターン形成システムにおける付加的な適応的変化が進化し，パターンは精緻化されたり変更されたりするのであろう.

謝　辞

　この研究は，アメリカ国立財団 (National Science Foundation) からの助成金 (IOS-0641144, IOS-1121065, IOS-155734) によって支援された.

引用文献

Baxter SW, Papa R, Chamberlain N, Humphray SJ, Joron M, Morrison C, Ffrench-Constant RH, Mcmillan WO and Jiggins CD (2008) Convergent evolution in the genetic basis of Mullerian mimicry in *Heliconius* butterflies. Genetics 180: 1567-1577

Brakefield P, Gates J, Keys D, Kesbeke F, Wijngaarden P, Monteiro A, French V and Carroll S (1996) Development, plasticity and evolution of butterfly eyespot patterns. Nature 384: 236-242

Brakefield P, Kesbeke F and Koch PB (1998) The regulation of phenotypic plasticity of eyespots in the butterfly *Bicyclus anynana*. Am Nat 152: 853-860

Brunetti CR, Selegue JE, Monteiro A, French V, Brakefield PM and Carroll SB (2001) The generation and diversification of butterfly eyespot color patterns. Curr Biol 11: 1578-1585

Carroll S, Gates J, Keys D, Paddock S, Panganiban G, Selegue J and Williams J (1994) Pattern formation and eyespot determination in butterfly wings. Science 265: 109-114

Crews SM, Mccleery WT and Hutson MS (2016) Pathway to a phenocopy: Heat stress effects in early embryogenesis. Dev Dyn 245: 402-413

Dhungel B and Otaki JM (2009) Local pharmacological effects of tungstate on the color-pattern determination of butterfly wings: a possible relationship between the eyespot and parafocal element. Zool Sci 26: 758-764

Joron M, Jiggins CD, Papanicolaou A and Mcmillan WO (2006) *Heliconius* wing patterns: an evo-devo model for understanding phenotypic diversity. Heredity 97: 157-167

Kapan DD, Flanagan NS, Tobler A et al (2006) Localization of Mullerian mimicry genes on a dense linkage map of *Heliconius erato*. Genetics 173: 735-757

Koch PB and Bückmann D (1987) Hormonal control of seasonal morphs by the timing of ecdysteroid release in *Araschnia levana* L. (Nymphalidae: Lepidoptera). J Insect Physiol 33: 823-829

Koch PB and Nijhout HF (2002) The role of wing veins in colour pattern development in the butterfly *Papilio xuthus* (Lepidoptera: Papilionidae). Eur J Entomol 99: 67-72

Koch PB, Brakefield P and Kesbeke F (1996) Ecdysteroids control eyespot size and wing color pattern in the polyphenic butterfly *Bicyclus anynana* (Lepidoptera: Satyridae). J Insect Physiol 43: 223-230

Martin A and Reed RD (2014) *Wnt* signaling underlies evolution and development of the butterfly wing pattern symmetry systems. Dev Biol 395: 367-378

Meinhardt H (1982) Models of biological pattern formation. Academic Press, London

Mitchell H and Lipps L (1978) Heat shock and phenocopy induction in *Drosophila*. Cell 15: 907-918

Monteiro A (2015) Origin, development, and evolution of butterfly eyespots. Annu Rev Entomol 60: 253-271

Monteiro A, Brakefield PM and Vernon F (1997) Butterfly eyespots: The genetics and development of the color rings. Evolution 51: 1207-1216

Monteiro A, Prijs J, Bax M, Hakkaart T and Brakefield PM (2003) Mutants highlight the modular control of butterfly eyespot patterns. Evol Dev 5: 180-187

Nadeau NJ (2016) Genes controlling mimetic colour pattern variation in butterflies. Curr Opin Insect Sci 17: 24-31

Nijhout HF (1980) Pattern formation on lepidopteran wings: Determination of an eyespot. Dev Biol 80: 267-274

Nijhout HF (1985) Cautery induced colour patterns in *Precis coenia* (Lepidoptera: Nymphalidae). J Embryol Exp Morphol 86: 191-203

Nijhout HF (1990) A comprehensive model for colour pattern formation in butterflies. Proc R Soc London B 239: 81-113

Nijhout HF (1991) The development and evolution of butterfly wing patterns. Smithsonian Institution Press, Washington

Nijhout HF (1994) Insect hormones. Princeton University Press, Princeton

Nijhout HF (1999) Control mechanisms of polyphenic development in insects. BioScience 49: 181-192

Nijhout HF (2002) The nature of robustness in development. Bioessays 24: 553-563

Nijhout HF (2010) Molecular and physiological basis of colour pattern formation. In: Jérôme C, Stephen JS (eds) Advances in insect physiology. Academic Press, New York

Nijhout HF and Grunert LW (1988) Colour pattern regulation after surgery on the wing disks of *Precis coenia* (Lepidoptera: Nymphalidae). Development 102: 337-385

Nijhout HF, Riddiford LM, Mirth C, Shingleton AW, Suzuki Y and Callier V (2014) The developmental control of size in insects. Wiley Interdisciplinary Rev Dev Biol 3: 113-134

Otaki JM (2008) Phenotypic plasticity of wing color patterns revealed by temperature and chemical applications in a nymphalid butterfly *Vanessa indica*. J Therm Biol 33: 128-139

Otaki JM (2009) Color-pattern analysis of parafocal elements in butterfly wings. Entomol Sci 12: 74-83

Otaki JM (2011) Generation of butterfly wing eyespot patterns: a model for morphological determination of eyespot and parafocal element. Zool Sci 28: 817-827

Reed RD and Serfas MS (2004) Butterfly wing pattern evolution is associated with changes in a Notch/Distal-less temporal pattern formation process. Curr Biol 14: 1159-1166

Reed RD, Papa R, Martin A et al (2011) *optix* drives the repeated convergent evolution of butterfly wing pattern mimicry. Science 333: 1137-1141

Rountree DB and Nijhout HF (1995) Hormonal control of a seasonal polyphenism in *Precis coenia* (Lepidoptera: Nymphalidae). J Insect Physiol 41: 987-992

Schwanwitsch BN (1924) On the Ground-plan of Wing-pattern in Nymphalids and certain other Families of the Rhopaloeerous Lepidoptera. Proc Zool Soc London 94: 509-528

Schwanwitsch BN (1929) Two schemes of the wing-pattern of butterflies. Zeitschrift für Morphologie und Ökologie der Tiere 14: 36-58

Süffert F (1929) Die Ausbildung der imaginalen Flügelschnittes in der Schmetterlingspuppe. Zeitschrift für Morphologie und Ökologie der Tiere 14: 338-359

Tomancak P, Beaton A, Weiszmann R et al (2002) Systematic determination of patterns of gene expression during *Drosophila embryogenesis*. Genome Biology, 3: research0088.1

Turing AM (1952) The chemical basis of morphogenesis. Phil Trans R Soc London B 237: 37-72

Welte MA, Duncan I and Lindquist S (1995) The basis for a heat-induced developmental defect: defining crucial lesions. Genes Dev 9: 2240-2250

Zhang L and Reed RD (2016) Genome editing in butterflies reveals that *spalt* promotes and *Distal-less* represses eyespot colour patterns. Nat Commun 7: 11769

2 章
ジャノメチョウ亜科 (ジャノメチョウ科) の初期系統における色模様多様性の探求

Carla M. Penz
（翻訳：大瀧丈二）

要 約

　最新のタテハチョウの系統発生学では，ジャノメチョウ亜科 (Satyrinae) は暫定的に，種数の多いジャノメチョウ族 (Satyrini) と，モルフォチョウ族，フクロウチョウ族 (Brassolini)，スカシジャノメ族 (Haeterini)，マネシヒカゲ族 (Elymniini)，コノマチョウ族 (Melanitini)，アフリカヒカゲ族 (Dirini)，ゴマダラヒカゲ族 (Zetherini)，ワモンチョウ族 (Amathusiini) を含む一群にまとめることができる．後者8族の構成種はジャノメチョウ亜科のなかで最大の体サイズをもち，並外れた翅模様の多様性も示している．これらの族の代表種についてここに例示し，それらの翅におけるタテハチョウ基本プランの模様要素を同定した．模様の多様性という視点から，以下の五つのテーマについて簡潔に議論した．五つのテーマとは，(1) 中央対称系の転置，(2) 後翅腹側の眼状紋の変異，(3) 色模様要素 f と g の間の色帯，(4) 性的二型と擬態，(5) 透明性，である．生態学的・進化的な視点から，オスの求愛ディスプレイ，隠蔽，擬態に関係する翅模様を探求するための例として，特定の属についての話題を提示した．

キーワード

　ピエレラ化 (pierellization)，眼状紋 (ocelli)，性的二型 (sexual dimorphism)，擬態 (mimicry)，隠蔽 (camouflage)，透明性 (transparency)，配偶行動 (mating behavior).

2-1　はじめに

鱗翅目において，成虫が昼行性へと進化したことが，種内あるいは種間の
シグナル伝達のために色彩を広く用いるための道を開いた (Grimaldi and
Engel, 2005; Kemp et al., 2015). 約 9000 万年の形態的多様化と種の多様化の
ため (Wahlberg et al., 2009)，タテハチョウ科のチョウは，翅の色模様がどの
ように種内相互作用を仲介するのか，また，どのように警戒色，擬態，隠蔽
の進化を仲介するのかについて，我々の理解に重要な役割を果たしてきた
(Vane-Wright and Ackery, 1984; Chai, 1990; Nijhout, 1991; Rutowski, 1991).
チョウの色彩シグナルが同種をターゲットにしている場合でも，あるいは，他
の動物種をターゲットにしている場合でも，色模様が進化的に多様化すると
きには，翅模様要素 (wing pattern element) の目を見張るほどの修飾を伴う.

チョウの翅全体にわたる模様の構成要素を同定することを基礎とした色模
様の基本プランについての研究は，発生，遺伝，進化に関する研究に有用な
枠組みを提供してきた (Schwanwitsch, 1924; Süffert, 1927; Nijhout, 1991 およ
びそのなかの参考文献). 翅の辺縁部に存在する目玉模様 (眼状紋) は，全ての
色模様要素のなかで最もよく研究されている. その理由は，タテハチョウ科に
おいて目立つ存在であり，さまざまな種に広く見られるからである. 仮に辺縁
眼状紋の変異の研究だけをするとしても，ジャノメチョウ亜科は研究材料とし
て優れた一群である. それに加え，異なる色模様要素が特定の視覚的効果を
もたらすためにどのように統合されるのかを研究するにも優れている.

ほとんどのジャノメチョウ亜科の種は，ジャノメチョウ族の構成種 (亜科の
85%の種，Peña and Wahlberg, 2008) に見られるように，小さな体サイズをし
ていて外見は比較的一様である. しかしながら，顕著な例外がある. 大きな
体サイズをしている種は，フクロウチョウ族 (図 2-1)，モルフォチョウ族 (図
2-2)，スカシジャノメ族 (図 2-3)，マネシヒカゲ族 (図 2-4)，コノマチョウ族
(図 2-4)，アフリカヒカゲ族 (図 2-5)，ゴマダラヒカゲ族 (図 2-6)，ワモン
チョウ族 (図 2-7) を含む一群にまとめられる (Wahlberg et al., 2009). 著しい
色彩多様性を示すこれらのチョウが，この章の中心的な話題であり，初期に
分岐したジャノメチョウ族を対象とした詳細な比較研究という意味で初の試
みである. 翅模様要素について (用語は Nijhout, 1991 を参照のこと)，翅の背

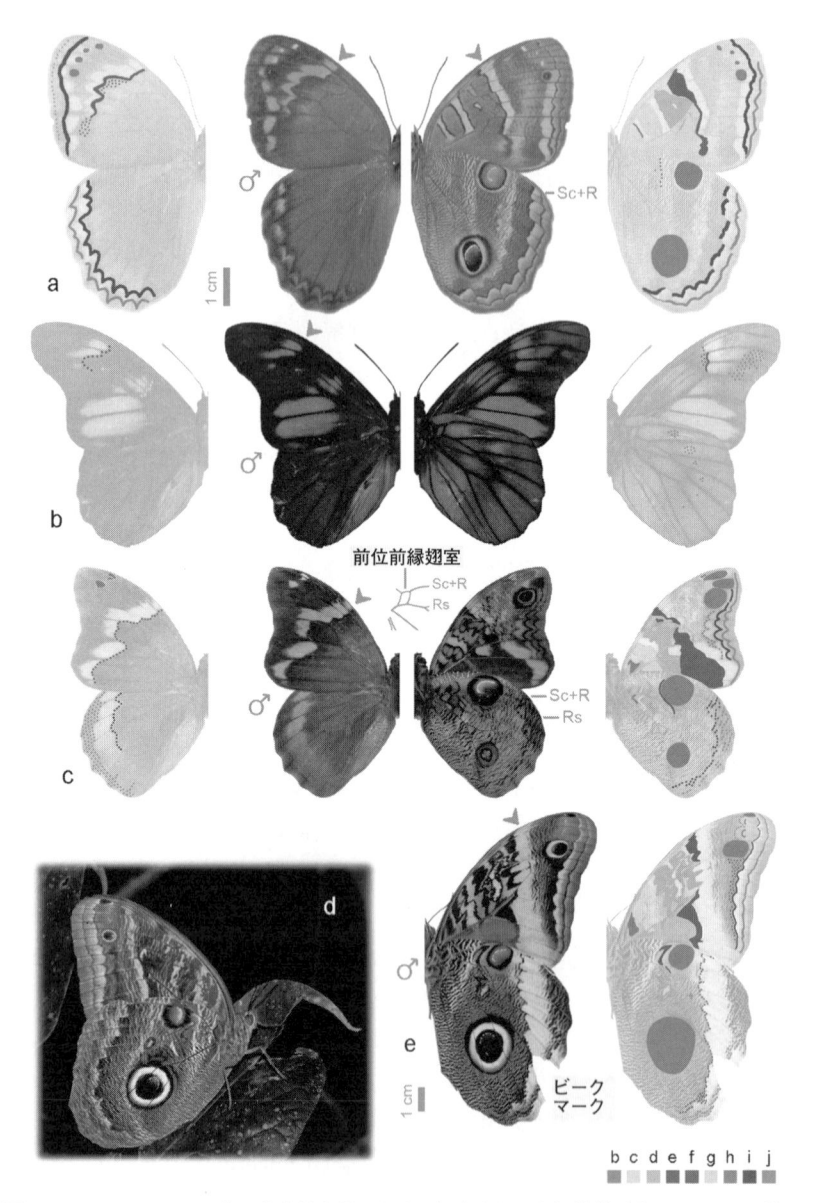

図 2-1 フクロウチョウ族の代表的な種における色分けされた翅模様要素. チョウの画像の左側は背側, 右側は腹側である. 灰色の矢印は要素 *f* に付随している色帯を指す. (a) *Opoptera syme*. (b) *Penetes pamphanis*. (c) *Opsiphanes sallei*. 後翅の基部に存在する前位前縁翅室を示す翅脈の詳細に注意. (d) 葉に静止している *Caligo illioneus* のオス. (写真提供：David Powell). (e) *C. atreus*. *C. atreus* 以外は全てのチョウが同じ縮率で示されている (口絵参照).

図 2-2　モルフォチョウ族の代表的な種における色分けされた翅模様要素. チョウの画像の左側は背側，右側は腹側である. 灰色の矢印は要素 *f* に付随している色帯を指す. (a) *Caerois gerdrudtus*. (b) *Morpho sulkowskyi*. この半透明の種において，腹側の模様要素は背側からも見える. (c) *M. hecuba*. (d) および (e) *M. marcus*. *M. hecuba* 以外は全てのチョウが同じ縮率で示されている.

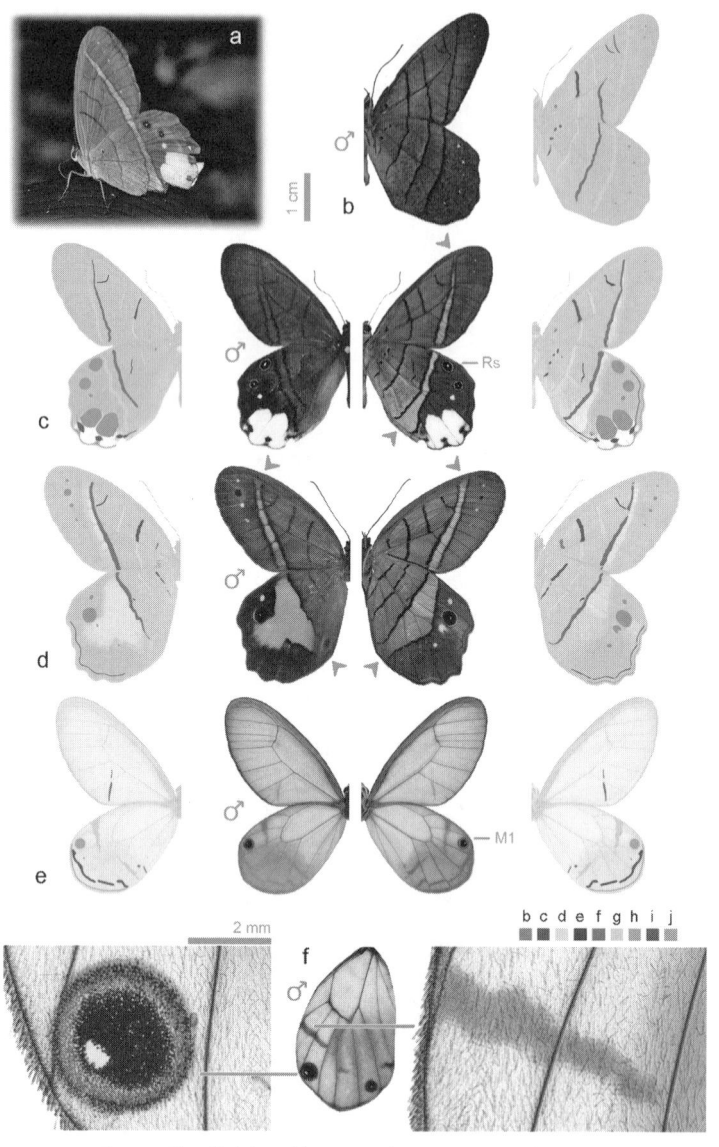

図 2-3　スカシジャノメ族の代表的な種における色分けされた翅模様要素．チョウの画像の左側は背側，右側は腹側である．灰色の矢印は要素 *f* に付随している色帯を指す．(a) *Pierella lucia*. 後翅肛角部に複数のビークマークがあることに注意．(写真提供：Andrew Neild). (b) *Pierella lamia*. (c) *P. lucia*. (d) *P. helvina*. (e) *Cithaerias aurora*. (f) *Haetera piera* の後翅背側の詳細．腹側の眼状紋の橙色鱗粉が背側から透けて見える．要素 *g* は翅膜に発現されている．全てのチョウは同じ縮率で示されている．

図 2-4 マネシヒカゲ族およびコノマチョウ族の代表的な種における色分けされた翅模様要素. チョウの画像の左側は背側, 右側は腹側である. 灰色の矢印は要素 *f* に付随している色帯を指す. (a) および (b) *Elymnias hypermnestra*. (c) *E. patna*. (d) *Melanitis amabilis*. 全てのチョウは同じ縮率で示されている (口絵参照).

図 2-5　アフリカヒカゲ族の代表的な種における色分けされた翅模様要素．チョウの画像の左側は背側，右側は腹側である．灰色の矢印は要素 *f* に付随している色帯を指す．(a) *Aeropetes tulbaghia*．(b) *Paralethe dendrophilus*．後翅の基部で Rs を Sc+R から分ける翅脈の詳細に注意．全てのチョウは同じ縮率で示されている．

側も腹側もどちらも検討するために代表的な種が選ばれた．検討された種のリストは付録に示した．五つのテーマについて簡潔に記述・図示し，できる限り，チョウの自然史と行動という考え方のなかで議論した．さらなる詳細な説明は他で行われるであろう (Penz, 準備中)．

2-2　前翅と後翅における中央対称系の転置

ピエレラ化 (pierellization) という言葉 (Schwanwitsch, 1925) は，翅脈 M_3 より下の遠位要素がその翅脈より上の近位要素と横並びになるように中央対

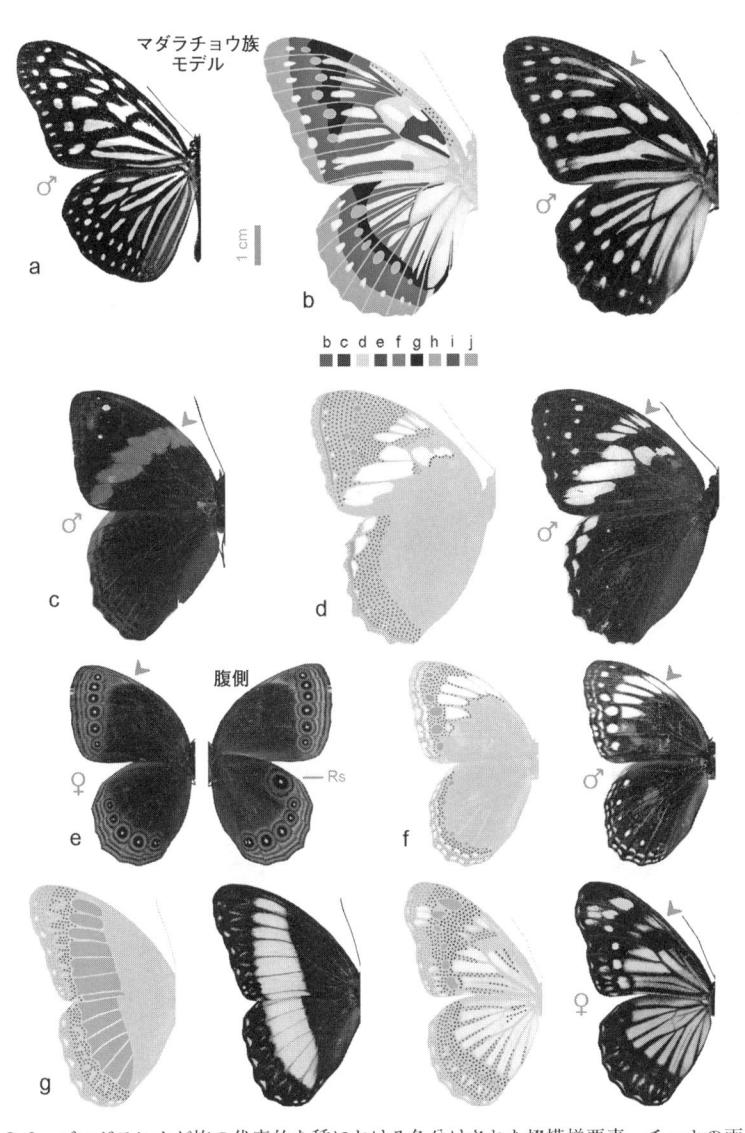

図 2-6　ゴマダラヒカゲ族の代表的な種における色分けされた翅模様要素．チョウの画像の左側は背側，右側は腹側である．灰色の矢印は要素 *f* に付随している色帯を指す．(a) *Ideopsis vulgaris* (マダラチョウ族) モデル．(b) *Penthema lisarda*．非擬態型あるいは中間型の種における，Nijhout (1991) および暫定的な模様要素の同定 (点状の網掛け) に基づいた仮説的な模様要素の区画設定．(c) *Neorina hilda*．(d) *Penthema adelma*．(e) *Ethope himachala*．(f) *E. noirei*．(g) *Zethera pimplea*．他の *Zethera* 属の種のオスは，両方の翅の背側に小さな眼状紋をもつ．全てのチョウは同じ縮率で示されている (口絵参照)．

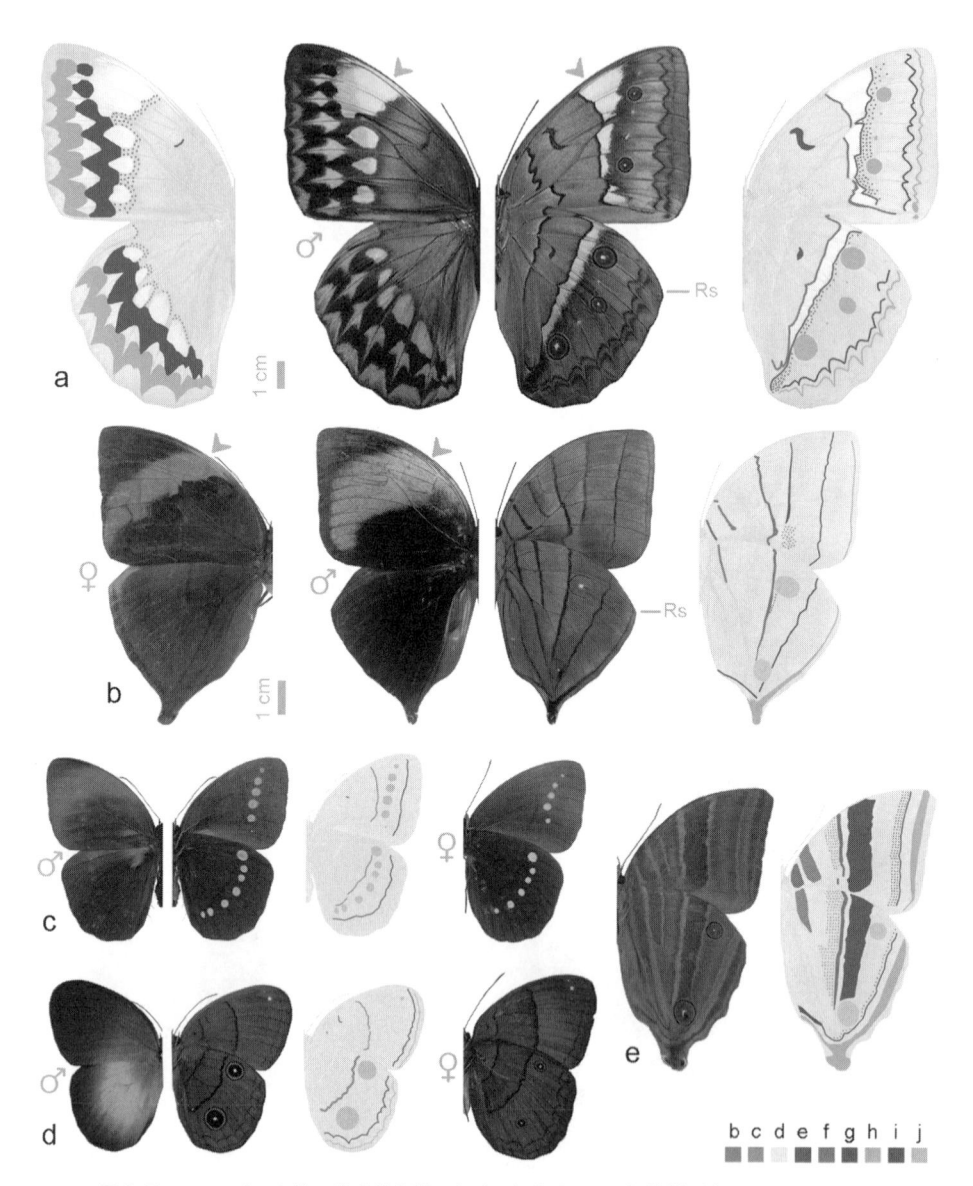

図 2-7　ワモンチョウ族の代表的な種における色分けされた翅模様要素．チョウの画像の左側は背側，右側は腹側である．灰色の矢印は要素*f*に付随している色帯を指す．(a) *Stichopthalma godfreyi* (写真提供：Saito Motoki)．(b) *Amathuxidia amythaon*．(c) *Faunis eumeus*．(d) *Faunis phaon leucis*．(e) *Amathusia phidippus*．*S. godfreyi* 以外，全てのチョウは同じ縮率で示されている．

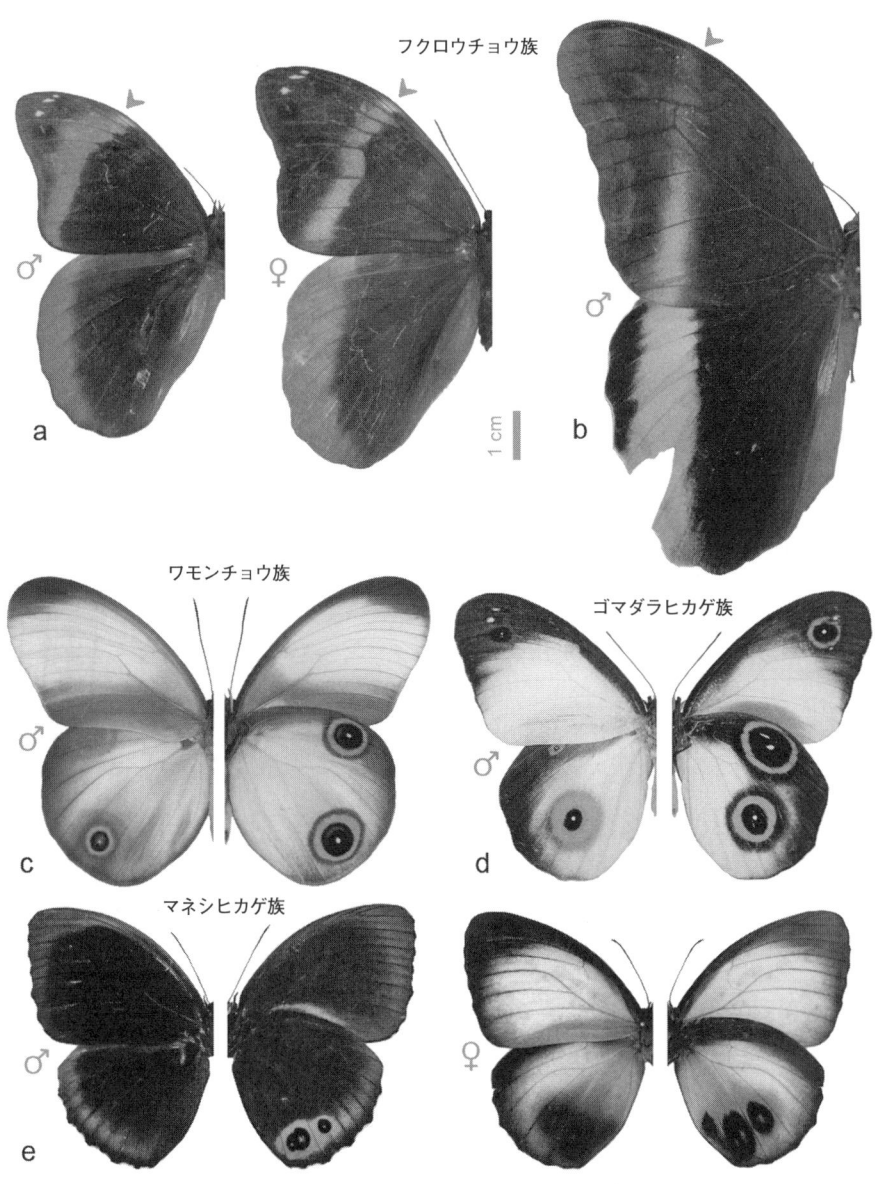

図 2-8　擬態収斂の例．灰色の矢印は要素 *f* に付随している色帯を指す．(a) *Catoblepia orgetorix* の非擬態型オスと擬態型メス．(b) *Caligo atreus* モデル．(c) *Taenaris artemis.* (d) *Hyanthis hodeva.* (e) *Elymnias agondas* の非擬態型のオスと擬態型のメス．全てのチョウは同じ縮率で示されている．

称系に属する要素が転置することを意味する．これは，フクロウチョウ族，モルフォチョウ族，スカシジャノメ族，アフリカヒカゲ族のいくつかの種の前翅腹側で見られる (図 2-1c, e; 図 2-2d–e; 図 2-3b; 図 2-5a)．転置の状態は属のなか，あるいは，属間でも異なっている．*Pierella* 属を例にとると，前翅の翅脈 M_3 より下の要素 *f* の前方への転置が，腹側の色彩がかなり単調な種において見られる (例えば，図 2-3b の *P. lamia* と，図示されていないが，*P. luna* および *P. hortona*)．そのような転置は，要素 *f* と *g* の関係を乱し，同属種において見られる明色帯の境界として機能しているように思われる (下記参照)．要素 *f* のピエレラ化が前翅腹側で見られる *Pierella* 属の種では，要素 *f* と *g* は後翅腹側においても相互に広く離れている (図 2-3b)．

　ピエレラ化は後翅腹側ではそれほど普通ではないように思われるが，枯葉隠蔽を示す種 (例：*Caerois gerdrudtus*; 図 2-2a) や並行棒状模様をもつ種 (*Morpho marcus*; 図 2-2d–e) において，多少見られる．しかしながら，隠蔽模様をもついくつかの種では，要素 *f* の転置は後翅では見られない (例えば，*Amathuxidia amythaon*; 図 2-7b)．このことは，腹側の隠蔽は複数回独立に進化したことを示唆している．*M. marcus* の場合，オスとメスの後翅腹側の模様を比較することは，広い棒状模様を産出するために要素 *f* と *d* がどのように配置・集合化してきたかを同定する一助となる (図 2-2d–e を図 2-7e の *Amathusia phiddippus* と比較すること)．*M. marcus* のチョウが休止しているとき，後翅の棒状模様は肥大した肛角部 (tornus) に向かって視覚的に収斂する (図 2-2d–e; 他の種にも存在，図 2-2b–c)．そして，肛角部では，傍焦点要素 (parafocal element) が捕食者の攻撃をそらすための斑点を形成しているように思われる．このようなパターンは，ワモンチョウ族の種において独立に進化した (図 2-7b, e)．

2-3　後翅腹側の眼状紋の変異

　眼状紋はタテハチョウ科において多くの形状をとることができる (Nijhout, 1991)．本研究で検討された 8 族のなかの種でも，広範囲の変異が見られる．タテハチョウ基本プランの型どおりに翅の後位中間領域 (post-medial area) に完全な連続性のある眼状紋を示す種もあれば (例：*Ethope himachala*, 図 2-6e; *Faunis eumeus*, 図 2-7c), 眼状紋が顕著に縮小されている種もある (例：

Penetes pamphanis, 図 2-1b). 全ての族の構成種においてさまざまなタイプの眼状紋が見られるが，ここでは，私は後翅腹側の眼状紋に関する三つの側面についてのみに議論を限定する．それは，連続眼状紋における最初の眼状紋の位置，眼状紋の近位側への転置，そして，シグナルとしての使用である．

　研究対象とした 8 族に含まれるほとんどの種では，後翅腹側の連続眼状紋の最初の目立つ眼状紋は，翅脈 Rs の下に位置している (図 2-2c, 図 2-4b–d, 図 2-5a, 図 2-7a–b). しかし，顕著な例外もある．良好に発達した眼状紋をもつ全てのフクロウチョウ族の種において，最初の眼状紋は翅脈 Sc+R の下に見られる (図 2-1a, c). 全てのフクロウチョウ族の構成種は前位前縁翅室 (pre-costal cell) をもっている (図 2-1c). これは，翅脈 Sc+R と Rs の間の距離を増加させ，良好に発達すべき眼状紋のために物理的な空間を与える．前位前縁翅室の機能は知られていないとは言え，このことは，フクロウチョウ族において翅脈と色模様が連携している可能性を示している．さらに，いくつかの分類群では，この眼状紋はそれ自体が発生する翅室を超えて広がっている．このことは，この眼状紋についてサイズ拡大方向への選択があったことを示唆している (図 2-1a, c, e). アフリカヒカゲ族のいくらかの構成種も良好に発達した眼状紋を翅脈 Sc+R の下にもっている．そして，*Paralethe dendrophilus* の眼状紋は特に大きい (図 2-5b). この種では，翅脈 Rs の基部が翅脈 Sc+R から分離されている．そのことが，翅室の高さを，フクロウチョウ族と類似の方法で，増加させている．最後に，透明なスカシジャノメ族 *Dulcedo* 属，*Pseudohaetera* 属，*Haetera* 属，*Cithaerias* 属においては，最初の眼状紋は翅脈 M_1 の下に位置している (図 2-3e–f). これは，これらの分類群に独特なパターンである．

　辺縁眼状紋は普通，後位中間領域に位置している．しかし，転置はいくらかの種類で起こっている．近位側への転置は遠位側への転置よりも普通に見られる．そして，近位側への転置は，対応する中央対称系の翅模様要素の移動を伴う．顕著な近位転置はフクロウチョウ族，モルフォチョウ族，ワモンチョウ族の種類に見られる (図 2-1, 図 2-2, 図 2-7). 多くのフクロウチョウ族および *Morpho* 属において，後翅の眼状紋は明らかに翅の中心領域に配置され，それらの大きさに依存して強烈な視覚的効果をもたらすことができる (Penz and Mohammadi, 2013; 図 2-1d–e, 図 2-2c). 眼状紋の転置は，一番目

の眼状紋，あるいは，一番目と二番目の眼状紋については一様ではなく，そ
れらは同じ連続眼状紋を構成する他の眼状紋より近位側の場所に位置してい
る (図 2-6e, 図 2-5b). 最後に，後翅の眼状紋は，透明なスカシジャノメ族の
属において，独自にも，遠位側へ，翅外縁のかなり近くに，転置されている
(図 2-3e–f). 翅脈 M_1 より下の眼状紋は，これらの透明なチョウが翅を閉じ
た状態で舞い降りるときに非常にはっきりと見える.

　後翅の肛角部に位置する腹側の眼状紋は防衛として機能するという仮説が
立てられている. つまり，眼状紋が捕食者の攻撃をそらす機能をもつ，ある
いは，攻撃を防ぐか遅らせるように捕食者を驚かせる機能をもつとされてい
る (DeVries, 2002, 2003; Hill and Vaca, 2004; Stevens, 2005). これらの仮説に
は説得力があるが，私の野外での観察によると，後翅腹側の眼状紋は，ある
分類群では，さらなる機能をもっている可能性が示唆される. *Caligo* 属のい
くらかの種では，オスは処女メスを待つために森林の辺縁の交配場所に集合
している (Freitas et al., 1997; Srygley and Penz, 1999; 図 2-1d). メスは交配
場所に飛んでいくわけだが，オスの大きな腹側の眼状紋は，飛翔中のメスが
静止しているオスの位置を知る助けになるように思われる (著者の観察に基づ
く). このことは，眼状紋はオスとメスの相互作用に使用されるという潜在的
な機能を示唆している. *Pierella lucia* は二つの大きな白い眼状紋を後翅肛角
部にもっているが，背側と腹側の対応は完璧である. これは光の反射を強化
するためだと思われる (図 2-3a, c). Hill and Vaca (2004) は，*Pierella lucia* の
後翅の肛角部は周囲の翅領域よりも弱いことを実証した. それゆえに，この
ことは捕食者の攻撃をそらすという仮説を支持している (図 2-3a のビーク
マークを見ること). しかし，それだけではない. 私はかつてこの種の複雑な
求愛行動を観察した. メスは葉の上に静止していたが，オスはメスに見える
ようにホバリングし，前翅だけを羽ばたき，後翅は開いたままで動かないよ
うにしていた. オスは繰り返しメスに向かって漸次下降することで，明らか
に後翅腹側の眼状紋をメスにディスプレイしていた. 求愛ディスプレイには
背側の眼状紋がより重要であると考えられている (例えば，Oliver et al., 2009)
が，私の観察は，腹側の眼状紋もこのような状況のなかで利用されるかもし
れないことを示唆している. *Caligo* 属と *Pierella lucia* の両種において，自然
選択と性選択がどちらとも同時に後翅腹側の眼状紋に作用しているという可

能性がある．これはおそらく，例えば，メスよりも大きな腹側の眼状紋をも
つ *Faunis phaon leucis* のオスのような他の種の場合にも当てはまるだろう (図
2-7d; *Faunis* 属では，背側の眼状紋は存在しないことに注意).

2-4　要素 *f* と *g* の間の色帯

　多くのタテハチョウ科のチョウの前翅には，背側に，時として腹側にも，高
度に目立つ彩色部分から構成される，顕著な帯状模様がある (例：*Melanitis
amabilis*, 図 2-4d). この帯状模様はここで検討された種には普通に見られ
(図 2-1-2-8 の灰色の矢印に注目)，要素 *f* と関連している (あるいは要素 *f* と
g の間に挟まれている) ようである．帯状模様は研究対象の族の間で，そして，
族のなかでも変化に富んでいる．例えば，かなり近縁である *Aeropetes tul-
baghia* と *Paralethe dendrophilus* との間でも，この帯状模様の色彩，幅，分断
の程度が顕著に異なっている (図 2-5a-b). 前翅背側の帯状模様は方向性 (垂
直方向か横方向か) についても変化に富んでいる．垂直方向の帯状模様は要
素 *f* が翅の中心領域に真っすぐに位置されている種において見ることができる
(例えば，図 2-2e). それとは対照的に，横方向の帯状模様は，少し傾斜してい
る (翅の肛角に向かって遠位に転置されている) 要素 *f* から生じる (例：図 2-
7b). 例えば，フクロウチョウ族の構成種は，この帯状模様の方向性が変化し
ている (*Catoblepia* と *Caligo* を比較すること．図 2-8a-b).

　同じ種と同じ性別においても，要素 *f* に付随している帯状模様の発現は前
翅と後翅の間で異なっている．そして，背側と腹側の変化も示すかもしれな
い．これは，*Pierella helvina* において極めて顕著である (図 2-3d). 要素 *f* と
g は明確に可視化されており，発生の境界として機能しているように思われ
る．*P. helvina* の腹側では，帯状模様は薄い色で，前翅では後翅よりもずっと
狭い．要素 *g* は，後翅腹側においては連続的な線を形成するが，背側では翅
脈 M_2 と CuA_1 の間には発現されていない．そのことは，明るい赤色の帯状模
様が遠位方向へ広がることを許容している．比較として，要素 *f* と *g* も
Pierella lucia の後翅において明確に可視化されることに注意が必要である (図
2-3c). 後翅では，薄い帯状模様は腹側だけで発現される．このように，
Pierella 属は，さまざまな翅模様要素とそれに随伴する帯状模様が，独特の種
特異的な模様を作り出すようにいかに進化的に幅広く修飾されうるかという

素晴らしい事例を提供してくれる.

2-5　性的二型と擬態

　本研究で検討された種のなかには，性的に単一型の種から多少あるいは強く二型を示す種まで存在する．そして，このような色模様の多様化は，自然選択がオスとメスに独立に作用できることを暗示している．性間でほとんど違いがない場合でも，背側と腹側の両方の翅模様要素はメスにおいてより保存されている (図 2-2d-e，図 2-4c)．これに対して，強い性的二型の場合は，少数の翅模様要素とそれに付随する多彩な帯状模様が単純に修飾されている (例：*Mielkella singularis*, Penz and Mohammadi, 2013)．あるいは，多くの翅模様要素が含まれる，より複雑な変化を伴うこともある (図 2-2d-e).

　強力な性的二型は，オスの模様に作用する性選択を通して，あるいは，メスの模様に作用する自然選択を通して生じうる (総説として Kunte, 2008 および Oliver and Monteiro, 2010 を参照のこと)．ここでは，私は議論をメスの模様に作用する潜在的な自然選択に限定する．メスは，潜在的な捕食者にとってより目立たなくなるように，オスから分岐することができるだろう．それが *Morpho* 属の 5 種の例に見られたことかもしれない (図 2-2e の例を参照)．さらに，常にそうであるとは限らないが，擬態の収斂進化は，メスにのみ限定されうる．メスに限定された擬態は，さまざまな族の構成種において独立に進化してきた (例として図 2-4a-b)．そして，モデルに依存して，それは，翅の模様要素の単純な変化あるいは複雑な変化を必要とする．例えば，*Catoblepia orgetorix* のメスと単一型の *Caligo atreus* (図 2-8a-b) の収斂は比較的単純ないくつかの色模様の修飾を伴えばよい．*Catoblepia* 属の他の種と比較すると，要素 *f* に付随している帯状模様は，*C. orgetorix* の前翅背側において，近位側へ転置されている．その色は橙色から白色に変わっており，さらに紫系の虹色をも獲得している．後翅背側においては，要素 *i* に付随している帯状模様は広くなっていて，色彩は橙色から黄色に変わっている．新熱帯区のジャノメチョウ亜科では擬態は稀で，*Caligo* 属も *Catoblepia* 属も化学物質による防衛機構を持ち合わせていないため，この種間関係は風変わりな例である．

　これに対して，擬態 (メスに限定された擬態あるいは両性ともの擬態) は旧世界族であるゴマダラヒカゲ族とマネシヒカゲ族，そしてワモンチョウ族の

Taenaris 属では普通に見られる．それらの事例では，進化の経路は二つに明確に区別される．図2-8c–e で示されているように，これらの種では，類似の外見を作り出すために，ほとんどの翅模様要素の発現を極端なまでに減少させるとともに，いくつかの眼状紋のサイズを増加させている．これは族レベルの収斂である．他の分類群では，擬態を作り出すために，ほとんどの翅模様要素を複雑に修飾している．ゴマダラヒカゲは化学物質で防御されているマダラチョウ (例えば，*Ideopsis vulgaris*，図2-6a) へ擬態収斂するが，そのような収斂へと導く翅模様要素の修飾を理解するためには，非擬態型の模様と中間的な模様を調べればよいであろう．図2-6c, d, f, g は，そのような一連の修飾を例示している．それらの分析から，*Penthema* 属の翅模様要素の配置構成に関して仮説を立てることができる (図2-6b; Nijhout, 1991 も参照のこと)．とりわけ，性的二型を示す *Zethera pimplea* のオスとメスの背側は茶色と暗白色の色彩をしているが，メスの模様はオスよりももっと入り組んでいて，よりマダラチョウ族に類似している (図2-6g)．複雑なマダラチョウ族に似た背側の模様をもつマネシヒカゲ属 (*Elymnias*) の種においては，いくらかの翅模様要素を同定することはできるが，それらは一般的に解釈が困難である (図2-4a–c)．

2-6　透明性

　鱗粉の層があるため，チョウの翅は一般的に光を透過しない．それにもかかわらず，ジャノメチョウ亜科のいくつかの構成種は部分的な透明性あるいは完全な透明性を進化させてきた．*Morpho sulkowskyi* においては，背側の鱗粉のサイズと色素は，翅を透かして腹側の翅模様要素が見えるほどまでに減少している (図2-2b)．部分的な透明性は *Morpho* 属では1種ではなく，それよりも多くの種で進化しているが，自然史という視点からは，その機能は知られていない．

　鱗粉で覆われる面積は，*Dulcedo* 属，*Pseudohaetera* 属，*Haetera* 属，*Cithaerias* 属 (スカシジャノメ族) で劇的に減少している (図2-3e–f．これはおそらく約2900万年前に進化した (Cespedes et al., 2015)．透明性のため，これらのチョウは森林下層部においてほとんど不可視となる．これは捕食に対する防御であると考えることができる．広範囲で鱗粉が欠落しているにもかかわらず，

いくらかの翅模様要素は保存されており，このことは，これらの要素がこれらのチョウの行動において機能を果たしていることを示唆している．例えば，翅脈 M_1 より下の後翅の眼状紋は非常によく見える (図 2-3e-f)．そして，それはシグナルを発することに関わっているのかもしれない．森林では，地面に静止している *Cithaerias* 属のオスは，後翅背側の鮮明な色を繰り返し点滅させている (個人の観察による)．それは，近くを飛翔している他のオス個体や潜在的な交尾相手によって目に留まるであろう．

　失われた翅色模様と保存されている翅色模様の間の相互作用については，以下の二つの理由から，透明なスカシジャノメ族において興味深い．第一に，いくつかの模様要素は翅膜の上に直接発現されており，鱗粉のない帯状模様を形成している (図 2-3e-f)．これは，鱗粉を失うことが模様を失うことに直結するとは限らないことを示している．翅模様要素の膜レベルでの発現は，例えば，図 2-3f の眼状紋のように，鱗粉をもつ領域でも見ることができる．私の知る限り，*Dulcedo* 属，*Pseudohaetera* 属，*Haetera* 属，*Cithaerias* 属だけが，翅模様要素が翅膜に発現されているチョウである．第二に，これらのチョウは，鱗粉形成について背側と腹側を別々に制御していることを示している．例えば，ほとんどの透明なスカシジャノメ族において，翅脈 M_1 より下の眼状紋は，後翅腹側では完全なリングのセットをもっているが，背側の眼状紋は橙色のリングを欠いている (図 2-3f)．*Cithaerias* 属では，多彩な鱗粉は後翅背側のみに存在する．そのため，翅膜に発現されている翅模様要素は腹側においてよりはっきりと見える．多彩な背側の装飾は特定の翅模様要素には対応しないように思われ，要素 *g, i, j* には影響を受けないで後翅表面にわたって広がっている．このことは，これらの翅模様要素が腹側のみに発現されているのかどうかという疑問を投げかけている (CM Penz，進行中の研究)．

2-7　結　語

　本章の話題の中心となっているチョウは，色模様変異の顕著な例を提供してくれる．眼状紋のサイズと形の大きな変化が，アフリカヒメジャノメ属 (*Bicyclus*) を用いた選択実験で示されており (例：Monteiro et al., 1997)，その結果は，チョウは迅速な適応進化を起こすことができることを示唆している．適応進化の結果として，ある系統は比較的短い進化の時間スケールのなかで

翅模様要素の大幅な修飾を蓄積するのかもしれない．このことは，本研究で検討された全ての族が，ほぼ完全な翅模様要素をもつ種から高度に減衰された翅模様要素をもつものまでを含んでいるという観察事実と共鳴している．進化は繰り返されるのである．異なる模様要素の修飾から生じる収斂的な外見は，自然史あるいは微小生息域の類似性を反映しているのかもしれない．そのような例は，新熱帯区の *Caerois* 属と旧世界の *Amathuxidia* 属における腹側の線状模様に見ることができる (図 2-2a, 図 2-7b)．配偶行動の野外観察は，後翅腹側の眼状紋は *Caligo* 属と *Pierella* 属の種においてはオスとメスの相互作用に使用されているかもしれないことを示唆している (図2-1d, 図2-3a)．そして，このことは，過去の研究に新しい次元を追加することになる．本研究で検討された族では，模様の減退が興味深い．なぜなら，それが並外れてさまざまな方法で達成されているからである．例えば，模様要素は発現されないかもしれないし，鱗粉の装飾がほぼ完全に消失しているのかもしれない (図2-3e-f, 図 2-8c-e)．透明性は，スカシジャノメ族などの例に見られるように，鱗翅目において，生態学的・行動学的に明確に異なるさまざまなグループで独立に進化した．異なる分類群で鱗粉の欠失がどのように適応的であるのか，どのような発生メカニズムが関与しているのか，それは可逆的なのか？　ジャノメチョウ亜科のなかで翅の色彩が果たす役割をさらに理解するために，ここで示された研究は二つの分野の基礎研究を提唱する．それは，模様変異の記載と，翅の色の多様化を行動的・進化的な考え方のなかに位置づけることを目的とした野外調査である．

謝　辞

　以下の方々に大いに感謝する．Fred Nijhout および Toshio Sekimura にはこの書籍への執筆依頼をいただいたことについて．the Milwaukee Public Museum (US)，Natural History Museum (UK)，Florida Museum of Natural History (US)，Natural History Museum of Los Angeles County (US)，Carnegie Museum of Natural History (US)，Smithsonian Institution (US) には標本の貸出しについて．Saito Motoki (Japan)，Andrew Neild (UK)，David Powel (US)，Joel Atallah (US)，the Nymphalid Systematics Group (Sweden)，Yale Peabody Museum (US) には保存標本あるいは生きた標本の写真の提供

について．Phil DeVries にはこの原稿へのコメントについて．

付　録
検討された種類のリスト

　焦点をもつ分岐群のなかではほとんどの族は単系統であるが，全てがそうではない (Wahlberg et al., 2009)．それゆえ，ここで用いられている分類は暫定的であり，今後変更されることが期待されている (例えば，ゴマダラヒカゲ族)．属と種はアルファベット順にリストされている．アステリスクが付けられたものは画像のみで分析されたものである．

フクロウチョウ族 BRASSOLINI

Aponarope sutor; Bia actorion, B. peruana; Blepolenis batea, B. bassus; Brassolis dinizi, B. sophorae; Caligo atreus, C. idomeneus, C. martia, C. oberthuri; Caligopsis seleucida; Catoblepia berecynthia, C. orgetorix, C. xanthus; Dasyophthalma creusa, D. rusina; Dynastor darius; Eryphanis aesacus, E. automedon, E. bubocula; Mielkella singularis; Narope cyllastros, N. panniculus; Opoptera aorsa, O. fruhstorferi, O. syme; Opsiphanes cassia, O. invirae, O. sallei; Orobrassolis ornamentalis; Penetes pamphanis; Selenophanes cassiope, S. josephus, S. supremus. さらなる種については Penz and Mohammadi (2013) を参照のこと．

モルフォチョウ族 MORPHINI

Antirrhea archaea, A. avernus, A. philoctetes; Caerois chorineus, C. gerdrudtus; Morpho aega, M. anaxibia, M. aurora, M. catenarius, M. cypris, M. hecuba, M. helenor, marcus, M. menelaus, M. rhetenor, M. theseus.

スカシジャノメ族 HAETERINI

Cithaerias andromeda, C. aurora, C. aurorina, C. bandusia, C. pireta, C. pyritosa, C. pyropina; Dulcedo polita; Haetera piera; Pierella helvina, P. hortona, P. hyalinus*, P. lamia, P. lena, P. lucia, P. luna, P. nereis; Pseudohaetera mimica.

マネシヒカゲ族 ELYMNIINI

Elymnias agondas, E. cumaea, E. hypermnestra, E. nessaea, E. patna; Elymniopsis bammakoo.

コノマチョウ族 MELANITINI

Melanitis amabilis, M. Constantia, M. leda.

アフリカヒカゲ族 DIRINI + Manataria

Aeropetes tulbaghia; Dingana dingana*; Dira clytus*; Paralethe dendrophilus; Torynesis mintha*; Manataria maculata.

ゴマダラヒカゲ族 ZETHERINI

Ethope diademoides, E. himachala, E. noirei*; Hyantis hodeva; Morphopsis albertisi, M. biakensis, M. meeki, M. ula; Neorina crishna, N. hilda, N. lowi, N. patria; Penthema adelma, P. darlisa, P. formosanum; Xanthotaenia busiris; Zethera incerta, Z. musa,

Z. musides, Z. pimplea.

ワモンチョウ族 AMATHUSIINI

Amathusia binghami, A. phidippus, A. plateni; Amathuxidia amythaon; Discophora bambusae, D. sondaica, D. timora; Ensipe cycnus, E. euthymius; Faunis canens, F. eumeus, F. menado, F. stomphax, F. phaon leucis; Melanocyma faunula; Morphotenaris schoenbergi; Stichophthalma camadeva, S. godfreyi*, S. howqua, S. louisa, S. nourmaphal, S. sparta; Taenaris artemis, T. butleri, T. catops, T. myops, T. onolaus; Thaumantis diores, T. noureddin, T. odana; Thauria aliris; Zeuxidia amethistus, Z. aurelius, Z. doubledayi.

引用文献

Cespedes A, Penz CM and DeVries PJ (2015) Cruising the rain forest floor: butterfly wing shape evolution and gliding in ground effect. J Anim Ecol 84: 808-816

Chai P (1990) Relationships between visual characteristics of rainforest butterflies and responses of a specialized insectivorous bird. In: Wicksten M (ed) Adaptive coloration in invertebrates. Proceedings of a Symposium sponsored by the American Society of Zoologists. College Station, Texas, pp 31-60

DeVries PJ (2002) Differential wing-toughness among palatable and unpalatable butterflies: direct evidence supports unpalatable theory. Biotropica 34: 176-181

DeVries PJ (2003) Tough models versus weak mimics: new horizons in evolving bad taste. J Lep Soc 57: 235-238

Freitas AVL and Brown Jr. KS (2004) Phylogeny of the Nymphalidae (Lepidoptera). Systematic Biol 53: 363-383

Freitas AVL, Benson WW, Marini-Filho OJ and Carvalho RM (1997 Territoriality by the dawn's early light: the Neotropical butterfly *Caligo idomeneus* (Nymphalidae:Brassolinae). J Res Lepidoptera 34: 14-20

Grimaldi D and Engel MS (2005) Evolution of the Insects. Cambridge University Press, Cambridge, MA

Hill RI and Vaca JF (2004) Differential wing strength in *Pierella* butterflies (Nymphalidae, Satyrinae) supports the deflection hypothesis. Biotropica 36: 362-370

Kemp DJ, Herberstein ME, Fleishman LJ, Endler JA, Bennett AT, Dyer AG, Hart NS, Marshall J and Whiting MJ (2015) An integrative framework for the appraisal of coloration in nature. Am Nat 185: 705-724

Kunte K (2008) Mimetic butterflies support Wallace's model of sexual dimorphism. Proc Roy Soc B 275: 1617-1624

Monteiro A, Brakefield PM and French V (1997) The genetics and development of an eyespot pattern in the butterfly *Bicyclus anynana*: response to selection for eyespot shape. Genetics 146: 287-294

Nijhout HF (1991) The development and evolution of butterfly wing patterns. Smithsonian series in comparative evolutionary biology, Smithsonian Institution Press, Washington

Oliver JC and Monteiro A (2010) On the origins of sexual dimorphism in butterflies. Proc R Soc B 278: 1981-1988

Oliver JC. Robertson KA and Monteiro A (2009) Accommodating natural and sexual selection in butterfly wing pattern evolution. Proc R Soc B 276: 2369-2375

Peña C and Wahlberg N (2008) Pre-historic climate change increased diversification of a group of butterflies. Biol Lett 4: 274-278.

Penz CM and Mohammadi N (2013) Wing pattern diversity in Brassolini butterflies

(Nymphalidae, Satyrinae). Biota Neotrop 13: 1-27

Rutowski RL (1991) The evolution of male mate-locating behavior in butterflies. Am Nat 138: 1121-1139

Schwanwitsch BN (1924) On the groundplan of wing-pattern in nymphalids and certain other families of the rhopalocerous Lepidoptera. Proc Zool Soc London 94: 509-528

Schwanwitsch BN (1925) On a remarkable dislocation of the components of the wing pattern in a Satyride genus *Pierella*. Entomologist 58: 226-269

Srygley RB and Penz CM (1999) The lek mating system in Neotropical owl butterflies: *Caligo illioneus* and *C. oileus* (Lepidoptera, Brassolinae). J Insect Behav 12: 81-103

Stevens M (2005) The role of eyespots as anti-predator mechanisms, principally demonstrated in the Lepidoptera. Biol Rev 80: 573-588

Süffert F (1927) Zur vergleichende Analyse der schmetterlingzeichmung. Biol Zbl 47: 385-413

Vane-Wright RI and Ackery PR (1984) The biology of butterflies. Symposium of the Royal Entomological Society of London, Number 11. Academic Press, Saint Louis

Wahlberg N, Leneveu J, Kodandaramaiah U, Peña C, Nylin S, Freitas AVL and Brower AVZ (2009) Nymphalid butterflies diversify following near demise at the Cretaceous/Tertiary boundary. Proc R Soc B 276: 4295-4302

3 章
基本プランという主題が奏でる擬態という変奏

鈴木誉保

要　約

　鱗翅目の擬態模様は洗練され魅力にあふれた形態進化の代表例である．先行研究では主に擬態のミクロ進化に焦点が当てられ，なぜ擬態模様は多くの動物で見られるのか，どのように集団内で進化したのかなどが調べられてきた．例えば，擬態模様は捕食者に食べられてしまうのを避けるために適応的に役立っているということが明らかにされている．しかしながら，擬態のマクロ進化はまったくといってよいほど明らかになっていない．例えば，枯葉にそっくりな擬態模様が，葉に似ても似つかない模様から，どのようなプロセスを経て進化してきたのかについては，あまりにも有名な問いであるにもかかわらず解決の糸口さえつかめていなかった．こうした問いも含めて，擬態のマクロ進化はどのようにして調べればよいのだろうか？　カギとなる基本原理として，基本プラン (チョウやガの翅の模様では Nymphalid ground plan; NGP と呼ぶ) に注目したい．基本プランはチョウやガに広く保存された構造であり，さまざまな模様を生みだす源となる．本章では，基本プランのもつ性質に注目することで擬態のマクロ進化的側面に取り組んだ研究の数々を紹介し，次いで擬態という生物学的現象をさらに深く理解するためのロードマップを提示する．本章の核となるのは，次の三つのテーマである．(1) マクロ進化パスウェイ (macro-evolutionary pathways)：複雑な擬態模様が長い期間を経てどのような道筋をたどって進化してきたのかを解明する．(2) マクロ進化可能性 (macro-evolvability)：複雑な模様が生みだされる背景には，チョウやガの模様をつくるメカニズムにどんな良い仕組みが備わっているのかを解明する．(3) ボディプラン・キャラクターマップ (bodyplan character map)：複雑な模様がどのように統合されているのかを基本プランのもつ構造から解明する．また，その統合構造はどのように祖先の発生メカニズムがもつ統合構造を結合 (coupling) したり解消 (uncoupling) したりして進化してきたのかを解明する．こうしたアプローチは，擬態模様の進化とその背景にある基本プランのもつ性質について研究するための新たな方向性を提示してくれるだろう．

キーワード

隠蔽擬態 (crypsis) と扮装擬態 (masquerade)，チョウ (butterfly) とガ (moth)，比較形態学 (comparative morphology)，マクロ進化 (macro-evolution)，進化パス (evolutionary path)，系統比較法 (phylogenetic comparative method)，ブリコラージュ性 (tinkering)，形態統合とモジュール (morphological integration and modules)，形態測定 (morphometrics)，遺伝子型‐表現型マップ (genotype-phenotype map)．

3-1　はじめに

擬態模様が見せる複雑で精妙な作りは，多くの生物学者を，あるいは生物に親しむ者たちを魅了し続けている (Poulton,1890; Cott, 1940; Edmunds, 1974; Ruxton et al., 2004; Stevens, 2016; 鈴木, 2016; 平嶋・広渡, 2017)．隠蔽的擬態 (カモフラージュ；camouflage) は，最近の研究により大きく二つに分類される．一つは隠蔽擬態 (crypsis) であり，背景の環境に紛れ込んでしまって捕食者がその存在に気づかない現象を指す．もう一つは扮装擬態 (masquerade) であり，枯葉や枝など自然にあるものそっくりに化けて，捕食者が食べられないものとして認識する現象を指す (Stevens and Merilaita, 2009; Skelhorn et al., 2010a, 2010b; Merilaita and Stevens, 2011; Skelhorn, 2015)．隠蔽的擬態の典型例はチョウやガの翅の模様で見いだすことができる．例えば，樹皮に紛れるオオシモフリエダシャク (*Biston betularia*) (van't Hof et al., 2016) や地衣類にそっくりなヤガ科のガである *Agriopodes fallax* (Schmidt et al., 2014) は隠蔽擬態をしており，枯葉の葉脈模様を模したヤガ科のガであるアカエグリバ (*Oraesia excavata*) (図 3-1a; Suzuki, 2013) やタテハチョウ科のチョウであるコノハチョウ (*Kallima inachus* and *K. paralekta*) (図 3-1b; Suzuki et

図 3-1 ガとチョウの翅模様に見る擬態．(a) アカエグリバ．(b) コノハチョウ (*Kallima inachus*)．図 (a) は Suzuki (2013) より一部を改変して転載．図 (b) は Suzuki et al. (2014) より一部を改変して転載．

al., 2014)，乾燥の進んだ枯葉に化けたシータテハ (*Polygonia c-album*) (Wiklund and Tullberg, 2004) は扮装擬態の好例である．先行研究は，隠蔽的擬態のミクロ進化に注目してきた．代表的な例として，オオシモフリエダシャクの工業暗化があげられ，その適応的な意義 (Cook et al., 2012) や隠蔽色を生みだす遺伝的なメカニズムなどが調べられている (Cook and Saccheri, 2013; van't Hof et al., 2016)．またチョウの季節多型による隠蔽的擬態の研究も進められてきた．例えば，アカマダラ (*Araschnia levana*) (Koch and Bückmann, 1985) やアフリカヒメジャノメ (*Bicyclus anynana*) (Brakefield and Larsen, 1984; Monteiro et al., 2015) やキタテハ (*Polygonia c-aureum*) (Fukada and Endo, 1966; Endo, 1984; Endo et al., 1988) などがあげられる．これらのチョウの季節多型はホルモン制御によってなされ，乾季や雨季に合わせて，あるいは，春や秋などの季節に合わせてその模様を変化させて隠蔽的擬態をすることが分かりつつある．一方，擬態のマクロ進化的側面は全くといってよいほど理解が進んでいない．本章では，チョウやガの翅模様に見られる隠蔽的擬態に注目し，特にその比較形態学的な側面からのアプローチに焦点を当てる．さらに，隠蔽的擬態の進化の背景にあるメカニズムの理解をさらに推し進めるために，今後必要となるであろうロードマップを提案したい．

　鱗翅目の擬態のマクロ進化的側面にアプローチするときの鍵となるのは，

ボディプランや基本プランと呼ばれる，さまざまな種を比較形態学的に比較することで抽出される多様性の背後にある共通した構造的ルールに注目することである．基本プランに注目することで，一見したところまったく異なる模様であっても共通して使い回されている模様要素を同定することが可能になる (Wagner, 2014)．この種間で共通して使い回されていることを相同性とよび，祖先から子孫へと遺伝により受け継がれてきたためだと考えられてい

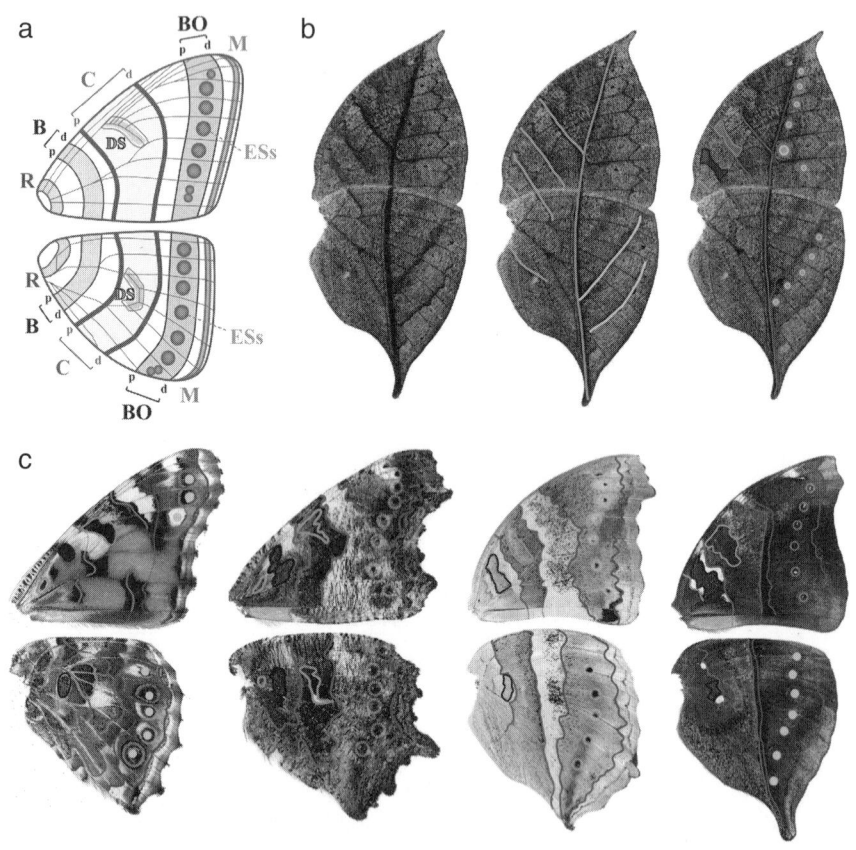

図 3-2 基本プランと多様な翅模様を生みだす変形．(a) 基本プラン (NGP)．(b) 枯葉の葉脈模様擬態とコノハチョウ (*Kallima inachus*) の NGP．(c) ヒメアカタテハ (*Vanessa cardui*)，エルタテハ (*Nymphalis vaualbum*)，キオビコノハ (*Yoma sabina*)，イワサキコノハ (*Doleschallia bisaltide*) の NGP．図は Suzuki et al. (2014) より一部を改変して転載 (口絵参照)．

る．これまでに，(少なくとも大蛾類の) チョウやガの翅模様は強固に保存された基本プラン (Nymphalid Ground plan; NGP; 図 3-2a; Schwanwitsch, 1924; Süffert, 1927; Nijhout, 1991) に従っていると考えられている．NGP によれば，チョウやガの多様な翅模様は相同な模様要素を使いながら，その状態を変化させることによって生みだされていると説明される (Schwanwitsch, 1956; Nijhout, 1991)．比較形態学的な観点から，鱗翅目昆虫の擬態について次のような疑問が見えてくる．どんな擬態模様が NGP によって説明されるのだろうか？　あるいは NGP は擬態の理解に有効なのだろうか？　また，もしある擬態模様が NGP で説明されたならば，NGP はその擬態についてどんな情報を与えてくれるのだろうか？　NGP は新たな環境へ適応するときの擬態模様の進化や組織化された構造を理解するときに，どのような指標を与えてくれるだろうか？

　本章では，NGP を利用することで鱗翅目の擬態のマクロ進化的側面を明らかにした研究事例を紹介し，さらに擬態の理解を進めるために何が必要なのかを議論する．第一に，種間で見られる相同な要素を同定するための比較形態学的な基礎づけについて厳密な議論を展開し，NGP が多様な翅模様を作り出すときにどのように関わっているのかを調べた研究事例を紹介する．第二に，枯葉にそっくりな模様が，枯葉に似ても似つかない模様から徐々に進化してきたプロセスを明らかにした研究を紹介し，ベイズ統計を利用した系統比較法 (phylogenetic comparative methods) という方法の有効性も併せて議論する．第三に，NGP の性質を援用しながら，枯葉擬態模様の進化が可能となる背景には柔軟な構築ロジックがあることを議論する．第四に，枯葉模様の形態統合とモジュール性を解析する方法論を提案し，新規モジュールの進化的起源について議論する．最後に，擬態模様の起源と多様化についてマクロ進化的側面にせまるために今後必要なロードマップを提案する．

3-2　基本プラン (NGP) の形態学的基礎

　ボディプランや基本プランという概念は，比較形態学に由来する (Rieppel, 1988)．異なる種から相同な形態要素を同定する規準はレマネ (Remane, 1952) によってまとめられ，現在の体系学や比較形態学研究においても十分に検証された方法論として受け入れられている (Williams and Ebach, 2008)．このレ

マネ規準は主として以下の三つのルールからなる. (1) 相対的配列関係 (topographical relationships) の類似性, (2) 特殊な特徴の類似性, (3) 中間的な個体発生あるいは系統発生を経ることによる形質変換の連続性. 第一規準は, ジョフロワ・サンチレールによる「結合一致の法則 (principe des connexions)」と論理的には同じものである (Saint-Hilaire, 1818). 第二規準は, 調べている形質 (character) がもつ性質の特殊性に注目している. 第三規準は, 調べている形質を作り出す発生遺伝学的なメカニズムの進化的な連続性に基づいている. 相同性の定義や取扱いについてはいまだに議論がつきないものの (Patterson, 1982; Roth, 1988; Wagner, 1989; Brower and Schawaroch, 1996; Wagner, 2007; Hall, 2008), レマネ規準は多くの形態的構造を注意深く観察してきた実験事実の積み重ねに基づいており, その結晶として結実したコンセンサスであることを見過ごしてはならない. 現在では, この規準はさまざまな動物や植物の解剖学的な相同性を読み解くための非常に強力なツールとしての威力を発揮し続けている (動物の研究例: Nagashima et al., 2009; Hutchinson et al., 2011; Luo, 2011; Holland et al., 2013; 植物の研究例: Sattler, 1984; Buzgo et al., 2004).

　NGP は相同な模様要素を記述するためのスキームである. したがって, NGP はレマネ規準が定める論理フレームワークの範疇で議論されるべきである. レマネ規準と同等の考え方は Schwanwitsch (1956) や Nijhout (1986) の研究にその萌芽は見られるものの, 少なくとも筆者が知る限りにおいては, 明示的にレマネ規準を引用し議論している形跡はない. そこで, 筆者はレマネ規準を NGP に適用することに取り組み, コノハチョウ (*Kallima inachus, K. paralekta*) の枯葉模様が NGP で説明できることを形態学的に厳密に証明した (図 3-2b; Suzuki et al., 2014). この結果は, 以前になされていた Süffert (1927) による推測を保証し, Schwanwitsch (1956) による分析を支持するものであった. さらに, コノハチョウの近縁種のチョウの翅模様についても調べ, それらのチョウの模様は枯葉模様とずいぶんと趣きが異なるにもかかわらず, やはり同様に NGP によって説明できることを証明した (図 3-2c, ここでは 4 種のみを図示. 詳細は論文 Suzuki et al., 2014 の図 2 を参照). 興味深いことに, 以上の解析結果から, 葉っぱにそっくりな模様もそうではない模様も, 同じ模様要素を使いまわしており, 異なるのは模様要素を曲げたり真っすぐにしたりしている

という幾何学的な形状の違いだけであるということが分かった．このように，比較形態学は枯葉擬態のような特殊な例でさえ読み解き，そうしてチョウの翅模様の多様性がどのように生みだされているかについて深い情報を与えてくれる．

　ここでNGPを利用した方法論がもつ限界について述べておくのは有意義であろう．この限界というのは，典型的な模様からずいぶんと逸脱してしまった翅模様について，NGPを利用して相同な模様要素を同定するのが困難であるということである．例えば，アゲハチョウ科に属するいくつかのチョウの翅模様は翅脈によって断片化されすぎており（ディスロケーションと呼ぶ），断片化された要素がどのNGPの要素に相当するのかを決めるのが困難な場合がままある（Mallet, 1991）．また，タテハチョウ科のチョウであるドクチョウの仲間では，模様自体が著しく変形された状態であり模様要素が複雑に絡み合っているように見え，NGPを識別することが難しい（Mallet, 1991）．もっともドクチョウ属であってもNGPが同定できると提案がなされており，その結果も論文として報告されてはいるわけだが（Nijhout and Wray, 1988），典型的な模様から大いに逸脱してしまった翅模様のNGPを調べたいときには，おそらくは翅模様を作りだしている分子メカニズムを調べる必要があるだろう．そうでないならばNGPの同定作業にミスを伴うことになると思われる．先行研究では，NGPの要素の一つである眼状紋の分子メカニズムの解明がずいぶんと進んでいる（Carroll et al., 1994; Brakefield et al., 1996; Keys et al., 1999; Brunetti et al., 2001; Beldade and Brakefield, 2002; Monteiro et al., 2006, 2013; Oliver et al., 2012; Monteiro, 2015; Zhang and Reed, 2016; Beldade and Peralta, 2017）．最近では，NGPの他の要素についても研究が進みつつあり，いくつかのモルフォゲン（例：*Wnt1/wingless*, *WntA*）や転写因子（例：*aristaless2*, *Engrailed*）の関与が示唆されている（Brunetti et al., 2001; Monteiro et al., 2006; Martin and Reed, 2010, 2014）．

3-3　進化のパス：枯葉擬態模様の漸進進化ステップ

　鱗翅目昆虫の翅模様のNGPを調べることは，複雑な擬態模様が進化してきた道筋を解明するための糸口になる．しかし，どのようにして実際の擬態模様が生みだされてくる進化の道筋を調べればよいのだろうか？　これまで

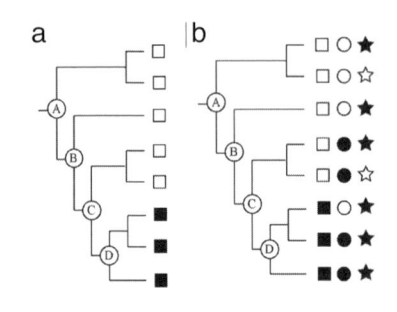

図 3-3　複雑な形質が進化してきた道筋を推定する方法．(a) 系統樹の極性が単純である場合．この図では，系統樹のノード D で，形質 (四角) が状態 0 (□) から状態 1 (■) へと進化したことを意味する．(b) 系統樹の極性が複雑である場合．このような場合には，系統比較法 (phylogenetic comparative methods) を用いて形質 (四角，丸，星) の祖先の状態が推定される．

の研究では，系統樹の極性 (character polarity) が利用されてきた (Donoghue, 1989; Swofford and Maddison, 1992; Wiley and Lieberman, 2011). 系統樹の極性とは，調べたい形質 (character) の状態を系統樹上にマップしたときに見られる，形質の状態の極端な偏りである (図 3-3a). 系統樹の極性が明確に検出できたならば，形質状態間に入れ子になった階層関係が見いだされるはずであり，その階層関係によって祖先の状態から派生状態へとどの順序で進化してきたのかが分かる．例えば，図 3-3a に示したように，形質 □ から形質 ■ へと進化したことが分かる．しかしながら，この方法には避けられない運用上の限界がある．すなわち，多くの場合に，調べたい形質は系統樹上で明確な極性を示さないということである．この限界を克服するために，いくつかの統計学的な方法が提案されてきた．それらを総称して系統比較法 (phylogenetic comparative methods; PCMs) と呼ぶ (図 3-3b; Harvey and Pagel, 1991; Losos and Miles, 1994; Garamszegi, 2014). 系統比較法は，系統樹情報を解析し形質状態の変化過程を調べるために最尤法やベイズ法といった高度な統計手法を搭載している (Pagel, 1999a). したがって，この方法は系統樹上で明確な極性を検出できない場合であっても，わずかな違いから形質進化の道筋を検出し調べることができる．つまり，形質状態が複雑に系統樹上に散らばっているという状況であっても解析することができ，より広範囲の対象について形質進化を調べることを可能にしてくれる．系統比較法にはさまざまな用途について多岐にわたる手法が提案されているが，形質の進化の道筋を解明するためには以下の二つの手法が重要である．(1) 形質の過去の状態を推定する方法 (Schluter et al., 1997; Pagel, 1999b; Pagel et al., 2004), (2) 形

質変化の順序関係を推定する方法 (Pagel, 1994; Pagel and Meade, 2006).

　コノハチョウの枯葉擬態模様がどのように進化してきたのかは，ダーウィンやウォレスの時代から続く謎であり，未解決の問題である．漸進進化説では枯葉擬態模様は徐々に進化してきたと主張し (Darwin, 1871; Wallace, 1889; Poulton, 1890; Weissman, 1902; Watson et al., 1936)，一方で跳躍進化説では中間状態を経ずに突然に進化してきたのだと主張している (Mivart, 1871; Goldschmidt, 1945)．数々の熱い論戦が繰り広げられたにもかかわらず，枯葉擬態模様がどのように進化してきたのかについて解決の糸口さえつかめていなかった．そこで，筆者は系統比較法を用いて，コノハチョウの枯葉模様がどのような進化の道筋をたどって出現したのかを調べた (図 3-4; Suzuki et al., 2014)．さて，ひと言で系統比較法を利用した解析といっても，従来のやり方で調べたのではコノハチョウの枯葉模様がどのように進化してきたのかは明らかにできない．もし従来どおりのやり方で調べたなら，枯葉模様の進化の道筋ではなく，枯葉模様が何回進化したのかを調べることになってしまう．実際に，枯葉に擬態したキリギリス (コノハギス) の研究ではキリギリスが何回独立に枯葉模様へと進化したかが調べられている (例：Mugleston et al., 2013)．これを避けるために，NGP の知見を利用してコノハチョウの枯葉擬態模様をいくつかの模様要素へと分解し，模様要素ごとに祖先ではどのような状態だったのかを推定し，それらの模様要素の集合として枯葉擬態模様がどのように進化してきたのかを推定した (図 3-4a)．模様要素の祖先の状態は系統樹のノードごとに推定されるため，系統樹のノードからノードへと模様要素の状態がどのように変化してきたかを順に追うことで，枯葉模様の進化の道筋が分かる (図 3-4b) (より詳しい日本語での解説は鈴木, 2015 a,b を参照)．この解析により，葉っぱに似ても似つかない模様から，葉っぱにそっくりな模様がどのように順序立って進化してきたのかを明らかにできた (図 3-4c; Suzuki et al., 2014)．この研究は，枯葉擬態模様の進化が漸進進化説により説明できることを証明した世界で初めての成果であった (Skelhorn, 2015)．このように，NGP と系統比較法を組み合わせることによって，鱗翅目の翅模様がもつ構造的な複雑性を洞察することができ (Suzuki, 2017)，さらにはそれらの複雑な模様がどのように進化してきたのかを明らかにすることができる．

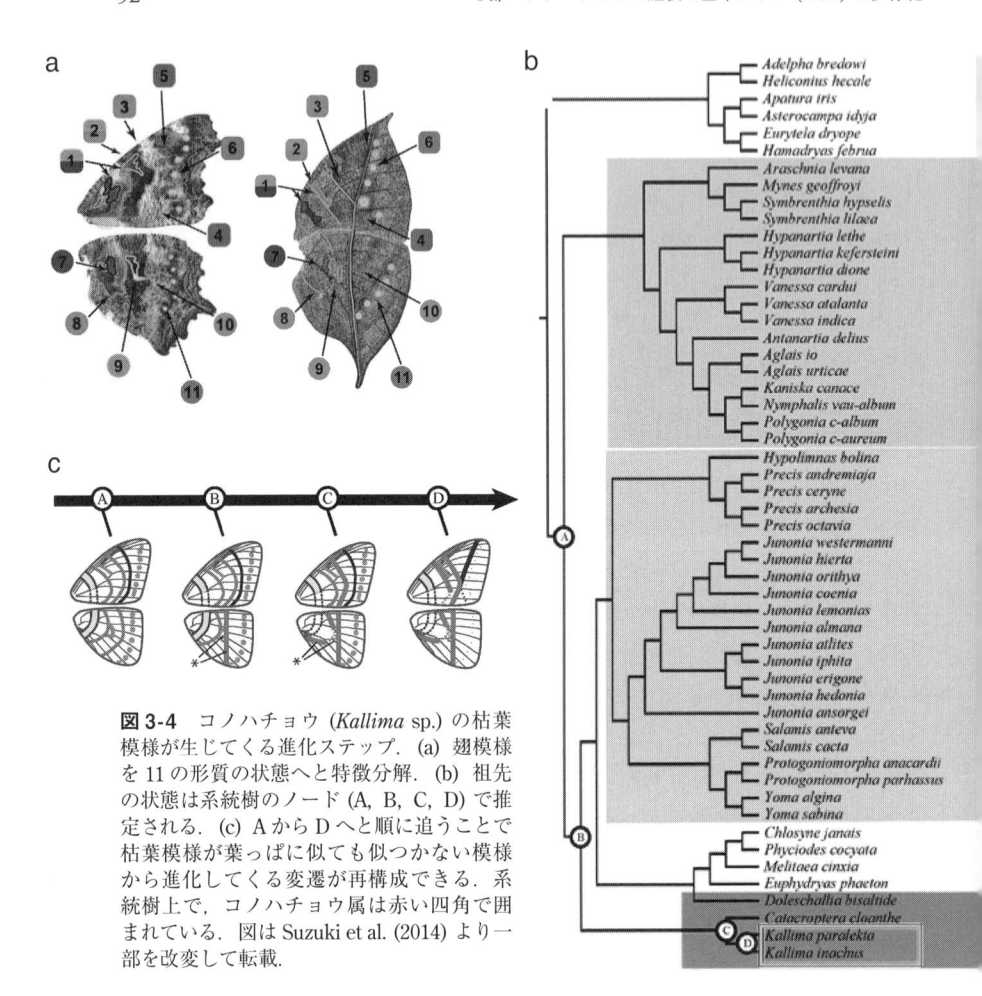

図 3-4 コノハチョウ (*Kallima* sp.) の枯葉模様が生じてくる進化ステップ. (a) 翅模様を 11 の形質の状態へと特徴分解. (b) 祖先の状態は系統樹のノード (A, B, C, D) で推定される. (c) A から D へと順に追うことで枯葉模様が葉っぱに似ても似つかない模様から進化してくる変遷が再構成できる. 系統樹上で, コノハチョウ属は赤い四角で囲まれている. 図は Suzuki et al. (2014) より一部を改変して転載.

3-4　ブリコラージュ性：枯葉葉脈模様を作り出す柔軟なロジック

　進化パスを推定することに加えて, 鱗翅目の翅模様に NGP を見いだすことで, 枯葉模様を作り出すにはどんなやり方があるのかを調べることもできる. Schwanwitsch (1956) は枯葉に擬態している三つの種［マエモンベニコノハ (*Siderone marthesia*; 図 3-5a), イシドラマドコノハ (*Zaretis isidora*; 図 3-5b), コノハチョウ (*Kallima inachus*)］について NGP を調べている. 彼の解析のよれば, いくつか異なる部分も見られるものの, これら 3 種はおおむね同じよう

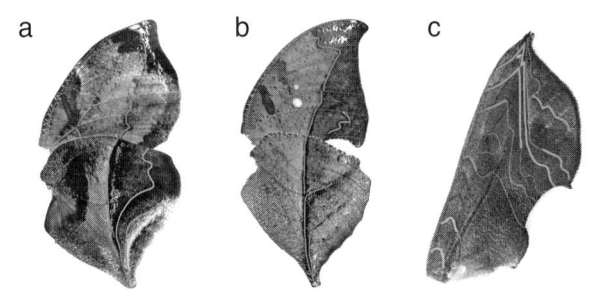

図 3-5　NGP という主題が生みだす枯葉葉脈模様という変奏．(a) マエモンベニコノハ．(b) イシドラマドコノハ．(c) アカエグリバ．マエモンベニコノハとイシドラマドコノハの NGP は Schwanwitsch (1956) に基づく．図は Suzuki (2013) より一部を改変して転載 (口絵参照)．

なやり方で NGP を変形させて枯葉模様を作り出しているように見える (図 3-2 b, 図 3-5 a, b)．興味深いことに，マエモンベニコノハ属 (*Siderone*) とマドコノハ属 (*Zaretis*) はフタオチョウ亜科 (Charaxinae) に属するチョウであり，一方コノハチョウ属はタテハチョウ亜科 (Nymphalinae) に属するチョウであることから，両者は同じタテハチョウ科に属するものの異なる亜科に属するチョウだということである (これは最近の分子系統樹による研究からも支持されている．Wahlberg et al., 2009)．一般に，構造的に類似した形質が独立に進化することを収斂進化と呼ぶが (Stayton, 2015)，上記 3 種の枯葉模様の作り方を見ると NGP の使い方さえも収斂することを示唆しているのかもしれない．

　この NGP の収斂進化による枯葉擬態の進化的創出は，一見すると枯葉擬態模様の進化はある種の制約を受けているように見受けられる．しかし，この収斂現象はタテハチョウ亜科とフタオチョウ亜科よりも離れた系統どうしでも同様に見られるのだろうか？　この問いに答えるために，北東アジアでよく見られるヤガ科のガであるアカエグリバの枯葉模様とコノハチョウの枯葉模様を比較した (図 3-1a)．両者の枯葉模様はとても類似している．実際に，両者ともに主脈と主脈を挟むように両脇に側脈をもった枯葉模様をしている．しかし，そうであるにもかかわらず，両者の NGP の使い方はずいぶんと異なるものであった (図 3-2b, 図 3-5c)．例えば，コノハチョウの枯葉模様の主脈は図で緑色で示した要素 (NGP の境界対称系の近位斑) と赤色の要素 (NGP の中央対称系の遠位斑) で形成されていた．一方で，アカエグリバの枯

葉模様の主脈は緑色の要素 (NPG の境界対称系の近位・遠位斑) のみで形成されていた．この観察結果は，鱗翅目の枯葉擬態模様は異なるパスを通って進化できることを示唆している．したがって，タテハチョウ科のチョウどうしを解析した結果と比較して，枯葉模様の進化はより柔軟性に富んだものであることを示唆している．

　枯葉模様の構築方法に見られるこの柔軟性は，「ブリコラージュ性」という概念のもとで議論できるかもしれない．ブリコラージュ性は，生物学の分野では，オペロン説を解明・提唱したフランソワ・ジャコブ (1977) によって提案されたものである．彼によると，ブリコラージュ性は次のように説明される．「ブリコラージュ的な作業をする者は自身がこれから作り出すものが何かを厳密には知っていない．その何かを作り出すために，自身の身近にあるものは，例えば 1 本の紐や木片，古い厚紙などどんなものでも利用する」．簡単に言えば，自身が自由に使える全てのものを使って，とにかく機能するものを作り出すことである．この説明に基づけば，コノハチョウやアカエグリバの枯葉模様はまさにブリコラージュ的進化の産物であると言えそうだ．さらには，やや意外なことであるかもしれないが，フタオチョウ亜科のチョウの枯葉擬態模様も同じくブリコラージュの産物なのかもしれない．厳密に言うならば，ブリコラージュとは形質を作り上げるプロセスについて述べたものであり，でき上がった形質の性質についてのみ述べたものではない．いずれにしても，鱗翅目の枯葉擬態模様の柔軟な構築ロジックは，それらを作り出す進化のプロセスにおけるブリコラージュ的ロジックを反映したものなのかもしれない．

3-5　モジュラリティー：NGP の発生モジュールと単純な隠蔽擬態模様

　形態的な構造がどのように統合されているのかを明らかにすることは，形態が適応するための遺伝的発生学的な基盤を理解するために必須である (Olson and Miller, 1958; Cheverud, 1996; Klingenberg, 2009)．概念研究により，形態統合は機能的に関連しあった要素群が緊密に連結しあっていると主張されている (Olson and Miller, 1958; Cheverud, 1996)．統合の特別な様式としてモジュラリティーがある．モジュラリティーとは緊密に連結しあっているまとまりを意味し，同時にまとまりどうしは互いに独立している (Wagner and Altenberg, 1996). モジュラリティーは発生メカニズムがもつ制御機構の相互作用 (Klingenberg, 2008) や，あるいは自然選択によって刻まれてきた構造の変化に起因する (Lande, 1979; Arnold, 1983; Wagner and Altenberg, 1996). 先行研究では，NGP の各要素は遺伝的にもあるいは発生学的にも自立したまとまりであり，したがっていくつかの発生モジュールの集合であると考えられてきた (図 3-6a; Nijhout, 1991, 1994, 2001; Beldade and Brakefield, 2002). 実際に，実験によって NGP の中央対称系は遺伝的にも表現型的にも独立したユニットをなしていることが示されている (Brakefield, 1984; Paulsen and Nijhout, 1993; Paulsen, 1994, 1996). また，眼状紋については焦点細胞から拡散した因子によって形成された発生ユニットであることも示されている (Nijhout, 1980; French and Brakefield, 1995). 以上の解析は，チョウやガの翅模様は，おそらくは擬態模様も含めて，NGP がもつ発生モ

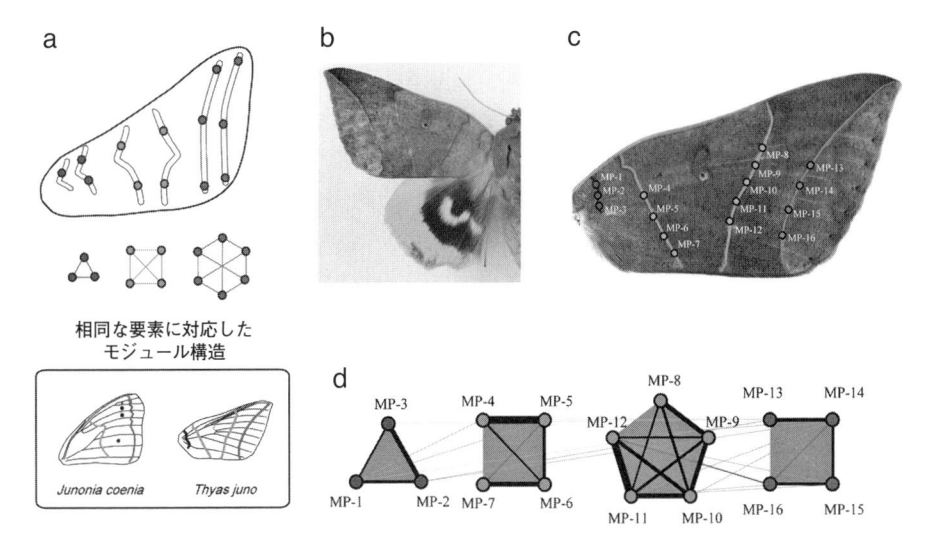

図 3-6 ムクゲコノハ (*Thyas juno*) の隠蔽擬態模様のモジュラリティー. (a) ガとチョウの翅模様の多様化戦略を描いたスキーム図. 単純な模様のモジュール構造は NGP がもともと持っている発生モジュール構造と対応している. (b) ムクゲコノハの前翅と後翅. (c) 前翅は四つの模様要素からなり，それぞれが NGP の要素である. (d) ムクゲコノハの形態相関ネットワーク. このネットワークでは，ノードは模様上に打点された計測点を表し，ノードどうしを結ぶ線はその計測点間に相関があることを表す. 太く濃い線であるほど相関が大きい. 薄い青色で囲まれた部分が検出されたモジュールである. 図は Suzuki (2013) より一部を改変して転載.

ジュール性に従っていることを強く示唆している.

　それでは, 鱗翅目の擬態模様はどのように統合化されモジュール化されているのだろうか?　この問いに答えるために, 比較的単純な模様をしているヤガ科のガであるムクゲコノハ (*Thyas juno*) の隠蔽擬態模様を調べた (図3-6b; Suzuki, 2013).　ムクゲコノハは休んでいるときに後翅を隠すように前翅を閉じ, 自身を樹皮に紛れ込ませる隠蔽擬態をしている.　ひとたび捕食者に見つかったならば, 前翅をさっと開き, 派手な模様をした後翅を捕食者に見せ, 飛び去る.　ムクゲコノハの前翅は四つの模様要素を含み, それぞれがNGPの模様要素に対応している (図3-6c).　翅模様のモジュール性を検出するために, 形態相関ネットワークと呼ばれる新しい解析手法を開発した.　この方法は, 形態測定法とグラフ理論と統計物理のスピングラスを組み合わせた方法である (Suzuki, 2013; Esteve-Altava, 2016).　この解析手法を用いて, ムクゲコノハの隠蔽模様を調べたところ, 四つのモジュール構造を成し, それぞれのモジュールがNGPの要素と1対1で対応していることを突き止めた.　このモジュール構造は, おそらくは以前から提唱されていたNGPが本来備えているモジュール構造を検出したものだと推察される (図3-6d; Nijhout, 1991, 1994, 2001; Beldade and Brakefield, 2002).　現在のところ研究事例は限られてはいるものの, 少なくとも単純な擬態模様の遺伝的発生学的構造は, NGPのもつ発生モジュールを反映しているといってよさそうである (図3-6a).

3-6　新規モジュールの進化的創出：NGP 発生モジュールの再編成による機能モジュールの起源

　形態構造がそのモジュール性をどのように獲得してきたのかを理解することは, 複雑な適応を経た結果, 表現型がどのように形成されるようになったのかを理解するために重要なことである (Wagner et al., 2007; Klingenberg, 2008).　これまでの概念研究では, モジュールの進化は二つの相反する性質, 統合 (integration) と乖離 (parcellation) からなると提案している (Wagner and Altenberg, 1996).　これら二つの性質はNGPを変形して生みだされるチョウやガの翅の模様の進化を理解するうえでも重要であると思われる.　形態統合とモジュールについて概念的な研究は以前から盛んに行われているものの, 例えばモジュール構造がどのように新規に進化してきたのかという重要な問

題さえ全く明らかになっていない (Moczek et al., 2015). ここでは，形態統合と乖離という観点から，複雑な擬態模様のモジュール構造がどのように新規に進化してきたのかを明らかにした研究を紹介する.

　この問題を調べるために，ムクゲコノハの模様を解析するときに開発した形態相関ネットワーク法を利用して，アカエグリバの枯葉模様のモジュール構造を調べた (図 3-1a; 図 3-5c; Suzuki, 2013). 解析の結果，アカエグリバの枯葉模様はモジュール化しており，そのモジュール構造の一つひとつは葉脈模様の主脈や側脈にそれぞれ対応していることが分かった. このことから，検出されたモジュール構造は機能モジュールを反映していることが示唆された (図 3-7b). この検出された機能モジュールは NGP の発生モジュールとどのような関係になっているのであろうか？　この問いを調べるために，アカエグリバの枯葉模様の形態相関ネットワークを NGP に沿って再描画してみた (図 3-7c). 興味深いことに，機能モジュールは NGP の発生モジュールを統

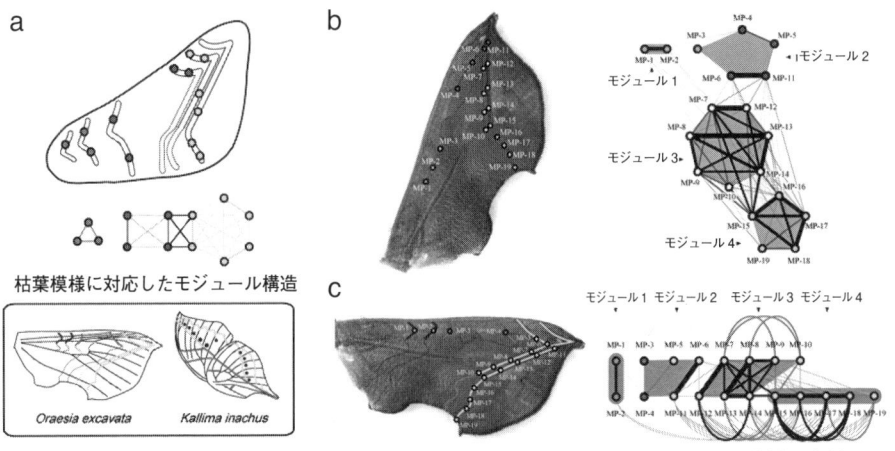

図 3-7　アカエグリバの枯葉葉脈模様のモジュラリティー. (a) ガとチョウの翅模様の多様化戦略を描いたスキーム図. 複雑な模様のモジュール構造は NGP がもともと持っている発生モジュール構造を再編成することで新規に進化してくる. (b) アカエグリバの前翅と形態相関ネットワーク. このネットワークでは，ノードは模様上に打点された計測点を表し，ノードどうしを結ぶ線はその計測点間に相関があることを表す. 太く濃い線であるほど相関が大きい. 薄い青色で囲まれた部分が検出されたモジュールである. (c) NGP をもとに，アカエグリバの形態相関ネットワークが再描画されたもの. 図 (b) のネットワークと同じもので，プロットの仕方だけが異なる. 図は Suzuki (2013) より一部を改変して転載.

合したり乖離したりすることで生みだされていた．例えば，葉脈模様の側脈に相当するモジュール 2 は，NGP の中央対称系と境界対称系の二つの異なる発生モジュールを統合してできていた．また，一方で，NGP の境界対称系の発生モジュールは，葉脈模様の主脈と二つの側脈の三つの機能モジュール (モジュール-2, 3, 4) に貢献しており，したがって三つのモジュールへと乖離されていた．まとめると，少なくとも枯葉擬態のような複雑な模様では，NGP の発生モジュールは再編成されて新規のモジュール構造が創出されることが明らかとなった (図 3-7a)．

　アカエグリバの枯葉模様のモジュール性は，NGP の発生モジュールを再編成し新規に獲得して進化してきたと推察される (図 3-7)．したがって，この結果は以前に提案されていた NGP の各要素が自立したユニットを成しているという仮定に反するように見える (図 3-6; Nijhout, 1991, 1994, 2001; Beldade and Brakefield, 2002)．この相違はおそらくは単純な模様と複雑な模様との違いに起因するのではないかと考えている (図 3-6a; 図 3-7a)．これまでの研究では，遺伝的発生学的にもともと独立したユニットである NGP の各要素がさらに乖離されていき (例えば，ディスロケーションなどにより)，より独立性をもつようになることが強調されており，こうして独立性を増すことによって鱗翅目昆虫の翅模様は高度に多様化できるのだと考えられてきた．この見方に加えて，アカエグリバの枯葉模様を解析した結果は新たな多様化プロセスを提案していると考えられる．すなわち，翅模様の多様化には模様要素を乖離するプロセスだけでなく，統合するプロセスも重要であるということである．少なくとも，模様をより複雑化させるためには模様要素を新たに連結させて統合していくことが重要であると考えられる．以上の実験結果と考察は，鱗翅目昆虫の翅模様の多様化進化について新たな基本原理を示唆している．すなわち，NGP がもともと持っていた発生モジュールを再編成 (統合と乖離) するプロセスこそが複雑な模様の進化に重要であるということである (図 3-7a)．

3-7　今後取り組むべき研究プログラム

　NGP に基づく形態学に数理統計を加えた解析手法の確立は，鱗翅目昆虫の擬態模様の理解について新たな展開をもたらし始めている．この新しい考え方と解析手法はマクロ進化パスウェイ，マクロ進化可能性，そして主題と変

奏をもたらす遺伝・発生学的な基盤構造の探索において重要な貢献をするものと期待される．この最終節では，今後必要となるであろう研究プログラムについて議論したい．

3-7-1　マクロ進化パスウェイ：擬態模様が出現する進化の道筋

NGP の変奏による多様化はランダムな過程によってもたらされるのではなく，ある特定の順序をもって進行するだろう．本章でも紹介したように，ベイズ統計を利用した数学的手法は，さまざまな擬態模様の進化的な起源と連続的な変化の蓄積過程を追うことを可能にしてくれる (Suzuki et al., 2014; Suzuki, 2017)．この方法を利用することで，擬態模様が徐々に進化してきたのか (漸進進化) あるいは突如として進化してきたのか (跳躍進化) を検証したり，またどのような変化の積み重ねを経て擬態模様が進化してきたのか，その進化プロセスを調べることができるだろう．

さらに，複数の擬態模様の進化を比較することで，どんな進化プロセスが可能であり，あるいは不可能であるかが分かるだろう．そうした知見を積み重ねることで擬態模様の進化に共通した進化パスウェイをあぶりだすことも可能になるかもしれない．例えば，枯葉に擬態した模様と樹皮を覆う地衣類に擬態した模様の進化を比較することで，異なる擬態模様の進化にどんな共通の進化プロセスがあり，あるいは異なる進化プロセスがあるかを調べることが可能かもしれない．また，異なるチョウの枯葉模様の進化プロセスを比較することで，鱗翅目昆虫の枯葉模様の進化にはどの程度の融通が利くのかが分かるかもしれない．さらには，なぜ鱗翅目昆虫では何度も独立に枯葉模様が進化することが可能なのかについて何らかの洞察が得られるかもしれない．今日まで，マクロ進化の研究と言えば，テンポ，モード，トレンドなどの側面が特に注目されてきた (Simpson, 1944; Carroll, 2001)．これらに加えて，複雑で多様な形質を生みだす進化プロセスや進化パスウェイを研究することは，マクロ進化研究に新機軸を加えると期待される．

3-7-2　マクロ進化可能性と NGP

ボディプランと進化可能性が深く関わっていることはしばしば議論の的になってきた (Vermeij, 1973; Riedl, 1978; Kirschner and Gerhart, 1998; Graham et al., 2000). 進化可能性の一つの側面として, ヴァーメイは多用途性 (versatility) という概念を提唱している (Vermeij, 1973). 多用途性は, 形態を制御する独立したパラメータの数と制御できる範囲の広さに注目したものである. すでに詳述したように, アカエグリバの枯葉模様の進化は NGP のもつ発生モジュールを再編成して進化してきたと考えられ (図3-7), したがって, 模様要素を制御するパラメータの数を増加させることにより新たな適応が可能になったことを示唆している. これは, NGP のもつ多用途性を反映したものかもしれない (Suzuki, 2013). また, 枯葉模様を作り出す柔軟な性質であるブリコラージュ性は, NGP がもつ進化可能性について, 新たな性質を示唆しているのかもしれない (図3-2b; 図3-5). 進化可能性についてはさまざまな議論があり実にさまざまな定義が提案されているが, ピグリウッチは進化の時間スケールごとにそれらを分類し整理することが必要だろうと提案している (Pigliucci, 2008). この考え方にならって, ここでは「マクロ進化可能性」というアイデアを提案したい. マクロ進化可能性は長い時間スケールでの進化可能性を指し, 例えばボディプランの変形によりさまざまなかたちや模様が生みだされる性質などを説明する.

さらに, 基本プランに関わるマクロ進化可能性を調べる最も極端な方法は, 基本プランがどのような状況で部分的にあるいは完全に破壊されるかを調べることである. つまり, 基本プランの進化可能性の限界がどこかを探るということである. ダーウィンによる自然選択説以前に流布した考え方とは異なり, 現在では基本プラン自体も自然選択の影響から逃れられないと考えられる. したがって, 基本プランを変形して特定の形質が進化するときに, それに呼応するように基本プランが部分的にあるいは全体的に破壊されることがあるかもしれない. しかし, 実際に, 基本プランが破壊される可能性などあるのだろうか? そうかもしれない例として, ドクチョウ属の翅模様があげられる (Jiggins et al., 2017). もしドクチョウ属の翅模様が基本プランに従っていないとするならば, いくつかの疑問が思い浮かぶ. 例えば, どのようにしてドクチョウ属では基本プランが失われていったのだろうか? また, 基本プランが消失していく過程はどんな自然選択がかかっていたのだろうか? この基本プランの消失とミュラー型擬態を進化的に獲得したこととの間には何らかの関係があるのだろうか? これらの疑問に答えるためには, そうし

たチョウでは基本プランを形態学的に同定することは容易ではないことから
考えても，形態学と分子生物学の両面から基本プランを調べる必要があるだ
ろう (Martin et al., 2012; Martin and Reed, 2014).

3-7-3　ボディプラン・キャラクターマップ (bodyplan character map)：
　　　　基本プランの遺伝・発生学的構造

　基本プランはどのような遺伝・発生学的な構造に裏づけられているのだろ
うか？　この問いについて，先行研究は，さまざまな観点から議論している．
例えば，ある研究ではトランスクリプトームの観点から議論がなされ
(Duboule, 1994; Kalinka et al., 2010; Irie and Kuratani, 2011; Quint et al.,
2012; Irie and Kuratani, 2014; Levin et al., 2016)，別の研究では遺伝子制御
ネットワーク (gene regulatory network) の観点から (Davidson and Erwin,
2006; Wagner, 2007) 議論がなされている．形態統合とモジュールを対象とし
た概念研究の観点からは，二つの構造様式が提案されている．一方は，遺伝
子型-表現型マップ (genotype-phenotype map; G-P map; 図 3-8a; Wagner

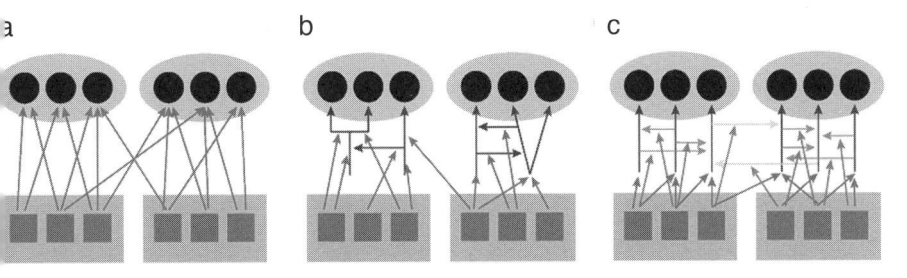

図 3-8　モジュール化された表現型形質の遺伝・発生学的構造．(a) 遺伝子型-表現型マッ
プ (genotype-phenotype map; G-P map)．(b) 発生マップ (developmental map; D map)．
(c) ボディプランキャラクターマップ (bodyplan character map; BC map)．これらのスキー
ムは全て遺伝子 (赤い四角) と表現型の要素 (黒い丸) との関係を説明している．表現型はモ
ジュール化 (灰色の丸) されている．G-P map は多面発現な効果 (赤矢印) の変化を通してモ
ジュールが構成されている様を記述している．D map はプライオトロピックな変化が発生シ
ステム (青矢印) の変化を通してモジュールが構成されている様を記述している．BC map
は，基本プランがもともと持っている発生モジュール (青矢印) が連結 (緑矢印) と解消 (淡
緑矢印) を通してモジュールが構成されている様を記述している．BC map では，表現型の
要素 (黒い丸) は相同な要素に相当し，表現型形質は基本プランに従っている．図 (a) は
Wagner and Altenberg (1996) を一部改変して転載．図 (b) は Klingenberg (2008) を一部改
変して転載．

and Altenberg, 1996) であり，他方は発生マップ (developmental map; D map; 図 3-8b; Klingenberg, 2008) である．両スキームは形態形成時の相互作用を通して表現型形質のモジュール性がどのように生みだされるかを説明している．遺伝子型‐表現型マップは遺伝学に基づいており，発生マップは生態進化発生生物学に基づいている．これらは広範囲の生物学的な形質の説明に適用できるものの，特定の文脈での形質の遺伝・発生学的な構造を説明するには記述の解像度があまい．比較形態学的な観点から形質の複雑化と多様化を調べるためには，より的を絞ったスキームを別途構築することが必要であると考えられる．

　基本プランを変形し多様なかたちを生みだすことを可能にしている遺伝・発生学的な構造はどのようなものだろうか？　すでに説明した実験事実を考慮に入れると，二つの主要な項が関与していると考えられる．一つは基本プランがもともと持っている発生モジュールに由来するものであり，もう一つは基本プランの発生モジュールを再編成するプロセスに由来するものである．一般的に言えば，基本プランは相同な要素の集合であり，相同な要素は個々に同定できることから独立した発生モジュールを成していると考えられている (Wagner, 1989, 2014)．基本プランの発生モジュールが再編成された例としては，アカエグリバの枯葉模様で検出された機能モジュールがあげられる (Suzuki, 2013)．以上を総合して，基本プランという主題が生みだす変奏を裏づける遺伝的発生学的基盤としてボディプランキャラクターマップ (bodyplan character map; B-C map) を提唱したい (図 3-8c)．このスキームは基本プランを成立させる中心となるプロセスと，基本プランを変形して多様なデザインを生みだす再編成プロセスとからなる．ボディプランキャラクターマップを解明するためには，形態学的な方法論と分子生物学的なメカニズムを調べる研究とを組み合わせて取り組むことが必要になると考えられる．

謝　辞

　2016 年に開催された国際会議のオーガナイザーを務められ，またこのすばらしい書籍に執筆する機会をくださいました，関村利朗博士と H. Frederik Nijhout 博士，ならびに中部大学のみなさまに感謝申し上げます．また，この総説を書くにあたって貴重なコメントを賜りました瀬筒秀樹博士，ならびに，

比較形態学についての先鋭な視点とマクロ進化の重要性について薫陶を賜りました倉谷滋博士に感謝申し上げます．本論文は，越川滋行博士と Arnaud Martin 博士によって批判的かつ精密な査読を受けたものです．

引用文献

Beldade P and Brakefield PM (2002) The genetics and evo-devo of butterfly wing patterns. Nat Rev Genet 3: 442-452

Beldade P and Peralta CM (2017) Developmental and evolutionary mechanisms shaping butterfly eyespots. Curr Opin Insect Sci 19: 22-29

Brakefield PM (1984) The ecological genetics of quantitative characters of *Maniola jurtina* and other butterflies. In: Vane-Wright RI, Ackery PR (eds) Symposia of the royal entomological society, the biology of butterflies. Academic Press, London, pp 167-190

Brakefield PM and Larsen TB (1984) The evolutionary significance of dry and wet season forms in tropical butterflies. Biol J Linn Soc 22: 1-22

Brakefield PM, Gates J, Keys D, Kesbeke F, Wijngaarden PJ, Monteiro A, French V and Carroll SB (1996) Development, plasticity and evolution of butterfly eyespot patterns. Nature 384: 236-242

Brower AVZ and Schawaroch V (1996) Three steps of homology assessment. Cladistics 12: 265-272

Brunetti CR, Selegue JE, Monteiro A, French V, Brakefield PM and Carroll SB (2001) The generation and diversification of butterfly eyespot color patterns. Curr Biol 11: 1578-1585

Buzgo M, Soltis DE, Soltis PS and Ma H (2004) Towards a comprehensive integration of morphological and genetic studies of floral development. Trends Plant Sci 9: 164-173

Carroll SB (2001) Chance and necessity: the evolution of morphological complexity and diversity. Nature 409: 1102-1109

Carroll SB, Gates J, Keys D, Paddock SW, Panganiban GF, Selegue JE and Williams JA (1994) Pattern formation and eyespot determination in butterfly wings. Science 265: 109-114

Cheverud JM (1996) Developmental integration and the evolution of pleiotropy. Am Zool 36: 44-50

Cook LM, Grant BS, Saccheri IJ and Mallet J (2012) Selective bird predation on the peppered moth: the last experiment of Michael Majerus. Biol Lett DOI: 10.1098/rsbl.2011.1136

Cook LM and Saccheri IJ (2013) The peppered moth and industrial melanism: evolution of a natural selection case study. Heredity 110: 207-212

Cott HB (1940) Adaptive coloration in animals. Methuen and Co., London

Darwin C (1871) The descent of man. John Murray, London

Davidson EH and Erwin DH (2006) Gene regulatory networks and the evolution of animal body plans. Science 311: 796-800

Donoghue MJ (1989) Phylogenies and the analysis of evolutionary sequences, with examples from seed plants. Evolution 43: 1137-1156

Duboule D (1994) Temporal collinearity and the phylotypic progression: a basis for the stability of a vertebrate Bauplan and the evolution of morphologies through heterochrony. Development Suppl: 135-142

Edmunds M (1974) Defence in animals. Longman, New York

Endo K (1984) Neuroendocrine regulation of the development of seasonal forms of the Asian comma butterfly *Polygonia c-aureum*. Dev Growth Diff 26: 217-222

Endo K, Masaki T and Kumagai K (1988) Neuroendocrine regulation of the development of seasonal morphs in the Asian comma butterfly, *Polygonia c-aureum* L. difference in activity of summer-morph-producing hormone from brain extracts of the long-day and short-day pupae. Zool Sci 5: 145-152

Esteve-Altava B (2016) In search of morphological modules: a systematic review. Biol Rev 10.1111/brv.12284

French V and Brakefield PM (1995) Eyespot development of butterfly wings: The focal signal. Dev Biol 168: 112‑123

Fukada S and Endo K (1966) Hormonal control of the development of seasonal forms in the butterfly *Polygonia c-aureum* L. Proc Jpn Acad 42: 1082‑1987

Garamszegi LZ (ed)(2014) Modern phylogenetic comparative methods and their application in evolutionary biology, concepts and practice. Springer, Heidelberg

Goldschmidt RB (1945) Mimetic polymorphism, a controversial chapter of Darwin. Q Rev Biol 20: 205‑230

Graham LE, Cook ME and Busse JS (2000) The origin of plants: Body plan changes contributing to a major evolutionary radiation. Proc Natl Acad Sci USA 97: 4535‑4540

Hall B (1999) Homology. John Wiley & Sons, Chichester, UK

Harvey PH and Pagel M (1991) The comparative method in evolutionary biology. Oxford University Press, Oxford

平嶋義宏・広渡俊哉 (2017)　第8章　擬態をする昆虫．教養のための昆虫学．東海大学出版部，平塚，pp 109‑117

Holland LZ, Carvalho JE, Escriva H, Laudet V, Schubert M, Shimeld SM and Yu J-K (2013) Evolution of bilaterian central nervous systems: a single origin? EvoDevo 4: 27

Hutchinson JR, Delmer C, Miller CE, Hildebrandt T, Pitsillides AA and Boyde A (2011) From flat foot to fat foot: structure, ontogeny, function, and evolution of elephant "sixth toes." Science 334: 1699‑1703

Irie N and Kuratani S (2011) Comparative transcriptome analysis reveals vertebrate phylotypic period during organogenesis. Nat Commun 2: 248 DOI: 10.1038/ncomms1248

Irie N and Kuratani S (2014) The developmental hourglass model: a predictor of the basic body plan? Development 141: 4649‑4655

Jacob F (1977) Evolution and tinkering. Science 196: 1161‑1166

Jiggins CD, Wallbank RWR and Hanly JJ (2017) Waiting in the wings: what can we learn about gene co-option from the diversification of butterfly wing patterns? Phil Trans R Soc B 372: 20150485 DOI: 10.1098/rstb.2015.0485

Kalinka AT, Varga KM, Gerrard DT, Preibisch S, Corcoran DL, Jarrells J, Ohler U, Bergman CM and Tomancak P (2010) Gene expression divergence recapitulates the developmental hourglass model. Nature 468: 811‑814

Keys DN, Lewis DL, Selegue JE, Pearson BJ, Goodrich LV, Johnson RL, Gates J, Scott MP and Carroll SB (1999) Recruitment of a hedgehog regulatory circuit in butterfly eyespot evolution. Science 283: 532‑534

Kirschner M and Gerhart J (1998) Evolvability. Proc Natl Acad Sci USA 95: 8420‑8427

Klingenberg CP (2008) Morphological integration and developmental modularity. Annu Rev Ecol Evol Syst 39: 115‑132

Koch PB and Bückmann D (1985) The seasonal dimorphism of *chnia levana* L. (Nymphalidae) in relation to hormonal controlled development. Verb Dt Zool Ges 78: 260

Levin M, Anavy L, Cole AG et al (2016) The mid-developmental transition and the evolution of animal body plans. Nature 531: 637‑641

Losos JB and Miles DB (1994) Adaptation, constraint, and the comparative method: phylogenetic issues and methods. In: Wainwright PC, Reilly S (eds) Ecological morphology: integrative organismal biology. University of Chicago Press, Chicago, pp 60‑98

Luo Z-X (2011) Developmental Patterns in Mesozoic Evolution of Mammal Ears. Annu Rev Ecol Evol Syst 42: 355‑380

Mallet J (1991) Variations on a theme? Nature 354: 368

Martin A and Reed RD (2010) Wingless and aristaless2 define a developmental ground plan for moth and butterfly wing pattern evolution. Mol Biol Evol 27: 2864‑2878

Martin A and Reed RD (2014) *Wnt* signaling underlies evolution and development of the butterfly wing pattern symmetry systems. Dev Biol 395: 367‑378

Martin A, Papa R, Nadeau NJ et al (2012) Diversification of complex butterfly wing patterns by repeated regulatory evolution of a *Wnt* ligand. Proc Natl Acad Sci USA 109: 12632-12637

Merilaita S and Stevens M (2011) Crypsis through background matching. In: Stevens M, Merilaita S (eds) Animal camouflage, mechanisms and function. Cambridge University Press, Cambridge, pp 17-33

Mivart St GJ (1871) On the genesis of species. Macmillan, London

Moczek AP, Sears KE, Stollewerk A et al (2015) The significance and scope of evolutionary developmental biology: a vision for the 21st century. Evol Dev 17: 198-219

Monteiro A (2015) Origin, development, and evolution of butterfly eyespots. Annu Rev Entomol 60: 253-271

Monteiro A, Glaser G, Stockslager S, Glansdorp N and Ramos D (2006) Comparative insights into questions of lepidopteran wing pattern homology. BMC Dev Biol 6: 52

Monteiro A, Chen B, Ramos DM, Oliver JC, Tong X, Guo M, Wang W-K, Fazzino L and Kamal F (2013) *Distal-less* regulates eyespot patterns and melanization in *Bicyclus* butterflies. J Exp Zool B 320: 321-331

Monteiro A, Tong X, Bear A et al (2015) Differential expression of Ecdysone receptor leads to variation in phenotypic plasticity across serial homologs. PLoS Genet 11: e1005529

Mugleston JD, Song H and Whiting MF (2013) A century of paraphyly: A molecular phylogeny of katydids (Orthoptera: Tettigoniidae) supports multiple origins of leaf-like wings. Mol Phylo Evol 69: 1120-1134

Nagashima H, Sugahara F, Takechi M, Ericsson R, Kawashima-Ohya Y, Narita Y and Kuratani S (2009) Evolution of the Turtle Body Plan by the Folding and Creation of New Muscle Connections. Science 325: 193-196

Nijhout HF (1980) Pattern formation on Lepidopteran wings: Determination of an eyespot. Dev Biol 80: 267-274

Nijhout HF (1991) The development and evolution of butterfly wing patterns. Smithsonian Institution Press, Washington

Nijhout HF (1994) Symmetry systems and compartments in lepidopteran wings: the evolution of a patterning mechanism. Development (Suppl): 225-233

Nijhout HF (2001) Elements of butterfly wing patterns. J Exp Zool 291: 213-295

Nijhout HF and Wray GA (1986) Homologies in the colour patterns of the genus *Charaxes* (Lepidoptera: Nymphalidae). Biol J Linn Soc 28: 387-410

Nijhout HF and Wray GA (1988) Homologies in the colour patterns of the genus *Heliconius* (Lepidoptera: Nymphalidae). Linn Soc Biol J 33: 345-365

Oliver JC, Tong XL, Gall LF, Piel WH and Monteiro A (2012) A single origin for Nymphalid butterfly eyespots followed by widespread loss of associated gene expression. PLoS Genet 8: e1002893

Olson EC and Miller RL (1958) Morphological integration. University of Chicago Press, Chicago

Pagel M (1994) Detecting correlated evolution on phylogenies: a general method for the comparative analysis of discrete characters. Proc R Soc B 255: 37-45

Pagel M (1999a) Inferring the historical patterns of biological evolution. Nature 401: 877-884

Pagel M (1999b) The maximum likelihood approach to reconstructing ancestral character states of discrete characters on phylogenies. Syst Biol 48: 612-622

Pagel M and Meade A (2006) Bayesian analysis of correlated evolution of discrete characters by reversible-jump Markov chain Monte Carlo. Am Nat 167: 808-825

Pagel M, Meade A and Barker D (2004) Bayesian estimation of ancestral character states on phylogenies. Syst Biol 53: 673-684

Patterson C (1982) Morphological characters and homology. In: Joysey KA, Friday AE (eds) Problems of phylogenetic reconstruction. Academic Press, London, pp 21-74

Paulsen SM (1994) Quantitative genetics of butterfly wing color patterns. Dev Genet 15: 79-91

Paulsen SM (1996) Quantitative genetics of the wing color pattern in the buckeye butterfly (*Precis coenia* and *Precis evarete*): evidence against the constancy of g. Evolution 50: 1585-1597

Paulsen SM and Nijhout HF (1993) Phenotypic correlation structure among elements of the color pattern in *Precis coenia* (Lepidoptera: Nymphalidae). Evolution 47: 593-618

Pigliucci M (2008) Is evolvability evolvable? Nat Rev Genet 9: 75-82

Poulton EB (1890) The colours of animals: their meaning and use, especially considered in the case of insects. Kegan Paul, Trench, Trübner and Co., Ltd., London

Quint M, Drost H-G, Gabel A, Ullrich KK, Bönn U and Grosse I (2012) A transcriptomic hourglass in plant embryogenesis. Nature 490: 98-101

Remane A (1952) Die Grundlagen des Naturlichen Systems, der Vergleichenden Anatomie und der Phylogenetik. Theoretische Morphologie und Systematik I. Geest & Portig K.-G., Leipzig

Riedl R (1978) Order in living organisms: a systems analysis of evolution. Wiley, New York.

Rieppel O (1988) Fundamentals of Comparative Biology. Birkhauser Verlag, Basel

Roth VL (1988) The biological basis of homology. In: Humphries CJ (ed) Ontogeny and systematics. Columbia University Press, New York, pp 1-26

Ruxton GD, Sherratt TN and Speed MP (2004) Avoiding Attack: the Evolutionary Ecology of Crypsis, Warning Signals and Mimicry. Oxford University Press, Oxford

Saint-Hilaire EG (1818) Philosophie Anatomique, Tome Premiere. J. B. Baillière, Paris

Sattler R (1984) Homology-A continuing challenge. Syst Botany 9: 382-394

Schluter D, Price T, Mooers AØ and Ludwig D (1997) Likelihood of ancestor states in adaptive radiation. Evolution 51: 1699-1711

Schmidt BC, Wagner DL, Zacharczenko BV, Zahiri R and Anweiler GG (2014) Polyphyly of Lichen-cryptic Dagger Moths: synonymy of *Agriopodes* Hampson and description of a new basal acronictine genus, *Chloronycta*, gen. n. (Lepidoptera, Noctuidae). Zookeys 421: 115-137

Schwanwitsch BN (1924) On the ground-plan of wing-pattern in Nymphalids and certain other families of the Rhopalocerous Lepidoptera. Proc Zool Soc Lond B 34: 509-528

Schwanwitsch BN (1956) Color-pattern in Lepidoptera. Entomologeskoe Obozrenie 35: 530-546

Simpson GG (1944) Tempo and mode in evolution. Columbia University Press, New York

Skelhorn J (2015) Masquerade. Curr Biol 25: R643-R644

Skelhorn J, Rowland HM and Ruxton GD (2009) The evolution and ecology of masquerade. Biol J Linn Soc 99: 1-8

Skelhorn J, Rowland HM, Speed MP and Ruxton GD (2010a) Masquerade: camouflage without crypsis. Science 327: 51

Stayton CT (2015) The definition, recognition, and interpretation of convergent evolution, and two new measures for quantifying and assessing the significance of convergence. Evolution 69: 2140-2153

Stevens M (2016) Cheats and deceits: how animals and plants exploit and mislead. Oxford University Press, Oxford

Stevens M and Merilaita S (2009) Animal camouflage: current issues and new perspectives. Phil Trans R Soc B 364: 423-427

Süffert F (1927) Zur vergleichenden analyse der schmetterlingszeichnumg. Biol Zentralblatt 47: 385-413

Suzuki TK (2013) Modularity of a leaf moth-wing pattern and a versatile characteristic of the wing-pattern ground plan. BMC Evol Biol 13: 158

鈴木誉保 (2015a) 枯葉そっくりに擬態したチョウの進化. 現代化学 533: 33-37

鈴木誉保 (2015b) コノハチョウの擬態の進化を数学でさぐる. パリティ 30: 57-69

鈴木誉保 (2017) 蝶や蛾の擬態模様の遺伝的基盤とその進化. 化学と生物 55: 351-357

Suzuki TK (2017) On the origin of complex adaptive traits: progress since the Darwin vs. Mivart debate. J Exp Zool B Mol Dev Evol 328: 304-320

Suzuki TK, Tomita S and Sezutsu H (2014) Gradual and contingent evolutionary emergence of leaf mimicry in butterfly wings. BMC Evol Biol 14: 229

Swofford DL and Maddison WP (1992) Parsimony, character-state reconstructions, and evolutionary inferences. In: Mayden RL (ed) Systematics, historical ecology, & north american freshwater fishes. Stanford University Press, California, pp 186-223

van't Hof AE, Campagne P, Rigden DJ, Yung CJ, Lingley J, Quail MA, Hall N, Darby AC and Saccheri IJ (2016) The industrial melanism mutation in British peppered moths is a transposable element. Nature 534: 102-105

Vermeij GJ (1973) Adaptation, versatility and evolution. Syst Zool 22: 466-477

Wagner GP (1989) The biological homology concept. Annu Rev Ecol Syst 20: 51-69

Wagner GP (2007) The developmental genetics of homology. Nat Rev Genet 8: 473-479

Wagner GP (2014) Homology, Genes, and Evolutionary Innovation. Princeton University Press, Princeton

Wagner GP and Altenberg L (1996) Complex adaptations and the evolution of evolvability. Evolution 50: 967-976

Wagner GP, Pavlicev M and Cheverud JM (2007) The road to modularity. Nat Rev Genet 8: 921-931

Wahlberg N, Leneveu J, Kodandaramaiah U, Peña C, Nylin S, Freitas AVL and Brower AVZ (2009) Nymphalid butterflies diversify following near demise at the cretaceous/tertiary boundary. Proc R Soc B 276: 4295-4302

Wallace AR (1889) Darwinism: An exploitation of the theory of natural selection with some of its applications. MacMillan & Co., London

Watson DMS, Timofeeff-Ressovsky NW, Salisbury EJ et al (1936) A discussion on the present state of the theory of natural selection. Proc R Soc B 121: 43-73

Weissman A (1902) The evolution theory. Edward Arnold, London

Wiklund C and Tullberg BS (2004) Seasonal polyphenism and leaf mimicry in the comma butterfly. Anim Behav 68: 621-627

Wiley EO and Lieberman BS (2011) Phylogenetics: theory and practice of phylogenetic systematics, 2nd ed. John Wiley & Sons. Inc., New Jersey

Williams DM and Ebach MC (2008) Foundations of Systematics and Biogeography. Springer, NewYork

Zhang L and Reed RD (2016) Genome editing in butterflies reveals that *spalt* promotes and *Distal-less* represses eyespot colour patterns. Nat Comm 7: 11769

4 章
形態進化はシグナルリガンド遺伝子への変異を繰り返し利用する

Arnaud Martin
Virginie Courtier-Orgogozo
（翻訳：鈴木誉保）

要　約

　進化は，どんな種類の遺伝的な変化により生みだされているのだろうか？分泌されるシグナル分子 (リガンド) は細胞の分化を誘導し，多細胞生物の複雑なかたちを生みだすのに大きく貢献している．形態進化は，例えばシグナル分子や転写因子などの発生ツールキット遺伝子群を好んで変化させることで生じると考えられてきた．しかしながら，この仮説は多くの蓄積された実験事実を踏まえたうえで十分な方法で検証されたとは言い難い．本章で，我々は動物の形態進化においてリガンドをコードしている遺伝子の重要性を検討したい．Gephebase (http://www.gephebase.org) という進化的な変化に関わる遺伝子型‐表現型関係のデータベースを利用し，形態の違いをもたらす遺伝子座がシグナル遺伝子だと同定された遺伝学的な研究について調査した．現在までに，動物の形態の変化についての研究のうちおよそ 20%がシグナル遺伝子を同定したものであり (80/391)，その結果 19 のシグナル遺伝子が関与していると報告されていた．例えば，*Agouti* 遺伝子は複数のシス制御領域の対立遺伝子をもち脊椎動物の色の多様性と関連していることが示され，別の例では，メラノコルチン受容体である MC1R がタンパク質の変異により生じた効果と拮抗していることが報告されていた．あるいは，トゲウオの淡水への適応には 14 の遺伝子座が関与しており，そのうち四つのシグナル遺伝子が関わっていることが報告されていた．また，チョウの翅模様の擬態による適応には全部で 18 の遺伝子座が関与しており，*Wnt* ファミリーのリガンドである*WntA* が種内・種間の模様の変化に関わっていることも報告されていた．以上の調査をとおして，自然界で繰り返し見られる現象〔遺伝的平行性 (genetic parallelism)］を示す研究例を説明できる仮説を議論し，自然界で起きる形態進化にはシグナルリガンド遺伝子に生じる変異が重要であることを結論づける．

キーワード

シグナルリガンド (signaling ligand)，遺伝子型-表現型関係 (genotype-phenotype relationship)，ターゲットとなる変異 (mutational target)，シス制御領域の対立遺伝子 (*cis*-regulatory allele)，Gephebase.

4-1　はじめに

発生生物学の重要な目標はパターン形成の分子機構を記述することである．すなわち，遺伝子発現パターンがどのように作り出されるのか，細胞分化はどのように調整されながら時間発展するのかを調べることである．分泌因子が組織を取り囲む細胞群を誘導し組織化するという胚の誘導現象が発見されて以来 (Waddington, 1940; Spemann and Mangold, 2001)，細胞間シグナリングは多くの (ほとんどの，というほどではないが) 発生システムにおいてパターン形成に必須のメカニズムとなってきた (Meyerowitz, 2002; Rogers and Schier, 2011; Urdy, 2012; Kicheva and Briscoe, 2015)．細胞外シグナルを実験的に操作することによって離れた組織形成にも影響を及ぼすことができる (Salazar-Ciudad, 2006; Nahmad Bensusan, 2011; Perrimon et al., 2012; Urdy et al., 2016)．このことは，異なる組織で空間情報がどのように調整されるのかを理解するために，細胞間相互作用を仲立ちするシグナルを特徴づけることが肝要であることを教えてくれる．隣接する細胞間で作用するシグナルとして働く細胞外タンパク質をコードするいくつかの遺伝子が動物において同定されている (Nichols et al., 2006; Rokas, 2008a; Perrimon et al., 2012)．具体的には，Wnt, TGF-β, Hedgehog, Notch, EGF, RTK, TNFs, あるいはそれらのファミリー遺伝子群などが相当する．これらのシグナルリガンドは，広く保存されており，高度に制御された発現パターンを示す (Salvador-Martínez and Salazar-Ciudad, 2015).

2000年代になって，いくつかの保存された遺伝子［発生遺伝子ツールキット群 (developmental genetic toolkit; DGT) と名付けられる］によって多細胞生

物が作り上げられているというアイデアが提唱された．DGT は，数十の遺伝子ファミリーに属する数百の遺伝子群からなり，細胞分化と細胞間コミュニケーションの主に二つのプロセスに関わるとされる (Carroll et al., 2005; Floyd and Bowman, 2007; Rokas, 2008b; Erwin, 2009)．他方で，代謝やタンパク質合成や細胞分裂などの生存に必須の機能に関わる遺伝子群は，DGT ではないと考えられている．DGT の考え方に従えば，空間情報はシグナル伝達と転写制御に関わる遺伝的要因の相互作用によって生みだされるものである．この考察から導かれうる避けられない帰結は，形態進化は，その大部分をこれらのツールキット要素の再利用によっているということであり，したがって DGT 遺伝子自身に生じた変異は形態の進化を必ず引き起こしてしまうということである (Carroll et al., 2005; Carroll, 2008)．こうしたアイデアは 21 世紀の初頭に明文化され，いくつかの遺伝子 (2001 年には 50 事例にも及ばなかったのだが) が形態進化に関与していることが同定されている (Martin and Orgogozo, 2013)．現段階で，動物の形態進化が主として DGT の変異によって引き起こされるという仮説はミクロエボデボ (micro-evo-devo) 研究によって (Nunes et al., 2013)，はたまた自然に生じた遺伝子型–表現型関係のばらつきを解析することによって (Stern, 2011; Orgogozo et al., 2015) 検証することができる．本章では，DGT の一側面である，形態進化を駆動する分泌シグナルタンパク質をコードする遺伝子の重要性について検討する．まず，リガンドをコードする遺伝子が形態の進化において優先的に利用されるのかどうかを調べる．次に，該当する対立遺伝子のばらつきが以下の三つ，(1) 潜在的に適応的である (Barrett and Hoekstra, 2011; Pardo-Diaz et al., 2015)，(2) さまざまな系統で比較したときに繰り返し生じる (Gompel and Prud'homme, 2009; Kopp, 2009; Martin and Orgogozo, 2013)，(3) 遺伝子のコーディング領域よりも非コーディング領域，特にシス制御領域に生じる (Prud'homme et al., 2007; Carroll, 2008; Stern and Orgogozo, 2008; Liao et al., 2010)，を満たすという仮説を立て，検証する．

4-2 Gephebase：遺伝子型–表現型の関係を記したデータベース

例えば逆遺伝学的手法や順遺伝学による変異体のスクリーニングなどの実験室内で遺伝子機能を操作する研究は，調べたい生物の遺伝子と表現型の関

係の全体像を記述してくれる．しかしながら，自然界で起きる進化的な変化をもたらす遺伝的な要因は必ずしも実験室内で見つけられた変異と同等ではない．進化に直接関係のある変異は実験室内で起こすことのできる変異の全てなのではなく，そのうちのごく一部なのかもしれない．個体間，集団間，あるいは種間で自然に生じた違いをもたらす遺伝的な要因を同定するために，自然に生じた表現型の二つの状態の違いが比較できる順遺伝学的なアプローチがある．具体的には，量的形質の遺伝子座を探る連鎖解析やメンデル遺伝学や関連解析などである (Stern, 2000)．いわゆる遺伝子座の進化 (loci of evolution) や量的形質遺伝子 (quantitative trait gene; QTG) についての研究は，例えば祖先状態と派生状態の違いなど，特定の表現型の違いをもたらす対立遺伝子群を同定する (Orgogozo et al., 2015)．これら遺伝子座は，もし変異が適応的であるか内在化しうるものならば，自然選択が典型的にターゲットとしやすいゲノム領域となる．実験による限界があるため，大きな影響を生みだす遺伝子座の研究が多くなされているという研究事例の偏りがある．したがって，進化が好む遺伝的な変化がどのようなものであるのかを調べることはなかなか難しい (Rockman, 2012)．それにもかかわらず，我々は，ますます蓄積されつつある遺伝子型と表現型の関係を調べる研究をメタレベルで比較し検討するために統合化することは必須であり，そのためにデータベースを構築する研究プログラムを推進することは必要不可欠であると考えている．関連する文献を整理し解析することを推進するために［先行研究として以下の論文を参照 (Stern and Orgogozo, 2008; Streisfeld and Rausher, 2011; Martin and Orgogozo, 2013)］，我々は Gephebase (http://www.gephebase.org) という真核生物に自然にあるいは家畜化の過程で生じた形質の変化の背景にある遺伝子型-表現型の関係を記載するデータベースを構築した．以下のセクションでは，この Gephebase を利用して動物の形態進化においてシグナルリガンド遺伝子の重要かどうかを検証する．

4-3　方法：Gephebase の構築およびシグナル遺伝子の同定について

　Gephebase は，真核生物の遺伝子と表現型の関係について，出版された著作物を厳選しヒトの手でキュレーションしたデータベースであり，2016 年 12

月 31 日時点で全部で 1400 点が登録されている．差しあたって，ヒトの病気に関わる遺伝子やモデル生物を用いた実験室内で同定された表現型の変異はデータベースに含めていない (これらは他のデータベース (OMIM, OMIA, FlyBase, など) で見つけることができるだろう)．解析精度が塩基レベルや転写産物レベルを同定するまでに至っていない QTL 解析研究の結果についても，データベースから排除している．Gephebase では，それぞれの遺伝子型-表現型の関係は 3 タイプ［関連マッピング (association mapping)，連鎖マッピング (linkage mapping)，候補遺伝子 (candidate gene)］のうち，どのタイプの実験事実に基づいたものなのかが記載されている．3 タイプへの分類は Gephebase のキュレーターによってなされ，遺伝子型-表現型の関係を明らかにした際にどの証拠が最も重要であったかが調べられている．連鎖マッピングでは，500 kb 以下の解像度で同定された遺伝子型-表現型関係がデータセットとして優先的に登録されている (以下の論文 Martin and Orgogozo, 2013 の補足を参照のこと)．関連マッピングでは，どのデータを採用するのかは個々のケースに基づいて判断がなされており，特に逆遺伝学的な手法に基づいて 1 塩基多型 (single nucleotide polymorphism; SNP) と表現型の関係を調べているものを重視している．言い換えれば，Gephebase 統計的に有意な SNP のデータをただ集めたものではなく，より厳密な基準をもとに選抜したものをより多く収集することができており，また遺伝子型-表現型の関係について相対的によく調べられ理解されている研究を選んでいる．

　Gephebase は，近縁の 2 種間あるいは 2 個体間の特定の遺伝子について対立遺伝子の違い，その遺伝子の変化と関連した表現型の変化，それら遺伝子と表現型について記載した文献情報を関連づけて登録している．現在のところ，動物の形態変化に記述している 391 の文献について登録しており，その内訳は家畜化や人為選抜された形質を記述している文献が 174 誌，種間での形質の変化を記載した文献が 172 誌，種間での形質の変化を記載した文献が 45 誌にのぼる (補足の表 1，以下で入手できる．http://virginiecourtier. wordpress.com/publications/)．動物の形態変化を記述した 391 の文献のうち, 80 誌が自然に生じたものか家畜化により生じたものであり，そこでは 21 の異なるリガンド遺伝子が関与していた (表 4-1; 補足の表 2，以下で入手できる．http://virginiecourtier.wordpress.com/publications/)．

表 4-1　Gephebase で同定された gephe である 21 のリガンド遺伝子群 – そのうちの 19 遺伝子が形態進化と関わっていた (2016 年 12 月 31 日時点).

リガンド遺伝子	変異のある形質	自然に (種内/種間) で生じた Gephe の見つかった動物 (カッコ内は Gephe 数)	(人為的に) 選択されてきた (家畜化された) Gephe の見つかった動物 (カッコ内は Gephe 数)	コメント	参考にした Pubmed ID
Agouti (*ASIP*)	色彩	哺乳類/鳥類 (11)	哺乳類/鳥類 (14)	図 1 と Gephebase を参照	Gephebase を参照
BMP2	受胎能 (メス) + 性櫛の形態 (オス)	–	トリ (1)	*HAO1* とのプライオトロピックかつ交互作用	22956912 24655072
BMP3	頭蓋顔面骨格	–	イヌ (1)	不明 (*PRKG2* のありうる機能)	22876193
BMP6	歯の数	トゲウオ (1)	–	シス制御の対立遺伝子	25205810 26062935 25732776
BMP15	(形態形質以外の) 受胎能	–	ヒツジ (4)	コーディング領域の対立遺伝子	10888873 23637641
CBD103	色彩	オオカミ/コヨーテ (1)	イヌ (同じ対立遺伝子)	コーディング領域の対立遺伝子	19197024 17947548
EDA	鱗板 + 群泳性	トゲウオ (1)	–	シス制御の対立遺伝子	15790847 22481358 25629660
EDN3	色彩	–	トリ (1)	大規模な遺伝子重複	22216010 25344733
FGF5	毛の長さ	–	ネコ (1), イヌ (1), ロバ (2)	コーディング領域の対立遺伝子	Gephebase を参照
GDF5	体の大きさ	ヒト (1)	–	対立遺伝子は未知 (SNP に関連)	18193045
GDF6	骨格形質	トゲウオ (1) ヒト (1)	–	シス制御の対立遺伝子	26774823
GDF9	(形態形質以外の) 受胎能	–	ヒツジ (2)	コーディング領域の対立遺伝子	19713444 20528846
IGF1	体の大きさ	–	イヌ (1)	シス制御の対立遺伝子	17412960
IGF2	筋肉と脂肪の組成	–	ブタ (1)	シス制御の対立遺伝子	14574411
KITLG	色彩	トゲウオ (1) ヒト (2)	ウシ (1)	シス制御の対立遺伝子	本文を参照
Myostatin (*GDF8*)	筋肉の成長	–	哺乳 (14)	コーディング領域の対立遺伝子 (12 遺伝子) + シス制御領域の対立遺伝子 (2)	Gephebase を参照
Rspo2	毛の長さ	–	イヌ (1)	シス制御の対立遺伝子	19713490
scabrous	剛毛の数	ショウジョウバエ (2)	–	異なる対立遺伝子が胸部と腹部に影響する	7992053
upd-like	翅の大きさ	エメラルドゴキブリバチ (1)	–	シス制御の対立遺伝子 QTL によるゲノム領域	22363002
wingless (*Wnt1*)	色彩パターン (翅, 幼虫)	ショウジョウバエ (1)	カイコ (1)	シス制御の複雑な対立遺伝子	23673642 26034272
WntA	色彩パターン (翅)	チョウ (10)	–	シス制御の対立遺伝子	本文を参照

表 4-2　モデル生物のゲノムで見つかったシグナルリガンド遺伝子の数. シグナルリガンド
遺伝子であるかどうかは Gene Ontology の "受容体への結合" と "細胞外領域" に分類されて
いるかどうかで判断した.

	Homo sapiens (GRCh38.p7)	*Mus musculus* (GRCm38.p4)	*G. aculeatus* (BROADS1)	*D. melanogaster* (BDGP6)	*C. elegans* (WBcel235)
タンパク質をコードした遺伝子数	22285	22222	20787	18	20362
GO に基づく遺伝子数 (生体内分子機能) = "受容体への結合"	1592	1435	247	200	198
GO に基づく遺伝子数 (生体内分子機能) = "細胞外領域"	4814	4225	334	1016	562
GO に基づく遺伝子数 (生体内分子機能) = "細胞外領域" と "受容体への結合"	930	771	115	105	86
シグナルリガンド遺伝子の割合	4.17%	3.47%	0.55%	0.75%	0.42%

　ゲノムに推定された遺伝子のうちシグナルリガンドをコードしている遺伝子の頻度を推定するために (表 4-2), 我々は Ensembl の Biomart portal を利用した (Smedley et al., 2015). リガンド遺伝子として, Gene Ontology (GO) Annotations において "receptor binding" (Molecular Function, GO:0005102) と "extracellular region" (Cellular Component, GO:0005576) の二つを兼ねているものを選んだ. これらの二つの GO アノテーションを満たしている遺伝子の数を数えるために Biomart を利用して Ensembl の Gene ID (GO と種名を含む) のテキストファイルを抽出した. 次に, linux のコマンドである *comm-1-2* < (*sort human-GO0005102.txt*) < (*sort human-GO0005576.txt*) | *head-n-1* | *wc-l* (タイトル行はカウント数から除外されなければならないことに注意) によって目的とする遺伝子の数を数えた.

4-4　四足動物のメラニン合成を体全体で変更する遺伝子群

　Gephebase に登録された 294 の四足動物の形態についての情報のうち (Gephebase では, "Tetrapoda" という語で検索した. これは広義の意味の四足動物を指し, 哺乳類や爬虫類を含む), 206 の情報が色の多様性についての遺伝子型-表現型の関係を記述したものであり, そのうち 193 の情報がメラノサイト (melanocyte) の異なるパスウェイに含まれるものであった. この大きな偏

りは，サンプリングバイアスや研究による検証バイアスによるものである．

　第一に，色素は家畜の世話をするブリーダーにとっても自然選択にとっても標的にしやすい形質である (Protas and Patel, 2008; Linderholm and Larson, 2013)．色の違いは少数の遺伝子によって引き起こされるという事実も併せて，遺伝子型-表現型の関係を探索するときに，色の多様性はターゲットになりやすいというサンプリングバイアスがある．

　第二に，メラニン色素の変異をもたらす遺伝的な基盤が予測しやすいことによる．先行研究によりメラノコルチン受容体である MC1R がメラノサイトの活性化に主要なレギュレーターであることが分かっており，実際に Gephebase でも 84 の文献 (全 1400 誌のうちの 6%) が登録されている．興味深いことに，Gephebase に登録された MC1R の 80% (67/84) が候補遺伝子アプローチ (candidate gene approach) によって同定されたものである．このことは，脊椎動物の色の多様性に関する研究には潜在的に検証バイアスが強く影響していることを示している．メラニンの種類の違い (例えば，哺乳類の毛皮や鳥類の羽毛) による色の多様性がもたらされる遺伝的基盤に興味がある場合には，生物学者は延髄反射的に MC1R のアミノ酸の変異 (特に，すでに機能がよく分かっているタンパク質のドメインについて) を探すようになってしまっている．実を言えば，Gephebase に登録された MC1R について候補遺伝子アプローチによって同定された 67 の文献は遺伝子のコーディング領域の変異についてのものだった．したがって，脊椎動物の色に関わる形質の表現型の多様性とそれを生みだす単純な遺伝的基盤があるのではという示唆は，MC1R についてのあまりに偏った研究成果を強く反映したものであると言わざるを得ない．言い換えれば，MC1R 研究についての残りの 20% の研究は連鎖マッピングや関連マッピングに属するものであり，MC1R の遺伝的な変異が脊椎動物の色の多様性にとって重要であるというアイデアを真の意味で示したものであると言える．いずれにしても，これまでの研究結果は，MC1R タンパク質は他の形質に影響することなく色を変化させる格好のターゲットとして働き，MC1R の変更は迅速な適応的な変化を集団へと浸透させる有力な効果を発揮しやすいことを示している (Mundy, 2005; Kopp, 2009; Kronforst et al., 2012; Reissmann and Ludwig, 2013; Wolf Horrell et al., 2016)．メラノサイトを活性化するカスケードの別の因子も，色に関わる形質の自然なあるいは人

為的な選択に関係している (図 4-1). 例えば, 転写因子 *MITF* やメラニン合成遺伝子の *TYR, TYRP1, Pmel17* などの MC1R の下流の遺伝子がある.

　MC1R の上流では, 受容体の機能に関わる二つのシグナル分子が脊椎動物の色の多様性をもたらす対立遺伝子の候補となることが知られている. 特に, 拮抗して働くリガンドである *Agouti/ASIP* は Gephebase においても 28 の文献が登録され, 色の多様性をもたらす際に好んで利用されるターゲットとなっている. これは, 自然選択と人為選択の両方を含む, 連鎖マッピングと関

Box 4-1　定　義

混合マッピング (admixture mappingg)　　表現型形質と遺伝子座を関連づけることを目的とし, 二つあるいはそれ以上の以前に単離された集団間に生じた遺伝的流動を算出する方法. 混合マッピングは, 関連マッピングの一方法である.

関連マッピング (association mapping)　　Gephe を同定するための順遺学的方法. 遺伝的変異と表現型形質を結び付けるゲノムワイド関連解析 (genome-wide association studies; GWAS) に基づく. 一般的には, 大規模な関連のないコホート群を調査する.

候補遺伝子アプローチ (candidate gene approach)　　調べたい表現型の変化について, 何らかの生物学的な知見に基づいて関与する可能性のある遺伝子座を候補にあげ, 実際にその遺伝子座がその表現型の変化に関与しているかどうかを検証するための逆遺伝学的手法. 例：オプシン光受容体遺伝子は色覚の違いを生みだす候補遺伝子の典型である.

順遺伝学 (forward genetics)　　表現型の形質が所与のときに, その背景にある遺伝的変化を同定するための方法群 (表現型から遺伝子へという手法の流れが,「順」を意味する).

遺伝的ホットスポット (genetic hotspot)　　個々の系統で独立に変異が生じたにもかかわらず, 表現型の違いを生みだされるときに繰り返して利用されるオーソログ遺伝子座群 (Martin and Orgogozo, 2013).

遺伝表現子 (Gephe；(遺伝子型 (genotype)-表現型 (phenotype) 関係を表す造語；

***jay-fee* と発音する)**　　以下の三つの関係により構成される：遺伝子座の違い (二つの遺伝子座), それと関係のある表現型の変化 (二つの異なる表現型の状態, 例えば, 祖先状態と派生状態), それら両者の関係 (Orgogozo et al., 2015). 通常は, Gephe は遺伝的バックグラウンドと環境条件が決められたときに定義される.

ハプロタイプ (haplotype)　　同一の染色体で発見される密接に関連した対立遺伝子群. 一つのまとまりのように遺伝する.

連マッピングとして同定されたさまざまなケースを含んでいる (図 4-1a-c).
Agouti の対立遺伝子はメラニン色素形成の表現型に対して劣性の機能欠失遺
伝子の性質をもつ. これは, 優性の機能獲得遺伝子の性質をもつ MC1R の
コーディング領域への変異と対照的であり, メラニン形成の遺伝的基盤には
異なる性質をもつ要因が関与している (Eizirik et al., 2003). *Agouti* リガンド
は MC1R パスウェイの基本的な活性化を阻害する. *Agouti* を完全に欠損して
いる状況下では, MC1R は脳下垂体のメラノコルチンホルモン α-MSH により

ヘテロトピー (heterotopy)　　　発生過程に関わる特定の分子生物学的なプロセスが生じる
　　場所が, 進化を経ることで, 異なる場所で生じるようになること.

連鎖マッピング (linkage mapping)　　　Gephe を同定するための順遺伝学的方法. ハイブ
　　リッド交配の F_1 を利用して染色体シャッフリングや乗り換えを調べることに基づく.
　　この手法は, 量的形質遺伝子座マッピング (quantitative trait loci (QTL) mapping) やメ
　　ンデル遺伝子座マッピングを含む.

メンデル遺伝子 (mendelian gene)　　　同じ遺伝子座の異なる対立遺伝子が関係している
　　表現型の違いを調べることで検出された分離の法則に従う遺伝子のまとまり (Orgogozo
　　et al., 2016).

形態空間 (morphospace)　　　生物のありうる形態やかたちをすべからく表現した抽象空間.

オーソログ遺伝子座 (orthologous loci)　　　種分化の結果現在では異なる種で見いだされ
　　る, 祖先から受け継がれてきた DNA 領域.

平行進化 (parallel evolution)　　　ここでは, 同一の遺伝子座に独立に何度も生じた塩基配
　　列の変化による類似の表現型形質の進化として定義する (Stern, 2013). 他の定義につい
　　ては, 以下を参照のこと (Scotland, 2011).

フェノログ (phenologue)　　　離れた系統において保存された遺伝的機構によって引き起
　　こされた類似の表現型 (McGary et al., 2010; Lehner, 2013). ホットスポット遺伝子が関
　　わる Gephe とは表現型レベルの記述としては対比をなす語.

量的形質遺伝子座 (quantitative trait locus)　　　量的な表現型形質の違いに関わる DNA
　　(遺伝子座) 領域.

逆遺伝学 (reverse genetics)　　　遺伝子が所与のときに, それが生みだす表現型の機能を
　　調べるための方法群 (遺伝子から表現型へという手法の流れが, 「逆」を意味する).

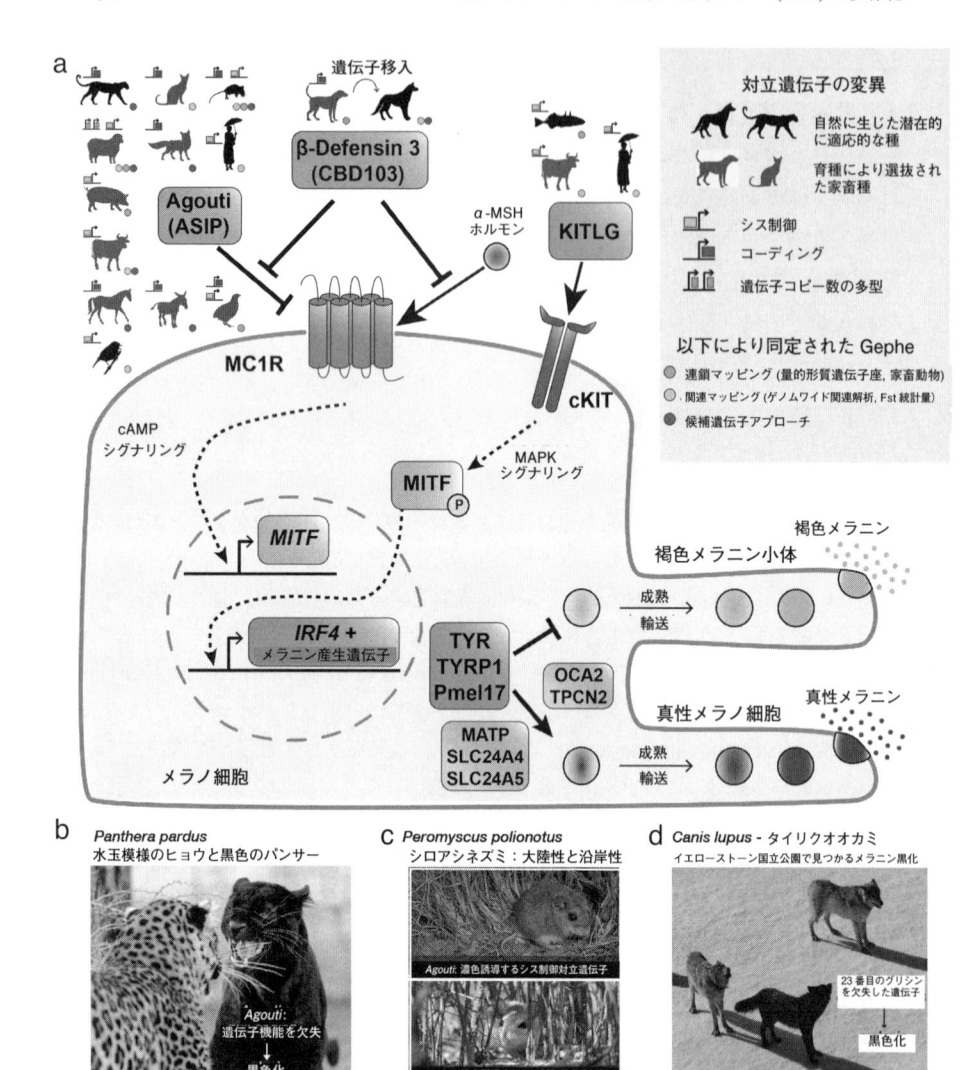

図 4-1　脊椎動物における色彩の違いに関わる分泌リガンドの対立遺伝子群. (a) MC1R と cKIT シグナリングパスウェイはおのおの MITF 転写因子へとつながるシグナル伝達制御カスケードを活性化する. MITF はメラノ産生遺伝子の作用を変化させ, 最終的にはメラノソームでの濃い真性メラニンの成熟や輸送を活性化する. *Agouti* と *β*-defensin-3 は細胞外で MC1R の作用を変化させる分泌因子であり, KITLG は cKIT に対して拮抗的に作用するリガンドである. これら三つの遺伝子での対立遺伝子の変異は脊椎動物の色彩の違いに関係している. (b)　フレームシフトにより完全に機能を欠損した *Agouti* 遺伝子をもつクロヒョウとヒョウ. (c)　シロアシネズミ (*Peromyscus* spp.) の適応的な色彩の違いは *Agouti* 遺伝子座の配列を何度もターゲットにして生じている. (次ページへ続く)

過度に活性化されすぎて，真性メラニン産生をもたらすメラノサイト制御カスケードを誘因する．野生型の *Agouti* は MC1R によるメラニン表現型の違いの拮抗となることが提案されてきた (McRobie et al., 2014)．これは，MC1R の機能獲得型の性質が *Agouti* リガンド受容体への効果を逆転できりることを示唆している．*Agouti* に加えて，β-defensin 3/CBD103 ペプチドは上皮組織より分泌され，MC1R に強く結合し，イヌのメラニン形成に関与していることが示されている (Candille et al., 2007)．あるメラニン異常のイヌでは，β-defensin 3/CBD103 の 1 アミノ酸の欠失がメラニン異常を引き起こすことを示しており，したがって *Agouti* の機能阻害をすること，あるいは，α-MSH の刺激結合の阻害を緩める可能性を示唆している (Nix et al., 2013).

　注目すべきなのは，CBD103$^{\Delta G23}$ メラニン対立遺伝子は野生と家畜の境界を不透明にするような複雑な歴史をもっていることが明らかとなっている点である．第一に，古代の DNA を調べたところ，約 1 万年前にオオカミ用の遺伝子プールから家畜化を経て出現したと考えられ (Ollivier et al., 2013)，その後に現在の家畜化されたイヌのゲノムに加わったと考えられている．第二に，その遺伝子は野生の動物へと広がり，結果として北アメリカのタイリクオオカミ (gray wolves) のメラニン異常の表現型はその遺伝子が原因で生じたと考えられている (Anderson et al., 2009)．メラニン対立遺伝子は正の選択圧の有力な証拠であるが，しかしこれがメラニンにより形成された毛皮の適応的な効果によるものなのか，あるいは，β-defensin 3 の抗菌作用に基づくものなのかは今のところはっきりしない．生物の色の違いを生みだす他のいくつかの事例について，正の選択圧によるものだということが分かっている (Vignieri et al., 2010; Barrett and Hoekstra, 2011; Laurent et al., 2016).

　結論として，MC1R と *Agouti* の変異は現在のデータセットのうち四足動物

図 4-1 (続き)　　例えば，*P. polionotus* の異なる集団はフロリダ内陸部では暗い色に適応し (上図)，フロリダ海岸部では明るい色に適応している (下図) が，この色彩変化は *Agouti* 遺伝子の皮膚での発現を変更するようなシス制御の変異によっている．(d) 黒いオオカミはイエローストーン国立公園 (yellowstone national park) (USA) で集団内の頻度が増加していることが見受けられる．メラニン合成に関わる対立遺伝子は 1 アミノ酸欠失をもつが，もともとこの対立遺伝子は家畜化されたイヌで選抜され固定されたものであり，後に北アメリカの野生のオオカミやコヨーテのゲノムにハイブリッド交配によって組み込まれたと推察される．写真〔b: © Emmanuel Keller (License CC BY-ND 2.0). c: © Roger Barbour (License CC BY-ND 2.0). d: © Doug Smith (Public Domain)〕.

の色の多様性を生みだす遺伝子型 - 表現型関係の 54% (112/206) を説明して
いる．そうした過度の偏りは実験によるバイアスだけで説明できるものでは
なく，四足動物の色の進化について MC1R と *Agouti* が優先的にターゲットと
なっていることを示唆している．

4-5　シス制御の進化は特定の部位での色彩変化を引き起こす

リガンドとその受容体をコードする遺伝子の変化はそれらが関与するシグ
ナル強度 (例えば，メラノサイトでの色素合成) を変更できうるため，そうし
た変化はリガンドあるいは受容体が発現している体の全ての部位に影響を及
ぼしそうである．一方で，毛皮や上皮や羽毛の色を部位特異的に変更できて
いるという事実は，シス制御の変異が関与していることを強く示唆している．
遺伝子型 - 表現型関係について以前になされたメタ解析では，遺伝子をコード
している領域よりもシス制御領域のほうが部位特異的な形態の変化にほとん
どの場合に関係していることが実験的に証明されている (Stern and Orgogozo,
2008)．*Agouti* は色のパターン進化のシス制御の主たるターゲットであり，
QTL 解析の重要な候補の一つである．シロアシネズミ (deer mouse) は，環境
にあわせて色が極端に変わることが知られている (Manceau et al., 2010)．こ
の多様性の原因遺伝子を詳細に調べたところ，*Agouti* 遺伝子座 (Manceau et
al., 2011) に加えて，複数の非コーディング領域も関与していることが分かっ
た (Linnen et al., 2013)．さまざまな制御因子が異なる体の部位に三つのアイ
ソフォームを別個に発現させるのに関与している (Mallarino et al., 2016)．そ
れぞれの適応的な対立遺伝子は複雑なハプロタイプを成し，複数の部位特異
的な変化を引き起こすようにまとまって遺伝している．これは形態空間で小
さな跳躍進化がどのように生じるのかを理解するうえで重要であると考えら
れる．遺伝的なホットスポットは種間での表現型の進化において予想できる
基盤を与えるという点でも興味深いが，さらに，遺伝的なホットスポットが
変異と蓄積して，結果としてある一つの系統において大きな変化を生みだし
うることも説明できると考えられる．

したがって，脊椎動物の色の多様性を研究することは受容体 (MC1R) とそ
の拮抗阻害因子 (*Agouti/ASIP*) がメラノサイトの分化にカギとなる制御因子
であり，自然界において適応的な変異をもたらし，また農業や家畜化に利用で

きる新規の色彩的な特徴を作り出すことができうることを示唆している. 両因子のコーディング領域の進化は体の広範囲にわたっての変化をもたらし, 一方で *Agouti* の制御領域の進化は MC1R の機能を阻害することを通して, 局所的な色彩の変化を可能にする. *Agouti/MC1R* は典型的な発生プロセスに関与していないし, 個体発生においてはそれほど重要な機能は果たしていない (例えば, Gephebase の Gene Ontology annotations の項を参照). しかしながら, *Endothelin-3 ligand /Endothelin-receptor B* (EDN3/EDNRB) は神経堤細胞の分化や移動に多面的な役割を果たしているし, EDN3 や EDNRB への変異は家畜化されたニワトリ・ネコ・ウマの色彩を変化させることが知られている (Santschi et al., 1998; Dorshorst et al., 2011; Qanbari et al., 2014). これまでに, 実際の自然界には存在しない環境下で家畜化された動物でのみ, EDN3/EDNRB の対立遺伝子が見つけられている. したがって, この遺伝子はおそらくは DGT に属するものと思われるが, エンドセリン経路に関わる遺伝子群が自然界で実際に変異のターゲットとなりうるかどうかはまだはっきりとはしない. 形態進化においてシグナルリガンド遺伝子の役割を正しく評価するためには, 順遺伝学の方法によって形質ごとの違いを生みだしている系統 (言い換えれば, 集団や最近縁種など非常に近い系統間で自然に生じた違い) を調べることが有効であり, 場合によっては実験進化学的な手法による研究を行うことも必要であろう (Kopp, 2009; Powell and Mariscal, 2015). 4-6, 4-7 節では, 真骨魚類であるトゲウオ (stickleback) とチョウであるドクチョウ (*Heliconius*) に注目し, 形態的な適応をもたらす遺伝的な基盤について連鎖マッピングの成果を紹介する.

4-6　最近起きたトゲウオの淡水への適応はリガンド遺伝子座を繰り返し利用している

　イトヨ [threespine sticklebacks (*Gasterosteus aculeatus*)] は海に生息する魚類であるが, 更新世の氷河期の退行に伴い淡水に何度も生息するようになった. 淡水へと生息域を新たに適応する過程では, さまざまな形態的, 生理学的, 行動的な変更を伴い, QTL マッピングと集団レベルでの解析によって関係している遺伝的な基盤が調べられている. トゲウオで調べられた 14 の遺伝子型‐表現型関係 (*Pitx1, TSHBeta2, CNH4, KITLG, EDA, GDF6, BMP6,*

PRKCD, SOD3, KCNH4, ATP6V0A1, ATP1A1, Mucin, IGK) のうち，四つが分泌されるリガンド遺伝子である．十分にアノテーションが進んだゲノム研究からは，動物のゲノムに見いだされた遺伝子の5%以下が分泌されるリガンド遺伝子であることが示されている (表4-2)．したがって，トゲウオ研究から分かった28%という数値は予想よりもずいぶんと大きなものであり，統計的にも全てのゲノムにランダムに変異が生じたと過程した場合を帰無仮説とした場合よりも有意な違いであった (カイ二乗検定：$\chi^2 > 20$; $p < 10^{-5}$).

　淡水に移行した集団からメラニン色素の減少に大きな効果をもたらした遺伝子座が一つ同定された (図4-2a)．予想に反して，同定されたのはMC1Rパスウェイに関連したものではなく，*Kit-ligand (KITLG)* 遺伝子座であった (Miller et al., 2007; Jones et al., 2012)．*Kit-ligand (KITLG)* は，平行したパスウェイの分泌シグナル因子をコードしている (図4-1)．KITLG は KIT 受容体のリガンドであり，MAPK チロシンキナーゼカスケードを誘因し，メラノサイトの分化と活性を制御する (Wehrle-Haller, 2003)．KIT 受容体は全部で17の色に関連した遺伝子-表現型関係が同定されている．そのうち家畜化に関与している対立遺伝子は，ネコ・ブタ・ウマ・ロバ，キツネ・ネコの対立遺伝子でのみ見つかっている (以下を参照．Advanced Search "Gene name and synonyms" = "KIT" at www.gephebase.org for a complete list)．一方で，*KITLG* のシス制御領域の変異はトゲウオだけでなく，ヒトについても自然に生じた色の多様性に関与していることが分かっている (Miller et al., 2007; Guenther et al., 2014)．*KITLG* の 193 番目のアラニンがアスパラギン酸に変更している変異 (Ala193Asp) は家畜化された牛のまだら模様の毛皮の色の変異をもたらすことも分かっている (Seitz et al., 1999; Qanbari et al., 2014)．重要なことは，*KITLG* のシス制御領域の変異は組織特異的な変化を生みだしうるということであり，例えばヒトの遺伝子座に生じた変異のようなガン化のリスクを潜在的に生みだしうる害悪のある変異を引き起こすことも可能であるということである (Karyadi et al., 2013; Litchfield et al., 2016).

　別の遺伝子座として，bone morphogenetic protein 6 ligand (*BMP6*) が発見されており，この遺伝子座は淡水に生息するトゲウオの歯の獲得に関与していることが分かっている (Cleves et al., 2014; Erickson et al., 2015) (図4-2b)．これは *BMP6* の発現を減少させるようなシス制御領域への変異であり，口の発

生を遅らせることが分かっている ［Cleves et al., 2014 (改稿中) を参照］．驚くべきことに，さらに淡水に生息している集団の遺伝子を調べたところ，別の遺伝子座も同様の表現型を作り出していることが分かった (Ellis et al., 2015). BMP リガンドは左右相称動物に共有された TGF-β ファミリーに属する因子であり，発生プロセスの制御に重要な役割をしている (De Robertis, 2008). 現在分かっているところでは，TGF-β ファミリー遺伝子群に生じた変異は自

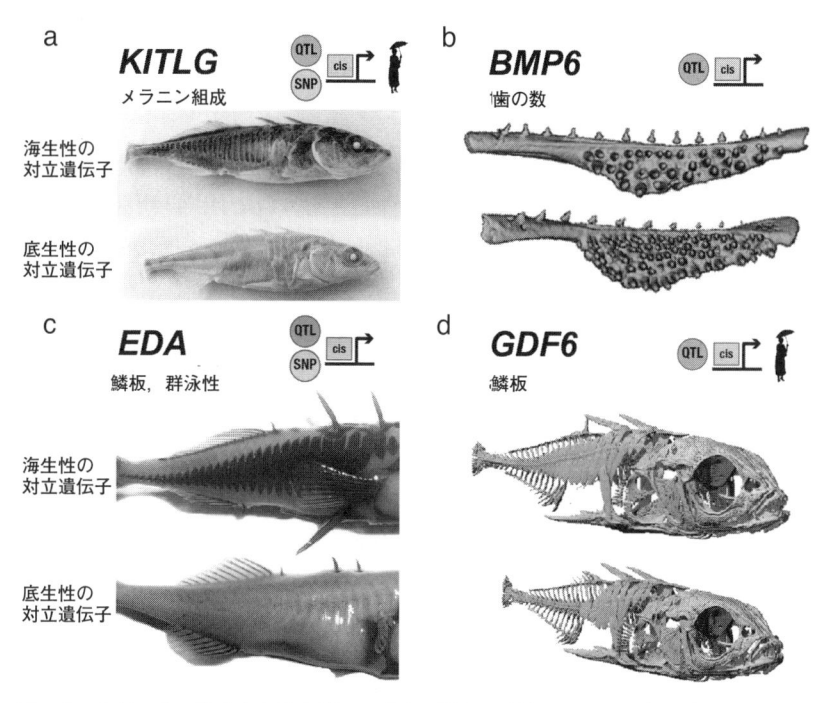

図 4-2　トゲウオの海水から淡水湖への適応に関わる分泌リガンド遺伝子座. (a) *KITLG* 遺伝子のシス制御に生じた変異は，海水にすむ集団 (上図) と比較して淡水湖にすむ集団のメラニンを減少させる (下図). (b) 海水にすむ個体と淡水湖にすむ個体の歯のマイクロ CT 図. 淡水での *BMP6* のシス制御の対立遺伝子は歯を作る場所や密度を増加させる. (c)‐(d) 鱗板は体の側面の構造であり，ここでは赤いアリザリンで染色したり (c)，マイクロ CT で撮影したり (d; pink) している. 鱗板は，淡水にすむ集団で何度も減少したり消失したりしている *EDA* や *GDF6* のシス制御の対立遺伝子は，側板の広がりや数，大きさなどに個別に影響を及ぼす. 図中の cis：シス制御，QTL：量的形質遺伝子座，SNP：一塩基多型. 写真 [a: © Frank Chan and David Kingsley. b: © Craig Miller and David Kingsley. c: © Nicholas Ellis and Craig Miller. d: © Catherine Guenther, Vahan Idjeian and David Kingsley].

然に生じた進化や家畜化の生殖や骨の形成に関わる形質に関与していること
が多い．いくつかの BMP の対立遺伝子は，家畜化された羊の受精率の増加に
関与していると報告され (*BMP15* とそのパラログである *GDF9*) (Monestier et
al., 2014)，あるいは，ニワトリの繁殖力や骨形成に関与しているとされている
(*BMP2*) (Johnsson et al., 2012)．遺伝的な研究により，魚類であるシクリッドの
頭蓋顔面の多様性は *BMP4* 遺伝子によりもたらされ (Albertson et al., 2005)，
また家畜化されたイヌの短頭形成には *BMP3* の 1 アミノ酸置換が強く関与し
ていることが分かっている (Schoenebeck et al., 2012).

　トゲウオの胴体の鱗板 (body armor) の消失は側板の減少により生じるのだ
が，淡水へと移行したトゲウオで何度も独立に適応進化していることが分
かっている．この進化には，二つの主要な遺伝子座が関与していることが調
べられた．一つは，ガン化に関わる因子 *Ectodysplasin A* (*EDA*) であり，海水
に生息する集団に低い頻度で存在しているシス制御の変異が，淡水化の際に
何度も再利用され側板の減少に結び付いていることが分かっている
(Colosimo et al., 2005; Jones et al., 2012; O'Brown et al., 2015)．この同じ遺伝
子座は群泳行動にも影響することが分かっており，淡水にすむ集団では体軸
方向に正確に整列して泳ぐ能力が失われてしまっており，これは EDA の過剰
発現に基づくものであることが分かっている (Greenwood et al., 2016)．さら
に，QTL とゲノム解析によって，淡水に生息する集団から *Growth/Differenti-
ation Factor 6* (*GDF6*) 遺伝子座が同定され，この遺伝子が発生途中の上皮で
発現することによって最終的には側板が小さくなることも分かった (Indjeian
et al., 2016)．*KITLG* と同様に，この事例もヒトの進化にも示唆を与えてお
り，*GDF6* がもつ後肢特異的に発現誘導するエンハンサーがヒトでは失われ
ており，その結果骨格形成に変化をもたらし，二足歩行の進化に関与してい
るのではないかと推測されている (Indjeian et al., 2016).

　以上により，トゲウオで進められている順遺伝学的な研究は，重要な発生
パスウェイに属するリガンド遺伝子が適応的な形態進化において重要な役割
をしていることを示している．注意を喚起したいのは，全てのトゲウオの遺
伝子型-表現型関係は，シス制御の変更を伴うものであり，発生プロセスに深
く関与している遺伝子の変更はタンパク質をコードしている領域よりもシス
制御領域に起こりやすいという予想を支持している点である (Carroll, 2008;

Stern and Orgogozo, 2008). 4-7 節では，昆虫の翅の形態進化に注目し，シグナルリガンドの変異がどのように関与しているのかを議論する.

4-7　Wnt タンパク質は翼にのって

　種内あるいは種間で同じ形質について適応的な変異が調べられた研究はいくつかある. ドクチョウ属のチョウはミクロエボデボ研究の代表的な例である (Papa et al., 2008; Supple et al., 2014; Kronforst and Papa, 2015; Merrill et al., 2015). 毒チョウの翅模様はミュラー型擬態をしており，さまざまに多様化した模様を呈しており，性選択も受けている. 多型を示す個体は互いに交配する［クロス交配 (cross-hypridaization)］ことができ，連鎖解析に用いることができる. さらに，自然界でもクロス交配が生じているため，良い候補を選ぶことで高精度に遺伝子座を解析することができ，また SNP-表現型関連解析を行うことができる. さらには，恒常的に遺伝的流動や組換えにさらされつつも，隣接した集団間で独立した表現型を維持しているためメンデル遺伝の決定的な証拠を押さえることもできる. Wnt ファミリーに属するシグナルリガンドである WntA はチョウの翅模様の進化において重要な遺伝的因子であることが分かってきた. エラートドクチョウ (Heliconius erato) の擬態模様の多様化に伴って離散的に変化してきたメンデル遺伝子座としてもともとは発見されていたのだが，この遺伝子は将来斑紋を形成する位置で終齢幼虫期の翅原基で発現することが明らかにされ，また前翅の黒斑形成に関与していることが分かった (Martin et al., 2012). 連鎖解析とクロス交配を利用した解析から，エラートドクチョウの少なくとも六つの生物地理的な亜種において WntA 対立遺伝子を多面的に利用して，顕著な模様の違いを生みだしていることが分かってきた (図 4-3a-b). この発見に続いて，さらなるゲノム解析が進められ，WntA 遺伝子に生じた変異により他にドクチョウ属 (Heliconius) の 4 種とアメリカアオイチモンジ (Limenitis arthemis) でも翅模様の違いを生みだしていることが分かった. アメリカアオイチモンジはドクチョウ属から約 6500 万年前に分かれたと考えられるグループである (図 4-3a) (Gallant et al., 2014; Huber et al., 2015). WntA の対立遺伝子に生じた変異は種内の模様の多様性に貢献しているだけでなく，同所で生息している異なる種間で進化した類似の模様の進化にも関与していることが分かってきた. これは，適

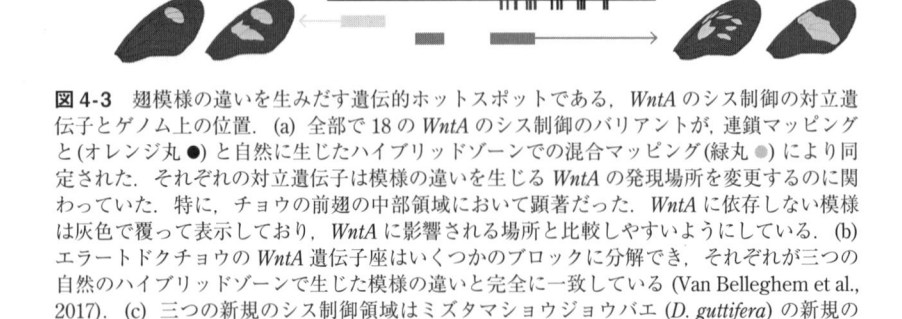

図 4-3　翅模様の違いを生みだす遺伝的ホットスポットである，*WntA* のシス制御の対立遺伝子とゲノム上の位置．(a) 全部で 18 の *WntA* のシス制御のバリアントが，連鎖マッピングと (オレンジ丸 ●) と自然に生じたハイブリッドゾーンでの混合マッピング (緑丸 ●) により同定された．それぞれの対立遺伝子は模様の違いを生じる *WntA* の発現場所を変更するのに関わっていた．特に，チョウの前翅の中部領域において顕著だった．*WntA* に依存しない模様は灰色で覆って表示しており，*WntA* に影響される場所と比較しやすいようにしている．(b) エラートドクチョウの *WntA* 遺伝子座はいくつかのブロックに分解でき，それぞれが三つの自然のハイブリッドゾーンで生じた模様の違いと完全に一致している (Van Belleghem et al., 2017)．(c) 三つの新規のシス制御領域はミズタマショウジョウバエ (*D. guttifera*) の新規の模様形質の進化に関わっている．(d) カリバチである *Nasonia* のオスの翅の大きさの違いを QTL マッピングにより高精度に調べ，*upd-like* 増殖因子を空間・時間的に変更させるのに関与する三つの領域を同定した．写真 (許可を得て転載)［c: © Nicolas Gompel and Shigeyuki Koshikawa. d: © David Loehlin］．(口絵参照)．

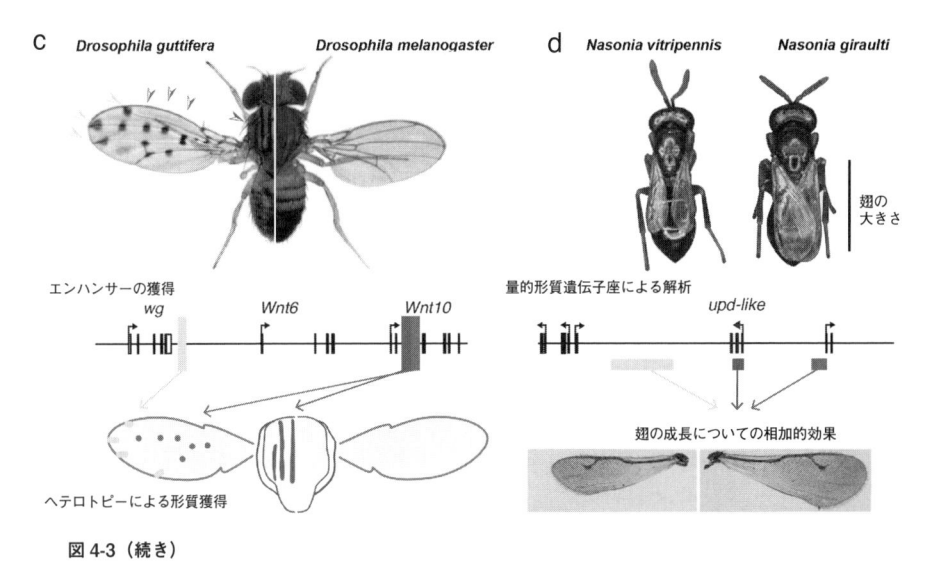

図 4-3（続き）

応的な収斂進化のクリアな例であると考えられる．予想されるように，引き起こされる変化は *WntA* 遺伝子のエクソン領域だけでなく (実際にアミノ酸配列の変化はごくわずかであった)，むしろ翅の発生過程において *WntA* 遺伝子の発現を制御していると思しき遺伝子制御の領域にも見られた．*WntA* 遺伝子のシス制御領域の変異の役割はより広範囲の系統にまたがって展開できるかもしれない．というのも，*WntA* の遺伝子発現は他の分類群に属するチョウの翅模様形成にも強く関与しているからだ (Martin and Reed, 2014)．7 種の 18 の対立遺伝子についてその全てが翅模様の多様化に関わっていることが明らかになっていることから，*WntA* 遺伝子は遺伝的なホットスポットになっていると考えられる．このようにドクチョウの模様の進化はさまざまな時間スケールでの制御領域の進化とパターン形成と形態進化を結び付ける良いモデルケースになると期待される．

4-8　リガンド遺伝子のモジュール性は種間の違いをもたらす

　現在のデータからは，*WntA* 遺伝子座は複数の制御領域を含んだものであり，それは *WntA* の発現領域を再編成することができ，かつ翅模様の全体的

な構成をも変更できることが示唆されている．関連マッピング解析により，少なくとも三つの隣接した領域がエラートドクチョウの別個の翅模様の形成に関与していることが明らかになり (図 4-3b)，キドノドクチョウの亜種 (*H. cydno alithea*) の集団がもつ翅模様の多型は 1.8 kb のゲノムへの挿入領域のみから生みだされていることが分かった (Gallant et al., 2014; Van Belleghem et al., 2017)．現在のところ，チョウでは個々のシス制御領域の機能を調べることができないという技術的な限界にぶつかっているため，同定したゲノム領域をさらに個々の機能的な単位へと分解していくことができない．したがって，このリガンド遺伝子の発現とそのシス制御領域の進化がどのように進化と関わっているかについては，別のモデルと検討することで洞察を得るよりほかにない．興味深いことに，*Wnt* 遺伝子座の調節領域の詳細な解析がミズタマショウジョウバエ (*Drosophila guttifera*) でなされており，*wingless* (syn. *Wnt1*; *wg*) とそのパラログ遺伝子である *Wnt6* と *Wnt10* (図 4-3c) がタンデムに並んだゲノム領域には，三つの組織特異的なシス制御領域があり *wingless* 遺伝子の発現に関わっており，翅と胸部の模様形成に関与していることが分かっている (Werner et al., 2010; Koshikawa et al., 2015)．これらの研究にはチョウの研究で見られたような広範な系統にわたっての複数の亜種を対象にした解析はないものの，真に新規の形質について非常に詳細なメカニズムの解析を可能にしている好例であり，三つの異なる体の部位での Wnt の発現がそれぞれ別個のシス制御領域により誘導されることを明らかにしている．重要なことは，*wg* 遺伝子はハエにおいてもチョウにおいても色やパターンの形成に関わっているということであり (Macdonald et al., 2010; Martin and Reed, 2010; Koshikawa et al., 2015)，この遺伝子を体の新しい領域へと再利用することが新しいパターンの進化的な獲得をもたらしていそうだということであり，もっと言ってしまえばどうやらそれは鱗翅目の幼虫の表皮の模様の進化にも関係しているということである (Yamaguchi et al., 2013)．注意したいのは，Koshikawa らは *Wnt6* や *Wnt10* の発現はミズタマショウジョウバエの翅の発生で検出していないということであり (Koshikawa et al., 2015; S. Koshikawa, 私信)，一方で，この二つのパラログ遺伝子はチョウでは *wg* と同じように再利用されており，その一部は発現パターンが重複しているなど，より複雑な状況になっている (Martin and Reed, 2014)．これらの平行的な関

係 (翅模様形質；*Wnt* 遺伝子座) 以上に，チョウとミズタマショウジョウバエの研究成果はシス制御の獲得と変化が模様形成の進化に重要であり，チューニングを可能にすることを説明している (Koshikawa et al., 2015).

　リガンド遺伝子座の制御領域と種間の表現型の違いを結び付けた別の研究例もある (Loehlin and Werren, 2012). Loehlin と Werren はカリバチの仲間である *Nasonia* 属の近縁 2 種を用いて，オスの翅の大きさの違いをもたらす遺伝的要因について QTL 解析を行い，JAK/STAT パスウェイのリガンド遺伝子である *unpaired-like* (*upd-like*) を同定し，さらに翅の大きさに相補的に効果をもたらす三つの制御領域をつきとめた．実際に，この三つの領域は，それぞれが *upd-like* の遺伝子発現を誘導し，最終的には翅の増殖に影響を及ぼしうることが分かった．したがって，表現型としては増殖に関わる形質 (*upd-like* 遺伝子の例) であったり，模様形成 (*WntA* や *wg* 遺伝子の例) であったりするわけだが，形態の進化可能性が発現パターンを改変する能力に依存していることを示した実験による複数の証拠が分かっている．ひと言で言ってしまえば，昆虫の翅の多様性とリガンド遺伝子を結び付ける異なる実験結果は，形態進化においてシス制御のモジュール性が重要であることを強調するものであると言える．

4-9　どのように，いつ，なぜ，リガンド遺伝子群はパターンの違いを生みだせるのか，あるいは，生みだせないのか

　我々が現在手にしている進化遺伝学研究の知見は，表現型の変化をもたらす遺伝的なメカニズムが相対的に予測可能であることを示唆している (Stern and Orgogozo, 2009; Martin and Orgogozo, 2013; Orgogozo, 2015). 新規形質を生みだす共通のメカニズムあるいは傾向にはどんなものがありうるのかを説明することによって，さまざまな分類群にわたって一般化することのできる事後的な予測をまとめあげることができるかもしれない．前節で議論したチョウの *WntA* 遺伝子やミズタマショウジョウバエの *wg* などの *Wnt* を利用したパターンの多様化は，昆虫の翅の上皮組織という 2 次元で展開される比較的単純な形質であるがゆえに，パターン進化の分子ロジックを理解するうえで有用な枠組みを提供してくれると期待できる．我々が現在知りうる限り，こうしたパターン形成メカニズムは組織の増殖プロセスとは独立しており，

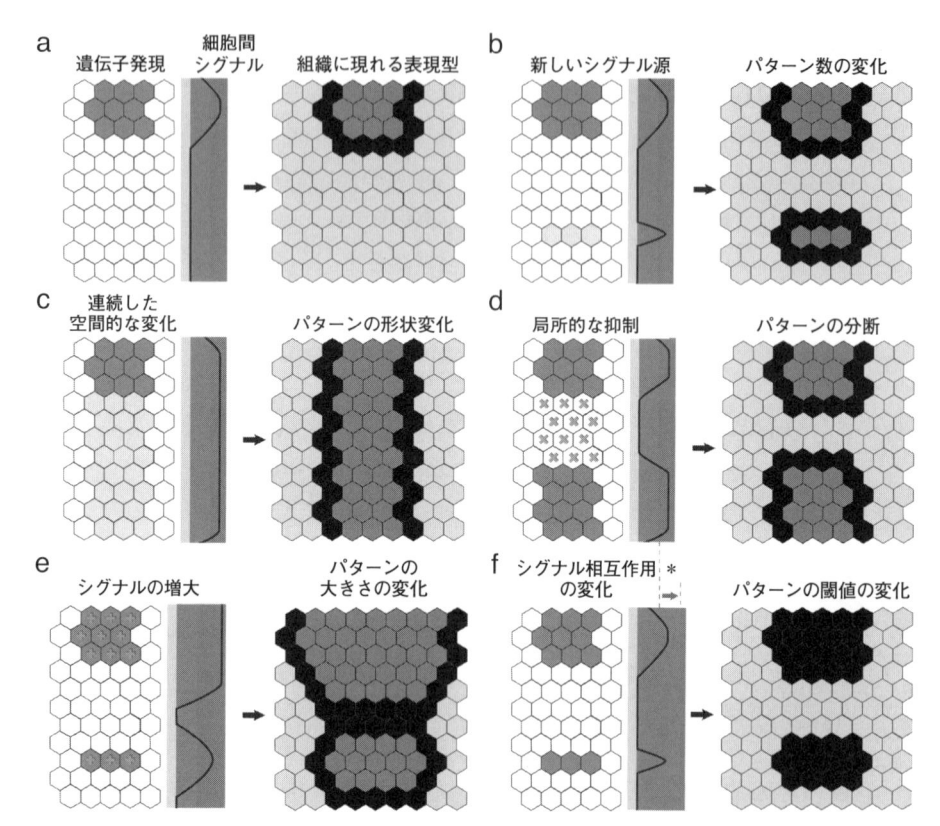

図 4-4　パターンの違いはリガンド遺伝子の変化の仕方に依存するかもしれない．(a) パターン形成の3ステップモデル．リガンドを発現する細胞 (赤い六角形) はシグナルを出し，濃度依存的なやり方で隣接する細胞に読み取られ，結果として三つの異なる状態の細胞ができ上がる (黄色: シグナル濃度が低い．黒色: シグナル濃度が中程度．橙色: シグナル濃度が高い)．(b) 新規のリガンド遺伝子発現ドメインを離散的に獲得することで，新規のパターン要素を作り出せる．(b) リガンドの発現を連続して空間的に変更することで，新しいパターンのかたちを作り出せる．(d) リガンドの発現を局所的に消失させることで，パターンの分断を作り出せる．(e) リガンド遺伝子の発現を上昇させることで，パターンを広げることができる．(f) パターンの構成はシグナルを読み取るプロセスを変更することで，変化させることができるかもしれない．(g) 蛹期に入って24時間以内にニセヒョウモンモドキへ硫酸化多糖類をインジェクションすると，Wnt の発現している領域のサイズを変更できる．硫酸デキストランは Wnt の発現領域を狭め，逆にヘパリンは広げる．両化合物ともに細胞外の環境で遺伝的な変更がどのようにパターンのサイズを変更するかを説明してくれる．(g`) 蛹期の初期に温度ショックを与えるとパターンに歪みが生じる．これは生理学的な状況に対するシグナル伝達の各段階の応答感受性を示している．(h) ニセヒョウモンモドキはチェッカーフラッグ模様をしており，模様の多型をよくとり，擬態をしていることが知られている (Bowers et al., 1985; Long et al., 2014b) (口絵参照)．

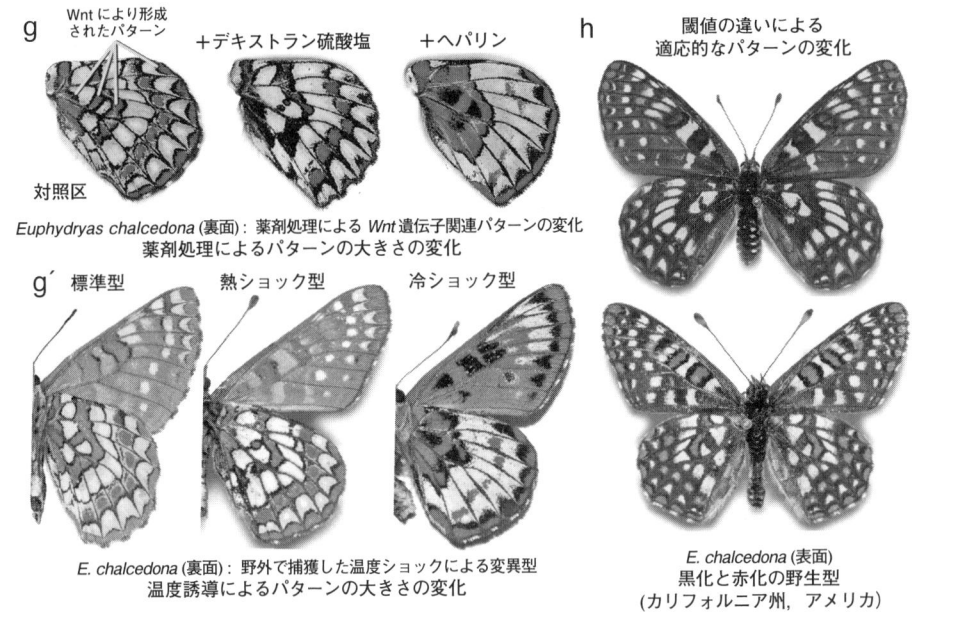

g

Wnt により形成
されたパターン

+デキストラン硫酸塩

+ヘパリン

h

閾値の違いによる
適応的なパターンの変化

対照区

Euphydryas chalcedona (裏面)：薬剤処理による *Wnt* 遺伝子関連パターンの変化
薬剤処理によるパターンの大きさの変化

g´　標準型　　　　　　熱ショック型　　　　　　冷ショック型

E. chalcedona (裏面)：野外で捕獲した温度ショックによる変異型
温度誘導によるパターンの大きさの変化

E. chalcedona (表面)
黒化と赤化の野生型
(カリフォルニア州，アメリカ)

図 4-4（続き）

増殖を伴った形態進化の複雑なダイナミクスを考慮しなくてよいと考えられる (Salazar-Ciudad, 2006, 2009; Urdy et al., 2016)．細胞分化が単純な空間的な産物であるように，模様はより複雑な形態についての代表例として利用でき，結果として全ての動物にまたがって適用できうる根本的な洞察を与えてくれるだろう．単純なルールはハエやチョウのデータから得られる．パターンを形成するシグナル遺伝子のシス制御の進化は新しいパターンやもともとある形の変形などに繰り返し関与してきた．我々は，位置情報に基づく単純な濃度勾配モデルを構築し (Wolpert, 1969)，閾値依存で形成されるパターンの境界を生成させ (図 4-4a)，シグナルリガンド遺伝子の形態の生みだし方には五つのタイプがあることを見いだした (図 4-4b-f)．シス制御に生じた変異は時間的空間的に遺伝子発現を変更するため，さまざまなやり方で組織づくりの際のパターン形成に影響し，単純にはかたちを変更したり (図 4-4c)，場合によっては新しいパターンの形成をも誘導しうる (図 4-4b)．加えて，シス制御の獲得によって局所的に抑制因子を誘導することができたならば，パターン

を分断し，その結果パターンの数やかたちを変更することができる (図4-4d)．パターンの大きさは，分泌細胞の数を変更することなく分泌因子の量的あるいは時間的な変化によっても影響され，あるいは，リガンドの分泌や細胞間輸送などを調整する上流の因子を制御することによっても変更される (図4-4e)．また，シグナル因子に対する組織の応答能やシグナル因子の濃度，時間依存的な相互作用などを変更することによっても，模様の全体的な大きさやかたちに影響することなく，パターンを変更する (例えば，同心円模様など) ことができるかもしれない (図4-4f)．

　多様なパターンを生みだすためのこれらの方法は，表現型の状態を作り出す分子基盤についてある仮説を提供しうる．以下では，ニセヒョウモンモドキ (Checkerspot; *Euphydryas chalcedona*) の翅模様の多様性について一連の観察に基づいて，我々の考える仮説について説明したい．ニセヒョウモンモドキのチェッカーフラッグ模様は *WntA* あるいは *wg/Wnt6/Wnt10* のそれぞれを発現している黒色の鱗粉細胞によって縁取られるオレンジ模様を呈している (Martin and Reed, 2014)．それぞれのパターン要素はデキストラン硫酸塩やヘパリンによって収縮したり拡張したりできるという性質をもつ (図4-4g)．これら二つの硫酸化多糖複合体は高分子であるためインジェクションできる細胞外のスペースが限られているため，蛹になってから24時間以内しかうまくインジェクションできない．しかし，この24時間以内にパターン形成への関与を施すことができた (Serfas and Carroll, 2005; Martin and Reed, 2014)．さらに，ヘパリンと組織が本来もっているヘパリン様のヘパラン硫酸プロテオグリカン (HSPGs) は細胞外でWntリガンドと結合することが知られており，その作用はシグナル分子の分泌や安定性保持，細胞間輸送などに重要や役割を果たしていることが分かっている (Lin, 2004)．以上の観察結果は，パターンの大きさを変更するための別の単純な仕組みを教えてくれる．すなわち，シグナル分子の強度を直接的に変更するのではなく，HSPGの産生に関わる遺伝子群に変異をもたらすことで，Wntリガンドの拡散の仕方に影響を与えるというものである．同様に，蛹期の初期に温度ショックを与えることで，類似にパターン変化を引き起こすことができる (図4-4g´)．このことは，特定の生理学的な条件がパターン形成には重要であり，細胞間相互作用に関わるありとあらゆるプロセス (例えば，シグナルの分泌や輸送，受容の仕方，分解

など) がパターンの大きさを変更しうることを示唆している．チェッカーフラッグ模様という名は，たとえ集団間であったとしてもその極端なまでに多様化しうる模様のあり方に由来する (Bowers et al., 1985; Long et al., 2014b) (図 4-4h)．リガンド遺伝子座が Wnt を発現している黒色模様と赤と黒色模様とで違いを生みだしていることに関与しているか否かは調べられるのだろうか？　上記で述べた考え方に基づけば，これは実際のところあまりありえないシナリオのように思える．実際に，この変化はパターンの大きさやかたちにほとんど違いをもたらすことはなく，むしろ色の使い方に違いを生みだしているからである．二つのかたち間でシグナル強度でなくシグナルへの感受性の違いはこの現象を説明できそうであり，したがって閾値を変更することで多様化をもたらす結果になりそうである (パターンの違いと色の違いを生みだす要因についての議論は Allen et al., 2008 の論文を参照)．したがって，こうした表現型の多型は *Wnt* パスウェイ遺伝子や *Wnt* シグナルを変更できる遺伝子に関連づけることができ，関連づけられた遺伝子は細胞外にて活性化しているはずであると予想する．あるいは，閾値で変更される形質はシグナルの時間発展によるものなのかもしれない (Sorre et al., 2014)．正確に検証するためには，こうした対立する仮説を立てて自然に生じたかたちの多型についての連鎖マッピングや関連マッピングをするためには必要だろうし，我々が現在知っていることがどのようにしてさまざまな予想を裏づけることになるかを説明してくれるだろう．

4-10　総合：かたちの変化に関わるリガンド遺伝子の変化は，シス制御の改変を伴い，複雑で複対立遺伝的である

　本章において，我々はリガンド遺伝子のシス制御が自然界において形態進化をもたらしうることを見てきた．なかでも，よく調べられている四つの研究例 [*Agouti* (*Peromyscus maniculatus*-Nebraska Sand Hills: 体色の濃淡); *WntA* (ドクチョウ) とアメリカアオイチモンジ: 翅の模様の多様性); *wg* (ミズタマショウジョウバエ: 新規の模様の獲得); *upd-like* (カリバチ (*Nasonia* spp.): 翅の大きさの違い)] に着目し，その系統的に繰り返し現れる形態進化と遺伝的な変化を結び付けられる様を概観した．これらのデータに基づいて，今後の実験に有用であろういくつかの仮説を提案したい．

(1)　リガンド遺伝子のシス制御の変異はヘテロトピックな変化を引き起こす

　上記で説明した四つの遺伝子座は形態の局所的な変更 (ヘテロトピー) がシス制御の変更で起こりそうだということを示唆している．リガンド遺伝子は細胞運命を誘導する直接的な役割を担っているため，新たな場所に発生パターンを生みだし，最終的には解剖学的な構造をも作り出すことができる．

(2)　遺伝子発現がシフトすることは対立遺伝子を複合的に組み合わせて複数の変更を積み重ねるために必須である

　Agouti と *upd-like* 遺伝子座を詳細に調べることによって，複数のゲノム領域がそれぞれ独立に影響することで最終的な表現型を生みだしていることが分かった (Loehlin and Werren, 2012; Linnen et al., 2013)．同様のことは，*WntA* 遺伝子についてのクロス交配による研究でも見られており (図 4-3b)，三つの非コーディング領域がそれぞれチョウの翅の異なる局所的な領域に関与しており，そうして最終的な模様を形成していることが分かった (Van Belleghem et al., 2017)．さらに，*wg* 遺伝子に注目した研究ではミズタマショウジョウバエの模様を作り出す三つの部位特異的なエンハンサーがモジュール様に構成されていることが分かった (Koshikawa et al., 2015)．以上の四つのケースは概念的には同様のことを示しており，シス制御の進化はリガンド遺伝子の作用に大きな変更を生みだし，最終的には形態の変化に結び付くような複数の変化の積み重ねに依存していることを示している．

(3)　平行進化は頻繁に生じ，場合によっては離れた系統であっても起こる

　離れた系統で見た目に類似した形質の変化を引き起こすオーソログ遺伝子が頻繁に発見されることは，候補遺伝子アプローチという方法論に起因する可能性は否定しきれない．確かに，研究において，*MC1R* や *Agouti* 遺伝子が何度も調べられるのはその限りのように思える．しかしながら，素直に考えれば別の研究にて連鎖マッピングや関連マッピングで同じ遺伝子座をたまたま調べてしまうという可能性は低く，同じ遺伝子が何度も再利用されるために同じ遺伝子座にたどり着くのだろうと推測される．我々はすでに *Agouti* 遺伝子のシス制御がげっ歯類であるシロアシネズミやヒトを調べた研究で，集団間や種間において何度も繰り返し発見されていることを見てきた．また，トゲウオの *KITLG* 遺伝子のシス制御の変更が，ヒトの集団での体色や毛の色の多様性に関連するシス制御の変更と類似した部分があることをみた (Miller et al., 2007; Guenther et al., 2014)．さらには，*WntA* 遺伝子座は毒チョウの 5 種 (約 6500 万年離れていると推定される) の翅の模様の多様性をもたらすホットスポットになっていることも示されている (Gallant et al., 2014)．以上は，ある注目された表現型形質の多様性をもたらす遺伝的な基盤は，事後的なやり方で相対的に予測できることを示唆しているのかもしれない．

(4) 複数の対立遺伝子が存在することは，複雑に対立遺伝子を絡み合わせた相互作用を形成することに先行して生じるかもしれない

複数の対立遺伝子が存在すること [マルチアレリズム (multiallelism) (syn. polyallelism, genetic heterogeneity)] を検証するには，ヒトの疾患を研究するうえでも重要なことであるにもかかわらず (McClellan and King, 2010)，順遺伝学的な方法では難しい．実際のところ，マルチアレリズムを検出するには multiple-parent QTL を行う必要があり，最近ではいくつかのモデル生物でのみ実施することが可能な技術である (Huang et al., 2011; Long et al., 2014a)．さらに，GWAS を利用した研究では，対立遺伝子の混合的な効果は過小評価しがちである (Thornton et al., 2013)．それにもかかわらず，遺伝子発現レベルに影響を及ぼすシス制御の変更が複数の対立遺伝子で行われていることが，いくつかの研究で示されている (Gruber and Long, 2009; Zhang et al., 2011; King et al., 2014)．こうした実験的な観察は，空間的なパターンの変更をもたらす対立遺伝子の存在を裏づけるものなのだろうか？

すでに示したように，エラートドクチョウとキドノドクチョウ (*H. cydno*) にて 10 の異なる翅模様を生みだしているのは，*WntA* 遺伝子の 6 あるいは 4 つの非コーディング領域が繰り返し再利用によるものとされている (Martin et al., 2012; Papa et al., 2013; Gallant et al., 2014)．したがって，*WntA* はリガンド遺伝子のシス制御領域がどのように何度も変更を受けて種内や種間の違いを生みだし，ひいては最近進化した集団 (Van Belleghem et al., 2017) から系統的に離れた広範なレベル (Gallant et al., 2014) での違いを生みだしたのかを検証する機会を与えてくれるだろう．重要なことは，同一遺伝子座に複数の対立遺伝子が存在していること (multi-allelism) は，おそらくは複雑な対立遺伝子を形成するために事前に必要なことだということである．というのも，隣接した制御領域は，同じ DNA 分子上に新規の変異を蓄積することではなく，対立遺伝子上にすでに存在していた変異を組み換えて固定することで進

化する傾向にあるからである (Rebeiz et al., 2011; Martin and Orgogozo, 2013). キメラ的に複数の対立遺伝子を組み合わせることで *optix* 遺伝子のシス制御領域は進化したと説明できるだろう (Wallbank et al., 2015) (本書の CD Jiggins による 9 章を参照). また, このやり方は, 転写因子遺伝子座がドクチョウ属の進化で見せた複数の対立遺伝子を平行進化させるときにも利用されているだろう (Reed et al., 2011; Papa et al., 2013; Martin et al., 2014; Kronforst and Papa, 2015; Zhang et al., 2016). 表現型の多様性がどのようにもたらされるかについて今後さらに研究が進めば, その背景には対立遺伝子が複数存在していることが明らかになり, 例えばシクリッドで明らかになったような理解が進むだろう (Roberts et al., 2016). 遺伝的な不均一性が観察されるという事実は集団の遺伝子プールには多様な対立遺伝子があることを示しており, したがってシス制御の活性を新規に構築するための材料となりうるのかもしれない. *Agouti, upd-like, WntA, wg* 遺伝子を構成する大部分は, 祖先の集団に存在していた複数の対立遺伝子の組換えにより作り上げられたものかもしれない (Martin and Orgogozo, 2013).

4-11　結　論

　この 10 年にも満たないごく最近になって, DGT 仮説は順遺伝学的手法により検証されつつある. 形態の違いを生みだしている遺伝子ツールキット遺伝子座を同定し始めている. この取り組みは, 特に以下のようなシグナル遺伝子において顕著である. トゲウオでは七つの形態的な gephe のうち四つのシグナル遺伝子が同定され, チョウでは 18 の *WntA* の対立遺伝子が同定された. 表現型の変化を引き起こす遺伝的な要因を引き続き Gephebase に記載していく取り組みが, 同様の方向性をもった疑問に対して幅広い視野から貢献し, 進化遺伝学にメタレベルでの解析に貢献できることを我々は願ってやまない.

謝　辞

　2016 年に開催された国際会議のオーガナイザーを務められ, またこのすばらしい書籍に執筆する機会をくださいました, 関村利朗博士と H. Frederik Nijhout 博士, ならびに中部大学の皆さまに感謝申し上げます. また, この総説を書くにあたってコメントと提案を賜りました鈴木誉保博士と越川滋行博

士に感謝申し上げます．Gephebase データベースの構築にあたって，そのソフトウェアとウェブサイト開発にはフランスの AtoutLibre チームからの援助を賜りました．また，Gephebase に登録された情報源を扱う設計とキュレーションには，Stéphane Prigent 博士と Laurent Arnoult 博士，ならびに Loci of Evolution Metaanalysis ワークショップ (2016 年 9 月にパリで開催) に参加された 22 名の方々に多大な貢献をしていただきました．Gephebase の開発は，著者 2 名が採択されました John Templeton Foundation 助成金 (JTF award #43903) のご支援によります．

引用文献

Albertson RC, Streelman JT, Kocher TD and Yelick PC (2005) Integration and evolution of the cichlid mandible: the molecular basis of alternate feeding strategies. Proc Natl Acad Sci USA 102: 16287-16292

Allen CE, Beldade P, Zwaan BJ and Brakefield PM (2008) Differences in the selection response of serially repeated color pattern characters: standing variation, development, and evolution. BMC Evol Biol 8: 94

Anderson TM, Candille SI, Musiani M et al (2009) Molecular and evolutionary history of melanism in North American gray wolves. Science 323: 1339-1343

Barrett RD and Hoekstra HE (2011) Molecular spandrels: tests of adaptation at the genetic level. Nat Rev Genet 12: 767-780

Bowers MD, Brown IL and Wheye D (1985) Bird predation as a selective agent in a butterfly population. Evolution 93-103

Candille SI, Kaelin CB, Cattanach BM, Yu B, Thompson DA, Nix MA, Kerns JA, Schmutz SM, Millhauser GL and Barsh GS (2007) A β-defensin mutation causes black coat color in domestic dogs. Science 318: 1418-1423

Carroll SB (2008) Evo-devo and an expanding evolutionary synthesis: a genetic theory of morphological evolution. Cell 134: 25-36

Carroll SB, Grenier JK and Weatherbee SD (2005) From DNA to diversity: molecular genetics and the evolution of animal design. John Wiley & Sons

Cleves PA, Ellis NA, Jimenez MT, Nunez SM, Schluter D, Kingsley DM and Miller CT (2014) Evolved tooth gain in sticklebacks is associated with a cis-regulatory allele of Bmp6. Proc Natl Acad Sci 111: 13912-13917

Colosimo PF, Hosemann KE, Balabhadra S, Villarreal G Jr, Dickson M, Grimwood J, Schmutz J, Myers RM, Schluter D and Kingsley DM (2005) Widespread parallel evolution in sticklebacks by repeated fixation of ectodysplasin alleles. Science 307: 1928-1933

De Robertis E (2008) Evo-devo: variations on ancestral themes. Cell 132: 185-195

Dorshorst B, Molin A-M, Rubin C-J, Johansson AM, Strömstedt L, Pham MH, Chen CF, Hallböök F, Ashwell C and Andersson L (2011) A complex genomic rearrangement involving the endothelin 3 locus causes dermal hyperpigmentation in the chicken. PLoS Genet 7: e1002412

Eizirik E, Yuhki N, Johnson WE, Menotti-Raymond M, Hannah SS and O'Brien SJ. (2003) Molecular genetics and evolution of melanism in the cat family. Curr Biol 13: 448-453

Ellis NA, Glazer AM, Donde NN, Cleves PA, Agoglia RM and Miller CT (2015) Distinct developmental genetic mechanisms underlie convergently evolved tooth gain in sticklebacks. Development 142: 2442-2451

Erickson PA, Cleves PA, Ellis NA, Schwalbach KT, Hart JC and Miller CT (2015) A 190 base pair, TGF-β responsive tooth and fin enhancer is required for stickleback *Bmp6* expression. Dev Biol 401: 310-323

Erwin DH (2009) Early origin of the bilaterian developmental toolkit. Philos Trans R Soc Lond B Biol Sci 364: 2253-2261

Floyd SK and Bowman JL (2007) The ancestral developmental tool kit of land plants. Int J Plant Sci 168: 1-35

Gallant JR, Imhoff VE, Martin A et al (2014) Ancient homology underlies adaptive mimetic diversity across butterflies

Gompel N and Prud'homme B (2009) The causes of repeated genetic evolution. Dev Biol 332: 36-47

Greenwood AK, Mills MG, Wark AR, Archambeault SL and Peichel CL (2016) Evolution of schooling behavior in threespine sticklebacks is shaped by the eda gene. Genetics 203: 677-681

Gruber JD and Long AD (2009) Cis-regulatory variation is typically polyallelic in *Drosophila*. Genetics 181: 661-670

Guenther CA, Tasic B, Luo L, Bedell MA and Kingsley DM (2014) A molecular basis for classic blond hair color in Europeans. Nat Genet 46: 748-752

Huang X, Paulo M-J, Boer M, Effgen S, Keizer P, Koornneef M and van Eeuwijk FA (2011) Analysis of natural allelic variation in *Arabidopsis* using a multiparent recombinant inbred line population. Proc Natl Acad Sci 108: 4488-4493

Huber B, Whibley A, Poul Y et al (2015) Conservatism and novelty in the genetic architecture of adaptation in *Heliconius* butterflies. Heredity 114: 515-524

Indjeian VB, Kingman GA, Jones FC, Guenther CA, Grimwood J, Schmutz J, Myers RM and Kingsley DM (2016) Evolving new skeletal traits by *cis*-regulatory changes in bone morphogenetic proteins. Cell 164: 45-56

Johnsson M, Gustafson I, Rubin C-J et al (2012) A sexual ornament in chickens is affected by pleiotropic alleles at HAO1 and BMP2, selected during domestication. PLoS Genet 8: e1002914

Jones FC, Chan YF, Schmutz J et al (2012) A genome-wide SNP genotyping array reveals patterns of global and repeated species-pair divergence in sticklebacks. Curr Biol 22: 83-90

Karyadi DM, Karlins E, Decker B, vonHoldt BM, Carpintero-Ramirez G, Parker HG, Wayne RK and Ostrander EA (2013) A copy number variant at the KITLG locus likely confers risk for canine squamous cell carcinoma of the digit. PLoS Genet 9: e1003409

Kicheva A and Briscoe J (2015) Developmental pattern formation in phases. Trends Cell Biol 25: 579-591

King EG, Sanderson BJ, McNeil CL, Long AD and Macdonald SJ (2014) Genetic dissection of the *Drosophila melanogaster* female head transcriptome reveals widespread allelic heterogeneity. PLoS Genet 10: e1004322

Kopp A (2009) Metamodels and phylogenetic replication: a systematic approach to the evolution of developmental pathways. Evolution 63: 2771-2789

Koshikawa S (2015) Enhancer modularity and the evolution of new traits. Fly (Austin) 9: 155-159

Koshikawa S, Giorgianni MW, Vaccaro K, Kassner VA, Yoderd JH, Wernere T and Carroll SB (2015) Gain of *cis*-regulatory activities underlies novel domains of wingless gene expression in *Drosophila*. Proc Natl Acad Sci 112: 7524-7529

Kronforst MR and Papa R (2015) The Functional Basis of Wing Patterning in *Heliconius* Butterflies: The Molecules Behind Mimicry. Genetics 200: 1-19

Kronforst MR, Barsh GS, Kopp A, Kassner VA, Yoder JH, Werner T and Carroll SB (2012) Unraveling the thread of nature's tapestry: the genetics of diversity and convergence in animal pigmentation. Pigment Cell Melanoma Res 25: 411-433

Laurent S, Pfeifer SP, Settles ML, Hunter SS, Hardwick KM, Ormond L, Sousa VC, Jensen JD and Rosenblum EB (2016) The population genomics of rapid adaptation: disentangling signatures of selection and demography in white sands lizards. Mol Ecol 25: 306-323

Lehner B (2013) Genotype to phenotype: lessons from model organisms for human genetics. Nat Rev Genet 14: 168-178

Liao B-Y, Weng M-P and Zhang J (2010) Contrasting genetic paths to morphological and physiological evolution. Proc Natl Acad Sci 107: 7353-7358

Lin X (2004) Functions of heparan sulfate proteoglycans in cell signaling during development. Development 131: 6009-6021

Linderholm A and Larson G (2013) The role of humans in facilitating and sustaining coat colour variation in domestic animals. Semin Cell Dev Biol 24: 587-593

Linnen CR, Poh Y-P, Peterson BK, Barrett RD, Larson JG, Jensen JD and Hoekstra HE (2013) Adaptive evolution of multiple traits through multiple mutations at a single gene. Science 339: 1312-1316

Litchfield K, Levy M, Huddart RA, Shipley J and Turnbull C (2016) The genomic landscape of testicular germ cell tumours: from susceptibility to treatment. Nat Rev Urol 13: 409-419

Loehlin DW and Werren JH (2012) Evolution of shape by multiple regulatory changes to a growth gene. Science 335: 943-947

Long AD, Macdonald SJ and King EG (2014a) Dissecting complex traits using the *Drosophila* synthetic population resource. Trends Genet 30: 488-495

Long EC, Hahn TP and Shapiro AM (2014b) Variation in wing pattern and palatability in a female-limited polymorphic mimicry system. Ecol Evol 4: 4543-4552

Macdonald WP, Martin A and Reed RD (2010) Butterfly wings shaped by a molecular cookie cutter: evolutionary radiation of lepidopteran wing shapes associated with a derived Cut/wingless wing margin boundary system. Evol Dev 12: 296-304

Mallarino R, Linden TA, Linnen CR and Hoekstra HE (2016) The role of isoforms in the evolution of cryptic coloration in *Peromyscus* mice. Mol Ecol 26: 245-258

Manceau M, Domingues VS, Linnen CR, Rosenblum EB and Hoekstra HE (2010) Convergence in pigmentation at multiple levels: mutations, genes and function. Philos Trans R Soc Lond B Biol Sci 365: 2439-2450

Manceau M, Domingues VS, Mallarino R and Hoekstra HE (2011) The developmental role of Agouti in color pattern evolution. Science 331: 1062-1065

Martin A and Orgogozo V (2013) The Loci of Repeated Evolution: A Catalog of Genetic Hotspots of Phenotypic Variation. Evolution 67: 1235-1250. doi: 10.1111/evo.12081

Martin A and Reed RD (2010) *wingless* and *aristaless2* define a developmental ground plan for moth and butterfly wing pattern evolution. Mol Biol Evol 27: 2864-2878

Martin A and Reed RD (2014) *Wnt* signaling underlies evolution and development of the butterfly wing pattern symmetry systems. Dev Biol 395: 367-378. doi: 10.1016/j.ydbio.2014.08.031

Martin A, Papa R, Nadeau NJ et al (2012) Diversification of complex butterfly wing patterns by repeated regulatory evolution of a *Wnt* ligand. Proc Natl Acad Sci USA 109: 12632-12637. doi: 10.1073/pnas.1204800109

Martin A, McCulloch KJ, Patel NH, Briscoe AD, Gilbert LE and Reed RD (2014) Multiple recent co-options of Optix associated with novel traits in adaptive butterfly wing radiations. EvoDevo 5: 1-14. doi: 10.1186/2041-9139-5-7

McClellan J and King M-C (2010) Genetic heterogeneity in human disease. Cell 141: 210-217

McGary KL, Park TJ, Woods JO, Cha HJ, Wallingford JB and Marcotte EM (2010) Systematic discovery of nonobvious human disease models through orthologous phenotypes. Proc Natl Acad Sci 107: 6544-6549

McGregor AP, Orgogozo V, Delon I, Zanet J, Srinivasan DG, Payre F and Stern DL (2007) Morphological evolution through multiple cis-regulatory mutations at a single gene. Nature 448: 587-590

McRobie HR, King LM, Fanutti C, Symmons MF and Coussons PJ (2014) Agouti signalling protein is an inverse agonist to the wildtype and *agonist* to the melanic variant of the melanocortin-1 receptor in the grey squirrel (*Sciurus carolinensis*). FEBS Lett 588: 2335-2343

Merrill R, Dasmahapatra K, Davey J et al (2015) The diversification of *Heliconius* butterflies: what have we learned in 150 years? J Evol Biol 28: 1417-1438

Meyerowitz EM (2002) Plants compared to animals: the broadest comparative study of development. Science 295: 1482-1485

Miller CT, Beleza S, Pollen AA, Schluter D, Kittles RA, Shriver MD and Kingsley DM (2007) cis-Regulatory changes in Kit ligand expression and parallel evolution of pigmentation in sticklebacks and humans. Cell 131: 1179-1189

Monestier O, Servin B, Auclair S, Bourquard T, Poupon A, Pascal G and Fabre S (2014) Evolutionary origin of bone morphogenetic protein 15 and growth and differentiation factor 9 and differential selective pressure between mono-and polyovulating species. Biol Reprod 91: 83

Mundy NI (2005) A window on the genetics of evolution: MC1R and plumage colouration in birds. Proc R Soc Lond B Biol Sci 272: 1633-1640

Nahmad Bensusan M (2011) Interpretation and scaling of positional information during development. Dissertation (Ph.D.), California Institute of Technology

Nichols SA, Dirks W, Pearse JS and King N (2006) Early evolution of animal cell signaling and adhesion genes. Proc Natl Acad Sci 103: 12451-12456

Nix MA, Kaelin CB, Ta T, Weis A, Morton GJ, Barsh GS and Millhauser GL (2013) Molecular and functional analysis of human β-defensin 3 action at melanocortin receptors. Chem Biol 20: 784-795

Noon EP-B, Davis FP and Stern DL (2016) Evolved repression overcomes enhancer robustness. Dev Cell 39: 572-584

Nunes MD, Arif S, Schlötterer C and McGregor AP (2013) A perspective on micro-evo-devo: progress and potential. Genetics 195: 625-634

O'Brown NM, Summers BR, Jones FC, Brady SD and Kingsley DM (2015) A recurrent regulatory change underlying altered expression and Wnt response of the stickleback armor plates gene *EDA*. eLife 4: e05290

Ollivier M, Tresset A, Hitte C et al (2013) Evidence of coat color variation sheds new light on ancient canids. PLoS ONE 8: e75110

Orgogozo V (2015) Replaying the tape of life in the twenty-first century. Interface Focus 5: 20150057

Orgogozo V, Morizot B and Martin A (2015) The differential view of genotype–phenotype relationships. Front Genet 6: 179

Orgogozo V, Peluffo A and Morizot B (2016) Chapter one-the "mendelian gene" and the "molecular gene": two relevant concepts of genetic units. Curr Top Dev Biol 119: 1-26

Papa R, Martin A and Reed RD (2008) Genomic hotspots of adaptation in butterfly wing pattern evolution. Curr Opin Genet Dev 18: 559-564

Papa R, Kapan DD, Counterman BA, Maldonado K, Lindstrom DP, Reed RD, Nijhout HF, Hrbek T and McMillan WO (2013) Multi-allelic major effect genes interact with minor effect QTLs to control adaptive color pattern variation in *Heliconius erato*. PLoS One 8: e57033

Pardo-Diaz C, Salazar C and Jiggins CD (2015) Towards the identification of the loci of adaptive evolution. Methods Ecol Evol 6: 445-464

Perrimon N, Pitsouli C and Shilo B-Z (2012) Signaling mechanisms controlling cell fate and embryonic patterning. Cold Spring Harb Perspect Biol 4: a005975

Powell R and Mariscal C (2015) Convergent evolution as natural experiment: the tape of life reconsidered. Interface Focus 5: 20150040

Protas ME and Patel NH (2008) Evolution of coloration patterns. Annu Rev Cell Dev Biol 24: 425-446

Prud'homme B, Gompel N, Carroll SB (2007) Emerging principles of regulatory evolution. Proc Natl Acad Sci 104: 8605-8612

Qanbari S, Pausch H, Jansen S, Somel M, Strom TM, Fries R, Nielsen R and Simianer H (2014) Classic selective sweeps revealed by massive sequencing in cattle. PLoS Genet 10:

e1004148

Rebeiz M, Jikomes N, Kassner VA and Carroll SB (2011) Evolutionary origin of a novel gene expression pattern through co-option of the latent activities of existing regulatory sequences. Proc Natl Acad Sci 108: 10036-10043

Reed RD, Papa R, Martin A et al (2011) Optix drives the repeated convergent evolution of butterfly wing pattern mimicry. Science 333: 1137-1141

Reissmann M and Ludwig A (2013) Pleiotropic effects of coat colour-associated mutations in humans, mice and other mammals. Elsevier, pp 576-586

Roberts RB, Moore EC and Kocher TD (2017) An allelic series at *pax7a* is associated with color polymorphism diversity in Lake Malawi cichlid fish. Mol Ecol 26: 2625-2639

Rockman MV (2012) The QTN program and the alleles that matter for evolution: all that's gold does not glitter. Evolution 66: 1-17

Rogers KW and Schier AF (2011) Morphogen gradients: from generation to interpretation. Annu Rev Cell Dev Biol 27: 377-407

Rokas A (2008a) The molecular origins of multicellular transitions. Curr Opin Genet Dev 18: 472-478

Rokas A (2008b) The origins of multicellularity and the early history of the genetic toolkit for animal development. Annu Rev Genet 42: 235-251

Salazar-Ciudad I (2006) On the origins of morphological disparity and its diverse developmental bases. BioEssays 28: 1112-1122

Salazar-Ciudad I (2009) Looking at the origin of phenotypic variation from pattern formation gene networks. J Biosci 34: 573-587

Salvador-Martínez I and Salazar-Ciudad I (2015) How complexity increases in development: An analysis of the spatial-temporal dynamics of 1218 genes in *Drosophila melanogaster*. Dev Biol 405: 328-339

Santschi EM, Purdy AK, Valberg SJ, Vrotsos PD, Kaese H and Mickelson JR (1998) Endothelin receptor B polymorphism associated with lethal white foal syndrome in horses. Mamm Genome 9: 306-309

Schoenebeck JJ, Hutchinson SA, Byers A et al (2012) Variation of BMP3 contributes to dog breed skull diversity. PLoS Genet 8: e1002849

Scotland RW (2011) What is parallelism? Evol Dev 13: 214-227

Seitz JJ, Schmutz SM, Thue TD and Buchanan FC (1999) A missense mutation in the bovine MGF gene is associated with the roan phenotype in Belgian Blue and Shorthorn cattle. Mamm Genome 10: 710-712

Serfas MS and Carroll SB (2005) Pharmacologic approaches to butterfly wing patterning: sulfated polysaccharides mimic or antagonize cold shock and alter the interpretation of gradients of positional information. Dev Biol 287: 416-424

Smedley D, Haider S, Durinck S et al (2015) The BioMart community portal: an innovative alternative to large, centralized data repositories. Nucleic Acids Res 43: W589-598

Sorre B, Warmflash A, Brivanlou AH and Siggia ED (2014) Encoding of temporal signals by the TGF-β pathway and implications for embryonic patterning. Dev Cell 30: 334-342

Spemann H and Mangold H (2001) Über Induktion von Embryoanlagen durch Implantation Artfremder Organisatoren. Roux'Arch. Entwicklungsmech 1924; 100: 599-638 (translated and reprinted). Int J Dev Biol 45: 13-38

Stam LF and Laurie CC (1996) Molecular dissection of a major gene effect on a quantitative trait: the level of alcohol dehydrogenase expression in *Drosophila melanogaster*. Genetics 144: 1559-1564

Stern DL (2000) Perspective: evolutionary developmental biology and the problem of variation. Evolution 54: 1079-1091

Stern DL (2011) Evolution, development, & the predictable genome. Roberts and Co. Publishers, Colorado

Stern DL (2013) The genetic causes of convergent evolution. Nat Rev Genet 14: 751-764

Stern DL and Orgogozo V (2008) The loci of evolution: how predictable is genetic evolution?

Evolution 62: 2155-2177

Stern DL and Orgogozo V (2009) Is genetic evolution predictable? Science 323: 746-751

Streisfeld MA and Rausher MD (2011) Population genetics, pleiotropy, and the preferential fixation of mutations during adaptive evolution. Evolution 65: 629-642

Supple M, Papa R, Counterman B and McMillan WO (2014) The genomics of an adaptive radiation: insights across the Heliconius speciation continuum. In: Landry CR, Aubin-Horth N (eds) Ecological Genomics. Springer, Dordrecht, pp 249-271

Thornton KR, Foran AJ and Long AD (2013) Properties and modeling of GWAS when complex disease risk is due to non-complementing, deleterious mutations in genes of large effect. PLoS Genet 9: e1003258

Urdy S (2012) On the evolution of morphogenetic models: mechano-chemical interactions and an integrated view of cell differentiation, growth, pattern formation and morphogenesis. Biol Rev 87: 786-803

Urdy S, Goudemand N and Pantalacci S (2016) Chapter seven-looking beyond the genes: the interplay between signaling pathways and mechanics in the shaping and diversification of epithelial tissues. Curr Top Dev Biol 119: 227-290

Van Belleghem SM, Rastas P, Papanicolaou A et al (2017) Complex modular architecture around a simple toolkit of wing pattern genes. Nat Ecol Evol 1, 0052. doi: 10.1038/s41559-016-0052

Vignieri SN, Larson JG and Hoekstra HE (2010) The selective advantage of crypsis in mice. Evolution 64: 2153-2158

Waddington CH (1940) Organisers and genes. Cambridge University Press, Cambridge, UK

Wallbank RW, Baxter SW, Pardo-Díaz C et al (2015) Evolutionary novelty in a butterfly wing pattern through enhancer shuffling. PLoS Biol 14: e1002353

Wehrle-Haller B (2003) The role of Kit-ligand in melanocyte development and epidermal homeostasis. Pigment Cell Res 16: 287-296

Werner T, Koshikawa S, Williams TM and Carroll SB (2010) Generation of a novel wing colour pattern by the Wingless morphogen. Nature 464: 1143-1148

Wolf Horrell EM, Boulanger MC and D'orazio JA (2016) Melanocortin 1 receptor: structure, function and regulation. Front Genet 7: 95

Wolpert L (1969) Positional information and the spatial pattern of cellular differentiation. J Theor Biol 25: 1-47

Yamaguchi J, Banno Y, Mita K, Yamamoto K, Ando T and Fujiwara H (2013) Periodic *Wnt1* expression in response to ecdysteroid generates twin-spot markings on caterpillars. Nat Commun 4: 1857

Zhang W, Dasmahapatra KK, Mallet J, Moreira GR and Kronforst MR (2016) Genome-wide introgression among distantly related *Heliconius* butterfly species. Genome Biol 17: 1

Zhang X, Cal AJ and Borevitz JO (2011) Genetic architecture of regulatory variation in *Arabidopsis thaliana*. Genome Res 21: 725-733

II 部
眼状紋と進化

葉に止まったヒメウラナミジャノメ *Ypthima argus* の翅裏面の眼状紋
(春日井市田圃の畔道で関村利朗撮影).

5 章
アフリカヒメジャノメ属のチョウにおける翅模様可塑性の生理学と進化：文献の批判的総説

Antónia Monteiro
（翻訳：岩田大生・大瀧丈二）

要　約

　表現型可塑性 (phenotypic plasticity) とは，生物が環境要因に反応して異なる表現型へと発生する遺伝子型の能力のことを意味する．多くの場合，これは，時間的・空間的に変動する予測可能な環境に生物が適応することを可能にするために進化した適応能力である (Bradshaw, 1956; Stearns, 1989; Moran, 1992; West-Eberhard, 2003; de Jong, 2005)．多くの研究者が，異なる環境下で生みだされた異なる表現型の生態学的意義および適応的意義に焦点を当てている．しかし，環境の多様性を表現型の多様性へと変換する直接的な生理学的・分子的メカニズムについて，そしてこれらのメカニズムがどのように進化したのかについては，いまだにあまりよく知られていない (Beldade et al., 2011)．

　ここでは，アフリカのジャノメチョウであるアフリカヒメジャノメ属 (Bicyclus) のチョウを用いて，環境変動，特に季節変動がどのように眼状紋サイズに影響を与えるのかについて研究した文献を総説する．眼状紋サイズが，アフリカヒメジャノメ属の種の外観のなかで最も顕著に季節変動の影響を受けることは疑いえない．そして，おそらくこの理由のため，眼状紋サイズの可塑性の生態学的・生理学的基盤は 1984 年以来，研究されてきた (Brakefield and Larsen, 1984; Brakefield and Reitsma, 1991)．この属の構成種，特にモデル生物種であるアフリカヒメジャノメ (Bicyclus anynana) に関するその後の多くの研究によって，季節，特に飼育温度によっても同じように影響を受ける多くの形態学的形質，行動学的形質，生理学的形質，生活史形質 (life-history trait) も明らかとなった (Windig et al., 1994; Fischer et al., 2003a, b; de Jong et al., 2010;

Prudic et al., 2011; Everett et al., 2012; Bear and Monteiro, 2013; Mateus et al., 2014; Dion et al., 2016; Macias-Munoz et al., 2016; Westerman and Monteiro, 2016). しかし，この総説では眼状紋に焦点を当てる．眼状紋は，このチョウの属における表現型可塑性に関する研究で最初に注目された形質である．

キーワード

可塑性 (plasticity)，眼状紋 (eyespots)，20-ヒドロキシエクジソン (20-hydroxyecdysone)，ホルモン操作 (hormone manipulations)，クルクビタシン (curcubitacin)，温度 (temperature)，発生可塑性 (developmental plasticity)，性的装飾 (sexual ornaments).

5-1 はじめに

　昆虫は比較的寿命が短い．これによって季節型 (seasonal form)，すなわち表現型多型 (polyphenism) の進化が促進されている．短命であることは，季節のある地域において，特定の季節の範囲内で昆虫が生まれてから一生を終える可能性があることを意味している．また，短命であることは，異なる季節 (春や夏，あるいは雨季や乾季) に出現する集団が，大きく異なる生物的環境および非生物的環境にさらされることも意味している．これらの環境は，それぞれの季節において生存と繁殖を強化するために，昆虫の外観に対して異なる選択圧を発揮することがしばしばである．それゆえに，適応的な表現型可塑性の進化は，その年の異なる時期に昆虫の異なる集団が経験する，予想可能で周期的に起こる異なる環境への自然な反応である．このタイプの可塑性を季節多型 (seasonal polyphenism) と呼び，季節環境に生息しているチョウの非常に目立つ翅の模様において特に顕著である (Brakefield and Larsen, 1984; Nijhout, 1999, 2003).

　季節性に特に敏感なチョウの翅の模様の一つは，眼状紋パターン (eyespot pattern) である．アフリカ熱帯地域においても，世界中の他の多くの地域と同様に，露出した翅の表面 (翅の腹側面の大半) に見られる眼状紋は，雨季にしばしば大きく，乾季にしばしば小さい (Brakefield and Larsen, 1984) (図 5-1). この可塑性に関する生態学的意義は，野外 (Brakefield and Frankino, 2009; Ho et al., 2016) と実験室内 (Lyytinen et al., 2003, 2004; Vlieger and

Brakefield, 2007; Olofsson et al., 2013; Prudic et al., 2015) でのさまざまな実験
により，研究されてきている．小さくて目立たない眼状紋は，乾季に優勢な
脊椎動物捕食者からの発見を避けるための適応であり (Lyytinen et al., 2003)，
一方で，より目立つ眼状紋は，雨季に優勢なカマキリのような無脊椎動物捕
食者の攻撃をそらすための適応である (Prudic et al., 2015)，というのが今の
ところの共通理解である．

　隠れた (たいていは背側の) 面に見られるチョウの眼状紋は季節ごとに異な

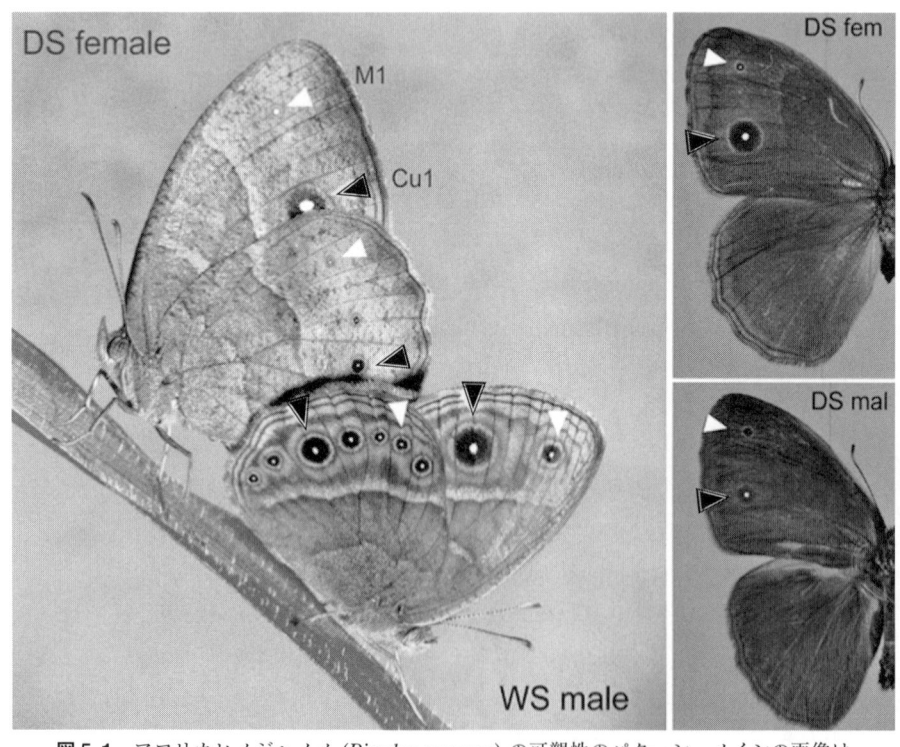

図 5-1　アフリカヒメジャノメ (*Bicyclus anynana*) の可塑性のパターン．メインの画像は，
雨季のオス (WS male) と交配している乾季のメス (DS female) (左) を示している．この総説
に記載されている眼状紋には，M1 (白い矢印) と Cu1 (黒い矢印) という名前が付けられて
いる．後翅によってときどき隠れている，前翅に存在する Cu1 の眼状紋を除いて，翅の腹
側面は頻繁に捕食者に曝されている．右側のパネルは，Cu1 の眼状紋で性的二型 (sexual
dimorphism) を示す乾季のメス (DS female) (上) と乾季のオス (DS male) の隠れた (背側の)
面を示している．

る役割を果たしているため，これらの眼状紋は全く異なる可塑性を有している．これらの眼状紋は，雌雄両方による性的なシグナルの伝達に用いられている (Robertson and Monteiro, 2005; Costanzo and Monteiro, 2007; Prudic et al., 2011) (図 5-1)．雨季には，オスはこれらの眼状紋を用いてメスにシグナルを伝達し，一方，乾季には，メスは同様の眼状紋を用いてオスにシグナルを伝達する．このことは，オスの腹側面の眼状紋サイズの可塑性 (雨季のオスでは大きく，乾季のオスでは小さい) に一致することとなるが，メスの可塑性には一致しない．特に，乾季のメスは，異常に大きな眼状紋を背側に有している (図 5-1)．この背側の眼状紋は，乾季にオスに対する性的シグナルとして用いられるが，腹側に露出している小さな眼状紋とは対照的である．したがって，メスはこれらの眼状紋では，サイズの可塑性を示さない．要するに，メスではこれらの眼状紋は両季節 (雨季と乾季) ともに大きい．背側の眼状紋に作用する性選択の様式により，乾季の背側の眼状紋 Cu1 においてサイズの性的二型が起こり，これらの眼状紋においてオス特有の可塑的のパターンが起こるのである (Bhardwaj et al., 審査中) (図 5-1)．

　本章では，背側と腹側の両方における眼状紋サイズの可塑性を制御する，環境的・生理学的・分子的メカニズムに関して研究した文献を批判的に検討する．さらに，眼状紋サイズの表現型可塑性の進化についても概説する．

5-2　眼状紋の可塑性に関する生理学的メカニズム

　アフリカヒメジャノメはエチオピアから南アフリカで見られ (Condamin, 1973)，広い気候帯のなかで進化しているが，最初に研究室で扱われた集団は，季節性の強い国であるマラウイ産のアフリカヒメジャノメである．マラウイでの乾季の到来は主に気温の低下によって始まるが，一方で，雨季の到来は，気温の上昇によって始まる (Brakefield and Reitsma, 1991)．光周期と温度周期を変化させた実験室内での飼育実験によって，平均気温に加えて，昼夜の温度の変動も，本種における眼状紋サイズの可塑性に関する最も重要な決定要因であることが確認された (Brakefield and Mazzotta, 1995)．しかし，食草の質 (クオリティー) も眼状紋のサイズの可塑性に影響を与えた (Kooi, 1995)．

　可塑性の誘導に重大な影響を与える環境要因がいったん特定されたら，次の研究では，可塑的な方法で眼状紋の出力を変更させるために，どのように，

いつこれらの要因が眼状紋のパターンを分化させる遺伝子制御ネットワーク
と相互作用しているのかについて調べられた．特に，これらの研究は，日平
均気温 (average daily temperature) がアフリカヒメジャノメの雨季および乾季
の季節型を誘導するメカニズムに焦点を当てていた．

　第一に考えなければならないことは，特定の発生期間，すなわち，温度に
対する感受性が高い臨界期において，温度のみが翅の模様の発生に影響を及
ぼすかどうかであった．この実験系の初期の研究では，飼育温度に敏感で眼
状紋の最終的なサイズの修飾を起こすことができる眼状紋の発生期間におけ
る臨界期を特定するために，温度シフト実験が行われた (Kooi and Brakefield,
1999)．これらの実験では，二つの温度 (17℃と27℃) でさまざまな飼育期間
と飼育温度の変更時期が試された．Kooi and Brakefield (1999) は，腹側にあ
る二つの眼状紋 (前翅のM1と後翅のCu1の眼状紋) のサイズの変化につなが
る感受性に関して，最も重要な期間は終齢である5齢幼虫であると結論づけ
た．さらに，彼らは，蛹発生の最初の24時間で経験した温度がその後の眼状
紋サイズに影響を与えることを発見したが，この期間に経験した温度では雨
季の翅模様を乾季の模様へと変更できないし，その逆も然りであるという結
論に達した (Kooi and Brakefield, 1999)．

　より最近の研究では，より短い期間で温度変更を行うかたちで，これらの
実験が追試された．そして，後期の幼虫期，特に発生段階における徘徊期
(wandering stage)，つまり，幼虫が摂食を止めて蛹化する場所を探し始める
時期が，後翅腹側に存在するCu1の眼状紋サイズの可塑性に関して，最も温
度感受性が高い時期であることが確認された (Monteiro et al., 2015)．また，
メスの前翅と後翅の腹側にあるCu1の眼状紋は，温度に対して異なる反応を
することもこれらの実験は浮き彫りにしていた．前翅のCu1の眼状紋は，通
常，チョウが休止しているときは後翅によって隠れている (図5-1)．この前翅
の眼状紋は，休止時に露出している後翅Cu1の眼状紋よりも可塑性がかなり
低かった．さらに，前翅の眼状紋の白色中心部のサイズは全く可塑的ではな
かった (Monteiro et al., 2015)．背側の眼状紋における可塑性を検討したその
後の研究 (Bhardwaj et al., 審査中) でも同じように，徘徊期がオスの眼状紋
(メスの眼状紋は可塑的ではない) に関して最も温度に感受性のある時期であ
る，と結論づけられた．要約すると，眼状紋サイズは主に発生段階の徘徊期で

温度に敏感であるが，前翅と後翅の腹側の Cu1 の連続相同的な眼状紋サイズが温度に対して同じように反応することはないということである.

　昆虫で知られている表現型可塑性のほとんどの例は，多様な環境を多様な表現型へと変換するための，ホルモン・シグナルに依存しているように思われる (Nijhout et al., 1999; Beldade et al., 2011). このことは，アフリカヒメジャノメの翅模様のさまざまな季節型変異の要因となるホルモンの探索を促すこととなった. 2 種の異なるチョウ［アカマダラ (*Araschnia levana*) とアメリカタテハモドキ (*Junonia coenia*)］に関する以前の研究では，初期の蛹段階における 20-ヒドロキシエクジソン (20-hydroxyecdysone; 20E) という脱皮ホルモンのピークの有無の違いよって，これらのチョウの異なる季節型［春型 (spring form) と夏型 (summer form)］が説明されることが分かった (Nijhout, 1980; Koch and Buckmann, 1987; Rountree and Nijhout, 1995). これらのチョウは，日長に応じて異なる翅の色模様を示す (これらのシステムで可塑性を制御するために用いられる重要な環境要因). したがって，20E はアフリカヒメジャノメにおける眼状紋サイズの可塑性に関して，探求されるべきホルモンの候補となった.

　驚くべきことに，眼状紋サイズの可塑性における，生理学的基盤に関する初期の研究では，季節型間の生理学的な違いの研究は行われていなかった. そのかわりに，20℃という中間的な温度で飼育した系統間で観察される生理学的な違いに焦点が当てられていた. 乾季型と雨季型を模倣するために，20℃で飼育された系統の眼状紋は人為的に選抜された (Koch et al., 1996; Brakefield et al., 1998). さらに，主に蛹初期に焦点を当てて，雨季型と乾季型の個体 (遺伝的な模倣型) 間での異なる発生段階での 20E の力価が計測されたが，これらの模倣型において，徘徊期には違いが観察されなかった (Koch et al., 1996). 蛹初期に計測された 20E の力価は，季節型に遺伝的に模倣した個体間で小さな違いを示した. そして，20E を乾季型に模倣した個体 (蛹の時期に 20E が自然な遅延的増加を示した個体) に注射すると，雨季型の表現型に向けて，わずかな (しかし有意な) 眼状紋のサイズの増加を示した (Koch et al., 1996). しかし，それ以後の研究において，雨季型と乾季型の個体 (遺伝的な模倣個体) 間で観察されたこれらの 20E 力価の違いは，眼状紋サイズの違いよりも，蛹期間の違いのほうをより明確に説明することができることが

示された (Oostra et al., 2011).

　最近の研究によって，温度で誘導した雨季型と乾季型の後期幼虫における体液中の 20E の力価が最終的に計測され，発生の徘徊期に季節型間で有意に異なることが発見された (Monteiro et al., 2015). これは重要なことである. なぜなら，幼虫発生のこの段階 (徘徊期) は，眼状紋サイズの可塑性の誘導に関する温度感受性の期間であると以前に特定された，5 齢および終齢段階の一部であるからである (Kooi and Brakefield, 1999; Monteiro et al., 2015). 乾季型と比較して雨季型のレベルのほうが高く，これは 20E と眼状紋サイズ間に正の相関があることを示している.

　これらの 20E のレベルの違いがさまざまな翅の表現型を引き起こしているかどうかを検証するために，ホルモン注射とホルモン受容体の実験的操作の両方が行われた. これら 2 種類の操作は同等ではないことに注意しなければならない. このことは，この分野の多くの研究者がいまだによく認識していないことである (しかし，Zera (2007) を参照). あるレベルでのホルモンの存在が表現型の発生を引き起こすかどうかを検証するため，ホルモンの除去やホルモン産生細胞・器官の除去，あるいはホルモン特異的な受容体への干渉は，因果関係を検証するための最善の実験操作である. もしこれを行うことができないのなら，最高レベルのホルモンを有する個体を模倣するように，低い自発レベルのホルモンを有する個体にホルモンを投与することも可能である. しかし，後者のタイプの実験操作は，より実行困難である. なぜなら，追加されたホルモンのレベルは，どの可塑的な形態で発見されている最高の自発レベルを超えるのではなく，それを模倣する必要があるためである. もしホルモン・レベルが自発レベルを超えるのなら，これは，正常の形質発生において何の役割も果たさない異常な表現型につながる可能性がある. つまり，これらの異常な表現型が出現する危険性を伴う方法の一つは，ホルモン A のレベルを臨界値以上に上昇させることである. それは，ホルモン B の産生を刺激し，これによって関心のある形質が直接影響を受けるかもしれない. このような状況においては，ホルモン A の実験操作は，ホルモン A が直接的に形質を制御しているという誤った結論を研究者に導かせる可能性がある. しかし実際には，異常に高いレベルのホルモン A によって誘導されたホルモン B の影響を介してのみ，ホルモン A が形質の制御を行っているのかもしれ

ない．ホルモン・システム間が相互に影響しあうこと (クロストーク) は一般的に見られることであり，これに特別な注意を払う必要がある (Orme and Leevers, 2005; Zera, 2007).

　上記2種類の操作のうち，アフリカヒメジャノメの徘徊期における 20E のシグナル操作で，応答の非対称性の例が観測された．上記で述べたように，乾季型の徘徊個体と比較して，雨季型の徘徊個体のほうが 20E レベルがより高い．この発生時期の 20E レベルが成虫の眼状紋サイズを調節しているかどうかを検証するため，クルクビタシン B (curcubitacin B; CurcB) という EcR (エクジソン受容体) の阻害薬 (Dinan et al., 1997) の注射が，コントロール溶媒の注射とともに，雨季型の徘徊個体に対して行われ，それらの操作が成虫の眼状紋サイズを減少させるかどうかが検証された (Monteiro et al., 2015). クルクビタシン B は，エクジソン受容体に対して高親和性で結合する低分子である．これによって，20E のエクジソン受容体への結合を妨げ，下流のシグナル伝達も妨げる (Dinan et al., 1997). クルクビタシン B を雨季型に注射することによって，乾季型に似た小さな眼状紋を示すチョウの成虫が再現された (Monteiro et al., 2015). しかしながら，後翅腹側にある眼状紋よりも可塑性が低い前翅腹側の眼状紋 Cu1 では，サイズ変化が見られなかった．エクジソン受容体は前翅の Cu1 にある眼状紋の中心に存在するが，後翅の Cu1 にある眼状紋の中心では欠損しているので (Monteiro et al., 2015), これら二つの眼状紋がクルクビタシン B の注射に対して非対称に応答することが説明可能である．前翅の眼状紋の中心にエクジソン受容体を欠損させることで，それらはクルクビタシン B の操作に対して必然的に感受性がなくなる．しかしながら，注意すべき重要なことは，エクジソン受容体を発現していないにもかかわらず，これらの前翅の眼状紋は 20E の注射に反応し，ちょうどエクジソン受容体を発現した後翅の眼状紋のように，眼状紋のサイズが増大した．一つの可能性は，もし注射された乾季型で達成された 20E レベルが，雨季型で観察される 20E のレベルを超えていたのなら，20E は第二のホルモンの産生を刺激したのかもしれない，ということである．第二のホルモンも自身の受容体を介して後翅の眼状紋サイズの調節に寄与しているかもしれないのである．

　温度 (およびホルモン) が眼状紋の発生にどのように影響を及ぼすかを理解

するために, Brakefield et al. (1996) は, 眼状紋の発生に関する初期のマーカーである, 幼虫後期と蛹初期の転写因子 (Distal-less; Dll) に着目した. Dllは5齢幼虫の翅で比較可能な発現領域を示したが, 蛹初期の雨季型における眼状紋の中心で, より広い発現領域を有していた. さらに, Dll はまた, 眼状紋のより広範囲の黒色の鱗粉ディスクに対応している第二の発現領域も有していた. その後, この発現領域は蛹化してから12時間後に目に見えるようになった (Brunetti et al., 2001; Monteiro et al., 2006). しかしながら, Dll を発現する細胞群は眼状紋の中心に集まっており, このことは, 幼虫後期と蛹初期の間のどこかの時期に, 温度に反応して, 眼状紋がより大きくなることが示唆された. その後の研究では, 眼状紋発生に関する他の二つのマーカーが注目され, 雨季型における Notch と Engrailed の遺伝子発現と比べて, 乾季型のほうが早い時期に Notch と Engrailed を眼状紋の中心に発現することが分かった. この事実は, これらの遺伝子が, 乾季型の眼状紋サイズを小さくしている可能性を示唆している (Oliver et al., 2013). しかしながら, 乾季型と雨季型の眼状紋中心における Dll 発現はほぼ同時に開始された (Oliver et al., 2013). より最近の研究 (Bhardwaj et al., 審査中) で, 眼状紋中心で発現される第四の遺伝子であるエクジソン受容体は, 雨季型の徘徊期の後半の時期に遺伝子発現領域が拡大することが示された. 前翅背側の眼状紋中心に存在する細胞は, 発生段階で 20E の力価が上昇したときに合わせて細胞分裂を開始した. Spalt のような他のマーカー遺伝子も, この局所的な細胞分裂と同時に, 遺伝子発現領域を増加させた. しかしながら, 最低レベルの 20E のホルモンを経験している乾季型のオスにおいては, 背側の眼状紋の中心に位置する細胞は細胞分裂しなかった. そして, その細胞は小さな眼状紋中心とそれに付随する小さな眼状紋を作り出した. 20E のレベルが背側の眼状紋中心のサイズを局所的な細胞分裂過程を通して直接調節するかどうかを検証するため, 徘徊期の発生が 60% まで進んでいるときに, 乾季型のオスへの 20E の注射と, 雨季型個体へのクルクビタシン B の注射が行われた. この実験操作によって, 雨季型個体でも, 乾季型のメス (異常に大きな眼状紋を有する変則的な性) でも, 20E のレベルが眼状紋の中心サイズの調節に影響していることが確認された (Bhardwaj et al., 審査中).

　上記の実験によって, 腹側と背側の両方の眼状紋とその中心のサイズを制

御する臨界期が発生段階の徘徊期後期であることが特定されることになる. この段階では, 飼育温度によって 20E の力価の変動が導かれる. 次に, この 20E の力価の変動によって, エクジソン受容体が発現される細胞で, 細胞分裂の局所的パターンが引き起こされる (Bhardwaj et al., 審査中). 細胞分裂に関するこれらの局所的パターンが眼状紋中心のサイズを決定する. この中心サイズは, 完全な眼状紋サイズに関する重大な決定因子であり (Monteiro et al., 1994), それゆえに, このサイズは最終的な眼状紋サイズに影響を与える.

しかしながら, 長年にわたり, 眼状紋サイズの可塑性に関する生理学的・遺伝学的基盤を探求する研究は, もっぱら, 蛹化後の発生期間に焦点が当てられている. 蛹化しているときは, 幼虫の徘徊期以前の時期と同じくらい温度に対する感受性がない (Kooi and Brakefield, 1999; Monteiro et al., 2015). この期間には, 実際の季節型と同様に, 季節型の「遺伝的模倣型」でも, 20E の力価の時間変動が見られる (Mateus et al., 2014; Oostra et al., 2011). 特に, 蛹化後最初の 24 時間 (雨季型) (および, 乾季型では 48 時間) の間は, 20E の力価は低い. この期間は, 高温での眼状紋のリングの分化に関して重要だと考えられている発生期間である (French and Brakefield, 1992; Brunetti et al., 2001). ホルモンの力価が低いこの期間の後に, 20E の力価が定常的に上昇する. この期間について, 全発生時間に対する割合を考えると, 乾季型よりも雨季型のほうが早く力価が上昇する. さらに, 20℃ で飼育した若い蛹 (蛹化してから 0-6 時間後) に 20E (0.1 μg) を大量に注射しても, 眼状紋サイズの変化は引き起こされなかった (Koch et al., 1996). この蛹期初期に 0.25 μg よりも多くの 20E を投与しても, 眼状紋サイズはわずかに変化しただけであった (Koch et al., 1996). 注目すべきことは, 17℃ で飼育している徘徊個体には, わずか 0.006 μg の 20E (0.1 μg の 16 分の 1 の投与量) を注射するだけでも, このチョウの種においてほぼ完全に季節型を反転させる (Monteiro et al., 2015).

さらに初期の蛹期に焦点を当てている, より最近の実験では, 溶媒投与された若蛹 (蛹の発生が 3% 進んでいる個体) と 20E を投与された若蛹において 20E の力価は再計測された. 若蛹は二つの異なる温度 (19℃ と 27℃) で飼育された. この実験で, 溶媒を投与してすぐの季節型の個体 (蛹の発生が 3.5% 進

んでいる個体) 間で, 20E ホルモンの力価がわずかだが有意に変化していることが報告された. 雨季型は乾季型よりもわずかに高い 20E の力価を有していた. しかしながら, 溶媒注射した季節型において, 蛹の発生が 8% 進行している時期には, 20E の力価の違いはもはや存在しなかった. これらの力価の計測により, 正確には, 二つの飼育温度における自発レベルの 20E に関する「基準値」計測ではないが, 二つの季節型の間で異なる 20E レベルがあることが分かった (Mateus et al., 2014). これらの相違の有意性を検証するために, 20E の力価が急激に増大するより前の時期である, 蛹の発生の初期段階 (3%) とその後の段階 (蛹の発生が 16% 進んでいる時期) において, 雨季型と乾季型に対して 20E の注射が行われた. この発生段階で決定される (Brunetti et al., 2001), 背側, 腹側, 前翅, そして後翅のさまざまな異なる眼状紋において, 色の付いたそれぞれのリング (白色中心, 黒色リング, 金色リング) の領域の変化に特別な注意が払われた. しかしながら, これらの実験で懸念される一つのポイントは, 0.25 μg (20E) を用いた注射であるということだ. 0.25 μg (20E) は, 腹側の翅の模様に影響を与えることが以前に示された容量である (Koch et al., 1996) だけでなく, 蛹の発生が 3.5% と 8.5% 進んでいる時期における両方の季節型において, 蛹体液内において, 普通にはありえない高レベルの 20E の力価になることが示された容量である (Mateus et al., 2014).

　これらのホルモンの実験操作は, 後期 (16%) の注射ではなく, 初期 (3%) の注射がさまざまな表現型を引き起こすことを示した. 特に, それらの実験操作は, いくつかの翅の表面に存在するいくつかの眼状紋のいくつかの色のリングの領域に影響を与えた. エクジソン受容体の発現がこれらの異なる翅の模様形質にわたって調べられたが, 影響された形質とその形質におけるエクジソン受容体の発現の有無との間に明らかな相関はなかった (Mateus et al., 2014). 発生の徘徊期に行われた注射実験において見られるように, これらの注射によって, 第二のホルモン系が刺激され, 次にそれによって, 第二のホルモン自身の受容体を経て, 眼状紋の表現型に影響を与えるという可能性がある. あるいは, もし特に可塑的な性質が示された眼状紋の形質のみがホルモン注射に対して反応したとしたら, 20E が直接的にこれらの形質の発現を調節している可能性がある. しかし, この場合, 検討された発生段階は, ホルモンへの感受性をもつ期間が拡張された個体, あるいはホルモンへ

の感受性が高まった個体に対する影響を捉えただけという可能性もある．あるいは，蛹の翅の表皮全体において観察されたエクジソン受容体のより低い基準レベルのみが，20E シグナル伝達が検討された発生時期に機能するために必要な条件であるのかもしれない．しかしながら，背側の眼状紋はどれも注射に対して応答しなかった (Mateus et al., 2014)．腹側の眼状紋サイズの可塑性と同じ程度に (Monteiro et al., 2015)，背側の眼状紋サイズの可塑性は，発生における徘徊期で主に制御されるが (Bhardwaj et al., 審査中)，おそらくこれらの背側の眼状紋のほうが発生を制御するホルモン系がより少なく，ホルモン系間の相互作用 (クロストーク) が最小化されているのかもしれない．

　さらに今後の研究に話を進めると，チョウの翅の模様の可塑性の生理学的・遺伝学的基盤に関する研究は，形質の可塑性の原因となる因子を徐々に絞る一連の実験に注意を払うべきである．第一に，形質の可塑性の誘導に関与する発生の臨界期は，飼育温度をシフトさせる実験によって特定されるべきである (Monteiro et al., 2015 を参照)．その際，それぞれの形質を個別に研究することは重要である．そして，特定の形質 (例えば，前翅の腹側面の M1 眼状紋の黒色リング) の特徴を制御している発生期間が，同一ではないが似た形質 (例えば，異なる翅面上の Cu1 眼状紋の白色中心) を制御する期間と同じであると仮定しないことも重要である．第二に，特定の発生段階 (それ以降でも，それ以前でもない時期) に存在する生理学的相違は，形質発生の相違の根底にある生理学的相関を特定するために探求されるべきである．第三に，因果関係を検証するため，環境要因に左右されない方法で二つの可塑的形態の生理学的状態を模倣するには，ホルモン枯渇実験 (第一) とホルモン付加実験 (第二) が行われるべきである．ここでは，普通では起こらない方法で他のホルモンのシグナル伝達系を刺激してしまうことを避けるために，実際に観察されているレベルよりもホルモン・レベルを上昇させないことが特に重要である．

5-3　可塑性の進化

　アフリカヒメジャノメにおける可塑性の進化に関する実験は2種類存在する．ミクロ進化的集団レベルの研究と，マクロ進化的な種にわたる比較研究である．以下に，順番にこれらの2種類の実験について議論していく．

　第一の研究では，反応基準 (reaction norm) の傾斜 (例えば，飼育温度に対する腹側の眼状紋サイズの感受性) を制御している遺伝的変異が，単一集団の個体に存在するかどうかを検証することに焦点を当てたものであった．異なる温度で似た遺伝子型を示す系統のなかの異なる構成個体の最初の飼育によって，アフリカヒメジャノメの実験室集団において遺伝的変異が甚大であることが判明した (Windig, 1994)．特に，同じ範囲の環境要因 (温度) に対して，それぞれの系統が明確な傾斜の反応基準をもつことが分かった．しかしながら，さらなる研究では，人為選抜が直接的に傾斜に適用された場合には，この反応基準の変化幅が小さな傾斜の変化幅へと変換されると結論づけられた．これらの人為選抜実験には2種類がある．第一の実験では，高温下で巨大な眼状紋に対して切断型選択 (truncation selection) を行い，その後，次の世代において，低温下で小さな眼状紋に対する切断型選択をする (傾斜を増加させる試み) ことによって，急傾斜を選出するものである (Wijngaarden and Brakefield, 2001)．あるいは，切断型選択は，高温で小さな眼状紋に対して行われ，その後，次世代において低温で大きな眼状紋に適用された (傾斜を減少させる試み) (Wijngaarden and Brakefield, 2001)．第二の実験では，多くの個々の系統を，四つの異なる飼育温度に分け，次に，三つの最高温度においてそれぞれの系統に関する反応基準がどのようなものであるかを調べ，最後に，最も緩慢な発生が見られる (最も低い) 温度で得られた個体の兄弟交配で次世代を得ることによって，より急な傾斜，あるいは，より緩やかな傾斜のどちらかを有している系統を選択した (Wijngaarden et al., 2002)．両方のタイプの実験によって，反応基準の傾斜に関する遺伝的変異はほとんど無いか皆無であるということが指摘された．一定温度 (28℃) での眼状紋サイズに人為選択が適用されるさまざまな実験と，それに続く，広範囲の飼育温度で眼状紋サイズがどのように多様化するかを調べる実験によって，反応基準の傾斜に影響を与えないことが再び示された．つまり，開始の眼状紋サイズにかかわらず，全ての眼状紋は飼育温度の低下とともに小さくなった (Holloway and Brakefield, 1995)．

　アフリカヒメジャノメの単一の実験室集団における可塑性の選択に有効な遺伝的変異がほとんどあるいは全くないことを指摘した上記のミクロ進化的な実験にもかかわらず，この種における可塑性の進化は実際に起こっている．

このことは，アフリカヒメジャノメの異なる集団，およびアフリカヒメジャノメ属の異なる種における可塑性の存在に関するより広範囲の探求をも必要としている．

5-4　集団全体と種全体にわたる可塑性

野外コレクション (field collections) を見ると，異なる環境要因がアフリカ全体におけるアフリカヒメジャノメ属の異なる種の眼状紋サイズの可塑性の制御に用いられているに違いないという結論に達する．野外で採集された標本の眼状紋の計測結果を環境変数の記録と関連づけると，温度と湿度が正の相関関係 (暖かい雨季，涼しい乾季) にある南部地域の種は，眼状紋サイズの可塑性を調節するための要因として温度を利用しているのは明らかであるが，しかし，温度と湿度が負の相関関係 (暖かい乾季，涼しい雨季) にある北部地域の種は，眼状紋サイズの可塑性を調節する環境要因として湿度を利用している可能性が高い (Roskam and Brakefield, 1999)．

南アフリカ (サバンナと，サバンナと熱帯雨林の移行帯) のアフリカヒメジャノメ属 5 種と，赤道アフリカ (熱帯雨林) の 2 種が，共通の温度範囲で，研究室で飼育されたときに，これらの予測は確認された．全ての種はほぼ同様に温度に反応した —— 腹側の「露出した」眼状紋は，飼育温度の上昇とともに大きくなった (Roskam and Brakefield, 1996; Oostra et al., 2014)．しかし，サバンナと熱帯雨林の移行帯の種は，サバンナ種や季節に関わりのない熱帯雨林種と比べると，より傾斜が急な反応基準を有していた (Roskam and Brakefield, 1996)．室内での実験においても，同様の結果が得られた．アフリカヒメジャノメの二つの南部集団 (マラウイと南アフリカの地理的に遠い場所ではあるが) は両方とも，それぞれの温度で絶対的な眼状紋サイズが分岐したにもかかわらず，より高い温度で飼育すると腹側の眼状紋をより大きく発達させた (de Jong et al., 2010)．

アフリカ北部にいるアフリカヒメジャノメ属のチョウの個体群あるいは種を用いた一般飼育実験 (common garden rearing experiments) はまだ行われていない．一方で，露出した眼状紋のサイズが温度上昇とともに増加するという眼状紋サイズの表現型可塑性が，アフリカヒメジャノメ属の祖先的な特徴であり，他の近縁なジャノメチョウの属も同様であるということが，現在の

一般的な総意となりつつある (Roskam and Brakefield, 1996). 1年間で気温の変動がほとんどない赤道領域に種が移動すると, おそらく, 翅の模様における温度感受性の遺伝的メカニズムの維持に関連するコストがほとんどかからないので, それらの種は自身の可塑的な反応を失わないのであろう (Oostra et al., 2014).

　眼状紋サイズの可塑性の進化をより完全に理解するためには, ジャノメチョウを超えて, 眼状紋の可塑性に関するより広範囲の探求が今後必要である. 予備的なデータ (Bhardwaj, 未発表) によれば, ジャノメチョウ亜科の外側に位置づけられている多くのタテハチョウ科のチョウの眼状紋サイズの可塑性は, 飼育温度に関して正反対のパターンを示すことが指摘されている. 飼育温度が高いと, 大きな眼状紋のかわりに, 小さな眼状紋が生じる. 眼状紋の可塑性がどのように進化したかをより包括的に調べるため, これらのパターンの生態学的な意義およびそれらの根底にある生理学的なメカニズムについて, 将来的に詳細に調べる必要がある.

5-5　結　論

　アフリカヒメジャノメの翅の模様の可塑性に関する生態学的意義は, より深く理解されてきている. 特に, 乾季には露出した眼状紋は隠蔽機能を果たすが, 一方で, 雨季に露出した眼状紋は偏向機能を果たす. 露出していない眼状紋は性的なシグナル伝達機能を果たし, 露出した眼状紋の可塑性とは異なる, 独自の可塑的模様を示す. 加えて, それぞれの眼状紋と, 眼状紋内のそれぞれの色の構成成分に関する可塑性のパターンはかなり眼状紋特異的であり, 独立して研究される必要がある. 残念なことに, この種の眼状紋サイズの可塑性の生理学的基盤の研究は, かなりの年月の間, 最も感受性が高い徘徊期の幼虫ではなく低温感受性の発生期間 (蛹初期) に焦点を当てていた. そのため, この実験系における初期の多くの研究結果を解釈するときには注意が必要である. より最近の実験では, 発生過程で感受性をもつ期間が明らかとなった. また, 背側および腹側の両方の眼状紋サイズの可塑性に関する生理学的基礎が明らかとなった. そして, 我々は, 異なる相同な翅の模様要素が, どのようにして同じ環境要因に異なる方法で反応するのかという探求を開始したばかりである. それでも, まだ多くの仕事が残っている. 例えば,

上で指摘したように，異なる環境にすんでいる異なる種は，相同な翅の模様要素を調節するために，異なる環境要因を利用している可能性が高い．しかしながら，(温度以外に) どの環境要因が使われているのか，そしてそれらが翅の模様発生にどのように影響するのか，我々はまだ理解していない．アフリカヒメジャノメにおいて温度がホルモン力価をどのように調節しているのか，そして 20E のシグナル伝達がどのように眼状紋サイズを調節するのか，我々にはまだ分からない．そして，この過程の調節におけるエピジェネティックな過程の役割に関して (もしそれがあればの話だが)，我々には何も分かっていない．最後に，徘徊期の飼育温度によって，20E のホルモン力価が調節されるようになる時期，変動する 20E 力価に対する感受性を眼状紋に与える，エクジソン受容体が眼状紋の中心に集約される時期，そして眼状紋の遺伝子制御ネットワークからの遺伝子が 20E のシグナル伝達に対して敏感になる時期を理解するために，多数の種にわたる比較研究が必須である．

謝　辞

　本章の文章構成を最初に入力してくれたことに関して Patricia Beldade に感謝し，活発な議論に関して Shivam Bhardwaj に感謝する．可塑性に関する実験室での仕事は，シンガポール教育省の助成金 (MOE2014-T2-1-146) によって，資金提供されている．

引用文献

Bear A and Monteiro A (2013) Male courtship rate plasticity in the butterfly *Bicyclus anynana* is controlled by temperature experienced during the pupal and adult stages. PLoS One 8: e64061

Beldade P, Mateus ARA and Keller RA (2011) Evolution and molecular mechanisms of adaptive developmental plasticity. Mol Ecol 20: 1347-1363

Bhardwaj S, Prudic KL, Bear A et al (2017) Sex differences in 20-hydroxyecdysone hormone levels control sexual dimorphism in butterfly wing patterns. (in review)

Bradshaw AD (1956) Evolutionary significance of phenotypic plasticity in plants. In: Caspari EW (ed) Advanced Genettics 13. Academic Press, New York, pp 115-155

Brakefield PM and Frankino WA (2009) Polyphenisms in Lepidoptera: multidisciplinary approaches to studies of evolution and development. In: Whitman DW, Ananthakrishnan TN (eds) Phenotypic plasticity in insects: mechanisms and consequences. Science Publishers, Plymouth, pp 281-312

Brakefield PM and Larsen TB (1984) The evolutionary significance of dry and wet season forms in some tropical butterflies. Biol J Linn Soc 22: 1-12

Brakefield PM and Mazzotta V (1995) Matching field and laboratory environments-effects of neglecting daily temperature-variation on insect reaction norms J Evol Biol 8: 559-573

Brakefield PM and Reitsma N (1991) Phenotypic plasticity, seasonal climate and the population biology of *Bicyclus* butterflies (Satyridae) in Malawi. Ecol Entomol 16: 291-303

Brakefield PM, Gates J, Keys D et al (1996) Development, plasticity and evolution of butterfly eyespot patterns. Nature 384: 236-242

Brakefield PM, Kesbeke F and Koch PB (1998) The regulation of phenotypic plasticity of eyespots in the butterfly *Bicyclus anynana*. Am Nat 152: 853-860

Brunetti CR, Selegue JE, Monteiro A, French V, Brakefield PM and Carroll SB (2001) The generation and diversification of butterfly eyespot color patterns. Curr Biol 11: 1578-1585

Condamin M (1973) Monographie du genre Bicyclus (Lepidoptera, Satyridae). Memoires de l'Institut Fondamental d'Afrique Noire 88. Infan-Dakar

Costanzo K and Monteiro A (2007) The use of chemical and visual cues in female choice in the butterfly *Bicyclus anynana*. Proc R Soc Lond B 274: 845-851

de Jong G (2005) Evolution of phenotypic plasticity: patterns of plasticity and the emergence of ecotypes. New Phytol 166: 101-117

de Jong MA, Kesbeke F, Brakefield PM and Zwaan BJ (2010) Geographic variation in thermal plasticity of life history and wing pattern in *Bicyclus anynana*. Climate Res 43: 91-102

Dinan L, Whiting P, Girault JP et al (1997) Cucurbitacins are insect steroid hormone antagonists acting at the ecdysteroid receptor. Biochem J 327: 643-650

Dion E, Monteiro A and Yew JY (2016) Phenotypic plasticity in sex pheromone production in *Bicyclus anynana* butterflies. Sci Rep 6: 39002

Everett A, Tong XL, Briscoe AD and Monteiro A (2012). Phenotypic plasticity in opsin expression in a butterfly compound eye complements sex role reversal. BMC Evol Biol 12: 232

French V and Brakefield PM (1992) The development of eyespot patterns on butterfly wings: morphogen sources or sinks? Development 116: 103-109

Fischer K, Brakefield PM and Zwaan BJ (2003a) Plasticity in butterfly egg size: Why larger offspring at lower temperatures? Ecology 84: 3138-3147

Fischer K, Eenhoorn E, Bot AN, Brakefield PM and Zwaan BJ (2003b) Cooler butterflies lay larger eggs: developmental plasticity versus acclimation. Proc R Soc B 270: 2051-2056

Ho S, Schachat SR, Piel WH and Monteiro A (2016) Attack risk for butterflies changes with eyespot number and size. R Soc Open Sci 3: 150614

Holloway GJ and Brakefield PM (1995) Artificial selection of reaction norms of wing pattern elements in *Bicyclus anynana*. Heredity 74: 91-99

Koch PB and Buckmann D (1987) Hormonal-control of seasonal morphs by the timing of ecdysteroid release in *Araschnia levana* L (Nymphalidae, Lepidoptera). J Insect Physiol 33: 823-829

Koch PB, Brakefield PM and Kesbeke F (1996) Ecdysteroids control eyespot size and wing color pattern in the polyphenic butterfly *Bicyclus anynana* (Lepidoptera, Satyridae). J Insect Physiol 42: 223-230

Kooi RE (1995) The effect of food plant quality on wing pattern induction in the tropical butterfly *Bicyclus anynana* (Satyrinae). In: Sommeijer MJ and Francke PJ (eds) Proc Section Exp Appl Entomol Netherlands Entomol Soc Amsterdam 6: 107-112

Kooi RE and Brakefield PM (1999) The critical period for wing pattern induction in the polyphenic tropical butterfly *Bicyclus anynana* (Satyrinae). J Insect Physiol 45: 201-212

Lyytinen A, Brakefield PM and Mappes J (2003) Significance of butterfly eyespots as an antipredator device in ground-based and aerial attacks. Oikos 100: 373-379

Lyytinen A, Brakefield PM, Lindstrom L and Mappes J (2004) Does predation maintain eyespot plasticity in *Bicyclus anynana*? Proc R Soc Lond B 271: 279-283

Macias-Munoz A, Smith G, Monteiro A and Briscoe AD (2016). Transcriptome-wide differential gene expression in *Bicyclus anynana* butterflies: female vision-related genes are more plastic. Mol Biol Evol 33: 79-92

Mateus ARA, Marques-Pita M, Oostra V et al (2014) Adaptive developmental plasticity: Compartmentalized responses to environmental cues and to corresponding internal signals provide phenotypic flexibility. BMC Biology 12: 97

Monteiro A, Brakefield P and French V (1994) The evolutionary genetics and developmental baiss of wing pattern variation in the butterfly *Bicyclus anynana*. Evol Int J Org Evol 48: 1147-1157

Monteiro A, Glaser G, Stockslager S, Glansdorp N, Ramos D (2006) Comparative insights into questions of lepidopteran wing pattern homology. BMC Dev Biol 6: 52

Monteiro A, Tong XL, Bear A et al (2015) Differential expression of ecdysone receptor leads to variation in phenotypic plasticity across serial homologs. PLoS Genet 11: e1005529

Moran NA (1992) The evolutionary maintenance of alternative phenotypes. Am Nat 139: 971-989

Nijhout HF (1980) Ontogeny of the color pattern on the wings of *Precis coenia* (Lepidoptera: Nymphalidae). Dev Biol 80: 275-288

Nijhout HF (1999) Control mechanisms of polyphenic development in insects. Bioscience 49: 181-192

Nijhout HF (2003) Development and evolution of adaptive polyphenisms. Evol Dev 5: 9-18

Oliver JC, Ramos D, Prudic KL and Monteiro A (2013) Temporal gene expression variation associated with eyespot size plasticity in *Bicyclus anynana*. PLoS One 8: e65830

Olofsson M, Jakobsson S and Wiklund C (2013) Bird attacks on a butterfly with marginal eyespots and the role of prey concealment against the background. Biol J Linn Soc 109: 290-297

Oostra V, de Jong MA, Invergo BM et al (2011) Translating environmental gradients into discontinuous reaction norms via hormone signalling in a polyphenic butterfly. Proc R Soc B 278: 789-797

Oostra V, Brakefield PM, Hiltemann Y, Zwaan BJ and Brattstrom O (2014) On the fate of seasonally plastic traits in a rainforest butterfly under relaxed selection. Ecol Evol 4: 2654-2667

Orme MH and Leevers SJ (2005) Flies on steroids: The interplay between ecdysone and insulin signaling. Cell Metab 2: 277-278

Prudic KL, Jeon C, Cao H and Monteiro A (2011) Developmental plasticity in sexual roles of butterfly species drives mutual sexual ornamentation. Science 331: 73-75

Prudic KL, Stoehr AM, Wasik BW and Monteiro A (2015) Invertebrate predators attack eyespots and promote the evolution of phenotypic plasticity. Proc R Soc Lond B 282: 20141531

Robertson K and Monteiro A (2005) Female Bicyclus anynana butterflies choose males on the basis of their dorsal UV-reflective eyespot pupils. Proc R Soc Lond B 272: 1541-1546

Roskam JC and Brakefield PM (1996) A comparison of temperature-induced polyphenism in African *Bicyclus* butterflies from a savannah-rainforest ecotone. Evol Int J Org Evol 50: 2360-2372

Roskam JC and Brakefield PM (1999) Seasonal polyphenism in *Bicyclus* (Lepidoptera : Satyridae) butterflies: different climates need different cues. Biol J Linn Soc 66: 345-356

Rountree DB and Nijhout HF (1995) Hormonal control of a seasonal polyphenism in *Precis coenia* (Lepidoptera: Nymphalidae). J Insect Physiol 41: 987-992

Stearns SC (1989) The evolutionary significance of phenotypic plasticity. Bioscience 39: 436-445

Vlieger L and Brakefield PM (2007) The deflection hypothesis: eyespots on the margins of butterfly wings do not influence predation by lizards. Biol J Linn Soc 92: 661-667

West-Eberhard MJ (2003) Developmental plasticity and evolution. Oxford Unversity Press, New York

Westerman E and Monteiro A (2016) Rearing temperature influences adult response to changes in mating status. PLoS One 11: e0146546

Wijngaarden PJ and Brakefield PM (2001) Lack of response to artificial selection on the slope of reaction norms for seasonal polyphenism in the butterfly *Bicyclus anynana*. Heredity 87: 410-420

Wijngaarden PJ, Koch PB and Brakefield PM (2002) Artificial selection on the shape of reaction norms for eyespot size in the butterfly *Bicyclus anynana*: direct and correlated responses. J Evol Biol 15: 290-300

Windig JJ (1994) Reaction norms and the genetic-basis of phenotypic plasticity in the wing pattern of the butterfly *Bicyclus anynana*. J Evol Biol 7: 665-695

Windig JJ, Brakefield PM, Reitsma N and Wilson JGM (1994) Seasonal polyphenism in the wild: survey of wing patterns in five species of *Bicyclus* butterflies in Malawi. Ecol Entomol 19: 285-298

Zera AJ (2007) Endocrine analysis in evolutionary-developmental studies of insect polymorphism: hormone manipulation versus direct measurement of hormonal regulators. Evol Dev 9: 499-513

6 章
チョウの翅の目玉模様の数と位置はどう決まるか？
―反応拡散方程式の境界条件が数と位置を制御する？―

関村利朗

Chandrasekhar Venkataraman

要　約

　チョウの目玉模様は世界で幅広くかつ深く研究されているにもかかわらず，いくつかの重要な側面がいまだによく理解されないまま残っている．我々は，そのなかの一つ，チョウの全翅面における目玉焦点分布パターンの形成に関する数理モデルを提案した．本章ではモデル方程式系：反応拡散方程式系が目玉焦点の分布パターン形成に果たす役割について，具体的実験についてのコンピュータ・シミュレーションを行い，さらにその意義を確かめる．

　提案した数理モデルでは，翅室 (wing cell) の基部側翅脈でのモルフォゲン (morphogen) の境界条件の違いにより，当該翅室内に目玉焦点が生成されるか否かが決定され，さらに翅室内での焦点の位置も制御されることを示した．さらに，複数個の翅室からなる翅原基 (wing disc) の基部側翅脈全体に課すモルフォゲンの境界条件プロフィールを作り出す表面反応拡散方程式系 (surface reaction-diffusion system) を提案した．

　本章では，さらに，数理モデルのロバスト性 (robustness) を示すため，我々は翅室の形として従来の矩形領域より現実に近い領域を考え，その枠内で累代飼育による目玉模様の選択実験の結果を再現できることを示す．

キーワード

　チョウの斑紋形成 (butterfly patterning)，目玉模様 (eyespot pattern)，目玉焦点の形成 (focus point formation)，チューリング・パターン (Turing pattern)，反応拡散方程式系 (reaction-diffusion system)，曲面反応拡散方程式系 (surface reaction-diffusion system)，曲面有限要素法 (surface finite element method).

6-1　はじめに

　目玉模様，すなわち，同心円状のカラーパターン (色模様) はチョウの模様形成研究のなかで最も研究が進んでいる対象の一つである (例えば，図 6-3 参照). 目玉模様は，一塊の細胞集団からなる目玉焦点 (eyespot focus) と呼ばれる部分の周りに発達する．その焦点から色素合成に関わる各種のシグナル分子が分泌され，さらに，それらが拡散過程などを通じて周りに広がり，最終的に同心円状の目玉模様ができ上がる．一般に翅全体の目玉模様は，複数のパターン要素 (数，位置，大きさ，形状，色彩など) で成り立っており，それらが組み合わさって多様なカラーパターンを形づくり，また，時にはチョウの種の特定にも使われている．したがって，翅全体の目玉模様に見られる多様性や進化を真に理解するためには，上記の複数のパターン要素の生成機構を解明する必要があるが，本章では，翅全体に分布する複数の目玉焦点の「数」と「位置」決定機構に関する数理モデルによって，新しく得られた結果について報告する．数理モデルの枠組みと，そのいくつかの応用例と結果は，すでに前論文 (Sekimura et al., 2015) で発表しており，ここでは，人工的な累代飼育によって得られた実験結果 (Beldade et al., 2002) への新たな応用結果と，モルフォゲン [形態形成因子 (morphogen)] の異なる 2 方向における勾配 (gradient) が目玉焦点の「数」と「位置」の決定に果たす役割についてコンピュータ・シミュレーション結果を含めて詳細に議論する．なお，目玉焦点の「数」と「位置」決定以後の発生過程で起こる諸現象については，本章では取り扱わずに別の機会に譲る．

　我々の数理モデルは，ナイハウのモデル (Nijhout, 1990) が基礎になっている．そのモデル (Sekimura et al., 2015) の主な斬新さは，翅原基 (wing disc) 内の翅室 (wing cell) の基部に近接する側の翅脈 (proximal vein) における境界条件の変化が，その翅室内に目玉焦点が生成されるか否かの決定の鍵を握っている，という点にある．我々はその数理モデルを新たな問題へ展開して，そのさらなる可能性を検証する．我々は，翅室の横側翅脈 (lateral vein) に沿った基部‐外縁方向 (proximal-distal direction) における境界条件の変化が，生成された目玉焦点の翅室内での位置を制御する，ことを明らかにする．

　さらに我々は，後でも述べる二段階モデル (Sekimura et al., 2015) を使っ

て，累代飼育による人工的選択実験で報告されている翅面上の目玉模様の選択と位置決定の結果をコンピュータ・シミュレーションで再現できることを示す．

6-2　数理モデルの構築

この節で，本章で取り扱う数理モデルについて簡単に紹介する．

6-2-1　モデル構築の基礎

チョウの翅 (あるいは翅原基) は表裏 2 枚の細胞シートからなっており，目玉模様を含めカラーパターン形成は各細胞シート内のみで起こり，もう一方の細胞シートとは無関係に起こると考えられている (例えば，Sekimura et al., 1998)．すなわち，チョウの翅のカラーパターン形成はいわば 1 枚の細胞シートからなる 2 次元平面内で起こる現象であると言える．したがって，目玉焦点の形成に関する数理モデルは，2 次元平面の領域内で展開される．簡単のため，我々の数理モデルでは，翅原基は複数の同じサイズの翅室 (四方を翅脈で囲まれた領域) からなる翅室系で構成されると仮定する (図 6-1 参照)．

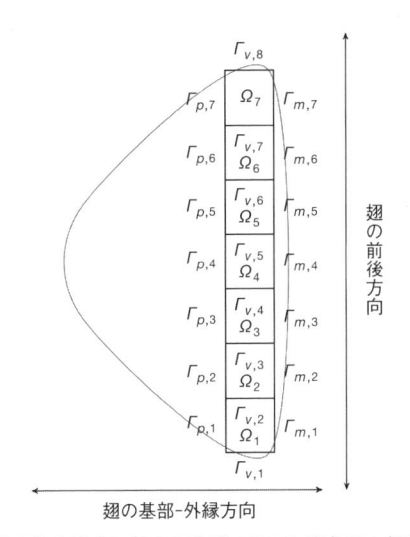

図 6-1　目玉焦点形成に対する数理モデルに使う翅の領域スケッチ．

　我々の数理モデルを構成する方程式系はギーラー・マインハルトの活性化・抑制反応系あるいは G-M 方程式 (Gierer and Meinhardt, 1972) であり，それが各翅室に適用される．その際，境界条件は，活性化因子 (形態形成因子) については翅室の基部側境界 (proximal boundary) と翅脈 (lateral vein) ではディリクレ (Dirichlet) 条件 (固定条件：境界が活性化因子の発生源となる)，翅の外側境界 (marginal boundary) ではノイマン (Neumann) 条件 (完全反射条件) を仮定する．一方，抑制因子の境界条件は翅室を囲む全 4 境界でノイマン条件を仮定する．

6-2-2　数理モデル

　我々は n_{seq} が翅室の数 (具体的には 7 個) を表すとする．また，第 i 番目 ($i = 1, \cdots, n_{seq}$) 翅室の境界全体を Ω_i で表し，具体的には，$\Gamma_{m,i}$ (翅の外側境界)，$\Gamma_{v,i}$，$\Gamma_{v,i+1}$ (翅脈) そして $\Gamma_{p,i}$ (翅室の基部側境界) で構成する．活性化因子濃度 (a_1) の境界条件は，基部側境界 $\Gamma_{p,i}$ と翅脈 $\Gamma_{v,i}$，$\Gamma_{v,i+1}$ でディリクレ条件 (固定条件)，外側境界 $\Gamma_{m,i}$ ($i = 1, \cdots, n_{seq}$) でノイマン条件 (完全反射条件) を仮定する (図 6-1 参照)．なお，各翅脈 $\Gamma_{v,i}$ の固定条件は全て同じとする．一方，抑制因子濃度 (a_2) の境界条件は翅室の全 4 境界でノイマン条件を仮定する．初期条件は G-M 方程式の空間的に一様な正値定常解とする．したがって，翅原基上での目玉焦点の位置決定についての我々の数理モデルは n_{seq} 個の独立した G-M 方程式からなることになり，問題は次の形で表現される．すなわち，全ての $i = 1, \cdots, n_{seq}$ について，以下の方程式系を満たす $\vec{a}\,(\vec{x}, t)$, $(\vec{x}, t) \in \Omega \times (0, T)$，を見いだすことである．

$$
\begin{aligned}
&\partial_t \vec{a}\,(\vec{x}, t) - D\Delta \vec{a}\,(\vec{x}, t) = \vec{f}(\vec{a}\,(\vec{x}, t)) && (\vec{x}, t) \in \Omega_i \times (0, T) \\
&a_1(\vec{x}, t) = u\,(\vec{x}) && \vec{x} \in \partial\Omega_i / \Gamma_{m,i} \\
&\nabla a_1(\vec{x}, t) \cdot \vec{n}\,(\vec{x}, t) = 0 && (\vec{x}, t) \in \Gamma_{m,i} \times (0, T) \\
&\nabla a_2(\vec{x}, t) \cdot \vec{n}\,(\vec{x}, t) = 0 && (\vec{x}, t) \in \partial\Omega_i \times (0, T) \\
&\vec{a}\,(\vec{x}, t) = \vec{a}^{SS} && \vec{x} \in \Omega_i
\end{aligned}
\tag{6.1}
$$

ここで，D は拡散係数を表す正値の対角行列を表す．また，反応項ベクトル $\vec{f}(\vec{v})$ は $f_1(\vec{v}) = a\,[(k_1 v_1^2 / v_2) - k_2 v_1]$ そして $f_2(\vec{v}) = a\,(k_1 v_1^2 - k_3 v_2)$ となる．ただし，$k_1, k_2, k_3 > 0$．反応項のパラメータ値は対応する常微分方程式 (ODE) が正値の定常安定解 $\vec{a}^{SS} = (k_2/k_2, k_1 k_3/k_2)^\wedge T$ を与えるように設定する．

　ナイハウ (Nijhout, 1990, 1994) は，上記の数理モデルが，単一の翅室内に目玉焦点が生成されうる物質濃度分布を形成することを示した．一方，関村ら (2015) は，基部側境界 $\Gamma_{p,i}$ における活性化因子濃度 (a_1) のディリクレ条件 (固定条件) の変化によって，翅室内に目玉焦点が形成されるか否かが決定されうることを示した．その基部側境界全体 $\Gamma_p = U_i \Gamma_{p,i}$ のプロフィールに対して，我々は活性化因子濃度 (a_1) 分布の与え方として次の2種類の場合を考えた．第一の方法は，あらかじめ与えられた関数形による境界条件を使うものであり，第二の方法は，より完全なモデルを構築する目的で，あるパターン形成機構によって1次元境界条件が自動的に作り出され，それが基部側境界全体，すなわち，曲面 $(\Gamma_p = U_i \Gamma_{p,i})$ 上に適用されるようにするものである．その1次元パターン形成機構として，以下のシュナッケンベルグ (Schnakenberg, 1979) の化学反応系を選んだ．

　次の課題は，以下のシュナッケンベルグ方程式を満たす $\vec{u}\,(\vec{x}, t)$ を求めることである．

$$\partial_t \vec{u}\,(\vec{x}, t) - D_u \Delta_\Gamma \vec{u}\,(\vec{x}, t) = \vec{h}(\vec{u}\,(\vec{x}, t)) \qquad \text{on } \Gamma_p, \tag{6.2}$$

ここで，D_u は正値の拡散係数で作られる対角行列を表し，Δ_Γ はラプラス・ベルトラミ演算子 (Laplace Beltrami operator) (曲面上の通常のラプラシアンに相当する演算子)，そして関数 $\vec{h}(\vec{u})$ は $h_1(\vec{u}) = \gamma(\vec{x})(a - u_1 + u_1^2 u_2)$ と $h_2(\vec{u}) = \gamma(\vec{x})(b - u_1^2 u_2)$ で与えられる．ただし，$a, b > 0$. u_1 と u_2 は，それぞれ2種類の化合物 (活性化物質と基質) の濃度を表す．関数 γ は反応係数と考えられており，生物のパターン形成に応用される場合は，通常は一定値として使われる．しかし，そのままで使えば，基部側境界全体 Γ_p 上で一つの波長の波形しか生成されないと考えられる．そのことは，チョウの目玉焦点の分布が翅の異なる場所で異なる頻度で発生する今回の場合には不十分であると考えられる．このような理由で，我々は反応係数関数 γ は，一定値ではなく空間的に変化するものと考える．それにより，基部側境界全体 Γ_p 上で必要とされる活性化物質のプロフィールを作り出す十分な自由度を作り出し，さらにはチョウの翅上で見られるいかなる目玉焦点の分布パターンをも生成することができるようになる．

　その結果得られたのが目玉焦点形成の二段階モデル (two-stage model) である．第一段階は，シュナッケンベルグ曲面反応拡散方程式系 (6.2) の定常解

を求め，第二段階では，その定常解 u_2 を G-M 方程式系 (6.1) の基部側境界
Γ_p での活性化因子濃度 (a_1) 境界条件として与え，各翅室内での目玉焦点形
成の問題を解くのである．

6-3　コンピュータ・シミュレーションの近似法

　各翅室内で目玉焦点形成の G-M 反応拡散方程式系 (6.1) を数値的に解くた
めに，我々はラキスら (Lakkis et al., 2013) によって研究・開発された数値解
析法「陰的陽的有限要素法 (implicit-explicit finite element method)」を使う．
この数値解析法の利点は，任意の，そして変形する領域で応用可能という点
である．その公開されているフリーのソフトウェアは，特にチョウの場合で言
えば，各翅室の形状を矩形だけに限定されることなく，あらゆる外形をもつ翅
室領域内で方程式系を数値的に解くことが可能であり，非常に価値が高い．

　また，シュナッケンベルグ曲面反応拡散方程式系 (6.2) を数値的に解くため
に，我々は曲面有限要素法 (Dziuk and Elliott, 2013) を使う．上記の 2 種類の
数値解法の詳細は引用文献を参照していただきたい．

6-4　結　果

6-4-1　活性化因子濃度の翅脈上の勾配が翅室内の目玉焦点の位置を決定する

　まず，6-2 節で述べた数理モデルを使って，翅脈 $\Gamma_{v,i}$，$\Gamma_{v,i+1}$ 上での活性化
因子濃度のディリクレ境界条件を空間的に変化させることによって，翅室内
の目玉焦点の位置を変えることができることを示す．ここでは，各翅室を台形
で近似し，翅室の基部側境界 $\Gamma_{p,i}$ を長さ 1.5 の短辺，翅の外側境界 $\Gamma_{m,i}$ を長
さ 2.5 の長辺となるようにする．さらに基部側境界 $\Gamma_{p,i}$ 上のディリクレ境界条
件を次のような凹型の関数形で与える．

$$u(\vec{x}) = 2a_1^{SS}(1 - \sin^2(\pi d(\vec{x})/1.5))$$

ここで，$d(\vec{x})$ は基部側境界の端点からの距離を表す．したがって，基部側境
界 $\Gamma_{p,i}$ 上の活性化因子濃度に対する境界条件は，その両端点で値 $2a_1^{SS}$ とな
り，中心点で値 0 となる．

　一方，翅脈 $\Gamma_{v,i}$，$\Gamma_{v,i+1}$ 上のディリクレ境界条件には勾配を付け，次のよう
な一定勾配の単調関数を与える．

$$u(\vec{x}) = 2a_1^{SS}(1 - s_1 x_2/3)$$

表 6-1　6-4-1 項の数値計算で使われた各種パラメータの値

D_1	D_2	a	k_1	k_2	k_3
0.0031	0.03	20	0.03	0.03	0.0125

ここで，x_2 は基部–外縁方向で翅の外縁から測った距離を表し，$s_1>0$ は勾配の大きさを表すパラメータである．このようにして，翅脈が翅の外側境界 $\Gamma_{m,i}$ と交差する点で値 $2a_1^{SS}$ をとり，基部側境界に向かって勾配 $s_1>0$ で単調に減少する境界条件が得られる．その他のパラメータ値は表 6-1 に与えたとおりである．

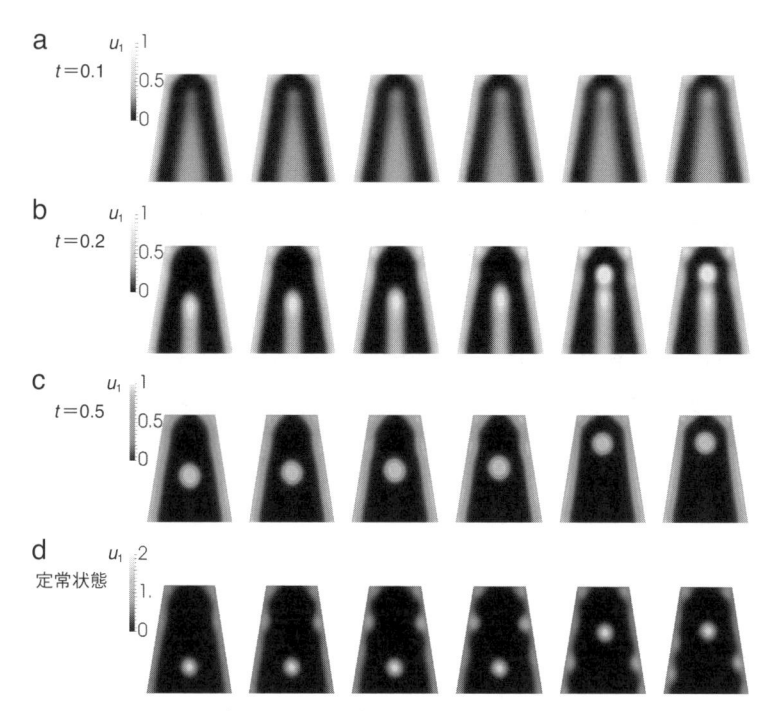

図 6-2　台形型の翅室領域内における目玉焦点形成．我々は，翅脈 $\Gamma_{v,i}$，$\Gamma_{v,i+1}$ 上のディリクレ境界条件には勾配を付け，$u(\vec{x})=2a_1^{SS}(1-s_1x_2/3)$ を仮定する．図 6-2 は左から右に順に，勾配 $s_1=0$, 0.15, 0.25, 0.35, 0.45, 0.5 が対応する．このようにして，最も左側の図は翅脈に勾配 0 の一定値ディリクレ境界条件の場合，最も右側の図は直線勾配が最も急峻で，翅脈が翅の外縁と交わる点で $u(\vec{x})=2a_1^{SS}$ となり，翅脈が翅の基部側境界と交わる点で $u(\vec{x})=a_1^{SS}$ となる場合に相当する．図は全て活性化因子濃度 a_1 を表したもので，抑制因子濃度 a_2 は a_1 と同じ位相であり，省略した．他のパラメータ値については本文を参照のこと．

　離散化のために，2145自由度 (DOFs) のグリッド上で線形有限要素を使い，時間刻みは0.01とした．基本となるG-M反応拡散方程式系 (6.1) は，その解がほぼ定常状態になるまで数値的に解かれた．

　図6-2a-dは，異なる勾配の値 s_1 に対する時間ごとの活性化因子濃度 (a_1) の様子を示している．左から右に $s_1 = 0$, 0.15, 0.25, 0.35, 0.45, 0.5が対応する．図から分かるように，勾配が0あるいは小さい場合 ($s_1 = 0$, 0.15, 0.25, 0.35) は，中心線上のピークの位置は翅の外縁からあまり離れない位置になる．目玉焦点は最初，翅室の中心部近くに形成されるが，時間経過につれて翅の外縁方向に移動し，最後に翅の外縁近くに一つの目玉焦点として定着する．一方，勾配が大きい場合 ($s_1 = 0.45$, 0.5)，中心線上のピークは広がり，ほとんど翅室の基部側境界にまで達し，広がった目玉焦点が基部側境界の近くに形成される．しかし，さらに目玉焦点は翅室の中心部方向へと移動し，最終的には定常状態となり，翅室の中心部あたりに一つの目玉焦点として定着する．

6-4-2　区分的に一定の反応係数をもつ曲面反応拡散方程式系モデルが境界条件プロフィールを生成し，選択的累代飼育で生成された翅の目玉焦点分布パターンを再現する

　今度は，6-2節で述べた二段階モデルが，アフリカヒメジャノメ (*Bicyclus anynana*) の累代飼育と人工選択によって得られたチョウの前翅背面の目玉焦点分布パターンの数々を再現する様子を，数理モデルのコンピュータ・シミュレーションによって示す．ベルダでら (Beldade et al., 2002) は，人工選択によってアフリカヒメジャノメの目玉模様の表現型として，4タイプのパターン：目玉模様が全然ないもの (図6-3 ③)，翅の前後にそれぞれ1個あるもの (図6-3 ①, ④)，そして前後に1個ずつ併せて2個あるもの (図6-3 ②)，を作ることに成功した．これらの4タイプの目玉模様パターンを上記の二段階モデルで再現できるかどうかを確かめるために，図6-4に示すような翅脈系のモデルを考えた．翅の基部側境界全体 ($\Gamma_p = U_i \Gamma_{p,i}$) と外側境界全体 ($\Gamma_m = U_i \Gamma_{m,i}$) を，半径がそれぞれ9と12の二つの同心円の一部分とする．各翅室の翅脈 ($\Gamma_{v,i}$) は動径方向に長さ3とし，基部側境界 ($\Gamma_{p,i}$) と外側境界 ($\Gamma_{m,i}$) の長さは，それぞれ1.88と3.35とする．二段階モデルでは，最初にシュナッケンベルグ曲

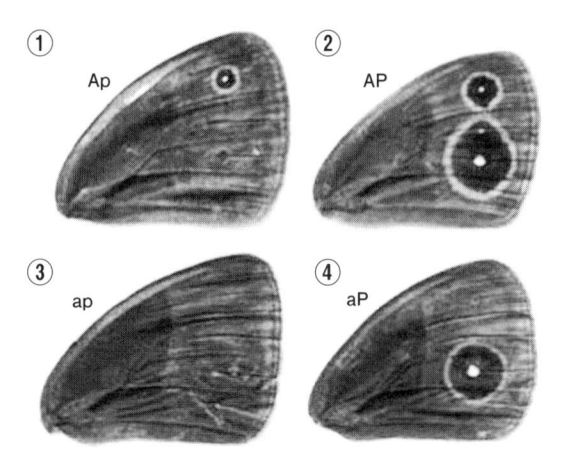

図6-3　アフリカヒメジャノメ (*B. anynana*) の人工的選択実験で生成された4タイプの目玉模様表現型 (Beldade et al., 2002 より)．出版社の許可を得て掲載 (口絵参照)．

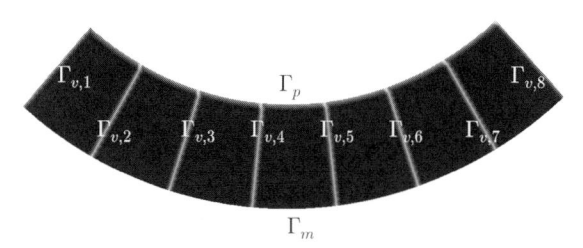

図6-4　6-4-2項で述べた人工的選択実験で，目玉焦点が形成される翅原基をモデル化する領域の全体像を表す．

面反応拡散方程式系 (6.2) の定常解を求める．我々は，u_1 に対するディリクレ境界条件として，一方の端点で $u_1 = u_1^{SS}$ とし，もう一方の端点で $u_1 = 2u_1^{SS}$ として解く．u_2 に対する境界条件は完全反射条件とする．u_1 と u_2 に対する初期値は定常状態値をとる．基部側境界全体では，反応係数関数 γ は区分的に一定値を与えるものとする (例えば，McMillan et al., 2002 を参照)．特に，我々は境界全体で中央点を境として，反応係数関数 γ に対して翅の前後に異なる2値を割り当てる．その他のパラメータ値は以下の表6-2にまとめた．第一段階で，基部側境界全体でシュナッケンベルグ曲面反応拡散方程式系 (6.2) の定常状態を求めた後，第二段階として，各翅室の基部側境界 ($\Gamma_{p,i}$) における G-M 方程

表6-2　6-4-2項の数値計算で使われた各種パラメータの値

D_{u1}	D_{u2}	a	b	D_1	D_2	a	k_1	k_2	k_3
1	15	0.1	0.9	0.005	0.03	20	0.03	0.03	0.0125

式系 (6.1) の活性化因子のディリクレ境界条件として次のものを仮定する.

$$a_1(\vec{x}, t) = 1.9\, \bar{u}_2(\vec{x}) a_1^{SS} \qquad \vec{x} \in \Gamma_{p,i}$$

ここで, $\bar{u}_2(\vec{x})$ はシュナッケンベルグ反応拡散方程式の化学反応系における基質濃度の空間非一様な定常状態値を表す. 翅脈 ($\Gamma_{v,i}$) における活性化因子のディリクレ境界条件は定常状態値の2倍を与えた. 数値計算で使ったその他のパラメータ値は表6-2に示したとおりである. なお, このコンピュータ・シミュレーションでの翅室のサイズ (面積) が6-4-1項のものより少し大きい. そのため, 表6-2に示した活性化因子の拡散係数 D_1 の値が表6-1のそれよりも少し大きくなっている.

　我々は, 表6-2のパラメータ値を使い, 翅原基全体 (実際は, 7個の翅室からなる翅脈系) を3927自由度 (DOFs) のグリッドによって表し, そのなかで G-M方程式系 (6.1) を解いた. 一方, 基部側境界を想定した1次元空間上で1793自由度 (DOFs) のメッシュをとり, シュナッケンベルグ曲面反応拡散方程式系 (6.2) を解いた. 我々は曲面上そして平面上の反応拡散方程式系 (6.2), (6.1) を, 時間刻み0.05で線形有限要素法を使って数値的に解き, 物質濃度分布のほぼ定常状態パターンを得た. 図6-5は, そうして得られたシミュレーションの結果を表すものであり, 区分的に一定の反応係数のさまざまな取り方に対応して, 前述のベルダデらの選択的累代飼育の実験結果：図6-3の4タイプのパターンを再現するシミュレーション結果 (図6-5①-④) が示されている. まず, γ が翅の前後でともに0の場合, 予想されるように, 1次元空間の基部側境界上での基質濃度 u_2 は一定値に収束する. この結果を G-M方程式系 (6.1) の翅室の基部側境界 ($\Gamma_{p,i}$) の境界条件として利用すると, 図6-3の ap と同様な目玉模様のない翅に対応するパターン (図6-5③) が得られる. もし, γ が翅の前後の半分のどちらかで大きく, 他で小さい場合には, その大小に対応して, 図6-3の表現型パターン (Ap と aP) に見られるように, 1個の目玉模様 (焦点) が生成される (図6-5①, ④). 最後に, γ が基部側境界上全体 $\Gamma_p = \cup_i \Gamma_{p,i}$ で大きく一定の場合は, 図6-3の表現型 AP のように, 翅の前後にそれ

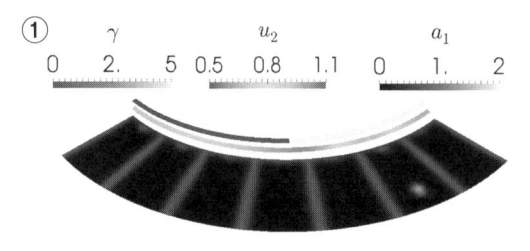

区分的に一定の化学反応率 γ に対する u_2 と a_1 の定常状態値．翅の半分に $\gamma = 10$，他の半分に $\gamma = 500$ を与えた場合で，γ の大きい側に目玉焦点が 1 個できることを示す．図 6-5 ④と目玉焦点の配置が逆の場合に相当する．

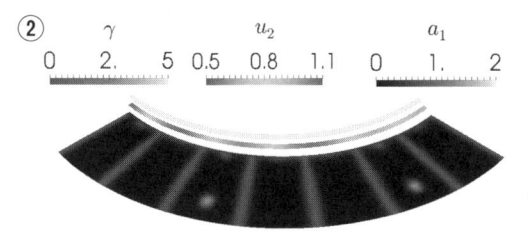

一定の化学反応率 $\gamma = 500$ に対する u_2 と a_1 の定常状態値．翅 (原基) 上に目玉焦点が 2 個生成される場合に相当する．

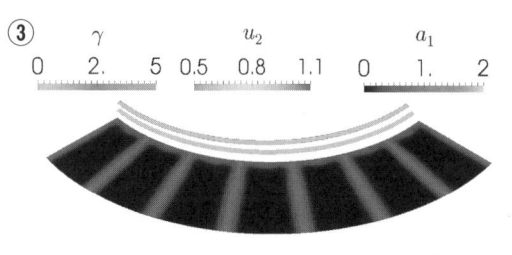

一定の化学反応率 $\gamma = 0$ に対する u_2 と a_1 の定常状態値．翅 (原基) 上に目玉焦点がない場合に相当する．

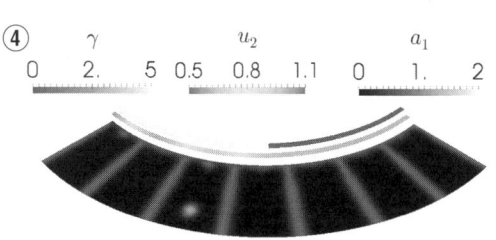

区分的に一定の化学反応率 γ に対する u_2 と a_1 の定常状態値．翅の半分に $\gamma = 500$，他の半分に $\gamma = 10$ を与えた場合で，γ の大きい側に目玉焦点が 1 個できることを示す．

図 6-5　二段階モデルを使った目玉焦点パターン形成のコンピュータ・シミュレーション結果．最初にシュナッケンベルグ反応拡散方程式系 (6.2) の定常解を曲がった基部側境界上で求める．その際，反応係数関数 γ は区分的に一定値を与え，u_1 に対してはディリクレ境界条件を与え，u_2 に対する境界条件は完全反射条件とする (詳細は本文を参照のこと)．翅室内の活性化因子濃度を求める G-M 方程式系 (6.1) の基部側境界上のディリクレ境界条件プロフィールはシュナッケンベルグ反応拡散方程式系 (6.2) の定常解のなかで基質濃度 u_2 に比例すると仮定した．残りの境界条件とパラメータ値については本文を参照のこと (口絵参照).

ぞれ 1 個ずつ合計 2 個の目玉模様 (焦点) が生成される (図 6-5 ②). ここで,
図中の a は anterior (前部) の頭文字を, p は posterior (後部) の頭文字を表
す. また, 大文字 A, P は, それぞれ, 対応する位置 (前部, 後部) に目玉焦
点が存在し, 小文字 a, p は目玉焦点が存在しないことを示す.

　以上を概略すると, u_1 に対する翅の基部側境界上のディリクレ境界条件の
選択が, 結果的に翅の前後の目玉焦点の位置を決定する基質濃度 u_2 の谷 (凹
型波形) の位置を定める. 特に, 翅の前後を分ける基部側境界上の中心点前
後でのディリクレ境界条件が目玉焦点の対称な配置を決定していることに気
づく. 目玉焦点の非対称な配置については, ディリクレ境界条件ではなく,
個々の翅室の差, あるいは, 数理モデルでこれまで考慮してこなかった別の
要因を考える必要があるのかもしれない.

6-5　結果のまとめと検討

　本章で, 我々はチョウの目玉模様 (焦点) の形成と位置選択, そしてその分
布パターン決定機構モデル (Sekimura et al., 2015) の新しく重要な応用研究に
ついて報告した. 元となる基本的考えは, 目玉焦点がその翅室に生成される
か否か, また, 翅室中のどこに生成されるかは, 翅室を取り囲む翅脈上の
ディリクレ (固定) 境界条件 (活性化物質発生源) の差 (変化) に起因する, と
いうものであった. さらに, 我々は, 互いに関連する 2 種類のパターン形成
機構からなる二段階モデル (two-stage model) を提出した. 第一段階は翅の基
部側翅脈に課す境界条件プロフィールを生成するもの, そして, 第二段階は
翅脈も含めた各翅室内での目玉焦点形成に関わる活性化物質濃度の分布パ
ターンを形成するものである. この二段階モデルは, 累代飼育による目玉焦
点の人工的選択実験の結果を再現するように思われる. 二段階モデルに含ま
れる一つの仮定は, 第一段階のパターン形成が空間的に変化する化学反応率
を有する反応拡散機構に依存している点である. これらの仮定はチョウの翅
の異なる場所で異なるレベルの遺伝子活性が見られるという研究報告 (例え
ば, McMillan et al., 2002) とも矛盾しない. しかし, このモデルはその結果が
各種パラメータ値の変化に敏感であり, また, 領域の形状変化にも敏感であ
ることに注意したい. したがって, 今後の研究が向かうべき方向の一つは,
スケール不変性を有するチューリング系 (Turing system) の研究であろう. そ

の良い例は，研究対象は異なるが次の研究などに見られる (Othmer and Pate,1980).

引用文献

Beldade P, Koops K and Brakefield PM (2002) Developmental constraints versus flexibility in morphological evolution. Nature 416 (6883): 844-847. PMID: 11976682

Dziuk G and Elliott CM (2013) Finite element methods for surface PDEs. Acta Numerica 22: 289-396

Gierer A and Meinhardt H (1972) A theory of biological pattern formation. Biol Cyber 12 (1): 30-39

Lakkis O, Madzvamuse A and Venkataraman C (2013) Implicit-explicit timestepping with finite element approximation of reaction-diffusion systems on evolving domains. SIAM J Num Anal 51 (4): 2309-2330

McMillan WO, Monteiro A and Kapan DD (2002) Development and evolution on the wing. TRENDS in Ecology & Evolution 17 (3): 125-133

Nijhout HF (1990) A comprehensive model for colour pattern formation in butterflies. Proc R Soc Lond B 239 (1294): 81-113

Nijhout HF (1994) Genes on the wing. Science 265 (5168): 44-45 PMID: 7912450

Othmer HG and Pate E (1980) Scale-invariance in reaction-diffusion models of spatial pattern formation. Proc Nat Acad Sci 77 (7): 4180-4184

Schnakenberg J (1979) Simple chemical reaction systems with limit cycle behaviour. J Theor Biol 81 (3): 389-400 PMID: 537379

Sekimura T, Maini PK, Nardi JB, Zhu M and Murray JD (1998) Pattern formation in lepidopteran wings Comments in Theoretical Biology, 5 (2-4): 69-87

Sekimura T, Venkataraman C and Madzvamuse A (2015) A model for selection of eyespots on butterfly wings. PLoS ONE. http://dx.doi.org/10.1371/journal.pone.0141434

7章

自己相似，歪曲波，そして形態形成の本質：チョウの翅の色模様形成の一般原理

> いずれにしても，自己相似の「結果」を探求することは大きな驚きにあふれていることが分かった．そして，それは私が自然の織りなす糸を理解する助けとなったのである．Benoit B. Mandelbrot (1983)『自然界のフラクタル幾何 The Fractal Geometry of Nature』改訂版，423 ページ．

大瀧丈二

要　約

　多細胞生物におけるほぼ全ての形態は，2次元の上皮シートに3次元の凹凸が生じた構造であると考えることができる．つまり，形態形成は，場所ごとに異なった細胞の接着，収縮，集合化を通し，また，細胞の大きさ，形，数の変化を通して，物理的な歪みを時間経過とともに安定化させていく過程である．そのような物理的な歪みは，多少変化しながら，階層的に繰り返し発生することが考えられるだろう．そのような歪みの繰り返しが起こっているという見解は，生物において自己相似構造が見られることを考えると，正しいと思われる．チョウの翅はほぼ2次元構造体であるが，色模様要素の形成を特定する形成体には，それに対応する3次元的な凹凸構造が存在する．重要なことに，同一の翅の上に存在する眼状紋とそれに対応する傍焦点要素はともに辺縁対称系を形成しているが，それらは自己相似の関係にある．このような視点から，本章では，これまでに提唱されている色模様に関する法則と形式モデルを総説し，位置情報の誘導モデルとの関係を明確化する．また，本章において，誘導モデルをさらに補強するために歪み仮説を提唱する．この仮説は，発生中のチョウの翅に見られる予定眼状紋中心などの形成体 (オーガナイザー) において，細胞サイズの変化を通して作り出された動的な上皮の歪みによる物理的な力が，周辺の未成熟細胞に遠距離のモルフォゲン・シグナルとして広がるというものである．物理的な歪みの力は伸長活性化型カルシウム・チャネルを開け，細胞内にカルシウム・シグナルを生じさせ，制御遺伝子の発現を活性化する．これらの制御遺伝子の産物が，最終的に眼

状紋の黒色リングを作り出す構造遺伝子のカスケードを開始させる．カルシウム波はゲノムの倍数化の過程を活性化するため，倍数化仮説が述べているように，結果として細胞サイズが大きくなる．その後，上皮細胞の新しい歪みが予定傍焦点要素の中心部分に誘導される結果として，眼状紋と傍焦点要素との自己相似関係が生まれる．辺縁対称系に見られるこのような自己相似関係は，歪み，カルシウム波，遺伝子発現制御というサイクルが形態形成の本質であることを示唆している．そのサイクルとは，上皮細胞の歪み (distortion)，カルシウム波 (calcium wave)，遺伝子発現の変化 (gene expression change) という一連の情報伝達の流れ (DCG サイクル) である．誘導モデルを基盤とするチョウの翅におけるこれらの仮説や推測は今後の研究によって検証されるべきである．さらに，他の生物において DCG サイクルが成り立つのか，その一般性についても検証されるべきである．

キーワード

　チョウの翅 (butterfly wing)，色模様の法則 (color pattern rule)，歪み仮説 (distortion hypothesis)，眼状紋 (eyespot)，誘導モデル (induction model)，モルフォゲン (morphogen)，傍焦点要素 (parafocal element)，パターン形成 (pattern formation)，倍数性仮説 (ploidy hypothesis)，自己相似 (self-similarity)．

7-1　はじめに

　発生生物学の重要な目標の一つは，発生過程において形態学的な構造がどのようにして作られるのかを理解することである．形態学的な構造は通常3次元である．しかし，3次元構造は，2次元の上皮シート上の物理的変化，つまり，平面上の凹凸として開始される．両生類の胚発生を例として発生段階的に考えると，形態の起源は胞胚の段階にまでさかのぼることができる．この発生段階は受精後に最初に細胞のシートが生じる時期である．その後，平面の細胞シートは原腸形成のための動的な細胞運動を行い，最終的には，胚が形成され，その後，完全な成体個体となる．これらの過程は，上皮細胞の機械的な変化として理解することができる．このような意味で，物理的な歪みの中心こそが形成体中心 (organizing center) に対応すると考えることができる．昆虫では，初期胚は多核性胞胚葉 (syncytial blastoderm) として発生す

るため，これは機械的変化という概念には相いれないかもしれない．しかし，前蛹と蛹の段階に成虫原基から成虫組織が形成される過程では，上皮細胞の動的な物理的歪みを伴う．

　このような視点から，形態形成は，細胞の収縮，細胞間の接着，細胞の凝集を通して，そして，細胞の大きさ，形，数の変化を通して，時間をかけて物理的な歪みを形成する過程であると考えることができる．さらに，ある生物の全体の生物学的な構造は，上皮の歪みの連続的な繰り返しと見ることもできる．歪みは一見，無秩序のように見えるが，そこには一般性があると考えることができるだろう．このような歪みの反復単位は「形態形成単位 (morphogenesis unit)」と呼んでもいいかもしれない．それゆえ，この形態形成単位を作り出すメカニズムこそが形態形成の本質なのである．

　形態形成に関するこのような視点は，多様なチョウの翅の色模様の観察と生理学的に誘導された色模様変化の理解からもたらされたものである (Otaki, 2008a)．チョウの翅はおおむね 2 次元であるが，詳細な分析の結果，動物の他の組織や器官と同じく，3 次元であることが分かっている (Taira and Otaki, 2016)．つまり，細胞の大きさ，形，数の変化によって作り出された機械的な力が関与していると思われる．幼虫および蛹の段階におけるチョウの翅原基は上皮細胞 (表皮細胞) のシートである．このシートは機械的変化を受け入れる準備ができているのではないだろうか．さらに，チョウの翅は鱗粉と鱗毛の表面にも 3 次元の微細構造を作り出す．この過程は興味深いが，本章の範囲を超えているため，割愛する．本章では，辺縁対称系の色模様の発生から「形態形成の本質」を抽出するように努力したい．辺縁対称系はタテハチョウ科の色模様の対称系の一つであり，辺縁目玉模様 (border ocellus)［眼状紋，アイスポット (eyespot)］と傍焦点要素［パラフォーカル・エレメント (parafocal element)］から成り立っているが，これらについては，以下に説明することとする．

　生物体において反復されている構造単位は，相互に類似な構造を探せば見つけることができるかもしれない．連続的な類似性，つまり，モジュール性［モジュラリティー (modularity)］という考え方は，動物の発生分野において，よく知られている概念である．連続類似性の一つの良い例は，タテハチョウの翅の一面に連続的に存在する眼状紋であろう (Nijhout, 1991; Beldade et al.,

2002a, 2008; Monteiro et al., 2003; Monteiro, 2008, 2014). しかしながら，本章では，自己相似 (self-similarity) に焦点を当てる．自己相似は，連続類似・モジュラリティーとは異なった概念である．単一面上にある眼状紋は相互に類似ではあるが，自己相似ではない．自己相似というのは，並行的な反復ではなく，階層的な反復なのである．

　7-2節で，最初に植物を例として，生物体における自己相似の概念について紹介する．植物を引き合いに出したのは，植物は比較的分かりやすい自己相似構造をしばしば発達させているからである．また，それらの多くが数学的によく分析されているからでもある (Mandelbrot, 1983; Barnsley et al., 1986; Ball, 1999, 2016).

7-2　植物と動物の自己相似

　自己相似構造とは，一つの大きな構造がそれ自体の小さな構造を含んでいるものを指す．つまり，小さな構造が大きな構造に入れ子状に存在しているのである．全体とその部分構造が互いに相似関係にあるため，それらは階層的である．実際の生物では，大小の二つの構造は必ずしも形態的に同一であるわけではない．なぜなら，その大小の構造は，それぞれ，形態形成の本質的な過程を極端なまでに変化させているからである．そのような変化があるため，実際の生物システムで自己相似を見つけることは難しい場合が多いのである．

　生物体において，最も有名な自己相似構造の一つは，フラクタル分岐パターンによって作られているシダや葉の構造である (Barnsley et al., 1986)．多くの葉が明確な自己相似を示すが，それが表現される方法は植物によって大きく異なっている．似たような分岐パターンは細菌の成長 (Ben-Jacob et al., 1994)，血管 (Family et al., 1989)，海藻，海綿，珊瑚 (Kaandorp and Kübler, 2001) や他のシステム (Ball, 1999, 2016) でも観察される．このことは，フラクタル分岐構造が生物システムにおいて普遍性のある構造であることを示唆している．

　カリフラワー・ロマネスコ (*Brassica oleracea* var. *botrytis*) に見られるらせん状の花芽の配置は，自己相似のもう一つの有名な例である (図7-1a)．普通のカリフラワーも自己相似を示すが，自己相似はあまり明確ではない (図7-

1b). 似たようならせん配置は貝殻や他のシステム (Ball, 1999, 2016) にも見ることができる (Meinhardt, 1995). このことは，動物もらせん状のフラクタル構造を作り出す能力をもっていることを示唆している.

　チョウの色模様に関する議論のために役に立つ，もっと重要で啓発的な例がある. その顕著な例とは，ハナキリン (*Euphorbia milii*) の花のパターンである (図 7-1c-f). いくつかの小さな花が一つの花から作り出される. これは入れ子構造あるいは階層構造であり，これらの大小の花は自己相似である. 単純な分岐でもなく，らせん構造でもない. 複雑な生物体 (この例の場合は花) にこのタイプの自己相似が見られることは比較的稀なようである. ほとんどの生物システムにおいては，本来の自己相似構造が人の目には気づかれないほどにまでかなり変化しているため，このタイプの自己相似は稀にしか見つからないのであろう.

　これらの植物，動物，その他の生物の例は，生物が自己相似構造を形成する能力をもっていることを実証している. 以下に，自己相似という視点から，チョウの翅の色模様について解説する. しかし，自己相似について議論する前

図 7-1　植物における自己相似の例.　(a) カリフラワー・ロマネスコの花芽.　挿入写真は全体の構造を示す.　(b)　一般的に見られるカリフラワーの花芽.　挿入写真は全体の構造を示す.　(c-f) イバラの一種ハナキリン *Euphorbia milii* の花.

に，チョウの翅の色模様の対称性について最初に議論しておく．また，7-3節では，チョウの翅における色模様形成において考えられる法則を提案する．これらの法則ついては，著者自身の推測が含まれていることを断っておく．それに加えて，著者の推測を取り込んだモデルと仮説も提案する．読者の便宜の

表 7-1　要素・亜要素レベルの色模様法則

1) 対称則 (色彩対称則) symmetry rule (color symmetry rule)	一つの系または要素において色素の分布が対称であること．
2) 中核傍核則 core-paracore rule	対称系の単位が一つの中核要素とペアの傍核要素から構成されていること．
3) 自己相似則 (入れ子則) self-symmetry rule (nesting rule)	眼状紋とそれに付随する傍焦点要素が自己相似の関係にあること．
4) 二値則（二色則） binary rule (binary color rule)	眼状紋 (および他の要素) が明るい背景色に対し暗色で描かれていること．
5) 仮想リング則 imaginary ring rule	眼状紋が最外部の暗色リングの外側に非常に弱い明色リングをもっていること．
6) 内部広域則 inside-wide rule	十分に成熟した眼状紋において，内部の暗色中核リング (ディスク) は外部の暗色リングよりも幅が広いこと．
7) 非共役則 uncoupling rule	眼状紋の亜要素は眼状紋の他の部分と非共役的に振る舞うことができること．
8) 中心線則 midline rule	天然の眼状紋の中心は翅室の中心線上に位置すること．

表 7-2　鱗粉・細胞レベルの色模様法則

1) 一細胞一鱗粉則 one-cell one-scale rule	チョウの翅全体にわたって一つの鱗粉細胞は一つの鱗粉を作り出すこと．
2) 鱗粉の色サイズ相関則 color-size correlation rule for scales	要素の鱗粉 (暗色鱗粉) はその近隣に位置する背景の鱗粉よりも大きいこと．
3) 要素構成鱗粉サイズの中心最大則 central maxima rule for elemental scale size	要素の中心にある鱗粉はその要素のなかで最も大きいこと．
4) 鱗粉と細胞のサイズ倍数性相関則 size-ploidy correlation rule for scales and cells	鱗粉のサイズは鱗粉細胞の倍数性の程度と相関していること．
5) 形成体中心の歪曲則 distortion rule for organizing centers	形成体中心は，蛹のキューティクルスポットとして反映される凹凸構造として，物理的に歪んでいること．

ために，これから議論される，色模様要素レベルと亜要素レベルの色模様法則
を表 7-1 に要約した．さらに，鱗粉レベルと細胞レベルの色模様法則を表 7-2
に要約した．また，本章で議論されるモデルと仮説を表 7-3 に要約した．

表 7-3　色模様形成のモデルと仮説

1) 濃度勾配モデル concentration gradient model (gradient model)	形成体中心から放出される拡散性のモルフォゲンの勾配に基づく古典的なモデル．閾値はシグナルを受容する細胞において生得的に決定されている．
2) 暫定モデル (集合的呼称) transient models (collective)	色模様決定の最もシンプルなモデルを探求するために，一次的に提案されてすぐに撤回されたモデル．二段階モデルと多種類モルフォゲンモデルを含む．
3) 採用モデル (集合的呼称) adopted models (collective)	誘導モデルとして採用され統合された，断片的に提案されたモデル．採用されたモデルは，波動モデル，二種類モルフォゲンモデル，異時的非共役モデル．
4) 閾値変化モデル threshold change model	物理的損傷によって，および，薬理学的な処理あるいは温度処理によって誘導された色模様修飾を説明する最も一般的なモデル．
5) 誘導モデル induction model	形成体中心からの波様のモルフォゲン・シグナルが連続的に放出されること，およびシグナル間の動的な相互作用を提案する代替モデル．
6) 回転球体モデル rolling-ball model	主に傍焦点要素と眼状紋の薬理学的な修飾の結果に基づいた，誘導モデルにおけるシグナルの拡張の方法．
7) シグナル着底メカニズム signal settlement mechanisms	誘導モデルにおけるシグナル定着の方法．二つのメカニズムが提案されている．時間切れメカニズムと反発による失速メカニズムである．後者はさらに二つのメカニズムに分けられる．自己反発と非自己反発による失速メカニズムである．
8) 倍数性仮説 ploidy hypothesis	色模様を指定するモルフォゲン・シグナルは倍数性シグナルであるという仮説．細胞サイズと倍数性の程度によって鱗粉の色が決定される．
9) 物理的歪み仮説 physical distortion hypothesis	色模様を指定するモルフォゲン・シグナルは上皮シートの物理的歪みであるという仮説．
10) DCG サイクル DCG cycle	改訂版の誘導モデルにおける形態形成の本質．自己相似構造を作り出すことができる．D: 歪曲波 (distortion waves), C: カルシウム波 (calcium waves), G: 遺伝子発現 (gene expression)．

7-3　色模様の法則

7-3-1　チョウの翅の色模様における対称性

　非常に多様なチョウの翅の色模様はタテハチョウ基本プラン (Nymphalid ground plan) と呼ばれる基本的な翅全体の色模様パターンを変形・修飾させることによって得られたと考えられる．タテハチョウ基本プランは，多くの実在するチョウの色模様の観察を基礎として，帰納的な論理思考によって得られた一般化された色模様パターンのスケッチである．この色模様パターンは Schwanwitsch (1924) と Süffert (1927) によって独立に提案された．これらの二つのオリジナルな描画に基づいて，現代版が Nijhout (1991, 2001) によって提案され，いくつかの小さな改訂が Otaki (2012a) によって行われた．

　タテハチョウ基本プランは色模様の「要素［エレメント (element)］」から構成されている．要素は「背景 (background)」の上に置かれるように配置される (図 7-2)．重要なことは，要素は色素構成 (つまり配色) に関して対称的に配置されていることである (Nijhout, 1994)．この原則は対称則 (symmetry rule)［あるいはより正確には色彩対称則 (color symmetry rule)］と呼んでもいいだろう．これに対して，要素の形はしばしば極端なまでに非対称である．要素の色彩対称性は，将来要素になる中心部分に位置する形成体中心からのモルフォゲン・シグナル (モルフォゲンとして機能するシグナル) が円状に配置されることに起因すると信じられている．

　タテハチョウの翅には，3種類の主要対称系［基部対称系 (basal symmetry system)，中央対称系 (central symmetry system)，辺縁対称系 (border symmetry system)］があり，2種類の周辺系［翅根系 (wing root system) と外縁帯系 (marginal band system)］がある (Nijhout, 1991, 2001; Otaki, 2009, 2012a; Taira et al., 2015)．Martin and Reed (2014) は，基部対称系は中央対称系と連動しているかもしれないと合理的に述べている．二つの周辺系も対称性をもつと思われるが，それらは翅の周辺に位置するという単純な理由から，一部のみが翅上に表現されている．5種類全ての系が同じ発生メカニズムを共有していると思われる．言い換えると，それらの対称系は全て，根源的な「基本パターン (ground pattern)」の修飾によって導き出されたものであると考えることができる．このような意味で，これらの系は相互に類似している．さ

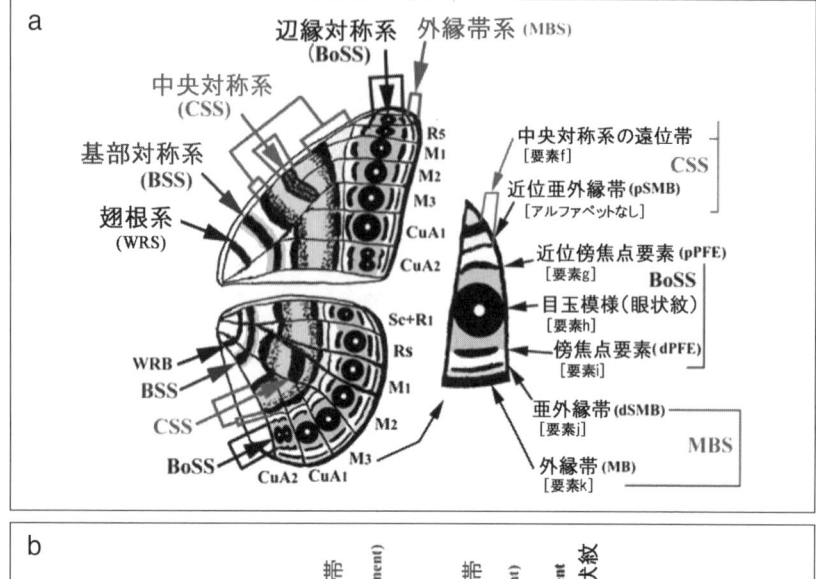

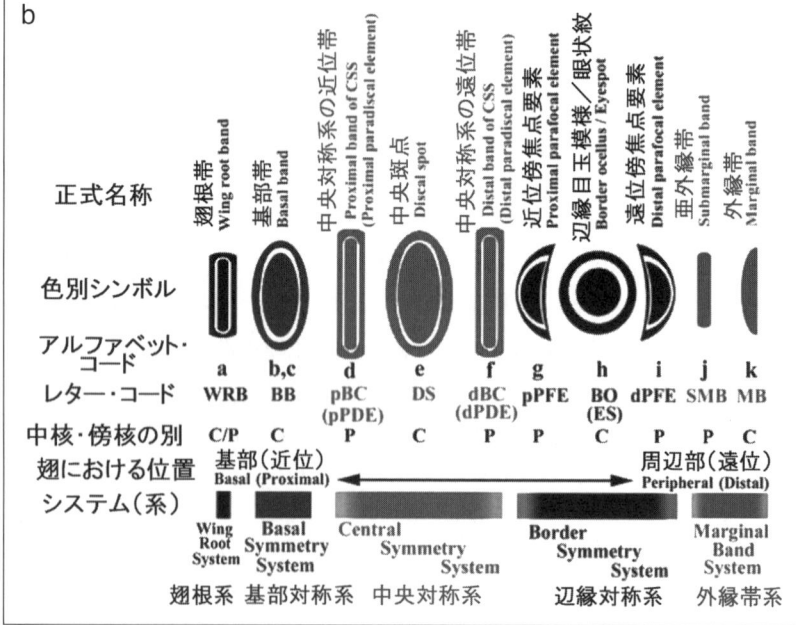

図7-2　タテハチョウ科基本プラン．Otaki (2012a) および Taira et al. (2015) より転載・修正．(a) 標準図．この図では，dSMB は中央対称系の遠方帯 (dBC) の一部となっているため，基本プランから除外してもよい．(b) 簡略図．要素は基部 (左) から周辺部 (右) へと並べられている．

らに重要なことは，一つの対称系のなかのそれぞれの色模様構成単位は，一義的には，単一の形成体によって発生中の制御を受けていると合理的に仮定できることである．

7-3-2　中核傍核則と自己相似則

　眼状紋と傍焦点要素は辺縁対称系に属する (Dhungel and Otaki, 2009; Otaki, 2009)．辺縁対称系の構成を一般化すると，タテハチョウ基本プランのどの対称系であれ，色模様構成単位 (つまり，根源的な「基本パターン」) は中核要素［コアエレメント (core element)］およびペアとして存在する傍核要素［パラコアエレメント (paracore element)］から成り立っていると考えられる (Otaki, 2012a)．このことは中核傍核則 (core-paracore rule) と呼んでもよいであろう．中核要素と傍核要素を含んでいる単一の要素系は対称であり，単一の中核要素は色素構成という点で対称である．同様に，単一の傍核要素も対称である．重要なことに，傍核要素の色素構成はしばしば対応する中核要素の色素構成と類似している．それゆえ，中核傍核則はより詳細には自己相似則 (self-similarity rule)［入れ子構造則 (nesting rule)］と言ったほうがいいのかもしれない．この中核傍核則・自己相似則に基づき，対称系の多様性は基本的な要素形成過程のさまざまな修飾の結果として理解することができる (図 7-3)．

7-3-3　辺縁対称系とその自己相似性

　中核要素と傍核要素との関係を理解するために，これ以降，タテハチョウの翅の辺縁対称系について主に焦点を絞っていきたい．この対称系において中核要素と傍核要素に相当するのは，それぞれ，目玉模様 (BO，眼状紋要素) と傍焦点要素 (PFE) である．眼状紋の外縁側にある傍焦点要素 (dPFE) は一般的に見られるが，内縁側にある傍焦点要素 (pPFE) はあまり見られない (Otaki, 2009)．単に傍焦点要素 (PFE) と呼ぶときは，外縁側の傍焦点要素 (dPFE) のことを指す．

　辺縁対称系の例をここに示す．ツマグロヒョウモン (*Argyreus hyperbius*) では，眼状紋要素と傍焦点要素は，形は異なっているが，どちらもベージュ色をしている (図 7-4a 左)．これに対して，亜外縁帯には異なった色がついてい

る．この配色パターンは，眼状紋要素と傍焦点要素は同じ系に属し，亜外縁帯は異なる系に属することに起因するのであろう．実際，亜外縁帯は外縁帯系に属する (Taira and Otaki, 2016)．アカタテハ (*Vanessa indica*) では，眼状紋要素と傍焦点要素は色も形も類似している (図 7-4a 中央)．サカハチチョウ (*Araschnia burejana*) では，傍焦点要素は引き延ばされた卵型のリングとなっており，中心部が青色で埋められていたり，そうでなかったりする (図 7-4a 右)．このような辺縁対称系の配置配色構成はタテハチョウでは典型的である．

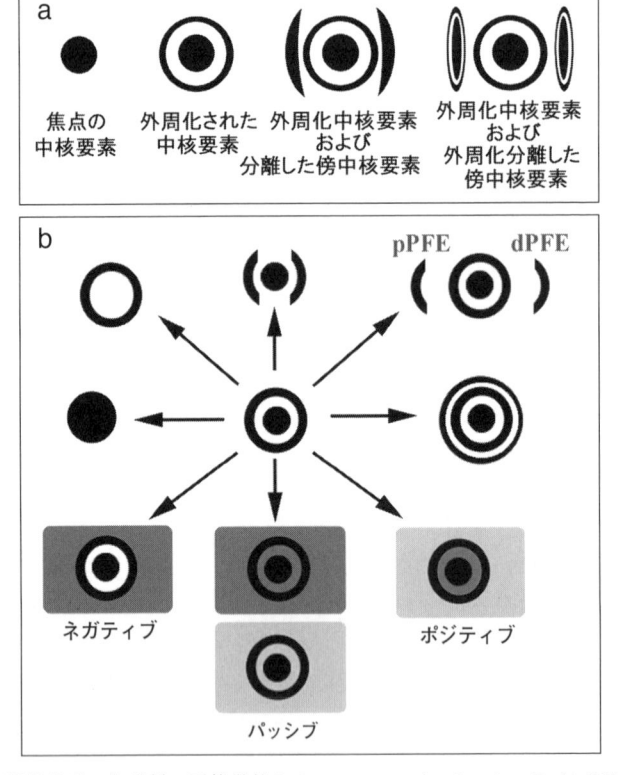

図 7-3　辺縁対称系の色模様の形態学的トランスフォーメーション．Otaki (2012a) より転載．(a) 最もシンプルな黒色の点 (左) から複雑な自己相似パターン (右) への段階的変化．(b) 標準的な眼状紋からさまざまな眼状紋への多様なトランスフォーメーション．内部明色リングのネガティブ (negative)，パッシブ (passive)，あるいはポジティブ (positive) な彩色も眼状紋の多様性に貢献している．

眼状紋要素と傍焦点要素の間の自己相似関係は，上記のような事例ではあまり明確ではないが，リサニアスイチモンジモドキ (*Tarattia lysanias*) では，眼状紋要素の外部リングは内部の黒色ディスクから分離しており，その形が傍焦点要素と類似している (図 7-4c 左)．レオパルダキミスジ (*Symbrenthia leoparda*) では，眼状紋要素の内部の黒色ディスクも二つの棒状物に分裂して

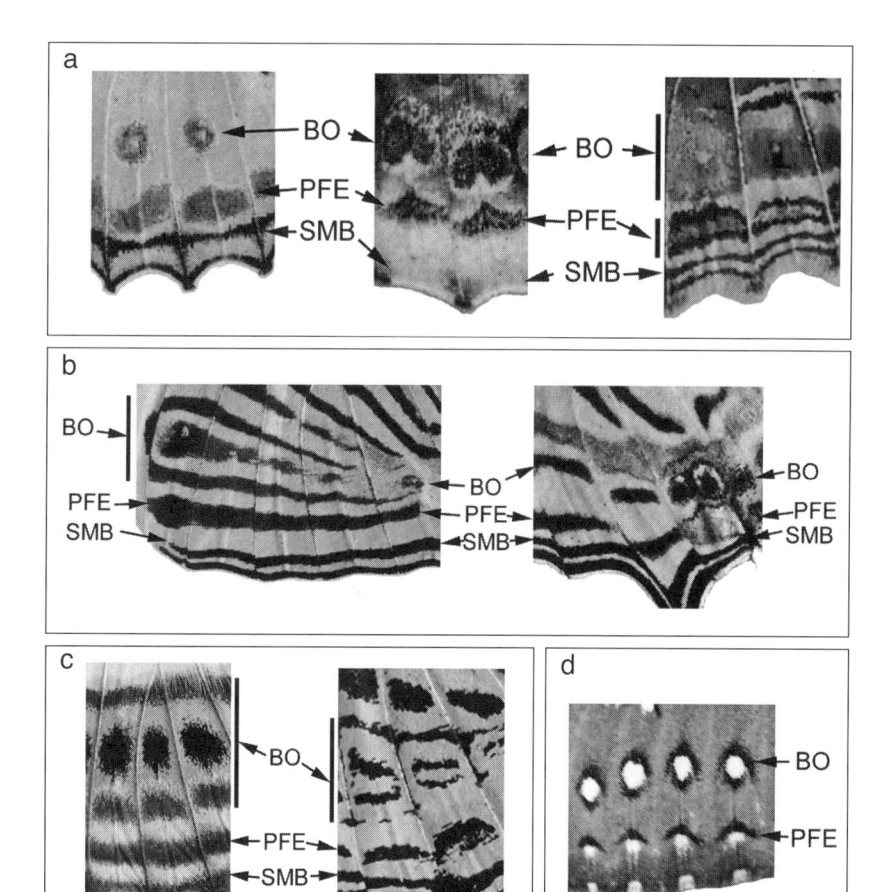

図 7-4　タテハチョウの辺縁対称系の例．BO: border ocellus (眼状紋)，PFE: parafocal element (傍焦点要素)，SMB: submarginal band (亜外縁帯)．(a) *Argyreus hyperbius* (左)，*Vanessa indica* (中央)，*Araschnia burejana* (右)．(b) *Colobura dirce* (左)，*Cyrestis camillus* (右)．(c) *Tarattia lysanias* (左)，*Symbrenthia leopard* (右)．(d) *Hamanumida daedalus*.

いる．そのため，眼状紋要素と傍焦点要素の形態的な区別は困難である (図7-4c右)．棒状の眼状紋要素と実際に眼状紋状の形態をもつ眼状紋要素はウラナミタテハ (*Colobura dirce*) とヘリモンイシガケチョウ (*Cyrestis camillus*) においては，単一の翅表面上で共存している (図7-4b)．それゆえ，傍焦点要素は眼状紋のリングと等価なのである (Dhungel and Otaki, 2009; Otaki, 2009)．

　もう一つの興味深い事例をホシボシタテハ (*Hamanumida daedalus*) に見いだすことができる．ここでは，眼状紋要素も傍焦点要素も両方とも環状であり (棒状ではない)，相互に類似している (図7-4d)．この事例は眼状紋要素と傍焦点要素との間に自己相似関係があることを強く支持している．

7-3-4　眼状紋パターンの法則：二値則と内部広域則

　これまでに議論してきた色彩対称則，中核傍核則，自己相似則を発生的な視点から理解するために，タテハチョウの色模様に関する法則についてここでさらに議論したい．

　一つの眼状紋要素はそれぞれ部品で構成されている．それらを亜要素 [サブエレメント (subelement)] と呼ぶことにする．典型的には，中心部分から周辺部分へと目を移していくと，一つの眼状紋は白色点，内部の暗色 (普通は黒色) リング (またはディスク)，明色リング，最外部の暗色リングとなる．しばしば，明色リングにはさまざまな色が付いており，白色点は存在しないこともある．さらなるリングが存在することもある．全体的な形態も真円に近いものから棒状や線状など極端に伸長されたものまでさまざまである．このような多様な事例にもかかわらず，最も単純な眼状紋は二つの暗色リング (内部と外部のリング) とそれらの間の明色リングから構成されている．重要なことに，明色リングの色は背景の色と類似しているか，同一である場合さえあることである．つまり，一つの眼状紋は明色背景に対する暗色で描かれているということである．これは二値則 (binary rule) [二色則 (binary color rule)] と呼ばれる (Otaki, 2011a)．二値則は，眼状紋要素が棒状あるいは線状になっている場合に判明する．レオパルダキミスジ (*Symbrenthia leoparda*) (図7-4c右) とウラナミタテハ (*Colobura dirce*) (図7-4b左) はこの点を例示している．明色リングは背景と連続しており，背景と何の違いもない色と

なっている．二値則はまた，外部暗色リング (傍焦点要素を含む) は内部暗色リング (ディスク) から物理的に離れた位置にあることを物語っている．つまり，外部リングと傍焦点要素のためのモルフォゲン・シグナルは対称系の中心から長距離を移動することができることを意味している．

　しかしながら，多くの眼状紋において，明色リングが背景と完全には同一ではなく，さまざまな色をもっている場合があるというのも真実である．この明色リングの彩色は進化的な修飾であると私は考えている．明色領域は二つの暗色領域に挟まれているので，発生途中で明色領域は黒色色素の侵入を阻止する方法をもっていなくてはならない．つまり，明色リングにおいて阻害シグナルが亢進されるということである．この阻害シグナルは，進化において後で色素構成経路とリンクされたのかもしれない．阻害シグナルは最外部暗色リングと接触している背景領域にも存在する．この領域は消滅しそうなほどに弱い「明色リング」を示す．これは仮想リングと呼ばれる (Otaki, 2011b)．それゆえ，眼状紋が一般にこのようなパターンを示すことを仮想リング則 (imaginary ring rule) と呼んでもよいだろう．

　タテハチョウの眼状紋においては，内部暗色リングの幅はほぼ常に外部リングの幅よりも大きい．これは内部広域則 (inside-wide rule) と呼ばれる (Otaki, 2012b)．内部広域則をよく示している歪みのない「典型的な」眼状紋はジャノメチョウ亜科においてしばしば見られる (図 7-5a)．ジャノメチョウ亜科でない眼状紋はより多様であるように思われるが，それでもおおむね内部広域則に準じている (図 7-5b)．しかしながら，この内部広域則の例外は，シグナル段階と受容段階 (四段階については 7-4-1 項参照) が終了してもまだ発達途上と思われる，小さな「未成熟の」眼状紋である (Otaki, 2011b)．あるいは，未成熟眼状紋では，成熟眼状紋に比べて，阻害シグナルが早めに亢進されるのかもしれない (誘導モデルについては 7-5 節参照)．これらの未成熟眼状紋は，単一翅表面における連続配置された眼状紋において，多くの種に見ることができる (図 7-5a, b)．

　傍焦点要素の振る舞いは重要である．傍焦点要素は薬理学的な処置でそれに対応する眼状紋のほうへと移動し，それとともに大きくなる (Otaki, 2008a, 2012b)．これは，内部広域則に従っていると言える．しかしながら，ツマグロヒョウモン (*Argyreus hyperbius*) (図 7-4a 左) やウラナミタテハ (*Colobura dirce*)

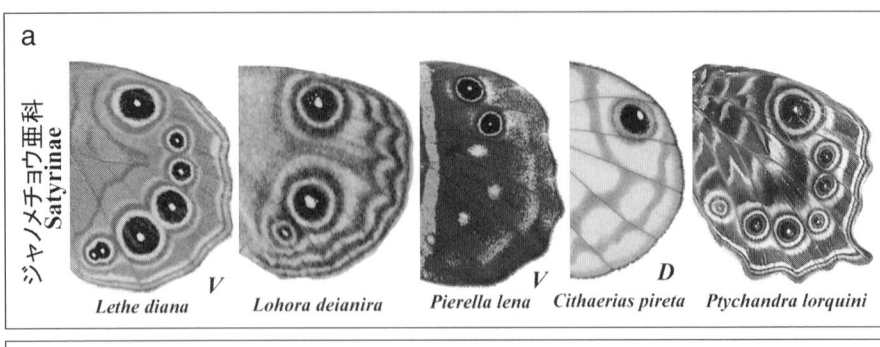

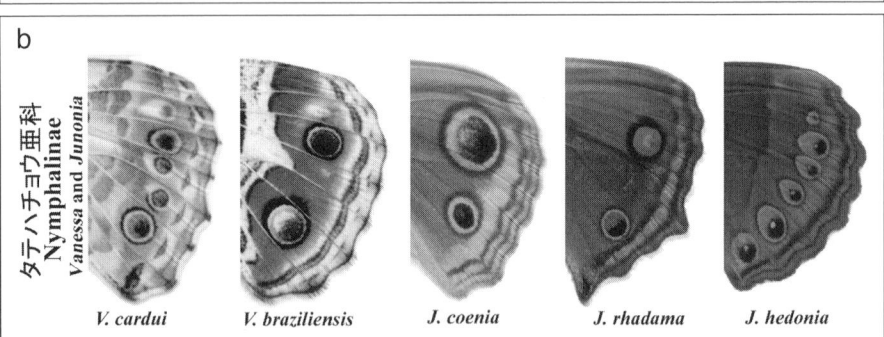

図 7-5　タテハチョウの眼状紋の例.　(a)　ジャノメチョウ亜科 (Satyrinae).　(b)　タテハチョ
ウ亜科 (Nymphalinae).

(図 7-4b 左) に見られるように，傍焦点要素はときどき眼状紋要素全体に比べ
ても大きくなることがあり，もし上述のように傍焦点要素が眼状紋系の一部で
あると考えた場合，これは内部広域則に反する．このような例外は，おそら
く，自己相似則が示唆するように，中核要素から一度離れてしまうと傍焦点要
素は独立にモルフォゲン・シグナルの発生源となりうるためだと思われる.

7-3-5　眼状紋パターンの法則：非共役則と中心線則

　多様な眼状紋の分析より，暗色の内部リングと外部リングは単一の対称軸
上に位置しているとは限らないことが分かっている (Otaki, 2011b). それらの
二つのリングはある程度相互に独立しているように思われる. この結論は物
理的損傷実験でも支持されている. 物理的損傷実験では，損傷に反応して外
部リングが拡大し，内部リングが縮小することがある (Otaki, 2011c). 同様

に，眼状紋の白色点 (「焦点」) は他の眼状紋の部分 (眼状紋本体) とは独立に振る舞う (Iwata and Otaki, 2016a)．白色点の非共役については，*Calisto* 属を見慣れていない人にとっては，少し驚きかもしれない．*Calisto* 属では眼状紋の中心ではなく，眼状紋の外に白色点が位置する (図 7-6)．このタイプの亜要素の半ば独立した行動は非共役則 (uncoupling rule) と呼ばれる．亜要素の非共役は，Nijhout (1990)，Monteiro (2008) および Iwata and Otaki (2016a, b) によっても示唆されている．

　このような非共役にもかかわらず，要素の中心は基本的に翅室の中心線上に位置している (Nijhout (1990) に述べられているデザイン原理の一つ)．これは中心線則 (midline rule) と呼んでもいいだろう．これとは対照的に，損傷誘導された要素は中心線上以外の場所に出現することができる (Otaki, 2011c)．中心線は翅脈によって定義されるため，翅脈と翅室が特定の要素の位置を決定するのに重要な役割を果たしていることについては，Nijhout (1978, 1990, 1991) に詳しく述べられているように，疑問の余地はない．

7-4　誘導モデルに達するのための形式モデル

7-4-1　最初の取りかかり：色模様形成のための四段階

　議論を始めるための基盤として，色模様形成には連続的に起こるべき四段階があることを最初に認識しておくことが重要である．四段階とは，シグナル段階，受容段階，解釈段階，そして発現段階である (Otaki, 2008a, 2012b)．

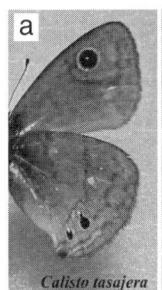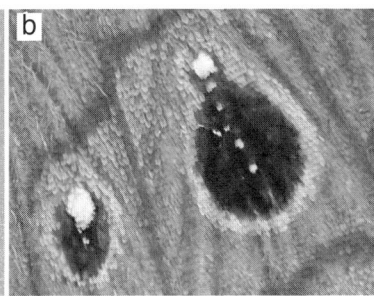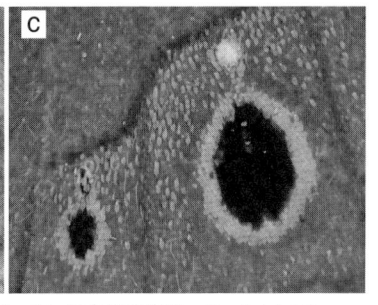

図 7-6　ジャノメチョウの一種 *Calisto tasajera* の眼状紋．(a) 翅全体の腹側．(b, c) 二つの異なった個体の腹側の後翅の眼状紋．本種では，白色点がしばしば主要な眼状紋本体の外部に位置している．

シグナル段階は形成体細胞によって実行される．一方，他の三段階は位置情報を得なければならない未成熟な鱗粉細胞によって実行される．下記に説明する誘導モデルを含め，ほとんどのモデルはシグナル段階に注目しており，その後の三段階にはあまり注意を払っていない．しかしながら，少なくとも理論上では，どの段階の変化によっても実際のチョウの色模様の多様性は実現可能であろう．

7-4-2　位置情報のための勾配モデル

位置情報の濃度勾配モデル (concentration gradient model) は，チョウの眼状紋形成を説明する，おそらく現在でもまだ最もよく知られているモデルであろう (Nijhout, 1978, 1980a, 1981, 1990, 1991; French and Brakefield, 1992, 1995; Brakefield and French, 1995; Monteiro et al., 2001)．しかしながら，勾配モデルでは上記で議論された色模様の法則を容易に説明することはできない．さらに，上記の色模様法則に加えて，多重暗色リングの存在や，隣接翅室にある劇的に異なる形態をもつ小さな眼状紋と大きな眼状紋との違いなど，実際のチョウの翅に見られる多様な色模様の特徴をこの勾配モデルで説明することは難しい (Otaki, 2011a, b)．さらに，このモデルでは，動的なシグナルの相互作用を説明できない (Otaki, 2011a, b, c)．蛹の翅における着色の時間変化を観察すると，早めに着色される眼状紋明色リングの赤色はその後に着色される黒色に「上書き」され，黒色領域はパッチ状に出現する黒色部の融合として出現することが分かった (Iwata et al., 2014)．これらの経時的な観察結果は勾配モデルとは両立することができない．

しかしながら，これらの事実は勾配モデルの有用性を完全に否定するものではない．シグナル分子の濃度勾配モデルは比較的短距離の範囲 (例えば，ある眼状紋リング内) において色素合成のための遺伝子発現の最終段階において役割を果たしているかもしれない (7-7 節参照)．このような意味で，遺伝子発現変化は，予定眼状紋中心からの長距離シグナルを受けた一つの結果 (原因ではなく) として位置づけられると考えられる．

7-4-3　傍焦点要素のための暫定モデル

従来の勾配モデルは十分ではないと述べたが，著者はこの結論に迷いなく

到達したわけではない．誘導モデルを提案する前に，いくつかのモデルを提案している．それらのモデルは一時的に提案され，すぐに捨てられたため，集合的に暫定モデル (transient models) と呼ぶ．しかしながら，これらのモデルは，実験的に誘導された眼状紋と傍焦点要素および天然に存在する眼状紋と傍焦点要素を理論的に説明するための最もシンプルな (最も節約的な) モデルを導き出すために重要であった．眼状紋も傍焦点要素もどちらとも同じ対称系に属するため，形式モデルを考えるときに傍焦点要素を含めることは決定的に重要である．

　眼状紋が形成される翅室および眼状紋が形成されない翅室における傍焦点要素の形成を勾配モデルに基づいて説明するために，眼状紋と傍焦点要素のための二段階モデルが提案された (Otaki, 2008a)．このモデルでは，ある拡散性の勾配が最初に形成される．これは，眼状紋が形成される翅室と眼状紋が形成されない翅室の両方において傍焦点要素の位置を決定するためのものである．眼状紋が形成されない翅室においては，勾配の末端での傍焦点要素の位置決定のあと，濃度勾配は急速に完全に消失するため，そこには眼状紋は形成されないとされる．眼状紋の存在あるいは不在は，二つの翅室の閾値の違いによるものではないことに注意したい．なぜなら，もし閾値が存在するとしたら，この二つの翅室は同じ閾値レベルをもっていなければならないからである．このことは，二つかそれ以上の翅室にまたがって存在する眼状紋によって示されている (Otaki, 2011b)．この二段階モデルは，受容段階で傍焦点要素のスナップ写真を撮り，眼状紋シグナルが消失したあとにもう一つのスナップ写真を撮ることを意味する．このモデルは煩雑すぎて正しいとはと思われないが，眼状紋本体から傍焦点要素が非共役的に行動することの重要性をほのめかしているのである．

　傍焦点要素と眼状紋のための多種類のモルフォゲン (それに加えて多種類の受容体) を想定することで勾配モデルを救うことができるかもしれない．この多種類モルフォゲンモデルでは，モルフォゲンとして振る舞うことができるいくつかの異なった化学物質が存在することになる．このモデルは眼状紋が形成される翅室と眼状紋が形成されない翅室との違いを説明することができる．つまり，傍焦点要素のためのモルフォゲンは両方の翅室において分泌されるが，眼状紋のためのモルフォゲンは眼状紋の存在しない翅室では分泌さ

れないと考える．しかしながら，傍焦点要素は辺縁対称系に属する外部眼状紋リングと等価であることを考えると，多種類のモルフォゲンが存在するというのは考えにくい．多種類の要因をモデルに導入すれば，何にでも対応できるモデルを作ることができるが，モデル作成の節約性の原則に反することになる．

　このような努力にもかかわらず，勾配モデルでは色模様法則を説明できないだけでなく，これまでの節で議論したさまざまな点を説明できないため，勾配モデルというアイデアそのものを捨ててしまったほうが賢明である．勾配モデルの代替案となるモデルは波動モデルである．このモデルでは，シグナルは連続的な波として伝播される (Otaki, 2008a)．この意味で，上記で議論された二段階モデルを波動モデルに改良してもよい．その場合，二段階モデルで想定されている傍焦点要素のための最初のモルフォゲンは波動モデルでは最初の波として放出されると考えればよい．二段階モデルで想定されている第二のモルフォゲンは波動モデルでは第二の波として (より正確には，眼状紋の外部リングのための第二の波，そして眼状紋の内部リングのための第三の波として) 眼状紋のために放出されると考えればよい (Otaki, 2008a; Dhungel and Otaki, 2009)．二段階モデル (波動モデル) では，この二つ (あるいは三つ) のモルフォゲンの波の化学的 (あるいは物理的) 性質は同一である (そのため，多種類の物質が放出されるモデルとは異なる) が，それらは連続的なパルスとして時差を付けて放出される．これは，TS 型修飾 (7-4-4 項参照) を説明するための異時的非共役モデルと矛盾しない．これらの二つのモデル (波動モデルと時差的に 2 種類のモルフォゲンが存在するというモデル) は破棄されていない．破棄されるのではなく，それらは 7-4-4 項に説明する異時的モデルとともに採用され，誘導モデルとして統合されたのである．これらのもとのモデルは，集合的に「採用モデル」と呼んでもよい．

　波動モデルには一つの欠点がある (Otaki, 2008a)．焦点を物理的に損傷すると通常よりも小さな眼状紋ができるが，この事実は，シグナルの振る舞いがそのシグナルの発生源に依存していることを示している．一般的に，波動シグナルは理論的には発生源に依存しない．しかしながら，損傷実験のこの結果は，誘導モデルの増補版によってよく説明される (7-7-1 項参照).

7-4-4　TS 型修飾のための異時的非共役モデル

これまでに著者は, 温度ショック (temperature shock) あるいは薬理学的処理によって誘導された色模様修飾 (TS 型修飾と呼ばれる) について検討してきた (Otaki and Yamamoto, 2004a, b; Otaki et al., 2005b, 2006, 2010; Otaki, 2007, 2008b, c; Mahdi et al., 2010, 2011; Hiyama et al., 2012) (図 7-7a). 温度処理 (Nijhout, 1984) および薬理学的処理 (Otaki, 1998, 2008a; Serfas and Carroll, 2005) は「要素の人工的な再配置」あるいは「要素のトランスフォーメーション」を効率的に起こすことができる唯一の方法であることに注意してほしい. この再配置あるいはトランスフォーメーションは, タテハチョウ基本プランにのっとって新しい色模様を発明しようとしている進化的な試行錯誤を思い起こさせる. これらの温度ショック型色模様修飾［TS 型修飾 (TS-type modification)］は進化的にも生理学的にも意味のあるものである (Otaki and Yamamoto, 2004a, b; Otaki et al., 2005b, 2006, 2010; Otaki, 2007, 2008b, c; Mahdi et al., 2010, 2011; Hiyama et al., 2012). それゆえ, 形式モデルを創出する重要な方法なのである. TS 型修飾 (Otaki, 1998, 2008a; Serfas and Carroll, 2005) と物理的誘導による修飾 (Nijhout, 1980a, 1985; French and Brakefield, 1992, 1995; Brakefield and French, 1995) の最も一般的な解釈は閾値変化モデル (threshold change model) である. しかしながら, TS 型修飾は単純な閾値変化だけでは再現することはできない. 要素の相対的な位置だけでなく, 要素の大きさと色も変化するからである. また, 眼状紋のない翅室の傍焦点要素の修飾はしばしば眼状紋のような斑点を作り出す (Otaki, 2008a).

TS 型修飾は色模様形成過程の一連の可能なスナップ写真であると解釈することができるため, 修飾は, シグナル段階の遅延 (ゆっくりとしたシグナルの伝播) あるいは受容段階の加速の結果であると考えられる (Otaki, 2008a). つまり, 温度ショックと薬理学的処理は, シグナル段階と受容段階の時間的差異を作り出し, このことが, TS 型修飾のための異時的非共役モデルを導き出している. このモデルは, TS 型修飾が, 拡張中のシグナルのスナップ写真の結果であるとシンプルに述べているわけである. これは誘導モデルの基礎の一部となっている (図 7-7b).

7-5　誘導モデル

7-5-1　概　観

　7-3 節では色模様法則について，7-4 節ではいくつかの重要なモデルについて議論してきた．これらの法則やモデルの内容を反映した統合的なモデルの

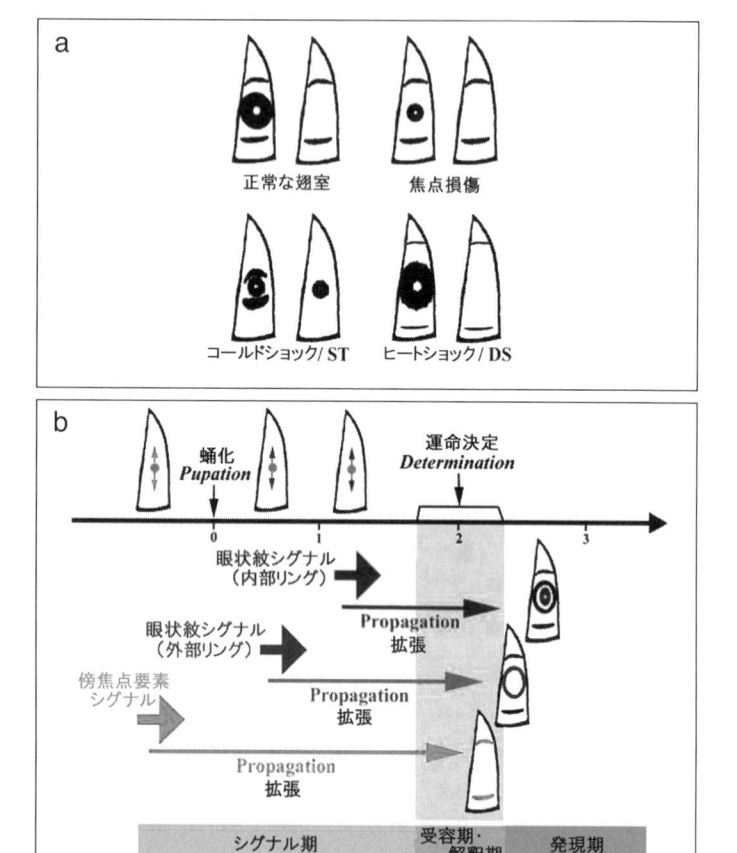

図 7-7　生理学的処理の眼状紋と傍焦点要素における効果．Otaki (2011a) より転載・修正．(a) さまざまな処理によって表出される修飾パターン．二つの翅室 (一つの翅室には眼状紋と傍焦点要素が，他の翅室には傍焦点要素のみが存在) が示されている．ST はタングステン酸処理，DS はデキストラン硫酸による処理．(b) 修飾の解釈．シグナルは，傍焦点要素，眼状紋の外部リング，眼状紋の内部リングの順に放出される．

提案が必要である．それが，著者が提案した誘導モデルである (Otaki, 2011a, 2012b)．この誘導モデルは，概してタングステン酸や他の生理学的処理による傍焦点要素と眼状紋の「動き」に基づいて構築されている (図 7-7a)．言い換えると，誘導モデルは仮想的な拡散性分子に基づいたものではない．このことは勾配モデルと対照的である．

　生理学的な修飾のメカニズムの説明は，必然的に辺縁対称系の決定過程を説明するためのものであるため，実際のところ，誘導モデルの簡略版である．それは以下のようなものである (図 7-7b)．傍焦点要素，外部リング，内部リングのためのシグナルは，独立に，この順序で，決められた間隔で放出され，それぞれのシグナルは独立に広がっていく．これらのシグナルは，受容段階にある未成熟な鱗粉細胞によって同時に受容される．

7-5-2　前期と後期

　誘導モデルは多くの段階に分けられるが，概して二つの段階，前期と後期に分けられる (図 7-8a)．前期は 1 次シグナルの拡張と着底である．後期は活性化シグナル (とそれらの自己増強) と阻害シグナルの誘導とそれらの安定化相互作用の誘導である．誘導モデルの後期では「短距離の活性化と長距離の側方抑制」という概念が用いられている (図 7-8b)．これは反応拡散モデルの核心的な概念である (Gierer and Meinhardt, 1972; Meinhardt and Gierer, 1974, 2000; Meinhardt, 1982)．誘導モデルでは，眼状紋の暗色領域と明色領域は活性化シグナル領域と阻害シグナル領域にそれぞれ対応している．

　これとは対照的に，前期は反応拡散メカニズムには従わない．なぜなら，シグナルの拡張の方法が異なっているためである．シグナルは回転球体モデル (rolling-ball model) に従って広がっていくと考えられるからである (Otaki, 2012b)．シグナルは，均等な摩擦をもつ板の上を転がる無数の微小な球体のように振る舞う (等減速運動) (図 7-9a)．この振る舞いは古典力学によって記述される．つまり，シグナルの拡張はそれぞれの微小単位の初速度によって決定される．それに加えて，シグナル放出の間隔によって眼状紋の全体の形が決定される．シグナルはゆっくりと伝播し，徐々に速度を落としていく．回転球体としてのシグナルの性質は二値則と内部広域則を満たし，天然および実験的に誘導された眼状紋と傍焦点要素を矛盾なく決定することができる．

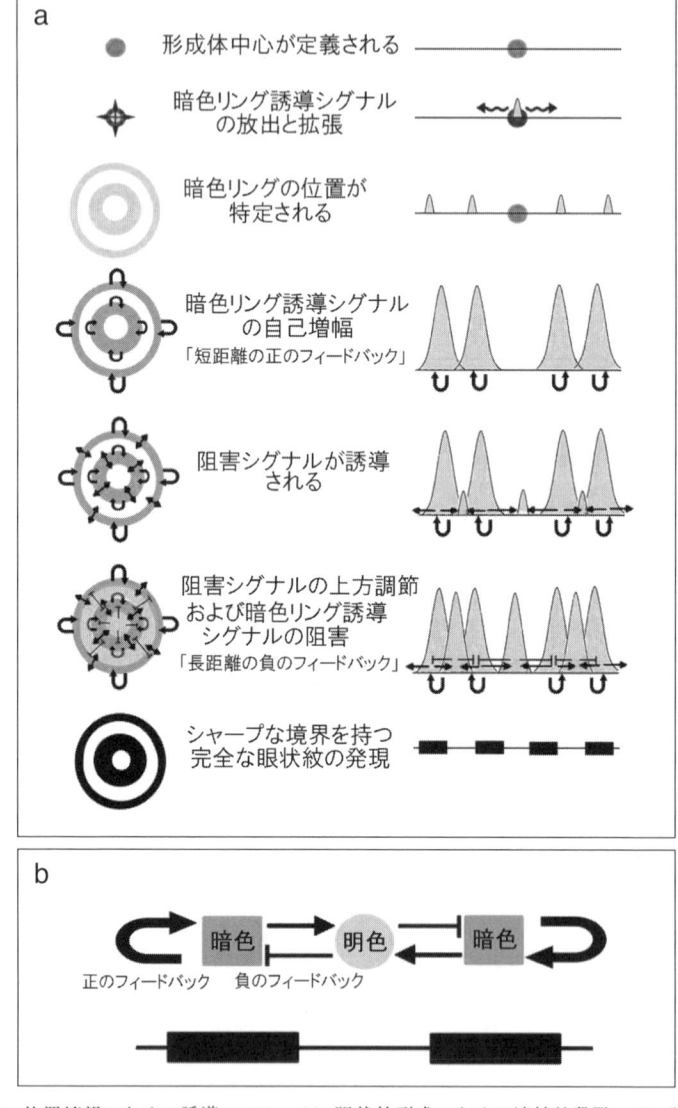

図 7-8　位置情報のための誘導モデル．(a) 眼状紋形成のための連続的段階．(b) 誘導モデルの後期における短距離活性化と長距離阻害．

また，回転球体としての性質はシグナルの非共役的性質および異時的な性質も満たす．さらに，小型と大型の眼状紋の間の形態学的相違をシミュレーションすることも可能である (図 7-9b).

7-5-3　着底のためのメカニズム

誘導モデルでは，シグナルの着底にはいくつかの異なるメカニズムがあると提案されている (Otaki, 2012b)．第一の着底メカニズムは，拡張しているシグナルのスナップ写真が，シグナル段階から受容段階への移行の際に撮られるというものである (時間切れメカニズム)．第二の着底メカニズムは，初速度が小さいために，拡張しているシグナルの速度が自発的に失われて止まるというものである (自発的失速メカニズム)．同様に，近接している阻害シグナルによってシグナルの拡張が阻害されたときに止まることもある (反発失速メカニズム)．この反発は，近接の要素からくる (非自己反発失速メカニズム) だけでなく，最外部の暗色リングによって誘導された仮想リング (消えそうなほどに弱く発現されている最外部の阻害リング) からもくる (自己反発失速メカニズム)．このような意味で，阻害シグナル誘導のスピードとレベルが基本的に眼状紋の最終的な大きさを決める．つまり，自己反発メカニズムは眼状紋の自律的な決定を確約するものである．

7-5-4　自己相似のためのメカニズム

自己相似構造を作り出すメカニズムが存在するはずである．その基盤は，後期における高度に強化された活性化 (黒色誘導性) シグナルが新しい形成体を決定することにあると思われる．このメカニズムは倍数性仮説 (ploidy hypothesis) によって説明される (Iwata and Otaki, 2016b)．倍数性仮説は，色模様を決定するモルフォゲン・シグナルは実際には多重倍数化を促し，細胞の大きさを増加させる倍数化シグナルであると述べている (7-6-2 項参照)．さらに，自己相似構造は物理的歪み仮説 (physical distortion hypothesis) によって説明される．この仮説は，細胞と上皮の歪みがモルフォゲン・シグナルとして振る舞うと述べている (7-6-4 項参照)．歪みの出発点は，形成体中心だと考えることができる．重要なことは，眼状紋と傍焦点要素との自己相似は反発失速メカニズムを支持しているが，時間切れメカニズムは支持していないこ

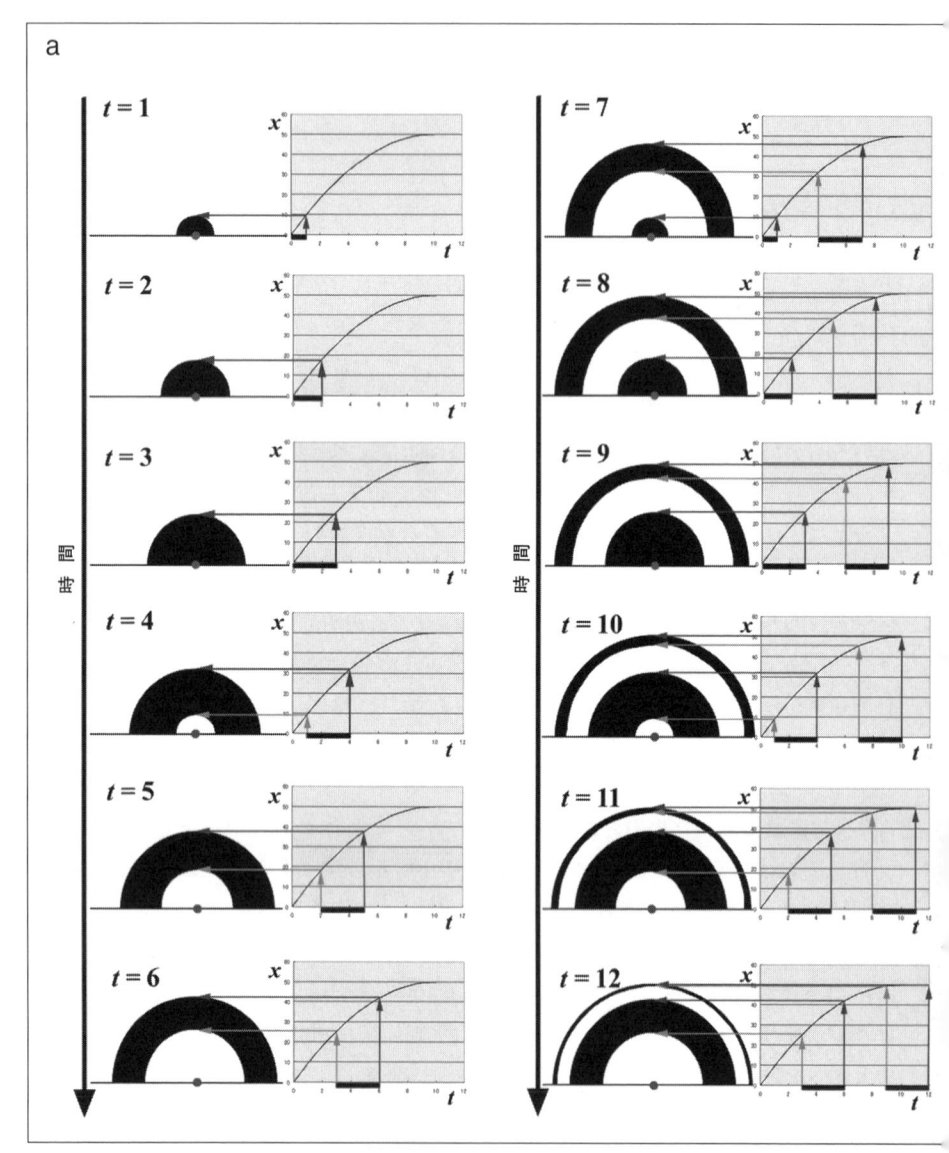

図 7-9　回転球体モデルに基づいた眼状紋形成のシミュレーション．Otaki (2012a) より転載．(a) 典型的な眼状紋のための発生シグナルの時系列．シグナルはそれぞれの時点の右側に示されている曲線に従う．初速度 (v_0)，シグナル持続時間 (D)，およびシグナル間隔 (I) が，二つの黒色リングについて規定された．(b) さまざまな初速度 (v_0) の効果．さまざまな眼状紋が創出される．

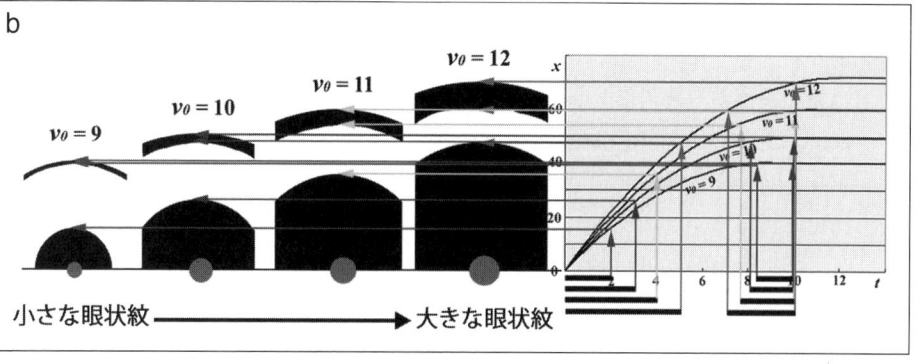

図 7-9（続き）

とである．なぜなら，傍焦点要素のための 2 次形成体中心が決定され活性化されたときには，すでに眼状紋のための 1 次形成体中心からのシグナルが時間切れとなっていなければならないからだ．つまり，時間切れメカニズムでは 1 次シグナルと 2 次シグナルの時間差のある動態を説明することができない．

7-5-5　リアリティー・チェック

　生物学的なシステムにおいて，回転球体モデルに従うシグナルは存在するのであろうか．細胞や分子という水の中の中間視的な世界 (量子力学で説明される微視的な世界でも，古典力学で説明される巨視的な世界でもない世界) では，ブラウン運動と非共有結合による分子間相互作用が分子の回転球体的な行動を禁止している．これに対して，機械的な力は，もし上皮細胞がしっかりとしかし柔軟に結合しているのなら，上皮シートを介して容易に伝播されうる．つまり，上皮の歪みは回転球体のような振る舞いを示し，形成体中心からのモルフォゲン・シグナルとして振る舞うのではないだろうか．以下の 7-6 節において，倍数化仮説と歪み仮説の証拠を総説する．

7-6　倍数性，カルシウム波，物理的歪み

7-6-1　色模様要素の鱗粉サイズ

　細胞レベルでは，一つの細胞が一つの鱗粉を作る (Nijhout, 1991)．このことは一細胞一鱗粉則 (one-cell one-scale rule) と呼んでもよいであろう．それ

ゆえに，鱗粉のあらゆる形態学的な特徴が鱗粉を作る細胞 (鱗粉細胞) の発生的な状態を直接的に表している．鱗粉サイズの分布を見ると，チョウとガでは翅の基部から周辺部へかけて勾配ができている (Kristensen and Simonsen, 2003; Simonsen and Kristensen, 2003)．類似のサイズ勾配が，アオタテハモドキ (*Junonia orithya*)，タテハモドキ (*J. almana*)，アカタテハ (*Vanessa indica*)，そしてヒメアカタテハ (*V. cardui*) の背景部分の鱗粉においても見つかっている (Kusaba and Otaki, 2009; Dhungel and Otaki, 2013; Iwata and Otaki, 2016b)．

　要素を構成する鱗粉のサイズについてはどうであろうか．アオタテハモドキおよびタテハモドキにおいては，要素の鱗粉サイズはその周辺の背景の鱗粉よりも大きい (Kusaba and Otaki, 2009; Iwata and Otaki, 2015) (図7-10)．この意味で，鱗粉の色と大きさはある程度合理的に相関している．このことは，鱗粉の色サイズ相関則 (color-size correlation rule for scales) と呼んでもよいであろう．この法則は一見重要でないように思われるかもしれないが，実際には，色模様のためのモルフォゲン・シグナルの可能な性質を理解する

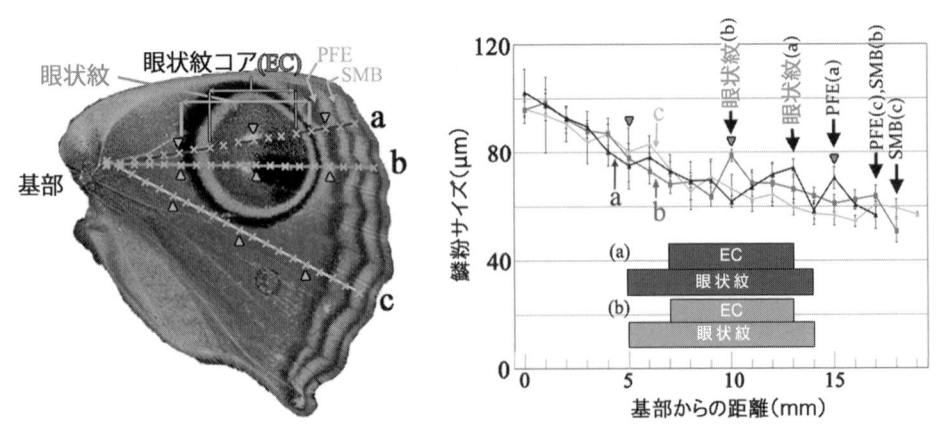

図7-10　タテハモドキ (*Junonia almana*) の翅における鱗粉サイズの分布．Iwata and Otaki (2016b) より転載．背側の前翅を対象に，線a，線b，線cに沿って1 mm間隔で調べたもの (左)．結果はグラフに示されている (右)．線bに沿って見ると，鱗粉サイズは眼状紋の中心で最大となっている．線aに沿って見ると，最大値は眼状紋の遠位の境界および傍焦点要素の中心に存在している．線cに沿って見ると，目立ったピークは見られない．全ての線において，基部から周辺部へのサイズの減少が見られたが，要素の位置は例外である．

ための手掛かりとして重要である (7-6-2 項参照)．さらに，一つの要素のなかにおける最大の鱗粉は概して要素の中心に位置していることが分かっている (Kusaba and Otaki, 2009; Iwata and Otaki, 2015)．このことは，要素構成鱗粉の中心最大則 (central maxima rule for elemental scale size) と呼んでもよいであろう．眼状紋の内部黒色リングと黄色リングの間の境界線上で鱗粉サイズが急に変化することを認識することは重要である．同様な急激な変化が外部リングの境界線と傍焦点要素の境界線にも見られる．これらの急激なサイズ変化は，位置情報が徐々に変化しているのではなく，黒色領域の独立性 (二値則と非共役則) を反映していると思われる．

　さらに，色の異なる鱗粉では，鱗粉の全体の形態や微細構造などの構造も異なっている (Gilbert, 1988; Nijhout, 1991; Janssen et al., 2001)．我々の研究室でも，タテハモドキ属 (*Junonia*) のチョウを用いて類似の結果を得ている (Kusaba and Otaki, 2009; Iwata and Otaki, unpublished data; Kazama et al., 2017)．

7-6-2　倍数性仮説

　Henke (1946) と Henke and Pohley (1952) によれば，ガでは鱗粉サイズは細胞の倍数化の程度を反映している (Sonhdi, 1963; Cho and Nijhout, 2013)．このサイズと倍数性の関係は，鱗粉と細胞のサイズ倍数性相関則 (size-ploidy correlation rule for scales and cells) と呼んでもよいだろう．この法則はおそらくチョウにも当てはまるであろう．このことにより，我々は倍数性仮説 (ploidy hypothesis) を提唱した (Dhungel and Otaki, 2013; Iwata and Otaki, 2016) (図 7-11a)．この仮説は，モルフォゲン・シグナルがシグナル受容細胞の多重倍数化を誘導するというものである．倍数化のレベルが高いほど，細胞は大きくなる．細胞が大きくなるほど，その細胞が作り出すことができる鱗粉は大きくなる．倍数化レベルが高いということは，色素合成酵素の遺伝子の数が多いことを単純に意味するため，鱗粉のなかの色素濃度が鱗粉の色を変えることができる．あるいは，遺伝子の数がどの色素を合成するべきか決定するのかもしれない．このように，モルフォゲン・シグナルのレベルは，多重倍数性あるいは遺伝子の数を制御することによって，鱗粉の色素物質のレベルを間接的に決定する．倍数性仮説は誘導モデルの重要な構成要素であ

る (図 7-11b).

　細胞周期を制御する *cortex* という遺伝子がチョウとガの翅の暗色化に関わっているという最近の発見 (Nadeau et al., 2016; van't Hof et al., 2016) は，多くの生物学者にとっては驚きだったかもしれない．しかし，この発見は倍

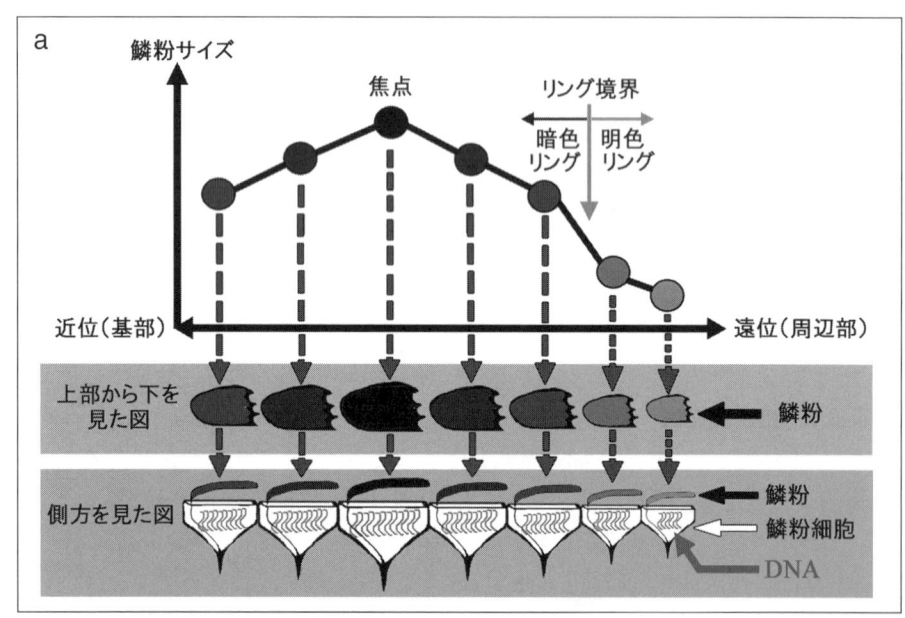

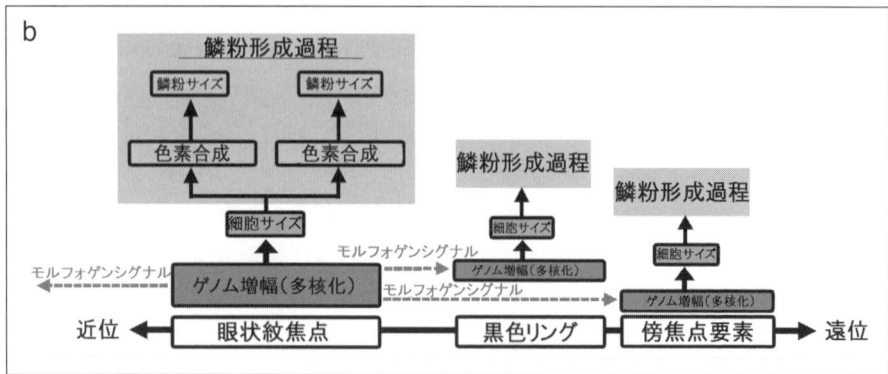

図 7-11　倍数性仮説．(a) 鱗粉サイズの分布とその細胞サイズとの関係．(b) 誘導モデルに基づく，仮説的な鱗粉の色と大きさの決定過程．Iwata and Otaki (2016) より転載．

数性仮説とよく合致している．この発見を報じた研究論文には，この点については議論されていない．倍数性仮説によれば，発見された細胞周期の制御分子が，未成熟な鱗粉細胞の多重倍数化の過程を制御していると考えられる．そのことが鱗粉の最終的な色を決定しているのであろう．

7-6-3　カルシウム波

最近，発生中の蛹の翅で，自発的な長距離カルシウム波が走っていることがインビボ (生きた生体内) で発見された (Ohno and Otaki, 2015b)．カルシウム波は予定眼状紋の中心部位と損傷部位から出ていることが見いだされた (図7-12)．ただ，波の発生源は既知の要素の中心に限定されているものではない．少なくとも，4種類の異なった波が観察された．4種類とは，拡張性リングあるいは移動性ライン，迷走するラインまたは点，点滅領域，移動性の点滅領域である．タプシガルギンと呼ばれる性質のよく知られた小胞体 Ca^{2+}-ATP アーゼ阻害剤を注射すると，色模様は乱されてしまう．例えば，タプシガルギン処理の個体では，要素の境界線が不明瞭になることが報告されている (Otaki et al., 2005b; Ohno and Otaki, 2015b)．カルシウム波は誘導モデルの後期における活化性シグナルとして振る舞うが，カルシウム波はモルフォゲン・シグナルそのものではないと著者は推測している．モルフォゲン・シグナルは物理的歪みであると思われる (7-6-4 項参照)．カルシウム波はこれらの歪み波から放出されるのだろう．

7-6-4　物理的歪み仮説

モルフォゲン・シグナルの実体は何であろうか．回転球体モデルの予言にもかかわらず，将来の眼状紋の中心から無数の微小な回転する「球体」が出ている様子を想像することは難しい．一つのヒントは，蛹のクチクラ斑点 (cuticle spot) とそれに付随する構造の研究から得られた．特筆すべきことに，チョウでは，形成体中心はしばしば蛹のクチクラ上の焦点として生得的に標識されている (Nijhout, 1980a, b; 1990, 1991; Otaki et al., 2005a; Taira and Otaki, 2016) (図 7-13)．この特徴は，特にタテハモドキ属のチョウに顕著であるが，眼状紋あるいは黒色斑点をもつ多くのタテハチョウにおいて広く見られる (Otaki et al., 2005a)．それに加えて，いくらかのクチ

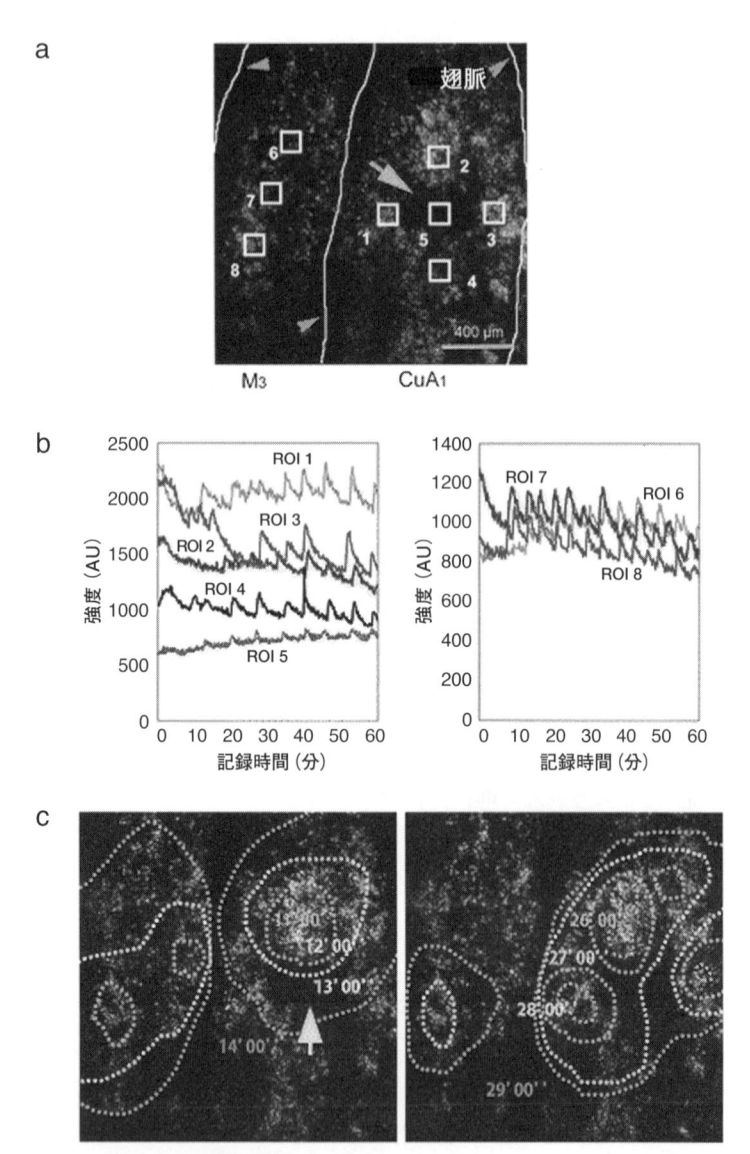

図 7-12　予定眼状紋の形成体中心からの自発的なカルシウム波．Ohno and Otaki (2015) より転載・修正．(a) M_3 翅室および CuA_1 翅室におけるカルシウム・シグナル (青色，口絵参照)．ROI 1-8 は以降のパネルにおいてカルシウム強度変化を調べた．黄色の矢印は予定眼状紋を示す．パネル c も同様．赤色の矢じりは翅脈を指す．(b) ROI における Fluo-4 の蛍光強度変化．(c) 予定眼状紋領域における進行性のカルシウム・シグナル．パネル a とパネル c は同一の視野で異なった時点を示す．特定の時点 (分) の波動の形が点線の円で示されている．

クラ斑点にはクチクラ標点 (cuticle mark) も随伴している．これらの斑点
(スポット) と標点 (マーク) は，成虫の眼状紋のための形成体細胞によって
作られると思われる．予定要素に対応する部分に歪み上皮構造があること
も，生きた組織のインビボ (生体内)・イメージングで確認された (Ohno
and Otaki, 2015a; Iwasaki et al., 2017)．形成体中心が歪み構造と関連して
いることは，形成体中心の歪曲則 (distortion rule for organizing center) と呼
んでもよいであろう．

　ある特定の場所での細胞の体積の増加あるいは形態の変化の副産物として，

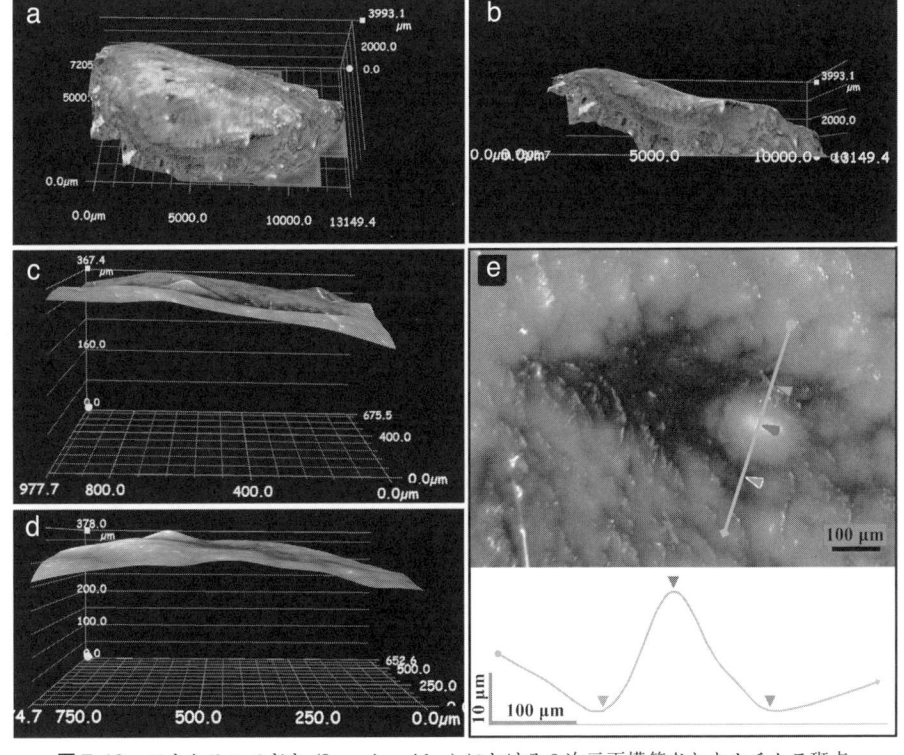

図 7-13　アオタテハモドキ (*Junonia orithya*) における 3 次元再構築されたクチクラ斑点．
Taira and Otaki (2016) より転載．(a) 左の前翅表面を上位から見下ろしたもの．(b) 横から
見たもの．(c, d) 蛹のクチクラ斑点．(e) 蛹のクチクラ斑点の高倍率像とその断面の高さ．
図中の色付きの矢じりはグラフ中での計測場所を指す．Taira and Otaki (2016) より転載．

蛹のクチクラ斑点が形成されると思われる．そのような細胞の変化は上皮の歪みを引き起こし，その歪みは連続的な波として広がっていくであろう．蛹の初期段階で翅組織がゆっくりと収縮することがタイムラプス動画で明らかになっている (Iwata et al., 2014)．この収縮は歪みの波を拡張させることに貢献しているのであろう．つまり，物理的歪み仮説 (physical distortion hypothesis) は，モルフォゲン・シグナルは上皮シートの物理的歪みであると述べている．よって，歪み仮説は，モルフォゲン・シグナルは物質に還元できるものではないと述べていることになる．物質ではなく，これらのシグナルは波動，つまり，媒体 (上皮シート) の物理的相変化なのである．このようなシグナル・システムを実現するために，上皮シートは，張力あるいは少なくとも細胞同士の接着力をもっていなければならないが，実際それは正しいと思われる (Ohno and Otaki, 2015a)．物理的歪みは，他のシステムと同じように，伸長活性化チャネルを開くことができるかもしれない (Lee et al., 1999; Tracey et al., 2003; O'Neil and Heller, 2005; Hillyard et al., 2010)．十分なカルシウム・イオンを細胞内に受容した上皮細胞はゲノムを複製し，特定の細胞サイズと特定の鱗粉サイズをもつ鱗粉細胞に分化できるのであろう．この時間経過のなかで，遺伝子発現変化は下流の事象である (上流ではない)．つまり，遺伝子発現変化は，モルフォゲン・シグナルの拡張の原因ではなく，結果なのである．

　歪み仮説は，上皮シートの機械的な介入がモルフォゲン・シグナルとして機能すると述べている．この考え方は生物学者には馴染みのないものかもしれない．しかし，モデルが実験結果および観察結果と整合性がある限り，馴染みのないことがモデルを否定する理由になってはならない．幸運にも，メカノバイオロジーは生物学と物理学の間の超領域分野として発展してきている (Iskratsch et al., 2014)．細胞シートの機械的な性質の変化は，細胞のサイズや形態の変化のみならず，物理的損傷やその後の傷の治癒過程によっても (Antunes et al., 2013)，そして，細胞死によっても (Toyama et al., 2008; Teng and Toyama, 2011)，引き起こされるかもしれない．

7-6-5　損傷によって誘導された異所的要素

　蛹化直後に予定眼状紋中心を物理的に損傷すると，眼状紋が小さくなるか

消失してしまうことが示されているが，予定背景部分への物理的損傷は異所的な眼状紋を誘導することが分かっている (Nijhout, 1985; French and Brakefield, 1992, 1995; Brakefield and French, 1995; Otaki et al., 2005; Otaki, 2011c). 異所的な眼状紋は傷の治癒過程の副産物であると考えるのが正しい思われる．著者は，物理的損傷は上皮シートに物理的歪みを引き起こすと考えている．興味深いことに，通常の発生過程と治癒過程では，類似した遺伝子が発現されている (Monteiro et al., 2006). 同様に，物理的損傷は，通常発生においても治癒過程においても，カルシウム波を発生させる (Ohno and Otaki, 2015b). ゆえに，傷の治癒過程と通常の色模様発生過程は表現型レベルだけでなく分子レベルでも類似したメカニズムを共有しているということになる．

　もし，天然の形成体中心から分泌される仮想的なモルフォゲンが特殊な物質であるなら，物理的損傷が未成熟上皮細胞にその特殊物質を合成させる能力を与えるということは考えにくい．おそらく部分的にはこの理由のため，物理的損傷 (そして薬理学的処理) は，シグナルを受容する未成熟鱗粉細胞における「すでに規定された」閾値レベルを増加または減少させるのだろうとしばしば解釈されてきた (Nijhout, 1985; French and Brakefield, 1992, 1995; Brakefield and French, 1995; Otaki et al., 2005; Otaki, 2011c). このような解釈によって物理的損傷による誘導効果の多くを説明することは確かに可能ではあるが，発生中の二つの隣接した眼状紋の間の動的な相互作用がタテハモドキ (*J. almana*) で示されている．損傷の結果として一つの眼状紋が小さくなると，もう一つの眼状紋は大きくなるのである (Otaki, 2011c). このことを考えると，物理的損傷が閾値レベルを単純に変化させるという考え方は現実的ではないことが分かる．もし損傷によって閾値が下がるのであれば，どのようにして損傷が閾値を下げるのか，そのメカニズムについて説明されなければならないが，その点に関して的確な説明が提案されたことはない．

7-6-6　焦点の損傷

　眼状紋の焦点部位に物理的損傷が与えられたときに何が起こるのであろうか．蛹の初期段階では，損傷により通常よりも小型の眼状紋が生成される．

面白いことに，その後の損傷では通常よりも大型の眼状紋が生成される．遅い損傷の結果は，新しいシグナルの付加として説明される．なぜなら，背景部位の損傷で新しいシグナルが作られることと同じだと考えられるからである．初期の損傷の結果は，シグナルを作り出している細胞の損傷により，シグナルのレベルが低くなったためと説明される．しかしながら，この結果は，シグナルがその発生源に依存していることを示しているのかもしれない．その一方で，波動シグナルはその発生源に依存していないはずである．

　物理的歪み仮説をもとに考えると，シグナル放出の間の焦点部位の損傷は，上皮シートの歪みを単に緩めているだけかもしれない．その結果，歪みの波動は出ていくことができなくなる．波動は初期状態に戻ってしまうことも考えられる．それとは対照的に，その後の損傷では，上皮の歪みはすでに弛緩していてシグナルは着底目前かもしれない．ゆえに，後期の焦点の損傷では，背景部位の損傷のように，歪みを再導入することができ，結果として通常よりも大きな眼状紋が生成されることになる．

7-7　一般化と本質

7-7-1　誘導モデル増補版

　要約すると，眼状紋発生の誘導モデルの増補版は以下のように説明される(図7-14)．この説明は，チョウの翅のシステムに関する断片的な知識をつなぎ合わせる必要性のため，多くの推測を含んでいる．話を単純化するために，最初に，シンプルな黒色ディスク(つまり黒色斑点)の発生過程について述べたい(図7-14a)．

　最初に，予定眼状紋の中心(形成体中心)が決定される．細胞の大きさの変化と変形により，上皮に物理的歪みが生じる．これらの細胞の変化は，回転球体モデルに従って，周辺の細胞に放射状に広がっていく歪み波動を引き起こす．広がっていく波動は，化学シグナル，つまり，カルシウム波に「翻訳」される．移動性のカルシウム波が検出されている(Ohno and Otaki, 2015b)ので，おそらく，膜上の伸長活性化カルシウム・チャネルを通して，この翻訳過程が行われているのであろう．これが反応拡散モデルの活性化因子に相当する．振動性のカルシウム波も検出されている(Ohno and Otaki, 2015b)ことを考えると，物理的歪みとそれらに付随するカルシウム・シグナルが広がっ

ていくと考えられる．それにつれて，カルシウム・シグナルはそれ自身の振動を強化するのかもしれない．カルシウムの振動は，その振動の周辺に位置している細胞において未知の阻害シグナルを誘導する．誘導された阻害シグナルはカルシウム・シグナルがさらに広がることを阻害し，黒色斑点の位置と形を最終的に決定する．カルシウムの振動は，ゲノム増幅を起こすように細胞を刺激し，*Wnt* ファミリーの遺伝子群 (Monteiro et al., 2006; Martin and Reed, 2014) *spalt* や *Distal-less* (Monteiro et al., 2013; Adhikari and Otaki, 2016;

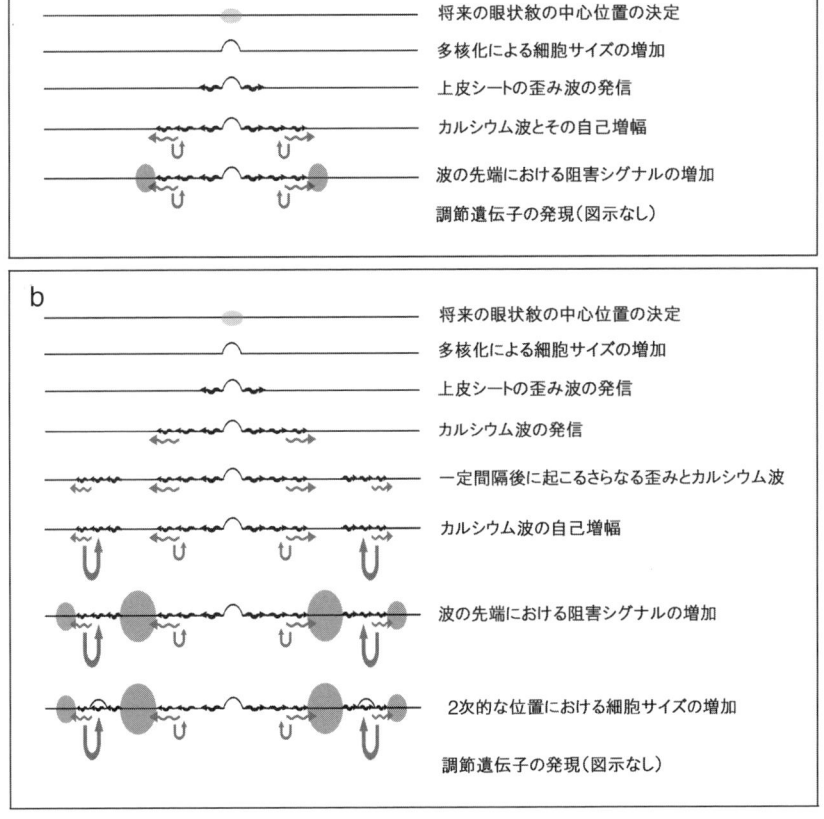

図 7-14　増補版の誘導モデル．上から下へと時系列で描かれている．(a) 黒色斑点の形成．(b) 眼状紋の形成．

Dhungel et al., 2016; Zhang and Reed, 2016) のような制御遺伝子群を発現するように促す．あるいは，カルシウムの振動は，細胞内のカルシウム放出に関与している Wnt/Ca^{2+} 情報伝達経路 (Kühl et al., 2000; Kohn and Moon, 2005) によって安定化されるかもしれない．細胞のサイズは，ゲノムサイズあるいは倍数性のレベルに従って，予定黒色リングにおいて増加する．この過程は，最近同定された *cortex* 遺伝子 (Nadeau et al., 2016; van't Hof et al., 2016) によって制御されているかもしれない．そして，最終的な細胞のサイズあるいは倍数化の程度によって，発現されるべき色素合成遺伝子のレパートリーが決定される．

　眼状紋が生成される場合は，この一連の流れはより複雑となる (図7-14b)．放出された歪み波動はすぐにカルシウム波を誘導するのではなく，しばらく進行していく．その間に，外部黒色リングのための歪み波動の放出は終了し，その後しばらく間隔をおいて，内部リングのための新しい歪み波動が放出される．この時点で，カルシウム波の誘導とその自己強化が起こる．そして，波の辺縁に阻害シグナルが生産され，二つの黒色リングの位置が決定される．ゲノムの増幅と制御遺伝子群の発現がその後に起こる．細胞のサイズは予定黒色リングの部分で，細胞内のゲノム数に従って増加する．自己強化によるカルシウムの振動が非常に活発な場所では，細胞サイズの増加が高いレベルで起こり，2次的な形成体中心が形成される．これはしばしば傍焦点要素に見られる．この第二回目の色模様決定過程が，眼状紋と傍焦点要素との間の自己相似を保障している．

　これらの連続的なイベントにおいて，最も重要な三つのイベントは，歪み波動 (D)，カルシウム波 (C)，そして，遺伝子発現変化 (G) である．これらは DCG サイクルと呼んでもよいであろう．これらの連続的なイベントが2回繰り返されることで，眼状紋と傍焦点要素との自己相似が創出されるのである．

7-7-2　他のシステムへの一般化

　これまでに，タテハチョウの翅の色模様システムについて議論してきた．上記の情報が他のチョウのシステムに適用可能かどうかについてはまだ調べられていないが，シジミチョウのシステムはおそらく類似しているであろう．

なぜなら，少なくともシジミチョウの中央対称系においては，色彩対称則と中核傍核則が成り立つからである (Iwata et al., 2013, 2015)．魚類の表皮細胞は周辺の細胞に反応して動くことができるがチョウの翅の細胞は動けないという点で，魚類の表皮システムはチョウの翅のシステムとは異なっている．しかしながら，短距離活性化と長距離阻害に基づいて色彩を誘導するという性質は，魚とチョウで共有されていると思われる．両方のシステムにおいて，物理的損傷によって，カルシウム波に関係する異所的なパターンが産生されるのである (Ohno and Otaki, 2012)．

　どのような発生系であれ，形態形成は3次元的に動的なものであるが，上皮シートの3次元動態の一つの分かりやすい事例は，ショウジョウバエの網膜の形態形成の際に出現する溝 (Greenwood and Struhl, 1999; Schlichting and Dahmann, 2008; Sato et al., 2013) に見ることができる．この溝は，眼の成虫原基における物理的歪みである．この上皮の折れ込みは移動していき，この移動が細胞の分化と一致している．この溝が細胞分化の無意味な物理的副産物ではないのなら，この溝が物理的に *hedgehog* や *decapentaplegic* などの形態形成遺伝子の発現を促しているのかもしれない．

7-7-3　自己相似のための DCG サイクルとその含意

　ほとんど2次元であるチョウの翅の色模様は，少々皮肉にも，一般的に形態形成に用いられている3次元的な凹凸の発生進化的な応用であると見なすことができる．自己相似構造を実現するために，生物は上皮シートの歪み波動を通して1次形成体中心から2次形成体中心へとシグナルを伝播することを進化させたのである．この機械的な側方シグナル伝達機構は，単純な方法で長距離をカバーすることができる．それゆえ，進化的にかなり初期の発明だと思われる．シグナルの翻訳者である機械刺激感受性カルシウム・チャネルの進化が，カルシウムの振動と阻害を安定化させる遺伝子の進化とともに，その後に起こったのではないだろうか．結論として，自己相似構造のためのDCG サイクルは生物の進化と発生に深い意味をもっているのである．

謝　辞

　この集会のオーガナイザーである関村教授 (中部大学) および Nijhout 教授

(Duke 大学) に，研究結果を発表する機会だけでなく，本章の執筆の機会も
与えてくれたことについて感謝したい．また，分子生理学 BCPH ユニットの
メンバーにも感謝したい．

引用文献

Adhikari K and Otaki JM (2016) A single-wing removal methods to assess correspondence between gene expression and phenotype in butterflies: a case of *Distal-less*. Zool Sci 33: 13-20

Antunes M, Pereira T, Cordeiro JV, Almeida L and Jacinto A (2013) Coordinated waves of actomyosin flow and apical cell constriction immediately after wounding. J Cell Biol 202: 365-379

Ball P (1999) The self-made tapestry: pattern formation in nature. Oxford University Press, Oxford

Ball P (2016) Patterns in nature: why the natural world looks the way it does. The University of Chicago Press, Chicago

Barnsley MF, Ervin V, Hardin D and Lancaster J (1986) Solution of an inverse problem for fractals and other sets. Proc Natl Acad Sci USA 83: 1975-1977

Beldade P, Koops K and Brakefield PM (2002) Modularity, individuality, and evo-devo in butterfly wings. Proc Natl Acad Sci USA 99: 14262-14267

Beldade P, French V and Brakefield PM (2008) Developmental and genetic mechanisms for evolutionary diversification of serial repeats: eyespot size in *Bicyclus anynana* butterflies. J Exp Zool Mol Dev Evol 310B: 191-201

Ben-Jacob E, Shochet O, Tenenbaum A, Cohen I, Czirok A and Vicsek T (1994) Generic modelling of cooperative growth patterns in bacterial colonies. Nature 368: 46-49

Brakefield PM and French V (1995) Eyespot development on butterfly wings: the epidermal response to damage. Dev Biol 168: 98-111

Cho EH and Nijhout HF. (2013) Development of polyploidy of scale-building cells in the wings of *Manduca sexta*. Arthropod Struct Dev 42: 37-46

Dhungel B and Otaki JM (2009) Local pharmacological effects of tungstate in the color-pattern determination of butterfly wings: a possible relationship between the eyespot and parafocal element. Zool Sci 26: 758-764

Dhungel B and Otaki JM (2013) Morphometric analysis of nymphalid butterfly wings: number, size and arrangement of scales, and their implications for tissue-size determination. Entomol Sci 17: 207-218

Dhungel B, Ohno Y, Matayoshi R, Iwasaki M, Taira W, Adhikari K, Gurung R and Otaki JM (2016) Distal-less induces elemental color patterns in *Junonia* butterfly wings. Zool Lett 2: 4

Family F, Masters BR and Platt DE (1989) Fractal pattern formation in human retinal vessels. Physica D: Nonlinear Phenomena 38: 98-103

French V and Brakefield PM (1992) The development of eyespot patterns on butterfly wings: morphogen sources or sinks? Development 116: 103-109

French V and Brakefield PM (1995) Eyespot development on butterfly wings: the focal signal. Dev Biol 168: 112-123

Gierer A and Meinhardt H (1972) A theory of biological pattern formation. Kybernetik 12: 30-39

Gilbert LE, Forrest HS, Schultz TD and Harvey DJ (1988) Correlations of ultrastructure and pigmentation suggest how genes control development of wing scales of *Heliconius* butterflies. J Res Lepidoptera 26: 141-160

Greenwood S and Struhl G (1999) Progression of the morphogenetic furrow in the *Drosophila* eye: the roles of Hedgehog, Decapentaplegic and the Raf pathway. Development 126: 5795-5808

Henke K (1946) Ueber die verschiendenen Zellteilungsvorgänge in der Entwicklung des beschuppten Flügelepithelis der Mehlmotte *Ephestina kühniella* Z. Biologisches Zentralblatt 65: 120-135

Henke K and Pohley H-T (1952) Differentielle Zellteilungen und Polyploidie bei der Schuppenbildung der Mehlmotte *Ephestia kühniella* Z Naturforsch B 7: 65-79

Hillyard SD, Willumsen NJ and Marrero MB (2010) Stretch-activated cation channel from larval bullfrog skin. J Exp Biol 213: 1782-1787

Hiyama A, Taira W and Otaki JM (2012) Color-pattern evolution in response to environmental stress in butterflies. Front Genet 3: 15

Iskratsch T, Wolfenson H and Sheetz MP (2014) Appreciating force and shape – the rise of mechanotransduction in cell biology. Nat Rev Mol Cell Biol 15: 825-833

Iwasaki M, Ohno Y and Otaki JM (2017) Butterfly eyespot organiser: *in vivo* imaging of the prospective focal cells in pupal wing tissues. Sci Rep 7: 40705

Iwata M and Otaki JM (2016a) Focusing on butterfly eyespot focus: uncoupling of white spots from eyespot bodies in nymphalid butterflies. SpringerPlus 5: 1287

Iwata M and Otaki JM (2016b) Spatial patterns of correlated scale size and scale color in relation to color pattern elements in butterfly wings. J Insect Physiol 85: 32-45

Iwata M, Hiyama A and Otaki JM (2013) System-dependent regulations of colour-pattern development: a mutagenesis study of the pale grass blue butterfly. Sci Rep 3: 2379

Iwata M, Ohno Y and Otaki JM (2014) Real-time *in vivo* imaging of butterfly wing development: revealing the cellular dynamics of the pupal wing tissue. PLoS One 9: e89500

Iwata M, Taira W, Hiyama A and Otaki JM (2015) The lycaenid central symmetry system: color pattern analysis of the pale grass blue butterfly *Zizeeria maha*. Zool Sci 32: 233-239

Janssen JM, Monteiro A and Brakefield PM (2001) Correlations between scale structure and pigmentation in butterfly wings. Evol Dev 3: 415-423

Kaandorp JA and Kübler JE (2001) The algorithmic beauty of seaweeds, sponges, and corals. Springer, Berlin

Kazama M, Ichinei M, Endo S, Iwata M, Hino A and Otaki JM (2017) Species-dependent microarchitectural traits of iridescent scales in the triad taxa of *Ornithoptera* birdwing butterflies. Entomol Sci 20: 255-269

Kohn AD and Moon RT (2005) Wnt and calcium signaling: β-Catenin-independent pathways. Cell Calcium 38: 439-446

Kristensen NP and Simonsen TJ (2003) Hairs and scales. In: Kristensen PN (ed) Lepidopera, months and butterflies: morphology, physiology, and development. Handbook of zoology, Anthropoda: Insecta. Vol. IV. Walter de Gruyter, Berlin, pp 9-22

Kühl M, Sheldahl LC, Park M, Miller JR and Moon RT (2000) The Wnt/Ca^{2+} pathway: a new vertebrate Wnt signaling pathway takes shape. Trends Genet 16: 279-283

Kusaba K and Otaki JM (2009) Positional dependence of scale size and shape in butterfly wings: wing-wide phenotypic coordination of color-pattern elements and background. J Insect Physiol 55: 174-182

Lee J, Ishihara A, Oxford G, Johnson B and Jacobson K (1999) Regulation of cell movement is mediated by stretch-activated calcium channels. Nature 400: 382-386

Mahdi SHA, Gima S, Tomita Y, Yamasaki H and Otaki JM (2010) Physiological characterization of the cold-shock-induced humoral factor for wing color-pattern changes in butterflies. J Insect Physiol 56: 1022-1031

Mahdi SHA, Yamasaki H and Otaki JM (2011) Heat-shock-induced color-pattern changes of the blue pansy butterfly *Junonia orithya*: Physiological and evolutionary implications. J Therm Biol 36: 312-321

Mandelbroit BB (1983) The fractal geometry of nature. Revised edn. W. H. Freeman, New York

Martin A and Reed RD (2014) *Wnt* signaling underlies evolution and development of the butterfly wing pattern symmetry systems. Dev Biol 395: 367-378

Meinhardt H (1982) Models of biological pattern formation. Academic Press, London

Meinhardt H (2009) The algorithmic beauty of sea shells. 4th edn. Springer, New York

Meinhardt H and Gierer A (1974) Applications of a theory of biological pattern formation based on lateral inhibition. J Cell Sci 15: 321-346

Meinhardt H and Gierer A (2000) Pattern formation by local self-activation and lateral inhibition. BioEssays 22: 753-760

Monteiro A (2008) Alternative models for the evolution of eyespots and of serial homology on lepidopteran wings. BioEssays 30: 358-366

Monteiro A (2014) Origin, development, and evolution of butterfly eyespots. Annu Rev Entomol 60: 253-271

Monteiro A, French V, Smit G, Brakefield PM and Metz JA (2001) Butterfly eyespot patterns: evidence for specification by a morphogen diffusion gradient. Acta Biotheor 49: 77-88

Monteiro A, Prijs J, Bax M, Hakkaart T and Brakefield PM (2003) Mutants highlight the modular control of butterfly eyespot patterns. Evo Dev 5: 180-187

Monteiro A, Glaser G, Stockslager S, Glansdorp N and Ramos D (2006) Comparative insights into questions of lepidopteran wing pattern homology. BMC Dev Biol 6: 52

Monteiro A, Chen B, Ramos D, Oliver JC, Tong X, Guo M, Wang W-K, Fazzino L and Kamal F (2013) *Distal-less* regulates eyespot patterns and melanization in *Bicyclus* butterflies. J Exp Zool B Mol Dev Evol 320: 321-331

Nadeau N, Pardo-Diaz C, Whibley A et al (2016) The gene *cortex* controls mimicry and crypsis in butterflies and moths. Nature 534: 106-110

Nijhout HF (1978) Wing pattern formation in lepidoptera: a model. J Exp Zool 206: 119-136

Nijhout HF (1980a) Pattern formation on lepidopteran wings: determination of an eyespot. Dev Biol 80: 267-274

Nijhout HF (1980b) Ontogeny of the color pattern on the wings of *Precis coenia* (Lepidoptera: Nymphalidae). Dev Biol 80: 275-288

Nijhout HF (1981) The color patterns of butterflies and moths. Sci Am 254: 145-151

Nijhout HF (1984) Colour pattern modification by coldshock in Lepidoptera. J Embryol Exp Morphol 81: 287-305

Nijhout HF (1985) Cautery-induced colour patterns in *Precis coenia* (Lepidoptera: Nymphalidae). J Embryol Exp Morphol 86: 191-203

Nijhout HF (1990) A comprehensive model for color pattern formation in butterflies. Proc R Soc London B 239: 81-113

Nijhout HF (1991) The development and evolution of butterfly wing patterns. Smithsonian Institution Press, Washington

Nijhout HF (1994) Symmetry systems and compartments in Lepidopteran wings: the evolution of a patterning mechanism. Development 1994 Suppl: 225-233

Nijhout HF (2001) Elements of butterfly wing patterns. J Exp Zool 291: 213-225

Ohno Y and Otaki JM (2012) Eyespot colour pattern determination by serial induction in fish: Mechanistic convergence with butterfly eyespots. Sci Rep 2: 290

Ohno Y and Otaki JM (2015a) Live cell imaging of butterfly pupal and larval wings in vivo. PLoS One 10: e0128332

Ohno Y and Otaki JM (2015b) Spontaneous long-range calcium waves in developing butterfly wings. BMC Dev Biol 15: 17

O'Neil RG and Heller S (2005) The mechanosensitive nature of TRPV channels. Pflügers Arch 451: 193-203

Otaki JM (1998) Color-pattern modifications of butterfly wings induced by transfusion and oxyanions. J Insect Physiol 44: 1181-1190

Otaki JM (2007) Reversed type of color-pattern modifications of butterfly wings: a physiological mechanisms of wing-wide color-pattern determination. J Insect Physiol 53: 526-537

Otaki JM (2008a) Physiologically induced color-pattern changes in butterfly wings: mechanistic and evolutionary implications. J Insect Physiol 54: 1099-1112

Otaki JM (2008b) Phenotypic plasticity of wing color patterns revealed by temperature and chemical applications in a nymphalid butterfly *Vanessa indica*. J Therm Biol 33: 128-139

Otaki JM (2008c) Physiological side-effect model for diversification of non-functional or neutral traits: a possible evolutionary history of *Vanessa* butterflies (Lepidoptera, Nymphalidae). Trans Lepid Soc Jpn 59: 87-102

Otaki JM (2009) Color-pattern analysis of parafocal elements in butterfly wings. Entomol Sci 12: 74-83

Otaki JM (2011a) Generation of butterfly wing eyespot patterns: a model for morphological determination of eyespot and parafocal element. Zool Sci 28: 817-827

Otaki JM (2011b) Color-pattern analysis of eyespots in butterfly wings: a critical examination of morphogen gradient models. Zool Sci 28: 403-413

Otaki JM (2011c) Artificially induced changes of butterfly wing colour patterns: dynamic signal interactions in eyespot development. Sci Rep 1: 111

Otaki JM (2012a) Colour pattern analysis of nymphalid butterfly wings: revision of the nymphalid groundplan. Zool Sci 29: 568-576

Otaki JM (2012b) Structural analysis of eyespots: dynamics of morphogenic signals that govern elemental positions in butterfly wings. BMC Syst Biol 6: 17

Otaki JM and Yamamoto H (2004a) Species-specific color-pattern modifications of butterfly wings. Dev Growth Differ 46: 1-14

Otaki JM and Yamamoto H (2004b) Color-pattern modifications and speciation in butterflies of the genus *Vanessa* and its related genera *Cynthia* and *Bassaris*. Zool Sci 21: 967-976

Otaki JM, Ogasawara T and Yamamoto H (2005a) Morphological comparison of pupal wing cuticle patterns in butterflies. Zool Sci 22: 21-34

Otaki JM, Ogasawara T and Yamamoto H (2005b) Tungstate-induced color-pattern modifications of butterfly wings are independent of stress response and ecdysteroid effect. Zool Sci 22: 635-644

Otaki JM, Kimura Y and Yamamoto H (2006) Molecular phylogeny and color-pattern evolution of *Vanessa* butterflies (Lepidoptera, Nymphalidae). Trans Lepid Soc Jpn 57: 359-370

Otaki JM, Hiyama A, Iwata M and Kudo T (2010) Phenotypic plasticity in the range-margin population of the lycaenid butterfly *Zizeeria maha*. BMC Evol Biol 10: 252

Sato M, Suzuki T and Nakai Y (2013) Waves of differentiation in the fly visual system. Dev Biol 380: 1-11

Schlichting K and Dahmann C (2008) Hedgehog and Dpp signaling induce cadherin Cad86C expression in the morphogenetic furrow during *Drosophila* eye development. Mech Dev 125: 712-728

Schwanwitsch BN (1924) On the ground plan of wing-pattern in nymphalid and certain other families of rhopalocerous Lepidoptera. Proc Zool Soc London 34: 509-528

Serfas MS and Carroll SB (2005) Pharmacologic approaches to butterfly wing patterning: sulfated polysaccharides mimic or antagonize cold shock and alter the interpretation of gradients of positional information. Dev Biol 287: 416-424

Simonsen TJ and Kristensen NP (2003) Scale length/wing length correlation in Lepidoptera (Insecta). J Nat History 37: 673-679

Sondhi KH (1963) The biological foundations of animal patterns. Q Rev Biol 38: 289-327

Süffert F (1927) Zur vergleichende Analyse der Schmetterlingsaeinchnung. Biol Zentralbl 47: 385-413

Taira W and Otaki JM (2016) Butterfly wings are three-dimensional: pupal cuticle focal spots and their associated structures in *Junonia* butterflies. PLoS One 11: e0146348

Taira W, Kinjo S and Otaki JM (2015) The marginal band system in the nymphalid butterfly wings. Zool Sci 32: 38-46

Teng X and Toyama Y (2011) Apoptotic force: active mechanical function of cell death during morphogenesis. Dev Growth Differ 53: 269-276

Toyama Y, Peralta XG, Wells AR, Kiehart DP and Edwards GS (2008) Apoptotic force and tissue dynamics during *Drosophila embryogenesis*. Science 321: 1683-1686

Tracey WD Jr, Wilson RI, Laurent G and Benzer S (2003) painless, a *Drosophila* gene essential for nociception. Cell 113: 261-273

van't Hof AE, Campagne P, Rigden DJ, Yung CJ, Lingley J, Quail MA, Hall N, Darby AC and Saccheri IJ (2016) The industrial melanism mutation in British peppered moths is a transposable element. Nature 534: 102-105

Zhang L and Reed RD (2016) Genome editing in butterflies reveals that *spalt* promotes and *Distal-less* represses eyespot colour patterns. Nat Commun 7: 11760

III 部
斑紋の発生遺伝学

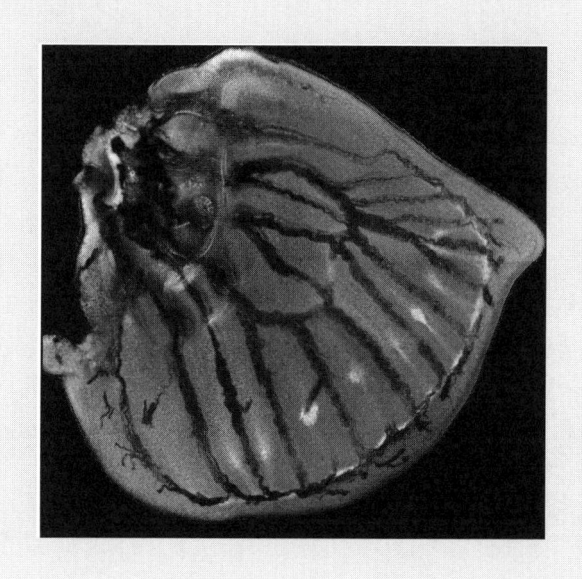

アメリカタテハモドキ *Junonia coenia* の翅原基における *Distal-less (Dll)* 遺伝子発現パターン
(Robert D. Reed 博士 (Cornell University) のご厚意による).

8 章
鱗翅目におけるゲノム編集ツール CRISPR/Cas9 の実践ガイド

Linlin Zhang
Robert D. Reed
（翻訳：近藤勇介）

要　約

　ゲノム編集ツール CRISPR/Cas 9 は多くの生物で遺伝子の機能解析に革命を起こし，新たなモデル系の創出に大きな影響を与えている．本章では実験デザインから遺伝型の決定 (以下，ジェノタイピング) までのゲノム編集の過程全体で，実践的なアドバイスを与えることに主眼をおき，鱗翅目の研究への CRISPR/Cas9 の適用に関する最近の進展をまとめる．私たちはオワンクラゲ由来の緑色蛍光色素タンパク質 (green fluorescent protein; GFP) をチョウのゲノムの標的配列に挿入 (ノックイン) することができたので，その詳細についても解説する．最後に，鱗翅目での長領域欠損 (long deletion) を導入する完全かつ詳細な方法について紹介する．

キーワード

　ゲノム編集 (genome editing)，鱗翅目 (Lepidoptera)，チョウ (butterfly)，翅模様 (wing pattern)，ノックイン (knock-in)，エボデボ (evo-devo)．

8-1　はじめに

　鱗翅目は昆虫のなかで10%を占める大きな分類群の一つである．この分類群には農業害虫や農業資材昆虫，科学的に重要な昆虫が多く属している．しかし，鱗翅目は重要で面白い材料であるにもかかわらず，遺伝子を巧みに操るための定まった方法がないことに不満を抱いていた．ここ 10 年ほどの間に，特に，カイコ (*Bombyx mori*) でトランスポゾンの転移 (Tamura et al., 2000) や zinc-finger nuclease (ZFN) (Takasu et al., 2010; Merlin et al., 2013)，

TALEN (Takasu et al., 2013; Markert et al., 2016) を利用した遺伝子導入 (トランスジェネシス) や標的遺伝子の機能欠損 (ノックアウト) を行った研究が報告されている．しかし，これらは技術的にチャレンジングな方法だったため，広くは適用されてこなかった．一般的に，鱗翅目は他の分類群と比べて，いくつかの特有な問題点がある．遺伝子導入を行ううえで重大な問題点の一つは多くの鱗翅目が近親交雑に弱く，そのため，たびたび実験系統の維持が困難になることである．他にも，鱗翅目は RNA 干渉 (RNA interference; RNAi) (完全変態昆虫，不完全変態昆虫の両方で遺伝子の機能解析を劇的に進展させた手法) が通常のようには効かない点があげられる (Terenius et al., 2011; Kolliopoulou and Swevers, 2014).

　鱗翅目で遺伝子操作を行ううえで直面する問題の歴史を思えば，ここ数年にわたって，CRISPR/Cas9 による高効率のゲノム編集を検証した研究の数々を目の当たりにすると，とても興奮する．私たちのグループは，2014 年にチョウ類の翅模様形成の研究にこの方法を使い始め，現在では 6 種 15 遺伝子座に対して欠損や挿入の導入に成功している．本章では，この目まぐるしく変化する分野の現状を簡単にまとめ，自分の研究にこの技術を使いたい人たちへ実践的なアドバイスを与える．

8-2　鱗翅目での CRISPR/Cas9 によるゲノム編集の実例

　2013 年から 2017 年の始めまでの間に，鱗翅目では CRISPR/Cas9 を適用した 22 の研究が発表された (表 8-1)．初期の論文は 2013 年から 2014 年にかけて発表されており，全てがカイコに関する論文であった (Wang et al., 2013; Ma et al., 2014; Wei et al., 2014)．これらの研究では，注射や飼育，ジェノタイピングなど，それまでにカイコの研究者たちが開発した手法を用いた．知る限りにおいて，Wang et al. (2013) が鱗翅目で CRISPR/Cas9 によるゲノム編集に関する初めての論文を発表し，そのなかで三つの重要な先例を作った．一つ目に，single guide RNA (sgRNA) を Cas9 タンパク質の mRNA と混ぜて産卵直後の卵 (初期胚) に注射する手順を構築した．以降の研究で多かれ少なかれこの手順に似た方法が使われている．二つ目に，2 種類の sgRNA を混ぜて注射して，長大な欠損を引き起こせることを示した．この点で，3.5 kb の欠損を引き起こせたことは，鱗翅目で長い欠損の導入が可能であることを示

表 8-1　鱗翅目における CRISPR

種　　名	引用文献	ノックイン/ ノックアウト	ノックアウト の方法
カイコ *Bombyx mori*	Wang et al., 2013	ノックアウト	小規模 indel & 長領域欠損
	Ma et al., 2014	ノックアウト/ イン	小規模 indel
	Wei et al., 2014	ノックアウト	小規模 indel & 長領域欠損
	Liu et al., 2014	ノックアウト	小規模 indel
	Zhu et al., 2015	ノックアウト/ イン	小規模 indel
	Ling et al., 2015	ノックアウト	長領域欠損
	Li et al., 2015	ノックアウト	長領域欠損
	Xin et al., 2015	ノックアウト	小規模 indel
	Zhang et al., 2015	ノックアウト	長領域欠損
	Zeng et al., 2016	ノックアウト	小規模 indel
オオタバコガ *Helicoverpa armigera*	Khan et al., 2017	ノックアウト	小規模 indel
ナミアゲハ *Papilio xuthus*	Li et al., 2015	ノックアウト	小規模 indel & 長領域欠損
	Zhang et al., 2017	ノックアウト	長領域欠損
	Perry et al., 2016	ノックアウト	長領域欠損
ヒメアカタテハ *Vanessa cardui*	Zhang and Reed, 2016	ノックアウト	長領域欠損
	Zhang et al., 2017	ノックアウト	長領域欠損
	Perry et al., 2016	ノックアウト	長領域欠損
アメリカタテハモドキ *Junonia coenia*	Zhang and Reed, 2016	ノックアウト	長領域欠損
	Zhang et al., 2017	ノックアウト	長領域欠損
アフリカヒメジャノメ *Bicyclus anynana*	Zhang et al., 2017	ノックアウト	長領域欠損
	Beldade and Peralta, 2017	ノックアウト	NA
オオカバマダラ *Danaus plexippus*	Markert et al., 2016	ノックアウト	小規模 & 長領域欠損

によるゲノム編集事例の比較

注射したもの	標的遺伝子	変異検出法	モザイク率 (%)	生殖細胞への導入
Cas9 mRNA & sgRNA	*BLOS2*	PCR と電気泳動	94 - 100	有
Cas9 & gRNA の プラスミド	*ku70*	制限酵素 T7E1	16.8 - 30.3	有
Cas9 mRNA & sgRNA	*ok/KMO/TH/tan*	シーケンシング	16.7 - 35.0	有
Cas9 & gRNA の プラスミド	*Th/re/fl/yel-e/kynu/e*	制限酵素 T7E1	5.7 - 18.9	無
Cas9 & gRNA をコード したベクター	*Ku70/Ku80/Lig IV/ XRCC4/XLF*	制限酵素 T7E1	20 - 80	無
Cas9 mRNA & sgRNA	*awd/fng*	PCR と電気泳動	40 - 61	無
Cas9 mRNA & sgRNA	*EO*	PCR と電気泳動	60.60	無
Cas9 mRNA & sgRNA	*sage*	シーケンシング	46.67	有
Cas9 mRNA & sgRNA	*wnt1*	制限酵素 T7E1	42.5 - 90.6	無
Cas9 mRNA & sgRNA	*GFP/BLOS2*	制限酵素 T7E1	NA	有
Cas9 mRNA & sgRNA	*w/st/bw/ok*	制限酵素 T7E1	NA	有
Cas9 mRNA & sgRNA	*Abd-B/e/fz*	制限酵素 T7E1	18.33 - 90.85	無
Cas9 protein & sgRNA	*y*	NA	83.33	無
Cas9 protein & sgRNA	*y/ss*	シーケンシング	NA	無
Cas9 protein & sgRNA	*Ddc/Dll/spalt*	PCR と電気泳動	51.7 - 56	無
Cas9 protein & sgRNA	*y/b/e/yel-d*	PCR と電気泳動	42 - 80	無
	y/ss	シーケンシング	NA	無
Cas9 protein & sgRNA	*Dll/spalt*	PCR と電気泳動	33 - 41	無
Cas9 protein & sgRNA	*Ple/e*	NA	27 - 42	無
Cas9 mRNA/protein & sgRNA	*y/e*	制限酵素 T7E1	31 - 72	無
NA	*Ddc/e*	NA	NA	無
Cas9 mRNA & sgRNA	*cry2/clk*	Cas9 タンパク質 による *in vitro* で の切断	57.9 - 61.5	有

す重要な初期の指標となった．三つ目に，彼らは欠損が安定的な系統を生み
だせるほど高い効率で生殖系列に導入できることを示した．

　Wang et al. (2013) の後，それに次ぐ重要な技術的な進歩の一つが Ma et al.
(2014) によってもたらされた．彼らは Cas9 によって切断される場所の前後 1
kb 以下の相同領域 (homology arm; 以下，ホモロジーアーム) を用い，赤色
蛍光色素タンパク質 (*Discosoma* sp. red fluorescent protein; DsRed) を組み込
んだドナープラスミドを使ってノックインを成功させた．その翌年には，Zhu
et al. (2015) がカイコ卵巣由来の培養細胞 BmN4 で，CRISPR/Cas9 による
ノックインを利用して，*BmTUDOR-SN* 遺伝子へエピトープタグ (epitope tag-
ging) を付加することに成功した．残念ながら，鱗翅目でのノックインの事例
は，後述する新しいデータ以外にこの 2 例しかない．カイコ以外での
CRISPR/Cas9 によるゲノム編集の最初の報告は Li et al. (2015) の発表で，ナ
ミアゲハ (*Papilio xuthus*) の 3 遺伝子に欠損を誘導した．この事例は Wang et
al. (2013) がカイコで行った基本的手法が，鱗翅目の他の種に対して適用で
き，カイコのときと同程度の高い効果があることを示した重要な成果である．
次に，カイコで 18 kb に及ぶ長領域欠損の導入を含む，さらに特筆すべき二

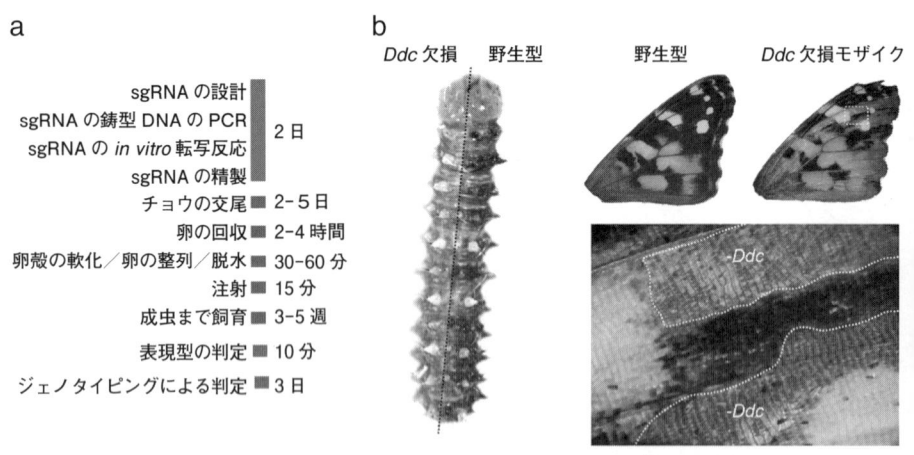

図 8-1　チョウ類で CRISPR/Cas9 によるノックアウトモザイク個体 (G₀) を得られるまでの
日程と結果．(a)　CRISPR/Cas9 をチョウ類の卵に注射し，変異が得られるまでの作業工程
と日程．(b)　メラニン色素合成遺伝子 *Ddc* をノックアウトした幼虫と成虫の体細胞モザイ
ク個体の表現型 (口絵参照)．

つの技術的な進歩が Zhang et al. (2015) によってもたらされた．この 18 kb の長領域欠損は鱗翅目で最も長く，ショウジョウバエのどの事例よりも長いと思われる．そして，Cas9 mRNA のかわりに Cas9 の組換えタンパク質を直接注射している (Zhang and Reed, 2014; Perry et al., 2016)．これはかなり単純化したゲノム編集作業のプロトコルにおける重要な改善点である．

　私たちは翅の模様形成の研究を通して，先に述べた研究事例に記されている手法をいろいろと試し，多くの種でこれらの手法を適用するという有意義な経験を積んできた．現在，長領域欠損の導入を日々行っており，非常に多くの結果を得ている．2016 年の終わりの時点で，6 種のチョウ類と 2 種のガ類［ヒメアカタテハ (*Vanessa cardui*)，アメリカカタテハモドキ (*Junonia coenia*)，アフリカヒメジャノメ，ナミアゲハ，エラートドクチョウ (*Heliconius erato*)，ヒョウモンドクチョウ (*Agraulis vanillae*)，カイコ，ノシメマダラメイガ (*Plodia interpunctella*)］に対して，卵への注射方法の物理的な側面を若干改良するだけで CRISPR/Cas9 の適用に成功している．また，詳細は後述するが，効率は低いながらも Zhu et al. (2015) と同様に蛍光タンパク質遺伝子のノックインによるエピトープタグの付加にも成功している．以下に最も時間とコストのうえで効率的で，かつ多種間で適用可能な CRISPR/Cas9 の手法 (図 8-1a) について述べる．

8-3　実験デザイン

8-3-1　欠　損

　遺伝子の機能欠損 (loss-of-function) 変異は Cas9 タンパク質によるゲノムの二本鎖切断 (double strand break; DSB) が起こり，非相同末端結合 (non-homologous end joining; NHEJ) によって誘導される．鱗翅目では 1 種類の sgRNA によって数塩基の挿入・欠損 (insertion/deletion; indel) を誘導する戦略と，2 種類の sgRNA によって長領域欠損を誘導する戦略がともに採用されている (表 8-1)．現在，ポリメラーゼ連鎖反応 (polymerase chain reaction; PCR) とアガロースゲル電気泳動によって迅速なスクリーニングや変異のジェノタイピングが簡単に行えるため，主に 2 種類の sgRNA を用いた長領域欠損の導入を行っている．1 カ所の切断による小規模な挿入・欠損では変異が小さすぎて，通常のアガロースゲル電気泳動では検出が容易でない．しかし，2

種類の sgRNA による欠損は数十から数千塩基対になり，アガロースゲル電気
泳動で簡単に変異判別できる．sgRNA の標的配列は，Web ツール CasBLAS-
TR (http://www.casblastr.org/) を使用し，標的領域のいずれかの鎖から
GGN$_{18}$NGG もしくは N$_{20}$NGG のモチーフを探索することで簡単に選定でき
る．経験上，互いの sgRNA の向きは 2 種類の sgRNA による長領域欠損実験
の効率に大きな影響を与えないと思われる．もし，リファレンスゲノムが利
用できるのであれば，オフターゲット効果[訳注 1]を生みだす複数の結合場所が
ゲノム上にないことを確認するために，sgRNA の候補配列に対して相同性検
索 (basic local alignment search tool; BLAST) を行うとよい．通常，使用して
いる注入溶液は 200 ng/μl の Cas9 と各 sgRNA 100 ng/μl が入っている．この
濃度で注射すると効果はより大きくなる傾向を示し，変異によって致死にな
る可能性の低い遺伝子座に適している．変異を導入することでより有害な影
響を与えてしまう標的遺伝子の場合，より少なく小さなクローンを誘導する
ために，Cas9/sgRNA の量を減らし，より遅い胚期に注射することを薦める．
実際に，Cas9 タンパク質 20 ng/μl と sgRNA を 50 ng/μl 程度の低い濃度の
溶液を使用して数種のチョウにモザイク変異 (図 8-1b) を導入できている．

8-3-2　挿　入

　CRISPR/Cas9 に標的配列特異的に誘導された DSB は相同組換えによる
DNA 修復機構 (homology directed recombinatiom repair; HDR) によって正確
に修復される．HDR 経路は元々あるゲノム領域と相同なドナー配列を置き換
えることができ，標的とするゲノム上の遺伝子座に外来の DNA 配列をノック
インすることが可能である．知る限りにおいて，鱗翅目ではこの手法によって
ノックインを成功させた例はわずか 2 例で，ともにカイコで行われている (Ma
et al., 2014; Zhu et al., 2015)．そこで，この手法がチョウ類でも実現可能なのか
を確かめるために，ヒメアカタテハの DOPA 脱炭酸酵素 (*DOPA decarboxylase*;
DDC，本章では *Ddc*) 遺伝子座に，EGFP をコードする配列をインフレーム[訳注 2]
で挿入してみた．このときに，*EGFP* 配列と，Cas9 による切断サイトに隣接
する内在性配列に一致するホモロジーアームの両方をもつドナープラスミド

訳注 1）本来の標的とは異なる，非特異的な切断を引き起こすこと．
訳注 2）フレームがずれないようにすること．

を用いた (図 8-2a). 図 8-2b で示したように, EGFP の蛍光が変異体幼虫の一部の細胞系列 (クローン) で見られた. さらに, 挿入した *EGFP* の接続部分の 5′末端, 3′末端側に設計したプライマーで PCR 解析を行うと, 変異体では明瞭なバンドが見られたが, 野生型では見られなかった (図 8-2c). この結果は 500 bp 以下のホモロジーアームをもつドナー DNA が, 正確なインフレームでのノックインに十分であることを示した. NHEJ 経路による高効率ノックアウト (ヒメアカタテハの場合, *Ddc* 遺伝子への欠損ノックアウト率 69%, Zhang and Reed, 2016) と比較して, HDR 経路を利用したノックインは 3% 以下と非常に低かった. カイコで NHEJ 経路の因子をノックアウ

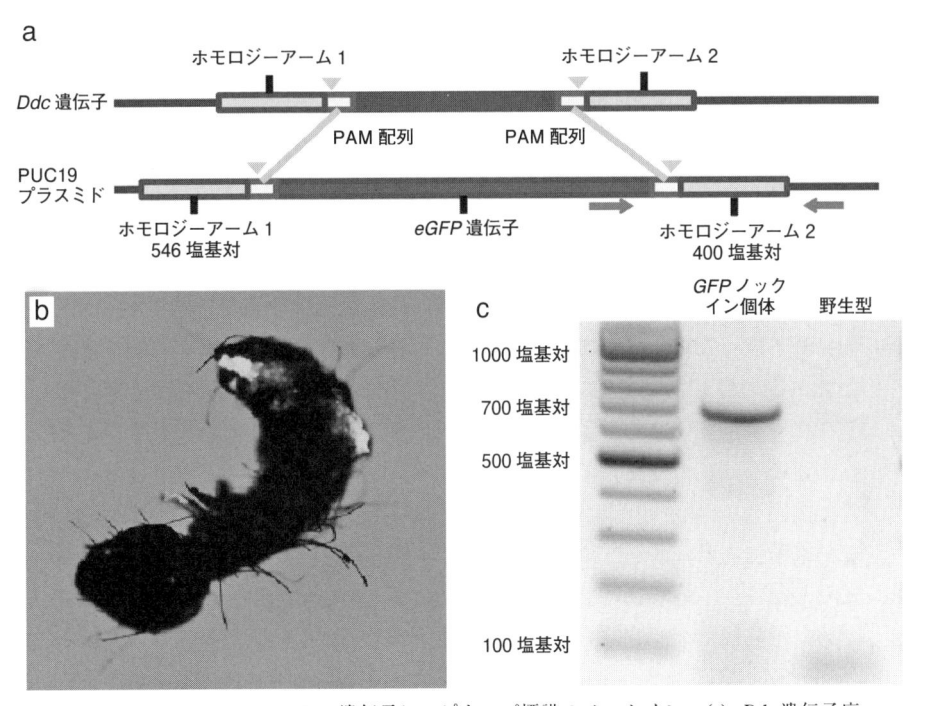

図 8-2　ヒメアカタテハの *Ddc* 遺伝子にエピトープ標識のノックイン. (a) *Ddc* 遺伝子座と, ホモロジーアームをもつ EGFP コード領域が組み込まれたドナーコンストラクトの, 概略図とジェノタイピング用のプライマーの位置. PAM 配列を黄色, 切断サイトを黄矢頭, プライマーの位置を赤矢印で示す. (b) 蛍光顕微鏡下で強い EGFP 蛍光がモザイク状に見られたノックイン個体. (c) (a) で示したプライマーを用いた PCR 解析によって *Ddc* 遺伝子のコード領域に EGFP の挿入が確認された (口絵参照).

トすると，HDR 経路が促進され，遺伝子ターゲッティングの効率を高めることが示されている (Ma et al., 2014; Zhu et al., 2015)．また，Cas9 による相同配列を必要としないノックインの手法がゼブラフィッシュ (Auer et al., 2014) やヒト細胞 (He et al., 2016) で高い効率を示している．このことは NHEJ 修復機構が鱗翅目でドナー DNA のノックインを改善する代替戦略をもたらすかもしれない．

8-4　胚への注射

　新たな種に CRISPR/Cas9 を適用するときに，直面する最大の技術的な問題が注射の方法の最適化である．主な理由は，種間でガラス針の刺しやすさや内部圧力，注射後の逆流など，注射時の機械的反応が全く異なるからである．

8-4-1　注射用のガラス針

　適切なガラス針の形状は鱗翅目の卵への注射を成功させるために重要である．経験上，ドクチョウ属 (*Heliconius*) のようないくつかの分類群の卵は，殻が柔らかく，さまざまな形状のガラス針で注射してもほとんど問題ない．しかし，多くの鱗翅目は殻が硬く，内部圧力の高い卵をもっている．そのため，このような卵にとって重要なことは，硬い殻を突き通せるほど強く，圧力平衡の弱くない，または胚を破壊しない程度の径のガラス針を作製することである．例えば，ガラス針は長細くしすぎると硬い卵の殻に刺すときに壊れやすく，目詰まりしやすい．反対に，ガラス針の内径を大きくしすぎると注射する際に圧力が掛かりにくくなったり，逆流しやすくなったりする．そこで，図 8-3a に示したような短く鋭いガラス針の形状にすることを薦める．この形状であればかなり硬い殻であっても突き刺すことができ，比較的目詰まりがなく，圧力も逃げない．最初にこのような形状のガラス針を作製するために電熱線でガラス管を熱して，重力を利用して引っ張るタイプのプラー (puller) を使用したが，うまくいかなかった．そこで，ガラスの伸長速度を設定できるプラー (Sutter Instrument 製 P-97) を使用して，絶妙な形状のガラス針を作製している．現在，主に Sutter Instrument 製のガラス管 (0.5 mm 炎研磨ガラスキャピラリー) の針を使用している．装置やフィラメントによって設定は若干変わるが，設定条件をシングルサイクルプログラム，HEAT を 537,

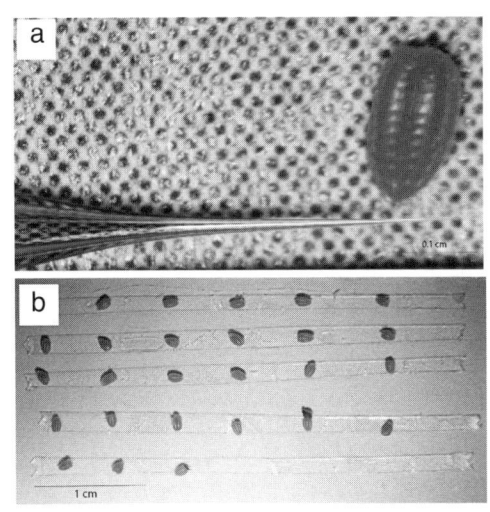

図 8-3　チョウの胚への注射に使用するガラス針の形状と整列させた卵．(a) 注射用のガラス針の先端の形状は鋭角になっており，開口部は比較的大きい．ここでは推奨するガラス針とドクチョウ属の卵を並べる．(b) 注射直前のドクチョウ属の卵を両面テープの上に並べた様子．

PULL 強度を 77，VELOSITY (伸長速度) を 16，TIME モード (冷却時間) を 60 としている．これらのパラメータのなかで，HEAT の値は装置ごとに決まっている RAMP の値を基に調整しなければならない (プラーが違うと同じ設定でも微妙にガラス針の形状が変わることがある)．図 8-3a に示したような短く鋭いガラス針を作製できるように，私たちの設定を基準として用いるとよい．

8-4-2　卵の処理

　卵の処理も分類群によって異なる．ドクチョウ属やヒョウモンドクチョウ属 (*Agraulis*)，オオカバマダラ属 (*Danaus*) など殻の柔らかい種では，スライドガラスの上に回収したばかりの卵を両面テープで固定して並べていき (図 8-3b)，注射する．ヒメアカタテハのような殻は比較的柔らかいが内部圧力の高い卵は，スライドガラスに並べた後，注射する前にデシケーターに 15 分間ほど入れる．簡易的に，乾燥剤を敷き詰めたシャーレを密閉して使ってもよい．アメリカカタテハモドキのような殻の硬い卵は，スライドガラスの上に並べる

前に，コリオン (卵殻) を柔らかくするために 5% 塩化ベンザルコニウム (陽イオン界面活性剤の一種) に 90 秒間浸し，水で 2 分間洗うとよい．50% 漂白溶液 (次亜塩素酸ナトリウム) での処理も試したが，この方法では孵化率が著しく低下した．卵殻を柔らかくした卵は，デシケーターに 15 分間入れてから注射するとよい．

8-4-3　注射の時期

　先行研究は全て，sgRNA と Cas9 (mRNA，タンパク質) の注射を産卵後 20 分から 4 時間で完了している．この時間帯は胚がシンシチウム[訳注 3] (syncytial) の状態にあると推測される．私たちの場合も，そのほとんどが産卵後 1-3 時間で作業を行っていた．厳密に調べたわけではないが，ヒメアカタテハの色素合成遺伝子に変異を入れた際に，産卵後早い時期 (例えば，1 時間後) に注射したほうが，産卵後遅い時期 (4 時間後) の場合よりも多くの変異クローンを作り出すことが分かった．この結果は胚期の早い時期に注射すると，遅い時期に注射した場合よりも欠損導入頻度が高くなるという過去の研究結果 (Li et al., 2015) と一致している．そこで，欠損導入実験の多くは，産卵後 1-2 時間以内に注射を行うようにしている．遺伝子座を欠損することで強い有害性や胚性致死を示すことが予想される場合，影響を低減するために注射する時期を産卵後 2-4 時間にしている．

8-4-4　卵への注射

　注射作業を行ううえで最も気をつけることは，できるだけ卵へのダメージを少なくすることである．経験上，卵へ注射するとき，ガラス針の最適な角度は 30-40° である．ヒメアカタテハの場合，卵の基部に近い側面に注射するとわずかに生存率が高くなったが，鱗翅目の場合，注射する位置はそれほど変異導入効率に影響を与えないと考えられる．そして，ガラス針に適切な正の平衡圧[訳注 4] を掛けることが，注射を成功させる重要なポイントになる．この平衡圧を，注射する溶液がガラス針の先端から漏れ出さない程度に調節するとよい．また，注射作業に入る前に，必ず注入圧と注入時間を調節し，実

訳注 3)　一つの細胞内に複数の核が存在している状態．
訳注 4)　卵の内部圧力による逆流を防ぐために，ガラス針内部に掛ける圧力．

際に注入装置のフットスイッチを踏んで溶液が出るかを目視で確認するとよい．私たちは注入装置についても二つの異なる装置を使用してみた．一つは Harvard apparatus 製 PLI-100 Pico-Injector，もう一つはナリシゲ製 IM 300 Microinjector である．経験上，PLI-100 Pico-Injector のほうが平衡圧を微調整しやすく，卵の内部圧力が高い種 (ヒメアカタテハやアメリカタテハモドキ) にとって重要である．IM 300 はこれらの種の卵には適していない．他にもチョウ類の卵への注射に使用される注入装置は Eppendorf 製 FemtoJet microinjector と Drummond Scientific 製 Nanoject III の二つがある．私たちが行っている注射では，殻の柔らかい卵に対して IM 300 Microinjector を使用し，注入圧 10 psi，平衡圧 0.5 psi に，ヒメアカタテハやアメリカタテハモドキのような内部圧力の高い卵に対して PLI-100 Pico-Injector を使用し，注入圧 20 psi，平衡圧 0.8 psi に設定している．注射した卵はシャーレの中でスライドガラスごと保管し，孵化したらすぐに飼育容器に移す．

8-5　体細胞モザイクの判定

　カイコではゲノム編集した遺伝子が生殖細胞系列でどう伝達するかを記述した論文がいくつかある．しかし，ほとんどの鱗翅目の研究では，体細胞モザイクである G_0 世代で遺伝子の機能欠損による表現型に着目している．ゲノム編集した系統の維持は，特定の編集したアリルをホモ接合体でもつ場合の影響を観察するのに必要であり，将来，より進んだノックインの研究では不可欠だろう．しかし，鱗翅目ではゲノム編集した系統の維持にはいくつかの課題がある．第一に，多くの興味深い遺伝子を欠損した表現型は，おそらく胚性致死になるだろう．例えば，これまで *wingless* や *Notch* のコード領域に欠損を入れた幼虫を作り出そうとして，うまくいかなかった．これらの遺伝子が昆虫の胚発生初期に不可欠な遺伝子であるため，驚くことではない．このような遺伝子座で配列の欠損を PCR とシーケンシングによって確認することはできるが，欠損を誘導した胚は全て孵化前後に死んでしまう．二番目に，ドクチョウ属やヒメアカタテハ，アメリカタテハモドキの近親交配を行ってきた経験に基づいて，または他の実験系で研究している同僚とのやり取りを通じて明らかなことは，鱗翅目が近親交雑に弱く，とても多くの個体数を維持しない限り系統があっという間に絶えてしまうだろう．そして，多くの個

体数を維持すると特定のジェノタイプをもつ個体の判別がより困難になる．室内飼育に適応している種 (lab-adapted species) では系統を維持することが可能だが，ちょっとした努力でできるわけではない．

　ゲノム編集した系統の維持とジェノタイピングが困難であることに加えて，多くの標的遺伝子で欠損が胚性致死を引き起こすため，変異を体細胞モザイクでもつ G_0 世代の表現型の分析に重点をおいている．体細胞モザイクに重点をおく明瞭な利点は 1 世代でデータを得られる点である．もう一つの利点は表現型への影響は欠損したアリルをもつ一部のクローンのみに限定され，広範囲に欠損が入ることによる有害な影響が低減する点である．メラニン色素合成に関わる遺伝子のノックアウトは表現型が明瞭であるため，注射個体の体細胞モザイクの特徴を視覚的に検証でき，とても有用である．私たちは数種類のチョウで 8 個の色素合成遺伝子の欠損導入 (Zhang et al., 2017) を行い，モザイク個体の観察についていくつかの共通の知見を得た．一つ目に，前述したような注射時期とクローンの数や大きさの間には緩い相関があることを発見した．より早い時期に高濃度の sgRNA と Cas9 を注射すると，より大きなクローンが誘導される傾向にある．定量的な実験は行っていないが，何度も繰り返し実験を行うなかでこれらは実際に一貫して見られたものであった．これは表現型の強度をおおまかにコントロールできるため重要であり，他の致死遺伝子で小さく無害なクローンを得ようとすることにおいても重要かもしれない．逆に，かなり早い時期に注射し，多面的に機能する遺伝子 (pleiotropic gene) を最小限ノックアウトすることで，翅全体などとても大きなクローンをもつ個体を得ることができた．

　体細胞モザイク個体の表現型の観察で一つ問題になるのが，「弱い」表現型の検出と判定である．現在までに公開された表現型の大半が，眼状紋のような特徴的な模様の喪失やパッチ状の変色の誘導などの，明瞭なものや自然界のばらつきの範囲をはるかに外れたものである．しかし，劇的な変化を伴う表現型や独立したクローンの境界マーカーがない場合，より小さい，もしくは極端に局所的な効果は自然界のばらつきとの区別が難しい．公表されている事例があるかは知らないが，定量的な画像解析によってこの問題に取り組むことが可能である．欠損が原因と考えられる表現型の判定は二つの主要な基準に基づいている．(1) 再現性：これは結果の信頼性を高めるために有用

である (個々の統計的推定に必要な反復数は任意で，基準はないが，通常少なくとも反復数を 3 としている)．(2) 非対称性：これは欠損による表現型を判定する最も有効な基準である．自然界のばらつきはおおむね左右対称であるため，強い非対称的表現型は，クローン性のモザイクの左右の差異によってよく説明できる．

8-6　ジェノタイピング

　ゲノム編集が適切な遺伝子座で期待どおりに起こっているかどうかを検証するために，実験個体のジェノタイピングを行う必要がある．最も簡便で確実なジェノタイピングの手法は PCR プライマーを欠損位置の近くに設計し，野生型と実験個体の PCR 産物の長さを比較することである．適切なバンドの解像度と大きな欠損の検出ができるように，ジェノタイピングの増幅産物は 1.5 kb 未満で，最も近い sgRNA サイトの少なくとも 100 bp 外側まで含めることを薦める．この手法は，2 種類の sgRNA によって誘導された長領域欠損の検出に最も適している (1 種類の sgRNA によって誘導される挿入・欠損は，通常小さすぎて PCR だけでは検出できない)．このような理由から，私たちの研究室では，主に 2 種類の sgRNA を使用して欠損を誘導している．欠損アリルの多様性や性質をより特徴づけることだけでなく，さらなる検証を行うために，これらの PCR 産物をクローニング，シーケンシングすることもできる 1 種類の sgRNA を使用する場合，表現型の異常を裏づけるために，欠損アリルをシーケンシングする必要があるだろう．挿入をジェノタイピングする場合，欠損検出と同様に，挿入先の近傍の PCR プライマーを使用するか，または片方を導入遺伝子内部に設計したものにする (例えば，図 8-2c)．

　ゲノム編集個体のジェノタイピングにおける現在の課題は，どの細胞集団にどの欠損アリルが存在するかを厳密に確認するツールがないことである．第一に，純粋な単一クローンの細胞群の単離における物理的な問題がある．知る限りにおいて，昆虫ではトランスジェニック細胞の選別手法[訳注 5]（ Böttcher et al., 2014）以外に行われていない．クローンがあると思われる部分を慎重に切除

訳注 5）フローサイトメータを用いて，GFP などの蛍光を示すトランスジェニック細胞だけを選別する手法．

しても，純粋なクローンの細胞群であるとは限らない．実際に，知る限りにおいて，特定の表現型と特定のアリルをきちんと関連づけるために開発された実践的な方法はまだない．この課題はクローンがモノアリルをもつ (monoallelic, 例えば，一つの編集したアリルをもつ) のか，バイアリルをもつ (biallelic, 例えば，二つの編集したアリルをもつ) のかをきちんと確認することも困難にしている．したがって，追加の情報なしでは遺伝子量効果[訳注 6] を推測することが困難である[訳注 7].

　先行研究では，欠損表現型の細胞を含む組織 (例えば，胚全体) から編集したアリルの DNA 配列を単離，提示している．しかし，その組織サンプルには，おそらくモノアリル，またはバイアリルのどちらかをもつ複数のクローンが含まれるため，それらの研究で各アリルとクローンを厳密に結び付けていない．特定のクローンのジェノタイピングにおける第二の課題は，翅の鱗粉を含む成虫のクチクラ構造のような，特に興味をもっている組織が，長い増幅産物で簡単にジェノタイピングするための，十分なクオリティのゲノム DNA をもっていない点である．そのため，特定のクローン集団を選別するための方法を利用できるようになったとしても，一部の組織では限界があるだろう．上記した課題から，これまでに行われてきたジェノタイピングの大半がゲノム編集の正確性や効率などの実験手法を検証するものであり，必ずしも特定のアリルがクローンの表現型の原因であるか，を裏づけるものではないことを理解してもらえればと思う．

8-7　今後の展望

　全ての生物学分野と同様に，CRISPR/Cas9 によるゲノム編集は鱗翅目における遺伝学研究を急速に発展させている．現在，研究室内で飼育できる種であればどんな種でも，短期間かつ安価に，狙った位置へ長い欠損の誘導をとても簡単に行える．

　今日までに発表された論文では遺伝子のコード領域に欠損を誘導すること

訳注 6）遺伝子のコピー数の増減が表現型に与える影響．遺伝子がヘテロ接合体 (コピー数 1) の場合とホモ接合体 (コピー数 2) の場合で，表現型に差異が生じることがある．
訳注 7）異常な表現型はバイアリルをもつクローンだけで出現するのか，モノアリルをもつクローンでも出現するのかを立証できないこと．

に主眼をおいていた．しかし，私たちは長領域欠損の手法を非コード領域にある制御領域，特に，ChIP-seq (Lewis et al., 2016) のような方法によって，高解像度で機能的なアノテーションが行われたシスエレメント(cis-regulatory element; CRE) の機能解析にも，適用できると大いに期待している．ここや他でも紹介されているパイロット研究は，標的への挿入が同じくらい起こることを示している．このことから，タンパク質への標識やレポーターコンストラクト，組織特異的な発現コンストラクトなどの手法のさらなる開発が近いと期待される．ノックインの主な問題点はその効率の低さにあるが，NHEJ 経路によるノックインの手法 (Auer et al., 2014) のような新たな技術がノックインの効率を劇的に改善するだろう．しかし，おそらく，CRISPR 関連のゲノム編集手法について最も興奮することは，さまざまな種に簡単に適用できる汎用性である．比較生物学者にとって本当にワクワクする時代になったことを実感している．

謝　辞

　チョウ類のゲノム編集方法に関して広く議論に加わってくれた George Washington 大学の Arnaud Martin 准教授，ガラス針の作成や注射作業全般の確立に関わってくれた Cornell 大学の Joseph Fetcho 教授，論文執筆に際してさまざまな助言をしてくれた Cornell 大学の Ms. Katie Rondem に感謝申し上げる．また，この研究は United States National Science Foundation から付与された資金によって行われた (DEB-1354318).

付録

ヒメアカタテハに対する CRISPR/Cas9 ゲノム編集の詳細な例

　以下の手順は CRISPR/Cas9 ヌクレアーゼシステムを用いて，ヒメアカタテハのゲノム上に欠損を誘導するガイドラインである．このプロトコルは Reed の研究室でメラニン色素合成遺伝子 *Ddc* に欠損を誘導した際のものも含まれる (Zhang and Reed, 2016).

1. sgRNA の設計

　当初実験を始めたころはヒメアカタテハのリファレンスゲノムが利用できなかった．そのため，*Ddc* 遺伝子のコーディング領域の配列を同定するためにトランスクリ

プトームアセンブリを使用した (Zhang and Reed, 2016). *Ddc* 遺伝子の標的領域の
ゲノム配列を増幅するためにプライマー 5′-GCCAGATGATAAGAGGAGGTTAAG-3′
と 5′-GCAGTAGCCTTTACTTCCTCCCAG-3′ を設計し，ゲノム配列と cDNA 配列を
比較することで，エクソン-イントロン構造を決定した．エクソンはイントロンに比
べて保存されており，sgRNA とゲノムの標的配列がより予想どおりに一致すると考
えられるため，標的位置はエクソン内に設計することを薦める．sgRNA の設計を行
う際には GGN$_{18}$NGG，もしくは N$_{20}$NGG となる配列を DNA 配列のセンス鎖，また
はアンチセンス鎖から探す．今回の場合，DDC 酵素の機能ドメイン内の 131 bp 離
した位置，GGAGTACCGTTACCTGATGA**AGG** と **CCT**CTCTACTTGAAACACFAC-
CA (太字部は PAM 配列[訳注 8]) を標的とした．T7 プロモーター，標的配列，sgRNA
のバックボーンを含む sgRNA オリゴは市販のベクターによって合成した (Integrated
DNA Technologies, Inc.). 注意することは，CRISPR フォワードプライマーから
PAM 配列は除くことである．
　sgRNA テンプレート作製に使用したプライマーは以下のとおりである．
CRISPR フォワードオリゴ：Ddc sgRNA1：
　　GAAATTAATACGACTCACTATA**GGGATCAGCTTTCGTCTGCC**GTTTTAGAG
　　CTAGAAATAGC
Ddc sgRNA2：
　　GAAATTAATACGACTCACTATA**GGAGTACCGTTACCTGATGA**GTTTTA-
GAGCT
　　AGAAATAGC
CRISPR ユニバーサルオリゴ：
　　AAAAGCACCGACTCGGTGCCACTTTTTCAAGTTGATAACGGACTAGCCTTATT
　　TTAACTTGCTATTTCTAGCTCTAAAAC

2. sgRNA の合成

2-1　sgRNA テンプレート作製

- sgRNA のテンプレート作製には High-Fidelity DNA Polymerase PCR Mix (NEB,
  Cat No. M0530) を使用し，CRISPR フォワードオリゴとリバースオリゴを用いて，
  既存のオリゴ合成方法で行った．このとき，市販のヌクレアーゼ・フリー水 (例
  えば，DEPC-free nuclease-free water, Ambion, Cat No. AM9938) を使用することを
  薦める．

訳注 8) Cas9 タンパク質が認識し切断を引き起こす配列．

PCR 反応液の内訳		PCR プログラム
High-Fidelity DNA ポリメラーゼ PCR Mix	50 μl	98℃，30 秒
Ddc sgRNA1 または Ddc sgRNA2 (10 μM)	5 μl	35 回 (98℃，10 秒; 60℃，30 秒; 72℃，15 秒)
CRISPR ユニバーサルオリゴ (10 μM)	5 μl	72℃，10 分
ヌクレアーゼ・フリー水	40 μl	4℃，保持

- PCR 産物を MinElute PCR purification kit (Qiagen, Cat No. 28004) で精製し，15 μl のヌクレアーゼ・フリー水で溶解する．
- 精製した PCR 溶液 1 μl に 9 μl のヌクレアーゼ・フリー水を加え，電気泳動や分光光度計で純度や量などを測定する．非特異的な産物が含まれている場合，できるならば，ゲル抽出を行う．
- 予測される産物のサイズは 100 bp 前後で，予測される濃度は約 200 ng/μl になる．

2-2 *in vitro* 転写反応

- 準備した sgRNA テンプレートを T7 MEGAscript kit (Ambion, Cat. No. AM1334) で転写する．RNA を合成するときはグローブを着用し，実験台や使用する器機を洗剤で洗うことで RNase の混入を防ぐことが重要である．フィルター付きのピペットチップを使用するとピペットからの RNase の混入を防ぐことができ，より良いだろう．

in vitro 転写反応液の内訳		反応条件と精製方法
ATP	2 μl	
CTP	2 μl	37℃で 8 時間以上 (一晩)
GTP	2 μl	反応液に Turbo DNAse を 1 μl 加え，37℃で 15 分間
UTP	2 μl	
10 X リアクション・バッファー	2 μl	ddH$_2$O を 115 μl と酢酸アンモニウム 15 μl を加えて反応を停止
鋳型 DNA	2 μl	
T7 酵素混合液	2 μl	
ヌクレアーゼ・フリー水	20 μl まで加える	

- sgRNA の合成が終了したら，sgRNA を精製するために酸性 PCI (フェノール：クロロホルム：イソアミルアルコール(25：24：1)，pH 6.7，Sigma-Aldrich, Cat No. P2069) を 150 μl 加え，30 秒間撹拌する．
- 室温にて 10,000×g，3 分間遠心し，上層を新しいチューブに取る．
- RNA を沈殿させるために 4℃に冷やしたイソプロパノール (Sigma-Aldrich, Cat No. I9516) を等量 (150 μl) 加える．

- よく撹拌し，−20℃で2時間以上 (できれば8時間以上) 冷やす．
- 4℃で 17,000×g，30 分間遠心し，RNA を集めペレット状にする．
- 室温にて 0.5 ml の 70%エタノールで2回ペレット状の RNA を洗浄する．遠心は 4℃で 17,000×g，3 分間行う．
- 遠心後，液体を全て取り除き，3 分間，室温にて風乾する．
- 30 μl のヌクレアーゼ・フリー水で再溶解させる．
- 分光光度計で濃度を計測する．約 2 μg/μl の濃度になると予想される．sgRNA は −80℃で保管する．
- sgRNA の精製には MEGAclearTM Transcription Clean-Up Kit (Ambion, Cat No. AM1908) を使用してもよい．

Cas9 タンパク質

　Cas9 は通常，プラスミドや mRNA，組換えタンパク質で注射する．Cas9 の mRNA とタンパク質を試して，鱗翅目では両方とも同じくらいの変異効率を示している．しかし，安定的に結果が得られ，簡便であるため，市販の Cas9 タンパク質を使用することを薦める．

- Cas9 mRNA は線状化した MLM3613 プラスミド (Addgene plasmid 42251) から転写する．転写には mMessage mMachine T7 kit (Ambion, Cat No. AM1344) の T7 RNA polymerase を使用する．転写後，polyA 付加を polyA tailing kit (Ambion, Cat No. AM1350) で行い，Agilent Bioanalyzer などで Cas9 mRNA のサイズや純度などを確認する．留意すべき点として，Cas9 mRNA はある程度分解されてもかなり効率の良い結果が得られる．

2-3　卵への注射と生存率の算出

- チョウの飼育容器に食草の葉を入れ，2-4 時間採卵する．
- 殻の硬い卵の場合 (例えば，アメリカタテハモドキ)，5%塩化ベンザルコニウムに卵を 90 秒間浸し，流水で2分間洗う．
- 両面テープを細く切り，スライドガラスに貼り付ける．
- 筆を使って卵を両面テープの上に並べる．
- 内部圧力の高い卵 (例えば，ヒメアカタテハやアメリカタテハモドキ) の場合，並べた卵をスライドガラスごとデシケーターに 15 分間入れる．
- 注射作業の直前に Cas9 と sgRNA を混ぜる．

注射する溶液の内訳		保管条件
Cas9 mRNA もしくはタンパク質 (1 μg/μl)	1 μl	氷上で 20 分間，保管
CRISPR sgRNA1 (375 ng/μl)	1 μl	
CRISPR sgRNA2 (375 ng/μl)	1 μl	
ヌクレアーゼ・フリー水	2 μl	

- ガラス針の先端は塞がっているので先端を切り，30‐40°の角度で固定する.
- ガラス針の中に注射する溶液を 0.5 μl 充填する．注入装置によっては Eppendorf Femtotips microloader tips (Eppendorf, Cat No. E5242956003) を使用して充填する.
- 1 卵ずつ注射する.
- 一般的に，sgRNA と Cas9 タンパク質の量が多いと変異導入率は上昇するが，卵の生存率 (孵化率) は低下する.

2-4　ジェノタイピング

- CRISPR/Cas9 による *Ddc* 遺伝子のノックアウト効率を調べるために，1 齢幼虫 81 個体をランダムに調べた．CRISPR/Cas9 による異常であることを裏づけるために，Bassett et al. (2013) の方法をもとに，DNA を抽出した．通常，PCR チューブの中に幼虫 1 個体を入れ，50 μl の DNA 抽出用緩衝液 (10 mM Tris-HCl, pH 8.2, 1 mM EDTA, 25 mM NaCl, 200 $\mu g/ml$ プロテイナーゼ K) を加え，ピペットチップで 30 秒間すりつぶす．その後，37℃で 30 分間反応させ，95℃で 2 分間おくことで，プロテイナーゼ K を失活させ，PCR によるジェノタイピングのために−20℃で保管した．ジェノタイピングは成虫の脚や筋組織から抽出した DNA でも行った．脚から抽出する場合もプロテイナーゼ K をバッファーに溶かして使用した．筋組織の場合は QIAamp DNA mini Kit (Qiagen, Cat No. 51304) を使用した.
- ジェノタイピング用のプライマーは標的領域の外側に設計した．*Ddc* 遺伝子の場合，フォワードプライマーを 5′-GCTGGATCAGCTATCGTCT-3′，リバースプライマーを 5′-GCAGTAGCCTTTACTTCCTCCCAG-3′とし，野生型で 584 bp の産物となるようにした.
- PCR 反応液を下の内訳のとおりに混ぜ，反応させる．sgRNA の標的サイトが含まれている PCR 産物は野生型 (584 bp) より短くなると予想される.

ジェノタイピングの PCR 反応液の内訳		PCR プログラム
Taq DNA ポリメラーゼ PCR Mix (NEB)	12.5 μl	98℃, 1 分
ジェノタイピング用フォワードプライマー (10 μM)	1 μl	35 回 (98℃, 10 秒;
		55℃, 30 秒; 72℃, 40 秒)
ジェノタイピング用リバースプライマー (10 μM)	1 μl	72℃, 10 分
鋳型 DNA	1 μl	4℃, 保持
ヌクレアーゼ・フリー水	9.5 μl	

- ゲル抽出キット Minelute gel extraction kit (Qiagen, Cat No. 28604) で変異バンドを精製する.
- DNA リガーゼで T4 ベクターと精製した DNA 産物を連結させ，TA クローニン

グ・キット (Invitrogen, Cat No. K202020) を使用して複製，単離する．
- QIAprep ミニプレップ・キット (Qiagen, Cat No. 27104) を用いて，変異 DNA 産物をもつプラスミドを精製する．
- 欠損を確認するために精製したプラスミドをシーケンシングし，野生型の配列を比較する (Zhang and Reed, 2016 の図 1a)．

引用文献

Auer TO, Duroure K, De Cian A, Concordet JP and Del Bene F (2014) Highly efficient CRISPR/Cas9-mediated knock-in in zebrafish by homology-independent DNA repair. Genome Res 24:142-153

Bassett AR, Tibbit C, Ponting CP and Liu JL (2013) Highly efficient targeted mutagenesis of *Drosophila* with the CRISPR/Cas9 system. Cell Rep 4:220-228

Beldade P and Peralta CM (2017) Developmental and evolutionary mechanisms shaping butterfly eyespots. Curr Opin Insect Sci 19:22-29

Böttcher R, Hollmann M, Merk K, Nitschko V, Obermaier C, Philippou-Massier J, Wieland I, Gaul U and Förstemann K (2014) Efficient chromosomal gene modification with CRISPR/cas9 and PCR-based homologous recombination donors in cultured *Drosophila* cells. Nucleic Acids Res 42:e89

He X, Tan C, Wang F, Wang Y, Zhou R, Cui D, You W, Zhao H, Ren J and Feng B (2016) Knock-in of large reporter genes in human cells via CRISPR/Cas9-induced homology-dependent and independent DNA repair. Nucleic Acids Res 44:e85

Khan SA, Reichelt M and Heckel DG (2017) Functional analysis of the ABCs of eye color in *Helicoverpa armigera* with CRISPR/Cas9-induced mutations. Sci Rep 7:40025

Kolliopoulou A and Swevers L (2014) Recent progress in RNAi research in Lepidoptera: Intracellular machinery, antiviral immune response and prospects for insect pest control. Curr Opin Insect Sci 6:28-34

Lewis JJ, van der Burg KR, Mazo-Vargas A and Reed RD (2016) ChIP-Seq-Annotated *Heliconius erato* genome highlights patterns of cis-regulatory evolution in Lepidoptera. Cell Rep 16:2855-2863

Li X, Fan D, Zhang W et al (2015) Outbred genome sequencing and CRISPR/Cas9 gene editing in butterflies. Nat Commun 6:8212

Li Z, You L, Zeng B, Ling L, Xu J, Chen X, Zhang Z, Palli SR, Huang Y and Tan A (2015) Ectopic expression of ecdysone oxidase impairs tissue degenration in *Bobmyx mori*. Proc R Soc B 282:20150513

Ling L, Ge X, Li Z, Zeng B, Xu J, Chen X, Shang P, James AA, Huang Y and Tan A (2015) MiR-2 family targets awd and fng to regulate wing morphogenesis in *Bombyx mori*. RNA Biol 12:742-748

Liu Y, Ma S, Wang X et al (2014) Highly efficient multiplex targeted mutagenesis and genomic structure variation in *Bombyx mori* cells using CRISPR/Cas9. Insect Biochem Mol Biol 49:35-42

Ma S, Chang J, Wang X, Liu Y, Zhang J, Lu W, Gao J, Shi R, Zhao P and Xia Q (2014) CRISPR/Cas9 mediated multiplex genome editing and heritable mutagenesis of *BmKu70* in *Bombyx mori*. Sci Rep 4:4489 (2014).

Markert MJ, Zhang Y, Enuameh MS, Reppert SM, Wolfe SA and Merlin C (2016) Genomic access to monarch migration using TALEN and CRISPR/Cas9-mediated targeted mutagenesis. G3(Bethesda) 6:905-915

Merlin C, Beaver LE, Taylor OR, Wolfe SA and Reppert SM (2013) Efficient targeted mutagenesis in the monarch butterfly using zinc-finger nucleases. Genome Res 23:159-168

Perry M, Kinoshita M, Saldi G, Huo L, Arikawa K and Desplan C (2016) Molecular logic behind the three-way stochastic choices that expand butterfly colour vision. Nature 535:280-284

Takasu Y, Kobayashi I, Beumer K, Uchino K, Sezutsu H, Sajwan S, Carroll D, Tamura T and Zurovec M (2010) Targeted mutagenesis in the silkworm *Bombyx mori* using zinc finger nuclease mRNA injection. Insect Biochem Mol Biol 40:759-765

Takasu Y, Sajwan S, Daimon T, Uchino K, Sezutsu H, Sajwan S, Carroll D, Tamura T and Zurovec M (2013) Efficient TALEN construction for *Bombyx mori* gene targeting. PLoS One 8:e73458

Tamura T, Thibert C, Royer C et al (2000) Germline transformation of the silkworm *Bombyx mori* L. using a piggyBac transposon-derived vector. Nat Biotechnol 18:81-84

Terenius O, Papanicolaou A, Garbutt JS et al (2011) RNA interference in Lepidoptera: an overview of successful and unsuccessful studies and implications for experimental design. J Insect Physiol 57:231-245

Wang Y, Li Z, Xu J, Zeng B, Ling L, You L, Chen Y, Huang Y and Tan A (2013) The CRISPR/Cas system mediates efficient genome engineering in *Bombyx mori*. Cell Res 23:1414-1416

Wei W, Xin H, Roy B, Dai J, Miao Y and Gao G (2014) Heritable genome editing with CRISPR/Cas9 in the silkworm, *Bombyx mori*. PloS One 9:e101210

Xin HH, Zhang DP, Chen RT, Cai ZZ, Lu Y, Liang S and Miao YG (2015) Transcription factor Bmsage plays a crucial role in silk gland generation in silkworm, *Bombyx mori*. Arch Insect Biochem Physiol 90:59-69

Zeng B, Zhan S, Wang Y, Huang Y, Xu J, Liu Q, Li Z, Huang Y and Tan A (2016) Expansion of CRISPR targeting sites in *Bombyx mori*. Insect Biochem Mol Biol 72:31-40

Zhang L and Reed RD (2016) Genome editing in butterflies reveals that *spalt* promotes and *Distal-less* represses eyespot colour patterns. Nat Commun 7:11769

Zhang Z, Aslam AF, Liu X, Li M, Huang Y and Tan A (2015) Functional analysis of *Bombyx Wnt1* during embryogenesis using the CRISPR/Cas9 system. J Insect Physiol 79:73-79

Zhang L, Martin A, Perry MW, van der Burg KR, Matsuoka Y, Monteiro A and Reed RD (2017) Genetic basis of melanin pigmentation in butterfly wings. Genetics 205:1537-1550

Zhu L, Mon H, Xu J, Lee JM and Kusakabe T (2015) CRISPR/Cas9-mediated knockout of factors in non-homologous end joining pathway enhances gene targeting in silkworm cells. Sci Rep 5:18103

9 章
ドクチョウ属の翅パターンに関する遺伝学的研究から適応について何が分かるのか？

Chris D. Jiggins
（翻訳：依田真一）

要　約

　Heliconius (ドクチョウ属) の翅パターンは，自然界での強い淘汰のもとで適応してきた形質である．遺伝学的研究で扱いやすく，長年にわたり進化遺伝学的の解析において着目されてきた．初期の交配実験による遺伝学的研究から，翅の斑紋パターンに影響を与えるメンデル遺伝子座 (Mendelian locus) の多くが明らかになった．近年発展した遺伝子マーカーによってこれらの研究は統合され，ごく少数の主要遺伝子座での対立遺伝子のバリエーションが，*Heliconius* の放散のほとんどを制御することが明らかになってきた．遺伝子座のいくつかは密接に連鎖した配列因子を含んでいて表現型のさまざまな側面を制御し，稀に組換えが起こることによって分離する．近年の量的解析から，主要遺伝子座の発現に影響を与える，軽微な作用をもつ遺伝子座 (minor effect locus) も特定されている．

　単一の遺伝子座が多型を作り出すヌマタドクチョウ (*Heliconius numata*) の研究は「スーパージーン (超遺伝子)」の一例であり，一つの主要遺伝子座によって多様な表現型の分離が制御されている．これは「ターナーのふるい (Turner's sieve)」というスーパー遺伝子の進化仮説を支持し，連鎖した変異が同じ遺伝子座に生じることを意味する．さらに，逆位によって生じた多型は野生集団での翅パターンのバリエーションと相関があり，スーパージーン遺伝子座での組換えが抑制されている．これは，ゲノム構造および編成が自然淘汰によって形作られるという直接的証拠である．スーパージーン遺伝子座の対立遺伝子の優劣のパターンが自然淘汰によって形成されるという証拠も存在する．擬態がもたらしてくれるものはすなわち，適応的バリエーショ

plesseni 亜種　　　　　*malleti* 亜種　　　　　*ecuadorensis* 亜種

交雑種

1 cm

図 9-1　エクアドル西部の交雑地帯 (hybrid zone) で見られる表現型．交雑地帯での変異に寄与するのは三つの両親亜種 (parental race) であり，一番上の列に示したメルポメーネドクチョウの亜種 (*H. m. plesseni, H. m. malleti, H. m. ecuadorensis*) がこれに該当する．三つの主要遺伝子座が翅パターンを制御しており，*D* 遺伝子座は赤/オレンジ色の斑紋パターンを，*Ac* 遺伝子座は前翅のバンド模様の形 (二つの斑紋かその一方) を，*Yb* 遺伝子座は前翅のバンド模様を作り出す．交配個体は全て Neukirchen Collection に由来する (口絵参照)．

ンを制御する遺伝的基盤が自然淘汰によってどのようにして作り出されるのかという一つのケーススタディなのである.

　進化生物学における研究の大半は,適応的な表現型を制御する DNA 配列の変化を特定することである (図 9-1).形質を制御する遺伝子の数やアイデンティティを明確にし,生物の外見の変化につながる個々の変異が相対的にどのように寄与してきたのかを明らかにすることで,進化生物学の多くの疑問に対処することができる.それら疑問のなかには例えば,進化において大きな突然変異と小さな突然変異のどちらが重要かというような,初期の遺伝学者たちによって議論が交わされてきたものも含まれる.

　Heliconius の擬態のパターンは,過去 40 年にわたって,適応に関する遺伝的基盤を理解するうえで多大な貢献を果たしてきた.本章では,ドクチョウの鮮やかな色彩パターンの遺伝的基盤について明らかになってきたことを概観するが,そのうちのいくつかは我々が進化を理解するうえでの一助となるだろう.

キーワード

　擬態 (mimicry),ドクチョウ属 (*Heliconius*),収斂進化 (convergent evolution),入出力遺伝子 (input-output gene),発生経路 (developmental pathway),適応放散 (adaptive radiation).

9-1　赤色を制御する *optix* 遺伝子座

　Heliconius の翅パターンの遺伝において最も特徴的なのは,少数の主要遺伝子座が表現型の変化のほとんどを制御している点である (図 9-1).適応形質を制御する主要遺伝子座は他の生物でも徐々に明らかになってきているが,明確な事例はチョウの研究によって初めて示された (Nadeau and Jiggins, 2010).ただし,初期のチョウの研究例からもすでにいくつかの主要遺伝子座の存在が提唱されていた (Sheppard et al., 1985).赤色のパターンは,表現型への影響が最も大きいと思われる遺伝子座によって制御されており,分子レベルで非常によく理解されている (表 9-1).赤色遺伝子座の対立遺伝子 (alternate allele) は,転写因子の *optix* の発現を制御する調節スイッチをもっている.最も研究されている赤色パターンはこの遺伝子座によって制御され,主に三つの

形質，すなわち前翅の赤色バンド模様，後翅の赤色の放射状の斑紋 (ray pattern)，前翅の基部の斑紋に分類される．最後の形質は「Dennis」斑紋として知られ，あるチョウの個体をウィリアム・ビービが「わんぱくデニス (Dennis the Menace)」と命名したことに由来する．連鎖した遺伝子マーカーが特定されると，これらの形質の制御方法が種間で非常に類似していることが明らかになった (Baxter et al., 2008)．

　これが意味するのは，擬態種の収斂パターンが同一の遺伝的メカニズムによって制御されているということである．だが，他のパターンについてはどうだろうか？　判明しているのは，非常に多様なパターンが同一の遺伝子座によって制御されているということである．例えばこの遺伝子座は，シルヴァニフォーム (silvaniform) クレードに属するヘカレドクチョウ (*H. hecale*) やイスメニウスドクチョウ (*H. ismenius*) のオレンジ色の斑紋や (Huber et al., 2015)，キドノドクチョウ (*H. cydno*) の後翅腹側にある茶色のピンセット状のパターンも制御している (Naisbit et al., 2003; Chamberlain et al., 2011)．実際に，これまで遺伝学的に調べられてきたあらゆる種で，この遺伝子座は赤色とオレンジ色の斑紋パターン (pattern element) に対して大きな影響がある．

　optix 遺伝子座は実際には，密接に連鎖した特有の配列因子 (element) から構成されている．配列因子間の組換え価を直接的に推定することは困難であるが，稀に自然状態で組み換わることもある．例えばエラートドクチョウ (*H. erato*) では，*ray* 斑紋はあるが *dennis* 斑紋がない個体がペルーの交雑地帯 (hybrid zone) で採集され，同様の個体はメルポメーネドクチョウ (*H. melpomene*) でも知られている (Mallet, 1989)．組換えが起こった遺伝型をもつ亜種も定着しており，例えばエラートドクチョウの亜種 (*H. e. amalfreda*) やメルポメーネドクチョウの亜種 (*H. m. meriana*) には *dennis* 斑紋はあるが *ray* 斑紋がない一方で，ティマレタドクチョウの亜種 (*H. timareta timareta* f. *contigua*) は *ray* 斑紋はあるが，*dennis* 斑紋がない．近年の分子解析によって，これらの表現型では *optix* 近傍の non-coding DNA 上に存在する密接に連鎖した配列因子間が実際に組み換わっていることが確かめられた (Wallbank et al., 2016)．つまり，少なくとも三つの非常に密接に連鎖した配列因子があり，異なる赤色の斑紋を独立に制御しているのである．

表 9-1　解明されている翅のパターニング遺伝子座の概要

種	遺伝子座	表現型に及ぼす影響	引用文献
D 遺伝子座-Optix-第 18 連鎖群			
メルポメーネドクチョウ	D	Dennis 斑紋が見られる	1
	B	前翅に赤色のバンド模様が見られる	1
	R	後翅に放射状の斑紋パターンが見られる	1
	M	前翅に黄色のバンド模様が見られる	2
エラートドクチョウ	Y	前翅に黄色または赤色のバンド模様が見られる	1
	D	Dennis 斑紋が見られる	1
	R	後翅に放射状の斑紋パターンが見られる	1
	Wh	前翅に白色の斑紋パターンが見られる	1
キドノドクチョウ	Br	後翅にピンセット状の茶色の斑紋パターンが見られる	3
パキナスドクチョウ/ヘウリッパドクチョウ	G	後翅に赤色のスポットパターンが見られる	3, 4
ヘカレドクチョウ	HhBr	後翅にオレンジ色と黒色の斑紋パターンが見られる	5
イスメニウスドクチョウ	HiBr	後翅にオレンジ色と黒色の斑紋パターンが見られる	5
Yb 遺伝子座-cortex-第 15 連鎖群			
メルポメーネドクチョウ/キドノドクチョウ	Yb	後翅に黄色の棒状の斑紋パターンが見られる	1, 3
	N	前翅に黄色のバンド模様が見られる	1, 3
	Sb	後翅の辺縁部に白色の斑紋パターンが見られる	3, 5
	Vf	前翅に淡赤色のバンド模様が見られる	3
エラートドクチョウ	Cr	長方形状の淡黄色の斑紋パターンが見られる	1
ヘカレドクチョウ	HhN	前翅の辺縁部近傍にスポットパターンが見られる	6
イスメニウスドクチョウ	HiN	前翅の辺縁部近傍にスポットパターンが見られる	6
イスメニウスドクチョウ	FSpot	前翅の頂端部近傍にスポットパターンが見られる	6
イスメニウスドクチョウ	HSpot	後翅の辺縁部にスポットパターンが見られる	6
ヌマタドクチョウ	P	全ての斑紋パターンのバリエーションが見られる	7
Ac 遺伝子座-WntA-第 10 連鎖群			
メルポメーネドクチョウ/キドノドクチョウ	Ac	前翅のバンド模様の形状が変化する	1, 3
	C	前翅のバンド模様の一部に裂け目が生じる	1
	S	前翅のバンド模様が短縮する	1, 8
エラートドクチョウ	Sd	前翅の斑紋がバンド状のパターンになる	1, 9
	Sd	斑紋パターンが棒状になる	1, 9, 10
	St	前翅のバンド模様が分断される	1, 9
	Ly	前翅のバンド模様の一部に裂け目が生じる	1, 9
	Yl	前翅の黄色の斑紋がライン状のパターンになる	1, 11
ヘカレドクチョウ	HhAc	前翅の黄色の斑紋がバンド状のパターンになる	6
イスメニウスドクチョウ	HiAc	前翅の黄色の斑紋がバンド状のパターンになる	6
第 1 連鎖群			
メルポメーネドクチョウ/キドノドクチョウ	K	前翅のバンド模様において黄色と白色の色合いが変化する	3, 12
	Khw	後翅の辺縁部において黄色と白色の色合いが変化する	13
第 13 連鎖群			
メルポメーネドクチョウ	無名の新規遺伝子座	前翅のバンド模様の形状が変化する	14
エラートドクチョウ	Ro	前翅のバンド模様が丸みを帯びる	15

9-1（続き）

種	遺伝子座	表現型に及ぼす影響	引用文献
連鎖群不明			
シンポメーネドクチョウ	*Or*	オレンジ色と赤色が切り替わる	1
キノドクチョウ	*L/Wo*	前翅の白色斑紋の有無に作用する	16
キノドクチョウ/パキナスドクチョウ	*Ps*	後翅にある白色の大斑紋の前方が黒色に変化する［パキナスシャッター (Pachinus 'shutter') と呼ばれる］	17
キノドクチョウ	*Fs*	前翅にある黒色のバンド模様の位置が変化する［前翅シャッター (Forewing 'shutter') と呼ばれる］	17
キノドクチョウ	*Cs*	後翅にある白色の大斑紋が黒色に変化する［キドノシャッター (Cydno 'shutter')　と呼ばれる］	17

これまでに明らかとなった翅のパターニング遺伝子座と主要遺伝子の概要．1：Sheppard et al (1985)．2：*M* 遺伝子座は *N* 遺伝子座と相互作用し，メルポメーネドクチョウの前翅の黄色バンド模様に影響を与える (Mallet, 1989)．未発表データ (Baxter and Mallet, 私信) から，*M* 遺伝子座は *optix* 遺伝子座から影響を受けることが明らかになっている．3：Naisbit, Jiggins and Mallet (2003)．4：Mavarez et al (2006)．5：Linares (1996)．6：Huber et al (2015)．7：ヌマタドクチョウのスーパージーン遺伝子座 *P* は，表現型のあらゆる面を制御しており，*Yb* 遺伝子座と相同で，機能的な遺伝子座をいくつか含んでいるようである (Joron et al., 2006)．以下の研究 – 8：Nijhout, Wray and Gilbert (1990)，9：Papa et al (2013)，10：Mallet (1989)，11：Sheppard et al (1985) – によって，*Yl* 遺伝子座と *Sd* 遺伝子座は連鎖するが，*Yl* 遺伝子座と *Ly* 遺伝子座は独立に分離することが示唆されている．今日では *Sd* と *Ly* は同じ遺伝子座であることが知られているが，*Yl* 遺伝子座が連鎖するかどうかは不明であり，検証するためにはブラジルの亜種と交配する必要があるだろう．12：Kronforst et al (2006a)．13：Joron et al (2006)．14：Baxter, Johnston and Jiggins (2009)．15：交雑地帯の関連解析 (association study) から，*Ro* 遺伝子座は第 13 連鎖群にマップされることが明らかになっている (Nadeau et al., 2014)．16：*L* 遺伝子座と *Wo* 遺伝子座は連鎖しており，キノドクチョウの前翅の白色パターンを制御し，*Ac* 遺伝子座と相同な可能性がある (Linares, 1996)．17：Nijhout, Wray and Gilbert (1990) の研究から，*Ps* 遺伝子座，*Fs* 遺伝子座，*Cs* 遺伝子座も表に含まれているが，分離パターンや連鎖群が不明である．これらは，*WntA* 遺伝子座の影響を受けている可能性がある．

9-2　黄色を制御する *cortex* 遺伝子座

　　二つ目の主要遺伝子座は，赤色を制御する遺伝子座と多くの面で類似している．すなわち，密接に連鎖した配列因子から構成され，黄色と白色の斑紋パターンを同様の方法で制御している．*cortex* 遺伝子座は第 15 連鎖群に存在し，複数の遺伝子座が密接に連鎖して単一のクラスターを形成している．*cortex* 遺伝子座には，メルポメーネドクチョウでは *Yb* 遺伝子座，*Sb* 遺伝子座，*N* 遺伝子座，エラートドクチョウでは *Cr* 遺伝子座が含まれている (Sheppard et al., 1985; Mallet, 1986)．黄色のバンド模様を作り出す対立遺伝子はバンド模

様を欠く対立遺伝子に対して劣性であるが，そのヘテロ接合体では，バンド模様領域の鱗粉の形状が変化し，後翅の黒色の領域では反射率が変化する場合がある．コロンビア西部のメルポメーネドクチョウの亜種 (*H. m. venustus*) は別の対立遺伝子をもっているが，後翅の下側でのみ1本のバンド模様を作り出す．さらに *cortex* 領域は後翅の縁にある白色も制御しており，エクアドル西部のエラートドクチョウの亜種 (*H. e. cyrbia*) やメルポメーネドクチョウの亜種 (*H. m. cythera*) で見られている (Jiggins and McMillian, 1997; Ferguson et al., 2010).

Heliconius の翅に見られる斑紋の多くは，一つの対立遺伝子が1個の表現型を作るという非常に単純な方法で制御されている．しかしながら，遺伝子座間においてもっと複雑に相互作用し合うこともある．例えば，アンデス東部のエラートドクチョウの集団では，*cortex* と *WntA* の複合的な作用によって後翅の黄色の筋模様が作り出される．具体的には，ペルーの亜種 (*H. e. favorinus*) では，後翅の黄色の筋模様を完全に発現するために，*cortex* 遺伝子座と *WntA* 遺伝子座の両方の劣性ホモ接合体が必要である (Mallet, 1989) (ただし，中央アメリカのエラートドクチョウでは，一つの遺伝子座だけが劣性ホモ接合体であっても非常によく似た筋模様が現れる).*cortex* 遺伝子座でも，密接に連鎖した配列因子間で稀に組換えが起こるという証拠がある．例えば，*Yb* 遺伝子座と *Sb* 遺伝子座は互いに1センチモルガン (cM) 以内にマップされているが，175個体のうち2個体で組換えが起きた個体が見つかっている (Ferguson et al., 2010). 同様の事例は，メルポメーネドクチョウの亜種 (*H. melpomene rosina*) とキドノドクチョウの亜種 (*H. c. chioneus*) の交配でも見られている (Naisbit et al., 2003).

要するに，*optix* 遺伝子座も *cortex* 遺伝子座も，密接に連鎖した配列因子から構成され，表現型に対して大きな影響を及ぼす．各遺伝子座はそれぞれの斑紋パターンを制御し，同様の影響を及ぼす．つまり，*cortex* の場合は黄色と白色の斑紋を，*optix* の場合は赤色とオレンジ色の斑紋を制御する．遺伝学的な優性，劣性の関係も判別可能であり，赤色の斑紋パターンをもつ対立遺伝子は優性，黄色または白色の斑紋パターンをもつ対立遺伝子は劣性であり，これらの優劣関係をまとめて表すと，赤色＞黒色＞白色＞黄色となる．両遺伝子座の実体はともに，密接に連鎖したシス制御配列 (*cis*-regulatory element) の

可能性が高く，連鎖は自然淘汰に有利に働いた結果というよりも，遺伝的構造によるものなのだろう．

9-3　形を制御する *WntA* 遺伝子座

三つ目の主要遺伝子座は第 10 連鎖群に存在し，主に前翅の斑紋パターンの形状を制御している．例えば，メルポメーネドクチョウの亜種 (*H. melpomene rosina*) とキドノドクチョウの亜種 (*H. cydno chioneus*) を交配すると，劣性の対立遺伝子である *ac* は，前翅の一画に一つの白いくびれた形の三角形を作る (Naisbit et al., 2003)．エクアドルのメルポメーネドクチョウの亜種 (*H. m. plesseni*) では，この遺伝子座によって前翅で「分断 (split)」したバンド模様が作り出される – 集団中においてほとんどが劣性ホモを示すメルポメーネドクチョウの亜種 (*H. m. plesseni*) では，より近位側でこの形状の白色斑紋が見られ，遠位側の斑紋の形状にも変化がある (Salazar, 2012)．この遺伝子座の実体は，*WntA* の発現のバリエーションによるようだ (Martin et al., 2012)．

さまざまな遺伝子座 (*St, Sd, Ly*) がこれまでに見つかっているが，全てがゲノム上の同じ位置にマップされ (Papa et al., 2013)，*WntA* の制御を受けている．これらの遺伝子座は，前翅のバンド模様の形状に影響を及ぼす．*WntA* 遺伝子座が表現型に及ぼす作用はメルポメーネドクチョウで見られるものと非常に類似しており，例えばメルポメーネドクチョウの亜種 (*H. m. plesseni*) と相互に擬態し合うエラートドクチョウの亜種 (*H. e. notabilis*) のように，*Sd* 遺伝子座も前翅のバンド模様が分断された表現型を示す (Salazar, 2012)．アマゾンの亜種でも，この遺伝子座の劣性の対立遺伝子は前翅で黄色のバンド模様が分断されている (Sheppard, 1985; Papa et al., 2013)．

9-4　その他の遺伝子座が表現型に及ぼす影響

K と呼ばれる遺伝子座は，メルポメーネドクチョウ，キドノドクチョウ，パキナスドクチョウ (*H. pachinus*) において，黄色と白色の色合いの変化を制御する．最も特徴的なのがエクアドル西部に生息するキドノドクチョウの亜種 (*H. cydno alithea*) であり，黄色型と白色型の多型は *K* 遺伝子座によって制御されている．*K* 遺伝子座は第 1 連鎖群に存在し，*wingless* と連鎖している

(Kronforst et al., 2006). 他の遺伝子座と異なっているのは，色だけに影響が
あり，パターン自体には影響がないという点である. 昔の文献に記載されてい
るように，軽微な作用をもつ遺伝子座が他にも多く存在するが，ほとんどの
場合は上記で述べた主要遺伝子座が斑紋パターンの多くを制御することが分
かっている. しかし，軽微な作用をもつ遺伝子座には主要遺伝子座とは違う特
徴があるようだ. 例えば *Or* という遺伝子座はメルポメーネドクチョウとエ
ラートドクチョウで見つかっているが，赤色とオレンジ色の切り換えを制御
する (Sheppard et al., 1985).「郵便屋 (Postman)」という亜種は，一般に前翅
に鮮やかな赤色のバンド模様をもつ一方で，アマゾンの種はオレンジ色の
dennis 斑紋と *ray* 斑紋をもつ. *Ro* というよく研究されている遺伝子座は，エ
ラートドクチョウの亜種 (*H. e. notabilis*) で見られるような，前翅に丸みを帯
びたバンド模様を作り出す (Salazar, 2012; Papa et al., 2013; Nadeau et al.,
2014). 最も美しいものの一つであるがほとんど解明されていないのが，鱗粉
の構造変化によって生じる青や緑の玉虫色である. これらの形質は連続的に
変化するため，定量することが難しい (Jiggins and McMillan, 1997). *Helico-
nius* の遺伝学的な解析の多くが，主要な斑紋パターンの有無をよりどころに
していたが，パターンの分離を取り扱う量的解析によって，軽微な作用をも
つ遺伝子座についても理解が深まってきている.

9-5 量的解析

パパらは，エラートドクチョウの亜種 (*H. e. notabilis*) とその近縁種 (*H.
himera*) を交配して網羅的な QTL 解析を行った (Papa et al., 2013). その結
果，過去の研究者たちの主観的な観察結果が裏づけられ，交配で生じる翅の
バリエーションのほとんどが主要遺伝子座によって制御されていることが明
らかになった. 例えば相加モデル (additive model) から，*optix* 遺伝子座が前
翅の白色の量と黄色の量の分散 (variance) に関して 87% を制御することが明
らかになっている. その一方で，複数の QTL の存在を仮定したエピスタシス
モデル (epistatic model) から，*optix* によって赤色の量のバリエーションの
56% 程度を説明できる. 前翅にある 2 種類のスポットサイズでは，効果サイ
ズ (effect size) の分布があまり偏っておらず，中程度の作用 (>5%) を示すい
くつかの QTL によって制御されており，あるものは主要遺伝子座の *WntA* と

同程度の作用をもつ．例えば，*WntA* 遺伝子座を含む四つの QTL を合わせると「大斑紋 (big spot)」における分散の 63％を説明できる．この解析 (spot shape analysis) から，分布の偏りが少なければ少ないほど遺伝的構造がより量的であることが示唆されている．しかし，本章で論じているエラートドクチョウの交配で説明される全ての分散は，主に大きな作用をもつ遺伝子座によって支配を受けている．

　特定の翅パターンの形質に着目した上記の QTL 解析では，主要な斑紋パターンが分離するかどうかを，量的変異 (quantitative variation) として捉えたり，定量化したりすることは難しい．しかし最近になって解析手法が発達し，色とパターンの変異の全てが単一の主成分分析 (PCA analysis) で捉えられるようになった (Le Poul et al., 2014; Huber et al., 2015)．この手法はヘカレドクチョウとイスメニウスドクチョウの交配実験で実際に使用されている．有意な QTL の全てが，翅パターンを制御する既知の遺伝子座に対応している．軽微な作用しかもたない QTL の多くで有意な閾値には至っていないものの，遺伝子座のいくつかはサンプルサイズが大きくなれば有意になる可能性がある．量的解析から結論づけられるのは，ほとんどのバリエーションが大きな作用をもつ少数の遺伝子座によって制御されている一方で，その発現は軽微な作用をもつ遺伝子座によっても調整される可能性があるということである．将来的には，翅のパターニングの変異分布をさらに明確にするために，マッピングの結果とパターン解析に対する客観的手法とを統合した研究が行われる必要がある．

9-6　非遺伝的効果と可塑性

　近年では進化における表現型可塑性の役割について相当な関心がもたれている．これまでに提唱されてきているのは，可塑性が進化的新奇性を促進しうるということであり，具体的には集団が遺伝的変化なしに新しい表現型を持ちうるようになるということである (Pfennig et al., 2010; Moczek et al., 2011)．しかしながら，可塑性が *Heliconius* の翅パターンの発現に関与するという証拠はほとんどない．第一に，異種交配したチョウの翅パターンのバリエーションのほとんどが，少数の主要座位 (major loci) での遺伝的バリエーションによって説明可能である．第二に，翅パターンは遺伝的に多様化しており，自然界の

さまざまな標高や生息地において個体間の翅パターンのバリエーションはほとんど見られない．着色は加齢，あるいはストレスによって薄くなることがあるが，これは適応的可塑性ではない．つまり可塑性は，行動の学習のような *Heliconius* の多くの生物学的側面に関与しているかもしれないが，翅パターンの進化に影響があるという証拠は何もないのである．

9-7　効果サイズの分布

　初期の研究者はチョウの擬態において，主要遺伝子 (major gene) を用いて進化を駆動する主要な変異 (major mutation) を議論していたが，Fisher (1930) は大きな作用をもつ変異は実質的には常に有害であると反論した．近年では Orr (1998, 2005) が，ダイナミックに変動する適応度地形 (adaptive landscape) 上の山登り (adaptive walk) では，効果サイズが指数分布的になると指摘している．その過程でははじめ，最適な状態よりもはるか遠くに集団を動かすような変異が存在する可能性が高い．その後，より小さな効果をもつ変異が起こり，適応を「微調整 (fine-tune)」するように作用する可能性がある．現在では，ある程度まで上記の二つの理論の隔たりは縮まっている．

　オアらが提唱した理論が仮定するのは，ある集団が一つの適応ピーク (adaptive peak) に向かって進化するという点である．しかしながら，擬態や警告色の頻度依存性は，これらの形質が異なった動態をもつことを示唆している．例えば，あるチョウの集団が鮮やかな警告色のパターン (以降「擬態種 (mimic)」と呼ぶ) をもつ場合，捕食者はこのパターンを学習し，集団は一般に捕食から守られるようになるだろう．なぜなら，その場所にはもっと数が多くて有毒な別のチョウ (「モデル種 (model)」と呼ぶ) がいると推測されるためであり，モデル種はさらに保護された翅パターンをもつと考えられる．つまり，擬態種はモデル種のパターンに擬態を似せることによって適応度が増すようになると予想される．しかしながら，集団から逸脱した「擬態種」の個体は，たとえモデル種に対してわずかに似通っていたとしても淘汰されるだろう．なぜなら，漸進的な進化がモデル種へと向かうように，擬態種とモデル種のパターンは，捕食者がそれらを同じだと見なすほどに非常に類似していなければならないからである (Turner, 1981). 異なった擬態環 (mimicry ring) において，*Heliconius* の現在見られるパターンは互いに明らか

に異なっており，わずかな収斂も起こっていないように見える．モデル種と擬態種の間に適応度の低い谷があり，これが擬態の漸進的な進化を妨げているように見える．この問題を克服するには，ある一つの変異が大きな変化を引き起こし，全ての適応度を増すようにワンステップでモデル種に十分に似せる必要があるだろう．この最初の変異で作り出されるのはおそらく不完全な擬態であり，完全な表現型が作られるためには，その後で連続的な変異が必要になるだろう．この議論を初めて筋道立てたのは Nicholson (1927) であり，これはターナーによって「ニコルソンの二段階モデル (Nicholson two-step model)」と名付けられた (Turner, 1977, 1984, 1987)．擬態はさまざまな遺伝的構造をもっており，その形質は一峰性のクライミングモデル (single-peak-climbing model) に基づいて進化してきたのかもしれない (Baxter et al., 2009)．

　主要遺伝子座による *Heliconius* の翅パターンの制御は，「ニコルソンの二段階モデル」の予測と合致すると思われるが (Turner, 1981; Baxter et al., 2009; Papa et al., 2013; Huber et al., 2015)，これには少数の主要遺伝子座と小さな効果をもつ修飾遺伝子座 (additional modifier) が含まれる．しかし，この単純な解釈を説明できない点が多く存在する．まず，エラートドクチョウとメルポメーネドクチョウの多数の亜種で，主要遺伝子座が異なっている．例えば，ペルーとエクアドルの交雑地帯 (hybrid zone) では，メルポメーネドクチョウとエラートドクチョウの亜種間で少なくとも二つの主要遺伝子座が異なっている (Mallet, 1989; Salazar, 2012; Nadeau et al., 2014)．たった一つの主要遺伝子座に変異が起こっただけで捕食から免れるほどに擬態の効果 (mimetic similarity) を十分高められるかどうかは不明であるが，集団は第二の遺伝子座で次の変異が起きるのを「待ち構えている (waited)」．ターナーはこの難しさを認識しており，「二段階」の進化が繰り返し起こる可能性，あるいは適応度上の利益をもたらすのに十分な変化が一遺伝子座で起こりうる可能性を提唱している (Turner, 1977)．

　理論と実験データで不一致が生じている別の事例として，変異の区分に関与するものではなく，遺伝子座の表現型への作用に関与する交配実験がある (Baxter et al., 2009)．フィッシャーの指摘や (Fisher, 1930)，近年他の生物で作用の大きな QTL から明らかになったように，主要遺伝子座ではそこで多く

の変異が蓄積していることに起因している．単一の作用の大きい遺伝子座では多くの変異を含み，これらの変異はピークへと向かう適応段階 (adaptive step) と一致しているようである．「二段階モデル」の検証が想像以上に困難な問題であるのは，一つの遺伝子座で個々の変異の順番や効果サイズを選別する必要があるためである．しかし擬態は交雑 (hybridization) を介して生じ，より適応度の高い主要遺伝子座は近縁種から獲得されている．これは「主要な作用」の進化がシングルステップで生じる明確な事例であり，少なくとも大きな変化が関与する場合がいくつか知られている (The *Heliconius* Genome Consortium, 2012)．擬態の「デコボコした (rugged)」適応度地形は，二段階理論で述べたような大きなステップを介して適応に有利に働くようであり，これは *Heliconius* の擬態に関与する主要遺伝子座を説明する一助となるだろう．翅のパターニングについて明らかになったことを交配実験に基づいて概観してきたが，*Heliconius* の翅パターンの多様性に関与する発生学的基盤については触れてこなかった．これについては，以下の論文で論評している (Jiggins et al., 2017)．

9-8　スーパージーンと多形性

ここまででさまざまな翅パターンの遺伝学的研究について概観した．調べられてきた *Heliconius* の多くが上述した内容に当てはまるが，ヌマタドクチョウという非常に異なったパターンをもつ種も存在する．ヌマタドクチョウに見られる擬態パターンは多型を示し，キオビマダラ属 (*Melinaea*) をはじめとするさまざまな種に似せたパターンが見られる．形質間の劇的な違いは単一の遺伝子座によって遺伝的に制御され，その遺伝子座にはいくつかのモルフ (morph) が含まれる．そのような遺伝子座は「スーパージーン」として知られており，その定義は「複数の機能的な配列因子が連鎖する遺伝的構造で，異なる表現型間の切り替えに関与し，それぞれの多型が安定に維持される」というものである (Thompson and Jiggins, 2014)．ヌマタドクチョウの統合的な形質を維持するスーパージーンには主に二つの特徴が存在する．一つ目は組換えの欠如であり，全ての表現型は単一の非組換え遺伝子座として遺伝する側面がある．二つ目は優性-劣性の関係が明確なことで，ヘテロ接合体は父親か母親の翅パターンになる．

　スーパージーン *P* は，メルポメーネドクチョウの *cortex* 遺伝子座に対して遺伝的に相同である (Joron et al., 2006)．これまで研究されてきた全てのドクチョウ属で共有されているという理由から，祖先的な構造は三つから四つの主要な遺伝子座からなると考えられている (Huber et al., 2015)．ヌマタドクチョウの場合は，*P* 遺伝子座が全てのパターンのバリエーションを「支配している (taken over)」(Jones et al., 2012)．スーパージーンにおける緊密に連鎖した配列因子が，どのようにして漸進的に進化してきたのかを説明する仮説がいくつか存在する．長年提唱されているのは，ゲノム上の複数の遺伝子座が転座して，緊密な連鎖群 (tight linkage) になったのだろうという仮説である (Turner, 1967)．しかしながら，遺伝子が長距離にわたって移動したという証拠はなく，スーパージーン領域に含まれている遺伝子は全ての *Heliconius* で類似している．つまり，*P* 遺伝子座ではいくつかの遺伝子が一つの連鎖群へ移動したのではなく，パターンのバリエーションの制御が進化してきたのである．このパターンのバリエーションは通常，異なる染色体上の複数の遺伝子から影響を受ける．二つ目の仮説は，多型遺伝子座を含む緊密な連鎖群に連続的な変異が生じ，これが自然淘汰に有利に働いたのだろうという説である (Charlesworth and Charlesworth, 1976; Turner, 1977)．ある擬態型を向上させるような変異は別の擬態型に対して逆の作用を招く可能性もある．しかし，もし新しい変異が *P* 遺伝子座に緊密に連鎖すれば，その後は常に複数の対立遺伝子と一緒に遺伝し，共適応 (coadaptation) をもたらすようになるだろう．この過程は「ターナーのふるい」として知られ，遺伝的バリエーションをふるいにかけることを意味し，連鎖したバリアントのみを選択する過程で起こる (Charlesworth and Charlesworth, 1976; Turner, 1977, 1978)．*P* は連鎖した配列因子から構成されることから，この遺伝子座は複数の連続的な変異を介して生じてきたに違いない．

　いったん配列因子が連鎖すると，理論上は自然淘汰によって因子間の組換えがさらに抑制されることになる (Turner, 1967; Charlesworth and Charlesworth, 1976; Kirkpatrick and Barton, 2006)．マシュー・ジョロンのグループは，*P* 遺伝子座を含む長大なゲノムの逆位領域 (400 kb) を発見し，多型集団のなかではこれが分離されている (図9-2)．遺伝子の並び (alternate gene arrangement) は自然集団での翅パターンと完全に相関し，強い連鎖不

平衡 (linkage disequilibrium) を示す．実際に，約 400 kb 内の DNA 配列のブロックは，それぞれの翅のパターンと完全に相関している (Joron et al., 2011)．これに類似した逆位は他の種の複雑な多型でも見られ，ノドジロシトド (white-throated sparrow) の行動多型や翅多型，ヒアリ (fire ant) の社会階級における多型，エリマキシギ (ruff) や渉禽類 (wading bird) の行動多型でも報告されている (Huynh et al., 2011; Wang et al., 2013; Thompson and Jiggins, 2014; Küpper et al., 2015; Lamichhaney et al., 2015)．全ての事例において，

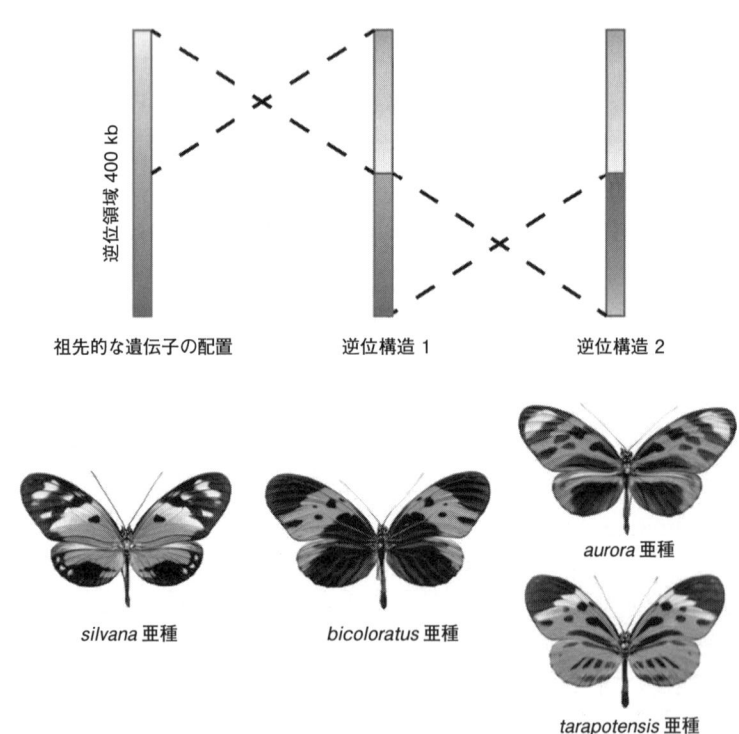

ヌマタドクチョウにおけるスーパージーンの構造

図 9-2　ヌマタドクチョウのスーパージーンと染色体構造の変異の相関．少なくとも 2 種類の逆位がヌマタドクチョウのスーパージーンと相関する．左に示されている祖先的な遺伝子の順 (ancestral gene order) は，メルポメーネドクチョウとエラートドクチョウの遺伝子の配置と一致し，祖先的な表現型をもつヌマタドクチョウの亜種 (*H. n. silvana*) と相関がある．2 種類の逆位は中央と右に示されており，対立遺伝子の優劣と相関がある．Joron et al. (2011) より改変．

逆位はある染色体上の大きな領域を，構造を保ったまま遺伝するユニットとして固定する．おそらく，ヌマタドクチョウに比較的近い事例がシロオビアゲハ (*Papilio polytes*) であり，*dsx* 遺伝子を含む非常に局所的な逆位によって翅の擬態模様の多型パターンが制御されている (Kunte et al., 2014; Nishikawa et al., 2015)．これら全ての例から考えると，共適応した対立遺伝子間の組換えを抑制するように逆位が進化することは普遍的現象の一つなのかもしれない．

スーパージーンの第二の側面は，擬態が強い優劣のパターンを示す点である (Llaurens et al., 2015)．対立遺伝子の一方は完全優性を示し，形質間で優劣の差がはっきりしている (Brown, 1976; Joron et al., 2011; Le Poul et al., 2014)．とりわけ，特定のヘテロ接合体が際立っているが，これは特有の種に効果的に擬態することによって固定されてきたようだ (Le Poul et al., 2014)．ほとんどの *Heliconius* では，その個体が優性なのかどうかを判別でき，赤色/オレンジ色のパターンは一般に黒色に対して優性であり，黄色/白色のパターンは劣性である．しかしヌマタドクチョウの翅パターン全体を支配する *P* の対立遺伝子は，どうやら典型的な「遺伝的ルール」を覆しているようだ．優劣は進化の過程で自然淘汰によって最適化されている．

優劣のパターンはスーパージーンそのものに生じた変異によって制御されているか，あるいは連鎖していない遺伝子座が *P* の優劣を制御するように作用している可能性がある．両プロセスについて証拠があるものの，近年の解析では *P* 遺伝子座そのものによって優劣が進化してきたという強い証拠が提示されている．派生型対立遺伝子 (derived allele) と祖先型対立遺伝子 (ancestral allele) 間での優劣のパターンは通常とは異なり，典型的な優劣パターンから逸脱していることが示されている．対照的に，派生型対立遺伝子のなかでは，優劣のパターンは他の *Heliconius* で見られる典型的な色のヒエラルキーに従う (Le Poul et al., 2014)．以上のことから，優劣は遺伝的背景 (genetic background) によるものではなく，対立遺伝子そのものによると考えられる．これは優劣の進化の基盤となるメカニズムを明らかにするうえで魅力的なシステムになるだろう．

9-9　結　論

　Heliconius の翅パターンにおける並外れた多様性は，動物の形とその遺伝的制御の多様化に関して知見を与えてきた．一つの重要な発見は，少数の遺伝子座が収斂的な擬態パターンの多様化だけではなく，さまざまな新規の表現型の多様化にも寄与してきたことである．いずれにしても，優劣のパターンについてはさらに詳細に量的解析を行うことによって，適応制御に関わる遺伝子座の分布が明確になるだろう．これらのパターンは，他のシステムで発見されたものと同等であり，例えばトゲウオ (stickleback) でも表現型に対して大きな作用をもつ遺伝子座が存在し (Colosimo et al., 2005; Chand et al., 2010)，形質の多くがポリジーンによる制御 (polygenic control) を受けている (Peichel and Marques, 2017)．次に待ち受けているフロンティアは，形態の多様性の基盤となる個々の変異を特定することであり，適応に関わる効果サイズの実際の変異分布が明らかになっていくだろう．近年 *Heliconius* でも CRISPR/Cas9 法が使えるようになり，その形態変化に対する遺伝的関与が実験的に明瞭になるだろう．

引用文献

Baxter SW, Papa R, Chamberlain N, Humphray SJ, Joron M, Morrison C, ffrench-Constant RH, McMillan WO and Jiggins CD (2008) Convergent evolution in the genetic basis of Müllerian mimicry in *Heliconius* butterflies. Genetics 180:1567–77

Baxter SW, Johnston SE and Jiggins CD (2009) Butterfly speciation and the distribution of gene effect sizes fixed during adaptation. Heredity 102:57–65

Brown KS (1976) An illustrated key to the silvaniform *Heliconius* (Lepidoptera: Nymphalidae) with descriptions of new subspecies. Trans Am Entomol Soc 102:373– 484

Chamberlain NL, Hill RI, Baxter SW, Jiggins CD and Kronforst MR (2011) Comparative population genetics of a mimicry locus among hybridizing *Heliconius* butterfly species. Heredity 107:200–204

Chan YF, Marks ME, Jones FC et al (2010) Adaptive evolution of pelvic reduction in sticklebacks by recurrent deletion of a *Pitx1* enhancer. Science 327:302–305

Charlesworth D and Charlesworth B (1976) Theoretical genetics of batesian mimicry II. Evolution of supergenes. J Theor Biol 55:305–324

Colosimo PF, Hosemann KE, Balabhadra S, Villarreal G Jr, Dickson M, Grimwood J, Schmutz J, Myers RM, Schluter D and Kingsley DM (2005) Widespread parallel evolution in sticklebacks by repeated fixation of ectodysplasin alleles. Science 307:1928–1933

Ferguson L, Lee SF, Chamberlain N et al (2010) Characterization of a hotspot for mimicry: assembly of a butterfly wing transcriptome to genomic sequence at the *HmYb*/Sb locus. Mol Ecol 19:240–254

Fisher RA (1930) The Genetical Theory of Natural Selection. 1st edn. Oxford University Press, USA

Huynh LY, Maney DL and Thomas JW (2011) Chromosome-wide linkage disequilibrium caused by an inversion polymorphism in the white-throated sparrow (*Zonotrichia albicollis*). Heredity 106:537–546

Jiggins CD and McMillan WO (1997) The genetic basis of an adaptive radiation: warning colour in two *Heliconius* species. Proc R Soc Biol Sci 264:1167–1175

Jiggins CD, Wallbank RWR and Hanly JJ (2017) Waiting in the wings: what can we learn about gene co-option from the diversification of butterfly wing patterns? Phil Trans R Soc B 372:20150485

Jones RT, Salazar PA, ffrench-Constant RH, Jiggins CD and Joron M (2012) Evolution of a mimicry supergene from a multilocus architecture. Proc R Soc Lond B Biol Sci 279:316–325

Joron M, Papa R, Beltran M et al (2006) A conserved supergene locus controls colour pattern diversity in *Heliconius* butterflies. PLoS Biol 4:1831–1840

Joron M, Frezal L, Jones RT et al (2011) Chromosomal rearrangements maintain a polymorphic supergene controlling butterfly mimicry. Nature 477:203–206

Kirkpatrick M and Barton N (2006) Chromosome inversions, local adaptation and speciation. Genetics 173:419–434

Kronforst MR, Young LG, Kapan DD, McNeely C, O'Neill RJ and Gilbert LE (2006) Linkage of butterfly mate preference and wing color preference cue at the genomic location of wingless. Proc Natl Acad Sci USA 103:6575–6580

Kunte K, Zhang W, Tenger-Trolander A, Palmer DH, Martin A, Reed RD, Mullen SP and Kronforst MR (2014) doublesex is a mimicry supergene. Nature 507:229–232

Küpper C, Stocks M, Risse JE et al (2015) A supergene determines highly divergent male reproductive morphs in the ruff. Nat Genet 48:79–83

Lamichhaney S, Fan G, Widemo F et al (2015) Structural genomic changes underlie alternative reproductive strategies in the ruff (*Philomachus pugnax*). Nat Genet 48: 84–88

Le Poul Y, Whibley A, Chouteau M, Prunier F, Llaurens V and Joron M (2014) Evolution of dominance mechanisms at a butterfly mimicry supergene. Nat Commun 5:5644

Linnen CR, Poh YP, Peterson BK, Barrett RDH, Larson JG, Jensen JD and Hoekstra HE (2013) Adaptive evolution of multiple traits through multiple mutations at a single gene. Science 339:1312–1316

Llaurens V, Joron M and Billiard S (2015) Molecular mechanisms of dominance evolution in Müllerian mimicry. Evolution 69:3097–3108

Mallet J (1986) Hybrid zones of *Heliconius* butterflies in Panama and the stability and movement of warning colour clines. Heredity 56:191–202

Mallet J (1989) The genetics of warning color in peruvian hybrid zones of *Heliconius erato* and *Heliconius melpomene*. Proc R Soc Lond B Biol Sci 236:163–185

Martin A, Papa R, Nadeau NJ et al (2012) Diversification of complex butterfly wing patterns by repeated regulatory evolution of a *Wnt* ligand. Proc Natl Acad Sci USA 109:12632–12637

Moczek AP, Sultan S, Foster S, Ledón-Rettig C, Dworkin I, Nijhout HF, Abouheif E and Pfennig DW (2011) The role of developmental plasticity in evolutionary innovation. Proc R Soc Lond B Biol Sci 278:2705–2713

Nadeau NJ and Jiggins CD (2010) A golden age for evolutionary genetics? Genomic studies of adaptation in natural populations. Trends Genet 26:484–492

Nadeau NJ, Ruiz M, Salazar P, Counterman B, Medina JA, Ortiz-Zuazaga H, Morrison A, McMillan WO, Jiggins CD and Papa R (2014) Population genomics of parallel hybrid zones in the mimetic butterflies, *H. melpomene* and *H. erato*. Genome Res 24:1316–1333

Naisbit RE, Jiggins CD and Mallet J (2003) Mimicry: developmental genes that contribute to speciation. Evol Dev 5:269–280

Nicholson AJ (1927) A new theory of mimicry in insects. Aust Zool 5:10–104

Nishikawa H, Iijima T, Kajitani R et al (2015) A genetic mechanism for female-limited Batesian mimicry in *Papilio* butterfly. Nat Genet 47:405–409

Orr HA (1998) The Population Genetics of Adaptation: The distribution of factors fixed during adaptive evolution. Evolution 52:935–949

Orr HA (2005) The genetic theory of adaptation: a brief history. Nat Rev Genet 6:119–127

Papa R, Kapan DD, Counterman BA, Maldonado K, Lindstrom DP, Reed RD, Nijhout HF, Hrbek T and McMillan WO (2013) Multi-Allelic major effect genes interact with minor effect QTLs to control adaptive color pattern variation in *Heliconius erato*. PLoS ONE 8:e57033

Peichel CL and Marques DA (2017) The genetic and molecular architecture of phenotypic diversity in sticklebacks. Phil Trans R Soc B 372:20150486

Pfennig DW, Wund MA, Snell-Rood EC, Cruickshank T, Schlichting CD and Moczek AP (2010) Phenotypic plasticity's impacts on diversification and speciation. Trends Ecol Evol 25:459–467

Salazar PCA (2012) Hybridization and the genetics of wing colour-pattern diversity in *Heliconius* butterflies. PhD thesis, University of Cambridge, UK

Sheppard PM, Turner JRG, Brown KS, Benson WW and Singer MC (1985) Genetics and the evolution of Muellerian mimicry in *Heliconius* butterflies. Philos Trans R Soc Lond B Biol Sci 308:433–610

Stam LF and Laurie CC (1996) Molecular dissection of a major gene effect on a quantitative trait: the level of alcohol dehydrogenase expression in *Drosophila melanogaster*. Genetics 144:1559–1564

The Heliconius Genome Consortium (2012) Butterfly genome reveals promiscuous exchange of mimicry adaptations among species. Nature 487:94–98

Thompson MJ and Jiggins CD (2014) Supergenes and their role in evolution. Heredity 113:1–8

Turner JRG (1967) On supergenes. I. The evolution of supergenes. Am Nat 101:195–221

Turner JRG (1977) Butterfly mimicry – genetical evolution of an adaptation. In: Hecht MK, Steere WC and Wallace B (eds) Evolutionary biology, Plenum Press, New York, pp 163–206

Turner JRG (1978) Why male butterflies are non-mimetic: natural selection, sexual selection, group selection, modification and sieving. Biol J Linn Soc 10:385–432

Turner JRG (1981) Adaptation and evolution in *Heliconius*: a defense of NeoDarwinism. Annu Rev Ecol Syst 12:99–121

Turner JRG (1984) Mimicry: the palatability spectrum and its consequences. In: Vane-Wright RI and Ackery PR (eds) The biology of butterflies. Academic Press, London, pp 141–161

Turner JRG (1987) The evolutionary dynamics of batesian and muellerian mimicry: similarities and differences. Ecol Entomol 12:81–95

Wallbank RW, Baxter SW, Pardo-Diaz C et al (2016) Evolutionary novelty in a butterfly wing pattern through enhancer shuffling. PLoS Biol 14:e1002353

Wang J, Wurm Y, Nipitwattanaphon M, Riba-Grognuz O, Huang YC, Shoemaker D and Keller L (2013) A Y-like social chromosome causes alternative colony organization in fire ants. Nature 493:664–668

10 章
シロオビアゲハのメス限定ベイツ型擬態の分子機構と進化

藤原晴彦

要　約

　小動物の多くは，他者に似せて捕食を避ける「擬態」を進化させてきた．日本の南西諸島などに生息するシロオビアゲハは，擬態型のメスのみが毒チョウのベニモンアゲハに似せるメス限定型のベイツ型擬態を示すが，この擬態がどのように生じ，維持されてきたかについては，いまだに不明な点が多い．その分子機構を明らかにするために，筆者らはシロオビアゲハとナミアゲハのゲノム配列を決定した．ゲノム配列の解析から，擬態の責任遺伝子座が25番染色体上の *doublesex* (*dsx*) の近傍にあることが判明したが，これは連鎖解析の結果と一致した．また，擬態型 *H* と非擬態型 *h* の染色体構造を比較すると，*dsx* の外側で染色体逆位が生じていた．さらに鱗翅目の *dsx* 近傍の遺伝子構造の比較から，非擬態型から擬態型が生じたことが示唆された．130 kb の逆位領域には *dsx*, *UXT*, *U3X* という 3 種類の遺伝子が含まれ，いずれも *H* 染色体では発現する一方，*h* 染色体では発現が抑制されていた．このことは，これらの遺伝子がスーパージーン (超遺伝子) として擬態形質に関与している可能性を示唆する．一方，Dsx のアミノ酸配列を *H* と *h* 染色体で比較すると少なくとも 13 カ所で置換していた．エレクトロポレーションを用いた Dsx の発現抑制実験から，*H* 染色体由来のメス型の *dsx* (*dsx_H*) のみが擬態型模様を誘導するとともに，非擬態型模様を抑制することが分かった．以上の結果から，メスの翅では *dsx_H* が擬態型・非擬態型模様パターンのいずれかを選択する働きをもつこと，またメスに限定された種内多型は染色体逆位によって強く維持されていることが示唆された．この章においては，上述した結果の詳細を解説するとともに，シロオビアゲハのメス限定ベイツ型擬態がどのように

生じ，進化してきたかを検討する．

キーワード

ベイツ型擬態 (Batesian mimicry)，メス限定型・種内多型の擬態 (female-limited polymorphic mimicry)，シロオビアゲハ (*Papilio polytes*)，全ゲノム配列 (whole genome sequence)，*doublesex*，スーパージーン (超遺伝子) (super-gene)，染色体逆位 (chromosomal inversion)，エレクトロポレーションを介した機能解析 (electroporation-medieated functional analysis)，翅模様パターン (wing coloration pattern).

10-1　研究背景

進化生物学にとって最も基本的な課題の一つは，さまざまな生物の適応的な現象の分子的背景を解明することである．ダーウィンが指摘したように，形態の多様性はさまざまな環境に適応するうえで重要な役割を果たしてきた (Darwin, 1872)．食物連鎖の最下流にいる昆虫は常に捕食の危険にさらされ，その結果，捕食を回避するさまざまな方策が進化の途上で編み出されてきた (Ruxton et al., 2005)．

チョウなどが捕食者から逃れるさまざまな策略には，好まれない味のチョウが，派手な翅の模様などにより，自らの毒性を捕食者に警告するようなやり方もある．一方，このような警告色を示す毒チョウが互いに翅模様を似せて相互に捕食者から逃れる現象は，ミュラー型擬態と呼ばれる (Müller, 1878)．さらに，このような毒チョウに似せて自身を守るようなチョウもいる．これはベイツ型擬態と呼ばれる (Bates, 1862; Brower, 1958; Uesugi, 1996)．ドクチョウ属のチョウなどミュラー型擬態の形質には複数の遺伝子座が関与するが (Jiggins et al., 2005; Kapan et al., 2006)，ベイツ型擬態については単一の遺伝子座で制御されるとこれまでは報告されている (Clarke and Sheppard, 1959, 1962, 1972)．

特筆すべきは，メスだけがベイツ型擬態をするシロオビアゲハ (*Papilio polytes*) の例である (Clarke and Sheppard, 1972)．このチョウのメスには二つのタイプ (二型) がある．非擬態型メス (*cyrus* とも呼ぶ) の翅の模様は一型しか存在しないオスの模様とほとんど同じであるが，擬態型メスの模様は嫌な味の

シロオビアゲハ (*Papilio polytes*)　　　　　　　　ベニモンアゲハ
(*Pachliopta aristolochiae*)

非擬態型メス (*hh*)　　　　擬態型メス (*HH, Hh*)
オス (*HH, Hh, hh*)

図 10-1　シロオビアゲハとモデルのチョウ (ベニモンアゲハ) (口絵参照).

ベニモンアゲハ (*Pachliopta aristolochiae*) に似ている (図 10-1).　このメスに限定された二型は常染色体上の単一の遺伝子座 *H* によって制御され，擬態型表現型 (遺伝型は *HH* もしくは *Hh*) は優性であることが知られる (Clarke and Sheppard, 1972).　しかしながら，このメスに限定されたベイツ型擬態がどのように生じ，メスの二型がどのように維持されてきたのかはほとんど分かっていない.

　H 遺伝子の実体に関しては二つの可能性が考えられる.　一つは複数の隣接遺伝子が相互に連関して働くスーパージーン (超遺伝子) (Clarke and Sheppard, 1972).　もう一つは，模様パターンを制御する複数の下流遺伝子を調節する単一の制御遺伝子.　スーパージーンユニットは組換えなどで形成され，染色体逆位の組換え抑制効果によって固定されると考えられている (Nijhout, 2003; Joron et al., 2011) が，その分子機構の詳細は不明である.

　我々は最近，シロオビアゲハのメス翅の模様においては，赤色だけでなく淡黄色に関する遺伝子ネットワークが大幅に変化して，擬態型と非擬態型が切り替わることを見いだした (Nishikawa et al., 2013).　シロオビアゲハのベイツ型擬態に関わる色素形成プロセスはおそらく *H* 遺伝子の制御下にあるはずである.　シロオビアゲハの擬態の進化プロセスを包括的に知るには，*H* 遺伝子座を同定し，その構造と機能を明らかにするのが重要である.　ごく最近，Kunte ら (2014) と我々は *H* 遺伝子とその構造を別々に明らかにした (Nishikawa et al., 2015).

10-2　アゲハゲノムプロジェクトは *dsx* 近傍の *H* 遺伝子座と染色体逆位を明らかにした

　H 遺伝子座とその近傍構造を明らかにするために，我々はまずシロオビアゲハと，比較のためにナミアゲハ (*Papilio xuthus*) の全ゲノム配列を決定した (Nishikawa et al., 2015)．石垣島で採集したシロオビアゲハを研究室内で 4 世代継代した擬態型 (*Hh*) メス 1 匹，および東京近郊で採集したナミアゲハのオス 1 匹からそれぞれゲノム DNA を調製し，次世代シーケンサーを用いてショットガンシーケンスを行った．Paired-end シーケンスのデータ (シロオビ

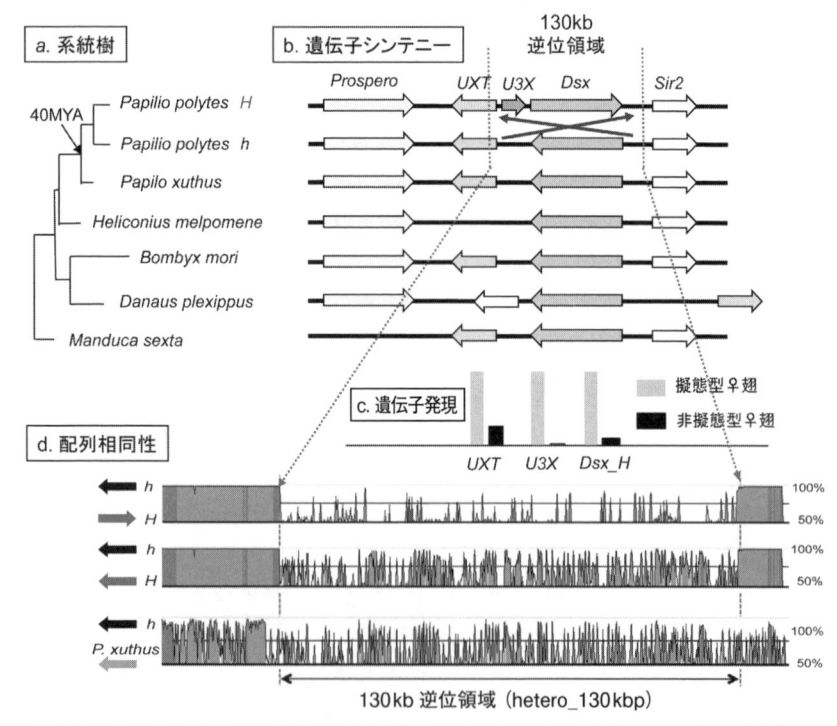

図 10-2　シロオビアゲハ *H* 遺伝子座の全体像．(a) Dsx のアミノ酸配列を基にした鱗翅目昆虫の系統樹．(b) *H* 遺伝子座 (*H* と *h*) における *dsx* 周辺の遺伝子構造と，鱗翅目における遺伝子シンテニー．(c) 蛹期初期の擬態型 (グレー) と非擬態型 (黒) メスの後翅における *H* 遺伝子座の逆位領域内部の遺伝子の発現レベル (模式図)．(d) *H* と *h* 遺伝子座，*h* とナミアゲハ相同領域における配列相同性．

アゲハ 135.2 Gbp, ナミアゲハ 73.8 Gbp) を illumina Hiseq 2000 もしくは Hiseq 2500 で決定した mate-pair シーケンスと合わせて, Platanus (version 1.2.1) を用いてアセンブルした (Kajitani et al., 2014). その結果, シロオビアゲハでは 3873 scaffold, N50 scaffold 3.7 Mb, ゲノムサイズ 227 Mb, ナミアゲハでは 5572 scaffold, N50 scaffold 6.2 Mb, ゲノムサイズ 244 Mb という精度の高いゲノムデータが得られた.

アセンブルデータを確認していく段階で, 我々はナミアゲハでは *doublesex* (*dsx*) を含む scaffold は 1 種類であるのに, シロオビアゲハでは 2 種類あることに気づいた. シロオビアゲハの二つの scaffold の配列は大幅に異なり, またゲノム DNA はメスの *Hh* 個体から調製されたことから, これらのヘテロ配列は *H* と *h* のハプロタイプにそれぞれ対応しているのではないかと考えた. 全ゲノム中でこのような長いヘテロ領域があるかどうかを調べるために, ホモ領域のピーク値 600 の約半分の coverage depth 350 以下のウィンドウで配列を解析した. その結果, ゲノム中には相同性 90% 以下で 100 kb 以上の高度にヘテロな領域が 15 カ所あることが分かり, そのうち 14 カ所は性染色体 ZW に, 1 カ所が 25 番染色体の *dsx* の近くにマップされた (Nishikawa et al., 2015). また, *dsx* 近傍のヘテロ領域には 130 kb に及ぶ染色体逆位が存在することが分かった (図 10-2b). 特筆すべきは, 多数の反復配列を含む性染色体領域以外には, 全ゲノム中にはこのような長いヘテロ領域は存在しなかったことである. つまり, 25 番染色体の *H* 領域 (以下 10-3 節で同定) は全ての常染色体で唯一の長いヘテロ領域で, この構造は染色体逆位による組換えの抑制によって維持されていると考えられる.

10-3　*H* 遺伝子座の連鎖解析

擬態遺伝子座 *H* を同定するために, 我々はさらに南大東島の非擬態型のシロオビアゲハとフィリピンのシロオビアゲハ近縁種 *alphenor* を掛け合わせて連鎖解析を行った (Nishikawa et al., 2015) (この研究は主に堀寛博士によって行われた). AFLP と RFLP マーカーを用いて, 擬態型 *Hh* 個体と戻し交配した 84 の F2 個体と 69 の非擬態型 *hh* 個体を解析したところ, 25 番染色体上の *kinesin* と *intermediate* に対する二つのマーカーに挟まれた 800 kb の領域 (41 遺伝子が含まれる) に擬態遺伝子座がマップされた. さらに SNP を利用

して，55 個体の野生個体を用いて，この領域と個体ごとの擬態表現型の連関を解析した (Nishikawa et al., 2015).

その結果，*dsx* 内部の 8 個の SNP が高い連関性を示した (カイ二乗検定で $P<10^{-10}$) が，遺伝子外側では連関性は認められなかった．この結果はシロオビアゲハ近縁種 *alphenor* を用いた Kunte et al. (2014) の連鎖解析と一致した．重要な点は，連鎖解析で明らかとなった *H* 遺伝子座と，全ゲノム解析で明らかとなった長いヘテロ領域が完全に一致したことである．このことは，ある種の長いヘテロ領域を伴った多型形質の遺伝子座は，連鎖解析をしなくとも，ゲノム配列決定のみで同定しうることを意味する．

10-4 *H* 遺伝子座の長いヘテロ領域の詳細な構造

遺伝子予測と RNA-seq 解析から，*H* 遺伝子座の逆位領域の大半は *dsx* によって占められ，そのイントロン/エクソン構造の向きは *h* と *H* 染色体で逆になっていることが分かった．このことは *dsx* の両側の近傍で単純な逆位が起こっていることを示唆する (Kunte et al., 2014; Nishikawa et al., 2015). 逆位領域の配列を *H* と *h* で比較すると，逆向きだけでなく，同じ方向でも相同性は低かった (図 10-2d). しかしながら，散在した *dsx* のエクソンを含む領域は高度に保存されていた (図 10-2d).

H と *h* 染色体間の逆位の進化過程を推測するために，*dsx* 近傍のいくつかの遺伝子のシンテニーを他の鱗翅目昆虫と比較してみた (図 10-2a, b). その結果，オオカバマダラ (*Danaus*) を除いて比較した全ての鱗翅目ゲノム［アゲハチョウ属 (*Papilio*) のチョウ，ドクチョウ属のチョウ，カイコ (*Bombyx*) とタバコスズメガ (*Manduca*)］はシロオビアゲハの *h* 染色体と同じ並びと方向性の遺伝子シンテニーを示した．唯一，シロオビアゲハの *H* 染色体のみで *dsx* が逆向きに位置していた．これらの観察から，シロオビアゲハ *h* 染色体で逆位が 1 回起こり，*H* 染色体が生じたと考えられる．遺伝子のシンテニーから判断して，オオカバマダラでは *dsx* の近傍で異なるタイプの逆位が独立に起こったと推測される．シロオビアゲハの逆位領域 (hetero_130 kbp と命名) をナミアゲハの相同領域と比較すると，*h* と *H* 間よりも，*h* とナミアゲハ相同領域のホモロジーは若干低いように見える (図 10-2d). 分子系統樹と考え合わせると，*dsx* 近傍の染色体逆位はシロオビアゲハとナミアゲハが種分化した後に生じたと考え

られる.

　H 遺伝子座の逆位領域の構造を明確にするために, 逆位の起こった正確な位置を同定した (Nishikawa et al., 2015). H と h 染色体の逆位領域の両端と思われるカ所では急激な配列相同性の低下が見られ, ここをブレークポイントとみなした (図 10-2d). 左のブレークポイントは *Prospero* の近くにあり, h 染色体では *dsx* の第6エクソンの約 700 bp 下流に位置するのに対し, H 染色体では *dsx* の第1エクソンの約 1.1 kb 上流に位置した. H 染色体の *dsx* (*dsx_H*) は, 第2, 4, 5, 6 イントロンと第6エクソンが h 染色体の *dsx* (*dsx_h*) に比べると長い. 一方, ブレークポイントの外側では, H と h 染色体の配列相同性は 99% 以上であった (図 10-2d). 以上のような構造的特徴から, H 染色体の逆位領域では逆位が生じた後に大量の突然変異や塩基の挿入・欠失が起こり, その構造は染色体間の組換えが抑制されることにより維持されてきたと考えられる.

10-5　*H* と *h* に対応した Dsx の二型構造

　逆位領域には *dsx* 遺伝子全体が含まれることから, *dsx* が擬態形質に関与していることが示唆された. 擬態型メス (*HH*) と非擬態型メス (*hh*) の RNA-seq の解析から, 翅ではメス特異的な3種類の *dsx* のアイソフォーム (F1, F2, F3) があることが分かった (図 10-3). h もしくは H のいずれでも, Dsx のそれぞれのアイソフォームは第3もしくは第4エクソンの選択的スプライシングによって生じる. F1 と F3 では第4エクソンに, F2 では第3エクソンにそれぞれ翻訳終止コドンが生じている. アイソフォーム間のアミノ酸配列の違いは C 末端領域 (4-23 アミノ酸) のみに見られる. つまり, 最初の 244 アミノ酸は三つのアイソフォームに共通で DNA 結合モチーフと多量体形成ドメインをコードしている (図 10-3). 三つの *dsx* アイソフォームでは H と h 間で 13-15 個のアミノ酸配列の置換があるが (図 10-3), そのほとんどは DNA 結合モチーフと多量体形成ドメインの外側で起こっている.

　鱗翅目昆虫間で dsx の配列を比較すると, シロオビアゲハの *dsx_H* に特異的に生じていたアミノ酸は5カ所のみであった (図 10-3, ＊ で表示). 我々は最近, やはりメス限定ベイツ型擬態を示すナガサキアゲハの Dsx が擬態形質に対応した二型構造を示すことを見いだしたが, 擬態型と非擬態型でのアミノ酸配列の置換はシロオビアゲハとは全く異なる場所で起こっていた (Komata et al., 2016). このことは，シロオビアゲハとナガサキアゲハの擬態遺伝子座は平行的に進化したことを示唆するが，Dsx のどのような構造が擬態形質に関与しているかを明確にするには今後さらなる研究が必要である.

　F1, F2, F3 に特異的な C 末端領域では，*dsx_H* と *dsx_h* 間でのアミノ酸配列の違いは，それぞれ 2 カ所，0 カ所，1 カ所で見られた (図 10-3). このことは，少なくとも F2 に特異的な C 末端構造は *dsx_H* の擬態形質に対する働きには関与していないことを示す. また，これらのアイソフォームに特異的な構造は，F1 アイソフォームの C 末端のアミノ酸 1 個を除いて，鱗翅目で非常に高く保存されている. したがって，構造上からは擬態の翅模様には特定の *dsx_H* アイソフォームは関与していない可能性がある. ただし，この可能性もさらに検証する必要がある.

　シロオビアゲハのオスは非擬態型の表現型しか示さないが，オスではメスのアイソフォームに共通する第 3, 4 エクソンをとばした 1 種類のアイソフォームのみが発現していることから，第 3, 4 エクソンは擬態に関して何か重要な働きをしているのかもしれない. しかし，メスの三つのアイソフォームのこの領域では，上述した *dsx_H* のみで変化しているアミノ酸は一つ (F1

```
                                         *
MVSVGAWRRRSPDECDDRNEPGASSSGVPRAPPNCARCRNHRLKVELKGHKRYCKYRYCTCE
              T              A                      (DNA 結合モチーフ)

                                                      *        *
KCRLTADRQRVMAMQTALRRAQAQDEARARAAEHGHQPPGIELERGEPPIVKAPRSPVVPAPLPP
                        QP                            M    L    L  PA

         *
RSLGSSSCDSVPGSPGVSPFAPPPPSVPPPPIMPPLLPPQQP(intron1)AVSLETLVENCHRLLEKF
   A    E                               P          (多量体形成ドメイン)

HYSWEMMPLVLVIFNYAGSDLDEASRKIDE(intron2)GKLIVNEYARKHNLNIFDGLELRNSTR
       L

  ┌ F1 (intron3) HDRTKVAKFEI
  │                    E  K
  ┤ F2 QYGL
  │
  └ F3 (intron3)QKMLSEINNISGVVSSSLKLFCE
                       M
```

図 10-3　*H* と *h* 遺伝子座における Dsx のアミノ酸配列. メス特異的なアイソフォーム (F1, F2, F3) に共通した，Dsx の N 末端からの 244 アミノ酸配列を上部に示した. 三つのアイソフォームの C 末端領域をそれぞれ下部に示した. 配列は *h* 遺伝子座の Dsx (Dsx h) のものである. Dsx H で置換したアミノ酸は配列の下に示した. ＊は鱗翅目昆虫間で，唯一 Dsx H でのみ置換が入っているアミノ酸の場所を示す.

の C 末端のアミノ酸) しか見当たらない. 一方, *dsx_H* のオス特異的アイソフォームは前蛹から蛹期の翅ではほとんど発現していないことから, オスの *dsx_H* は擬態型表現型には関与していないと考えられる.

10-6 *H* 遺伝子座の逆位領域近傍の遺伝子発現の特徴

逆位領域近傍で転写されている領域を明らかにするために RNA-seq のデータを *h* と *H* 遺伝子座にそれぞれ貼り付けたところ, 左側のブレークポイントの近くでは, 三つの異なる転写産物が見つかった. 転写制御因子 (ubiquitously expressed transcript; *UXT*) (Schroer et al., 1999), unknown-3-exons (*H* に出現した長鎖ノンコーディング RNA; *U3X*) と *Prospero* 下流の未知の転写産物の三つである. これらの遺伝子は, 非擬態型メス (*hh*) に比べて擬態型メス (*HH or Hh*) の翅で強く発現している (Nishikawa et al., 2015) (図 10-2c) ことから, 擬態に関与している可能性がある. UXT の読み枠 (ORF) は *H* と *h* で同じであるが, 逆位のために 5′非翻訳領域 (UTR) と転写開始点は異なっている. 新たに出現した *U3X* はシロオビアゲハの全ゲノム中でも *H* 染色体のヘテロ領域のみに見られる. *Prospero* の下流領域の配列は, ヘテロ領域の外側にあるにもかかわらず, *H* と *h* で発現が異なる. 以上のことから, 染色体逆位はゲノム構造に影響を与えるだけでなく, 遺伝子発現の調節因子などの変化などを介して近傍の遺伝子発現にも大きく関わっているようだ.

三つの dsx アイソフォームの発現は, P1-2 (蛹期 1-2 日), P4-5, P10.5 のいずれのステージでも, 擬態型と非擬態型の翅で発現の違いはほとんど見られなかった (Nishikawa et al., 2015). しかし, 蛹期初期において, 擬態型メスの翅での *dsx_H* の発現は非擬態型の翅に比べてはるかに高いが, *dsx_h* はそのような発現パターンを示さなかった. RNA-seq 解析の結果でも, *Hh* 擬態型メスでは *dsx_H* が優勢に発現していた (Nishikawa et al., 2015). 翅の色素形成パターンが決定される P2 ステージ (Nishikawa et al., 2013) には, *dsx_h* と *dsx_H* の発現レベルの違いが明瞭になる (図 10-4). しかし, Kunte らの報告 (2014) では, *dsx_H* の発現は蛹期後期にのみ誘導されており, 我々の結果とは異なっている. 一方, *Hh* オスでは, *dsx_h* は 5 齢幼虫のワンダリング期でも蛹期初期でも優勢に発現しているが, *dsx_H* はほとんど発現していなかった.

dsx_H と *dsx_h* のプロモーター領域を比較すると転写開始点近傍では強い配

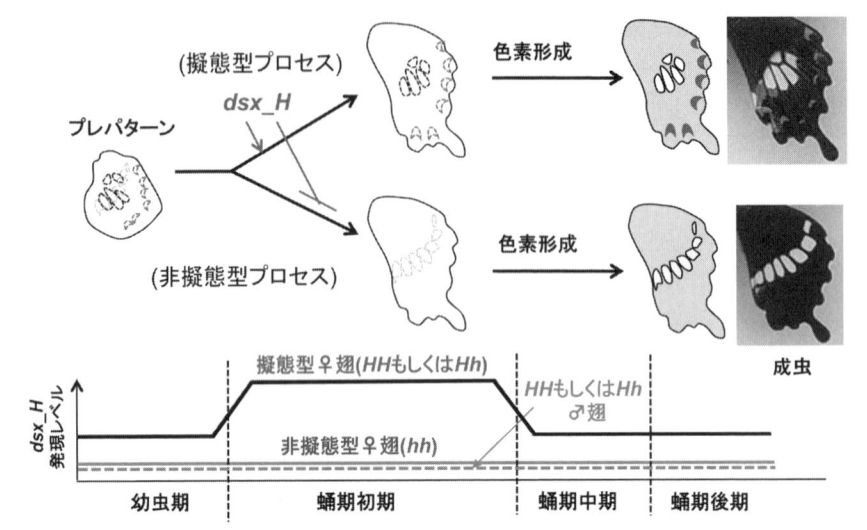

図 10-4　Dsx H の擬態型，非擬態型の翅模様形成における機能のモデル図．幼虫期から蛹期における，*dsx H* の擬態型メス (黒線)，非擬態型メス (グレー線)，オス (点線) の発現パターンを下部に模式的に示した (口絵参照).

列保存性があるものの，上流に向かうに従って徐々にその保存性は減少している (Nishikawa et al., 2015)．おそらく制御領域やイントロン領域での *dsx_H* と *dsx_h* の間の何らかの塩基配列の違いが，メスの翅における *dsx_H* の特異的発現制御に関わっているのだろう．このように，メスの *dsx_H* のアミノ酸置換だけでなく，発現の変化も擬態型の表現型に関与していると考えられる.

10-7　*dsx* の機能解析

　擬態型の翅の模様形成に *dsx* が機能的に関与しているかどうかを調べるために，エレクトロポレーションによって siRNA を導入する機能解析を行った．この方法を用いると，蛹期の翅で最適化された条件では，標的遺伝子の発現抑制の影響をモザイク的に調べることができる (Yamaguchi et al., 2011; Ando and Fujiwara, 2013; Fujiwara and Nishikawa, 2016)．この新しい方法が有効であるかどうかを確認するために，まずメラニン合成で働くチロシン水酸化酵素 (tyrosine hydroxylase; TH) をノックダウンしたところ，siRNA が導入された領域でチョウの翅の黒い模様が明らかに薄くなった．一方，ネガティブコ

ントロールに通常使われる Universal Negative Control siRNA を導入しても，表現型の変化は全く見られなかった．

　この方法を用いて，*dsx_h* には影響を与えず *dsx_H* の発現のみをノックダウンする siRNA を擬態型メスの後翅に導入し，エレクトロポレーションを施した．その結果，擬態型の翅の模様パターンは，非擬態型パターンに切り替わった．さらに *dsx_H* siRNA を蛹初期の擬態型メスの後翅の一部に導入すると，siRNA が導入された部分でのみ擬態型の翅パターンが抑制された．例えば，周縁部の赤いスポットは小さなオレンジ色の点となり，中央部の白い領域はほとんど消えてなくなった．一方，この処理により，非擬態型メスに特徴的な白い帯状の模様が本来予想される場所に出現した (Nishikawa et al., 2015).

　このような結果から，*dsx_H* は単に擬態型の翅模様を誘導するだけでなく，同時に非擬態型の翅模様の出現を抑制することが示された．これに対して，*dsx_h* の siRNA を擬態型メスに導入しても翅模様には何の影響も与えなかった．さらに，*dsx_H* と *dsx_h* の共通領域に設計した siRNA で両方の遺伝子発現を抑制すると，*dsx_H* を単独でノックダウンしたときと同じ表現型が観察された (Nishikawa et al., 2015). 以上の結果から，*dsx_h* は擬態型，非擬態型のいずれの翅模様形成には関与していないことが示された．*dsx_H* のみが擬態型の表現型に関与していると考えられる．*H/H* のホモ個体は生存しうるのは注目すべき点で，このことは，*dsx_H* が翅模様の形成に加えて通常の性分化に関する基本的機能も備えていることを意味する．

　dsx_H が擬態型模様パターンの形成を誘導するだけでなく，非擬態型のパターンを抑制する結果は予想外だった (図 10-4). 我々は以前に，シロオビアゲハの擬態型と非擬態型の翅の白い領域 (擬態型では淡黄色) が異なる色素で形成されていることを報告した (Nishikawa et al., 2013). また，キヌレニンと *N-β-*アラニルドーパミン (NBAD) の合成，Toll シグナルに関与する遺伝子群の発現が，シロオビアゲハの擬態型翅の赤いスポットで誘導されていた (Rembold and Umebachi, 1984; Nishikawa et al., 2013). さらに，擬態型の翅では，非擬態型で見られる白い帯状の模様が中心部に集まるように変化し，モデルチョウのベニモンアゲハに似たパターンに似せるようになっている．したがって *dsx_H* は擬態型メスの翅において，領域特異的な発現パターンと，

淡黄色と赤色色素の合成の両方を切り替えていると考えられる。我々は，シロオビアゲハ擬態型メスとモデルチョウのベニモンアゲハの翅の淡黄色が化学的に似た性質をもっていることを見いだしている。したがって，*dsx_H* によってもたらされるさまざまな変化が，シロオビアゲハの擬態型メスの巧妙な擬態に結び付いていると思われる。

　さらに重要なのは，蛹化直後の *dsx_H* のノックダウンにより擬態型の翅に非擬態型の白いバンドが生じたことで，これは翅模様パターンが蛹初期の段階で予め決まっていることを意味する。図 10-4 に *dsx_H* の翅模様形成における機能的役割を模式的に示した。*dsx_H* はおそらく模様パターンの切り替えスイッチ (selector) のように働くのだろう。幼虫後期から蛹前期にかけて，擬態型と非擬態型の模様パターンが *dsx* 以外のパターン形成遺伝子よって前決定される。さらに，*dsx_H* は擬態型の色素合成過程を選択するとともに，運命が決定された翅で非擬態型の模様形成を抑制する。ドクチョウ属のチョウでは，前翅中央の黒い領域は *WntA* により (Martin et al., 2012)，また前翅のバンドパターンは *optix* によって決められる (Reed et al., 2011)。また，アフリカヒメジャノメ (*Bicyclus anynana*) では，蛹期初期にホメオボックス遺伝子 *Distalless* (*Dll*) が眼状紋の中心部の分化を誘導する働きをしている (Brakefield et al., 1996; Monteiro et al., 2006)。さらに，アゲハチョウ科の多くのチョウでは，雄雌にかかわらず後翅の周縁部に赤いスポットがしばしば見られる。これらのことから，シロオビアゲハの翅の模様パターンは *dsx* 以外の遺伝子によってあらかじめ決められているのではないかと推測している。

10-8　メスに限定されたベイツ型擬態の進化

　シロオビアゲハのメスに限定されたベイツ型擬態は，これまでは古典的な遺伝学や生態学的視点から研究されてきたが，我々はこの擬態に関連した染色体逆位の構造を明らかにした。メス限定のベイツ型擬態はアゲハチョウの仲間に広く見られる (Kunte, 2009) が，シロオビアゲハで使われている *dsx* を介したシステムで同様に制御されているのかもしれない。シロオビアゲハのメス限定擬態の特徴は，擬態型と非擬態型が野生集団内に共存する種内多型が見られる点だが，その分子的背景として，二つの分化した *h* 染色体と *H* 染色体があることは，この現象をうまく説明する。擬態の表現型に特化した

dsx_H（もしくは近隣の遺伝子も含めて）の構造と機能は，*dsx* 遺伝子のちょうど外側で起こった染色体逆位によって組換えが抑制され，その結果長い間野生集団のなかで強く維持されてきたのだろう．

　いつ染色体逆位や *dsx_H* と *dsx_h* の分化が起こったかという点は興味のある問題だ．鱗翅目間の遺伝子シンテニーの比較から，*H* 染色体は祖先型に近い *h* 染色体から派生したと推測された．したがって，染色体逆位はおそらくシロオビアゲハとナミアゲハが分岐した 40 万年前より後に起こり (Zakharov, 2004)（図 10-1, 2a）．*dsx_H* と *dsx_h* の間の配列の違いは，その後固定，蓄積したのだろう．実際に，*dsx* の一塩基置換 (SNVs) の頻度や系統樹からは，*dsx_H* が早い進化速度で変化したことが示され，正の選択圧のもとで新たな機能が獲得されたのかもしれない．一方，hetero_130 kbp 領域全体の配列相同性は *H* と *h* では低く，*h* とナミアゲハの相同領域の間の相同性に近いレベルに見える（図 10-2d）．このことは，染色体逆位が極めて古い時期に起こった可能性を示唆するとともに，進化の過程で *dsx_H* に度重なる変異が生じ，擬態に関わる機能がより最適化されたと考えられる．このような進化的なシナリオは，他の近縁種のゲノムの詳細な解析によって明らかになるだろう．

引用文献

An W, Cho S, Ishii H and Wensink PC (1996) Sex-specific and non-sex-specific oligomerization domains in both of the doublesex transcription factors from *Drosophila melanogaster*. Mol Cell Biol 16:3106-3111

Ando T and Fujiwara H (2013) Electroporation-mediated somatic transgenesis for rapid functional analysis in insects. Development 140:454-458. doi: 10.1242/dev.085241

Bates HW (1862) Contributions to an insect fauna of the Amazon valley. (Lepidoptera: Heliconidae). Tans Linn Soc (Lond.) 23:495-566

Brakefield PM, Gates J, Keys D, Kesbeke F, Wijngaarden PJ, Monteiro A, French V and Carroll SB (1996) Development, plasticity and evolution of butterfly eyespot patterns. Nature 384:236-242

Brower JVZ (1958) Experimental studies of mimicry in some North American butterflies. Part II. *Battus philenor* and *Papilio troilus*, *P. polyxenes* and *P. glaucus*. Evolution 12:123-136

Clarke CA and Sheppard PM (1959) The Genetics of *Papilio dardanus*, Brown. I. Race Cenea from South Africa. Genetics 44:1347-1358

Clarke CA and Sheppard PM (1960) Super-genes and mimicry. Heredity 14: 175-185

Clarke CA and Sheppard PM (1962) The genetics of the mimetic butterfly *Papilio glaucus*. Ecology 43:159-161

Clarke CA and Sheppard PM (1972) The genetic of the mimetic butterfly *Papilio polytes*. Philos Trans R Soc Lond B Biol Sci 263:431-458

Darwin CR (1872) The origin of species by means of natural selection, or the preservation of favoured races in the struggle for life. 6th edn, (London, 1872)

Fujiwara H and Nishikawa H (2016) Functional analysis of genes involved in color pattern formation in Lepidoptera. Curr Opin Insect Sci 17:16-23. doi: 10.1016/j.cois.2016.05.015

Jiggins CD, Mavarez J and Beltrán M (2005) A genetic linkage map of the mimetic butterfly *Heliconius melpomene*. Genetics 171:557-570

Joron M, Frezal L, Jones RT et al (2011) Chromosomal rearrangements maintain a polymorphic supergene controlling butterfly mimicry. Nature 477:203-206. doi: 10.1038/nature 10341

Kajitani R, Toshimoto K, Noguchi H et al (2014) Efficient de novo assembly of highly heterozygous genomes from whole-genome shotgun short reads. Genome Res 24:1384-1395. doi: 10.1101/gr.170720.113

Kapan DD, Flanagan NS, Tobler A et al (2006) Localization of Mullerian mimicry genes on a dense linkage map of *Heliconius erato*. Genetics 173:735-757

Komata S, Lin CP, Iijima T, Fujiwara H and Sota T (2016) Identification of doublesex alleles associated with the female-limited Batesian mimicry polymorphism in *Papilio memnon*. Sci Rep 6:34782. doi: 10.1038/srep34782

Kunte K (2009) The diversity and evolution of batesian mimicry in *Papilio swallowtail* butterflies. Evolution 63, 2707-2716. doi: 10.1111/j.1558-5646.2009.00752.x

Kunte K, Zhang W, Tenger-Trolander A, Palmer DH, Martin A, Reed RD, Mullen SP and Kronforst MR (2014) *doublesex* is a mimicry supergene. Nature 507:229-232. doi: 10.1038/nature13112

Martin A, Papa R, Nadeau NJ et al (2012) Diversification of complex butterfly wing patterns by repeated regulatory evolution of a *Wnt* ligand. Proc Natl Acad Sci U S A 109:12632-12637. doi: 10.1073/pnas.1204800109

Monteiro A, Glaser G, Stockslager S, Glansdorp N and Ramos D (2006) Comparative insights into questions of lepidopteran wing pattern homology. BMC Dev Biol 6:52

Müller F (1878) Über die Vortheile der Mimicry bei Schmetterlingen. Zoologischer Anzeiger 1:54-55

Nijhout HF (2003) Polymorphic mimicry in *Papilio dardanus*: mosaic dominance, big effects, and origins. Evol Dev 5:579-592

Nishikawa H, Iga M, Yamaguchi J, Saito K, Kataoka H, Suzuki Y, Sugano S and Fujiwara H (2013) Molecular basis of wing coloration in a Batesian mimic butterfly, *Papilio polytes*. Sci Rep 3:3184. doi: 10.1038/srep03184

Nishikawa H, Iijima T, Kajitani R et al (2015) A genetic mechanism for female-limited Batesian mimicry in *Papilio* butterfly. Nat Genet 47, 405-409. doi: 10.1038/ng.3241

Reed RD, Papa R, Martin A et al (2011) *optix* drives the repeated convergent evolution of butterfly wing pattern mimicry. Science 333:1137-1141. doi: 10.1126/science.1208227

Rembold H and Umebachi Y (1984) The structure of papiliochrome II, the yellow wing pigment of the Papilionid butterflies. In: Schlossberger HG, Kochen W, Linzen B & Steinhart H (eds) Progress in Tryptophan and Serotonin Research. Walter de Gruyter, Berlin, pp 743-746

Ruxton GD, Sherratt TN and Speed M (2005) Avoiding attack: The evolutionary ecology of crypsis, warning signals and mimicry. Oxford University Press. New York

Schroer A, Schneider S, Ropers H and Nothwang H (1999) Cloning and characterization of UXT, a novel gene in human Xp11, which is widely and abundantly expressed in tumor tissue. Genomics 56:340-343

Uesugi, K (1996) The adaptive significance of Batesian mimicry in the swallowtail butterfly, *Papilio polytes* (Insecta, Papilionidae): associative learning in a predator. Ethology 102:762–775

Yamaguchi J, Mizoguchi T and Fujiwara, H (2011) siRNAs induce efficient RNAi response in *Bombyx mori embryos*. PLoS One 6:e25469. doi: 10.1371/journal.pone.0025469

Zakharov EV, Caterino MS and Sperling FA (2004) Molecular phylogeny, historical biogeography, and divergence time estimates for swallowtail butterflies of the genus *Papilio* (Lepidoptera: Papilionidae). Sys Biol 53: 193-215

IV 部
チョウの生態学と適応

花の蜜を吸うシロオビアゲハ *Papilio polytes* (沖縄県宮古島にて関村利朗撮影).

11章
毒チョウの化学生態学：モデルかミミックか？
― ミュラー型擬態における性的二型のパラドックス ―

西田律夫

要　約

　チョウ類のなかには，自ら有毒あるいは不味（ふみ）物質を生合成するか，毒草から摂取することにより天敵から身を守っているものがいる．これらの「毒チョウ」は翅を警告色に飾りたて，しばしばベイツ型擬態あるいはミュラー型擬態種との集合体（ミミクリー・リング）を形成している．本章は (1) カバマダラミミクリー・リング，(2) オオゴマダラミミクリー・リング，(3) ジャコウアゲハミミクリー・リングにおいて働いている有毒チョウの化学因子と形態的特性を中心に述べる．メス特異的な擬態型多型は，一般的にベイツ型擬態に見られ，ミュラー型擬態においては稀である．なぜならば，モデルが斑紋を変えるような視覚的要素の二分化は進化学的に不利だからである．ここでは，特にミュラー型擬態では稀にしか見られない性的二型に注目して考察する．カバマダラに擬態するタテハチョウ科のツマグロヒョウモンは，性的二型を示す典型的な例である．しかしながら，本種は有毒の青酸配糖体（リナマリン，ロタウストラリン）を蓄積する毒チョウであることが判明した．同様に，食草の有毒成分アリストロキア酸を体内蓄積するジャコウアゲハにおいては，雌雄で翅の色調が異なっている（オス－黒，メス－灰褐色）．同所的に生息する昼行性のマダラガ科クロツバメは，紅腹かつ黒翅のジャコウアゲハに類似した特徴をもつが，どちらかと言えばオスに似た色調を示している．本種は体内に青酸配糖体を蓄積する毒ガであり，特にジャコウアゲハのオスと相補的にミュラー型擬態同盟を形成している可能性がある．それとは逆に，昼行性のアゲハモドキは，比較的明るい色彩のジャコウアゲハのメスに翅模様と形態が酷似している．ミュラー型擬態における性的二型のパラ

ドックスに迫るため，擬態種相互の適応のメカニズムについて考察を試みる．

キーワード

　ベイツ型擬態 (Batesian mimicry)，ミュラー型擬態 (Müllerian mimicry)，警告色 (warning coloration)，不味さ (unpalatability)，セクエストレーション (sequestration)，防御物質 (defense substance)，ファーマコファジー (pharmacophagy)，性的二型 (sexual dimorphism)，性選択 (sexual selection)，ミミクリー・リング (mimicry ring)．

11-1　はじめに

　チョウのモデル／ミミック (擬態者) の関係を示す好例であるオオカバマダラ (*Danaus plexippus*) (マダラチョウ亜科，タテハチョウ科) は，幼虫時代，ガガイモ類 (キョウチクトウ科) の葉を食べて，毒素カルデノライド［強心配糖体 (cardenolide; CG)］を選択的に体内に取り込み，成虫体にまで蓄積［セクエストレーション (sequestration)］する (Reichstein et al., 1968)．CG 類は強力な心臓毒であり，捕食性の鳥類に対する催嘔性を示す．もし空腹のアオカケスがオオカバマダラを摂食すると強い嘔吐反応を催す (Brower, 1984)．そして，そのような苦しい経験をした鳥は，同じような翅模様をもったチョウを二度と食べようとはしない．捕食性の鳥は，不快な苦味として味覚的に認識するか，さらに飲み込んだ後に嘔吐を経験することによって毒チョウを視覚的に避けるようになる．鳥は視覚的によく似た獲物に対する条件付け忌避を起こし，このことが，ベイツ型擬態 (Batesian mimicry) の進化をもたらしている (Brower, 1969)．したがって，オオカバマダラは典型的な有毒のモデルとみなされてきた．一方，類似の翅模様をもつカバイロイチモンジ (*Limenitis archippus*) (タテハチョウ亜科：タテハチョウ科) は，オオカバマダラに擬態するベイツ型擬態種として知られてきた．しかしながら，カバイロイチモンジも鳥種によってはかなり「不味［味が悪い (unpalatable)］」なチョウであることが実証された (Ritland and Brower, 1991; Prudic et al., 2007)．一方，オオカバマダラも，特に CG 毒を含まないトウワタで育った場合などは無毒な「美味しい (palatable)」チョウであることが分かっている (Brower, 1969)．こ

のように，モデル種と擬態種の関係は場合によっては逆転することさえあり，もし両種とも有毒であった場合はミュラー型擬態 (Müllerian mimicry) の同盟関係を形成することになる (Rothschild, 1979; Huheey, 1984).

　人間の感覚と同様に，不味あるいは不快な味覚感覚は，チョウが蓄積する毒成分と強くリンクしており (Brower, 1984)，捕食性天敵は獲物を飲み込んでしまう前に効果的に毒を回避できる．視覚が発達した鳥類は，不味と翅模様を効果的に関連づけ，擬態を生みだす最も効果的な選択圧として働いている．擬態の進化は，モデル本来のもつ毒性に加えて，それを受容する捕食者の視覚ならびに化学感覚 (味覚と嗅覚) 生理によっている (Brower, 1984; Nishida 2002)．しかしながら，ミミクリー・リング (mimicry ring) における個々のメンバーが保有する防御物質に関する具体的な化学的知見は乏しい (Trigo, 2000; Nishida, 2002)．ここにアジア地域に分布する以下の三つの典型的なミミクリー・リングを中心に，チョウ類が蓄える有毒成分と翅模様の関係について考察する．

　(1) カバマダラミミクリー・リング

　(2) オオゴマダラミミクリー・リング

　(3) ジャコウアゲハミミクリー・リング

ベニモンアゲハに擬態するシロオビアゲハに代表されるようにメス特異的な擬態型の出現はベイツ型擬態の一般的な特徴の一つである (Turner, 1978). それに対してミュラー型擬態種においては明確な性的二型 (sexual dimorphism) を生じない．密度依存的選択においては，有毒モデルが新たな翅模様を分化させることが不利に働くためであると考えられている．しかし，上記 (1) および (3) のミミクリー・リングにおいては，ミュラー型擬態と考えられる種のなかに，例外的に性的二型が認められる．このような有毒チョウ種における性的二型の適応的特性に注目しつつ，考察を進める．

11-2　カバマダラミミクリー・リング

　オオカバマダラや近縁のマダラチョウ類は食草のガガイモ類の葉から CG 類を体内に取り込むことによって捕食性鳥類から身を守っているが，なかには CG を蓄積していない個体あるいは個体群もいる．北米の *Danaus* 属マダラチョウと同様に，旧世界のカバマダラ *D. chrysippus* (マダラチョウ族，マダ

ラチョウ亜科) (アフリカからアジアにかけて分布) は赤みを帯びたオレンジの
地色に前翅先端に黒と白の模様をもち，多くの擬態種のモデルとなる毒チョ
ウと考えられている (Smith, 1973) (図 11-1, 図 11-2)．カバマダラはガガイモ
亜科だけを寄主とし，CG 類を蓄積すると推定されているが，実際には CG を
あまり蓄え込まないか，取り込み量に一貫性がないことが知られている
(Rothschild et al., 1975; Schneider et al., 1975; Mebs et al., 2005)．

　沖縄に生息するカバマダラ個体群における CG の成虫体への蓄積状況を調
査した．その結果，トウワタ (*Asclepias curassavica*) を摂食した場合，比較的
極性の高い CG の一種フルゴサイドを蓄えることが判明した (和田ほか，未発
表)．トウワタで飼育したオオカバマダラではカロトロピンとカラクチンが主

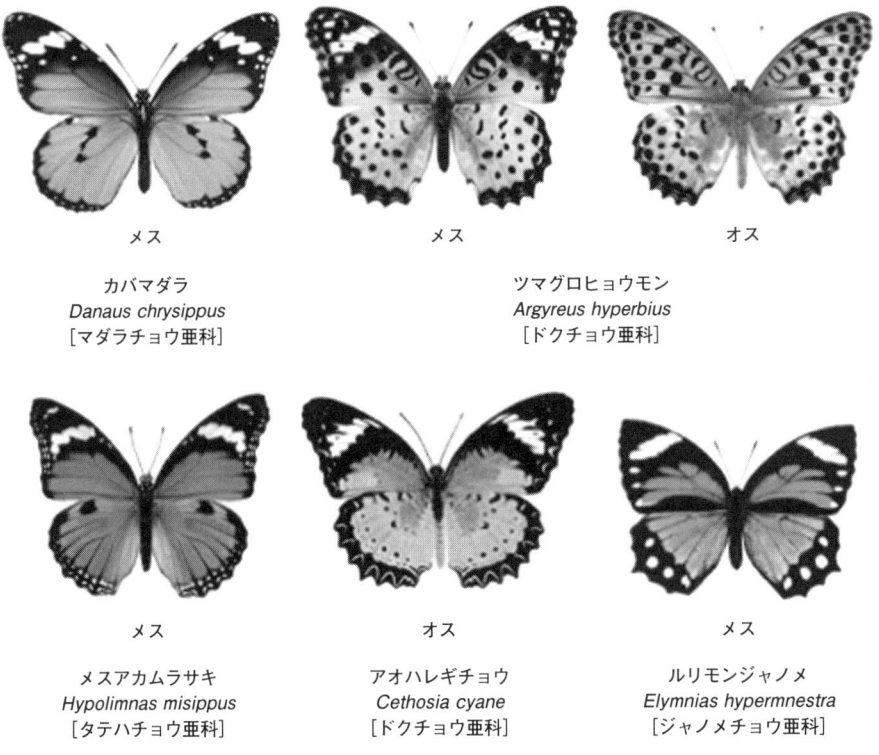

メス　　　　　　　　　　メス　　　　　　　　　　オス

カバマダラ　　　　　　　　　　　　ツマグロヒョウモン
Danaus chrysippus　　　　　　　　*Argyreus hyperbius*
[マダラチョウ亜科]　　　　　　　　[ドクチョウ亜科]

メス　　　　　　　　　　オス　　　　　　　　　　メス

メスアカムラサキ　　　　　アオハレギチョウ　　　　ルリモンジャノメ
Hypolimnas misippus　　　*Cethosia cyane*　　　*Elymnias hypermnestra*
[タテハチョウ亜科]　　　　[ドクチョウ亜科]　　　　[ジャノメチョウ亜科]

図 11-1　カバマダラミミクリー・リングの代表的な構成種．注：図中のチョウ類が必ずし
も同所的に生息しているとは限らない．

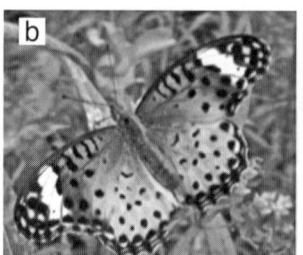

図 11-2　(a)　カバマダラ (*Danaus chrysippus*) (メス).　(b)　ツマグロヒョウモン (*Argyreus hyperbius*) (メス).　(c)　ツマグロヒョウモン (オス) (口絵参照).

要成分として知られているが, 沖縄産カバマダラでは検出されず, オオカバマダラやジョオウマダラ (*Danaus gilippus*) のように特定の CG 成分の選択的な蓄積作用が示唆された (Cohen, 1985; Mebs et al., 2012). また, カバマダラのオスは有毒のピロリジディンアルカロイド (PA) を含む植物を頻繁に訪れてアルカロイド成分を摂取し, 防御物質ならびに性フェロモン原料として体内に蓄積する (Edgar et al., 1979) (11-3 節も参照). このように成虫になってから食草以外の植物から特定の薬理作用物質を獲得する習性をファーマコファジー (pharmacophagy) と呼んでいる (Boppré, 1986). 沖縄のカバマダラもキク科やムラサキ科などの PA 含有植物をしばしば訪れて吸蜜あるいは吸汁しているので, CG と PA の両方で身を守っている可能性がある. しかしながら, カバマダラはアフリカから南アジア, さらに沖縄にまで広域に分布し, 各地において多様なミミクリー・リングを形成していることから, 捕食性天敵に対する「不味さスペクトル (unpalatability spectrum)」を明らかにするためには, 個々のチョウが含有する防御因子を季節的・地域的に明らかにしていく必要がある.

　アジア地域ではカバマダラに擬態したと思われる多様なチョウ類が生息している. 特にタテハチョウ科において, カバマダラを中心とした「カバマダラミミクリー・リング」が形成されている (図 11-1).

スジグロカバマダラ (*Danaus genutia*) (マダラチョウ族, マダラチョウ亜科)

　カバマダラに似るが上下翅とも翅脈が黒い. インドから日本に至る南アジアの広範囲にカバマダラと分布域が重なり, いずれもトウワタ亜科を食草としていることからミュラー型擬態と思われるが, 沖縄産の本種が食草リュウ

キュウガシワから CG 類を取り込んでいるかどうかは分かっていない．両種ともオス成虫は PA 含有植物に対する強い趨性を示すことから，いずれも防御物質ならびにフェロモン原料としてアルカロイド成分を蓄積しているものと思われる．

　メスアカムラサキ (*Hypolimnas misippus*) (タテハモドキ族，タテハチョウ亜科)　メス特異的擬態を示し，アジアではカバマダラに擬態して共存している (Gordon and Smith, 1989)．幼虫は，おそらく無毒と考えられるスベリヒユ (スベリヒユ科) を食草としており，成虫も無毒と思われる．

　ルリモンジャノメ (*Elymnias hypermnestra*) (マネシヒカゲ族，ジャノメチョウ亜科)　いくつかの地域個体群は性的二型を示す．オスはマダラチョウ亜科のルリマダラ (*Euploea*) 属，メスはマダラチョウ (*Danaus*) 属に擬態する (Yata and Morishita, 1985)．幼虫はヤシ科を寄主とする (Ackery and Vane-Wright, 1984).

　アオハレギチョウ (*Cethosia cyane*) (ホソチョウ族，ドクチョウ亜科)　ハレギチョウ属の数種は雌雄ともカバマダラに擬態している．幼虫は青酸配糖体を含有するトケイソウ科を食べる (Nahrstedt and Davis, 1985).

　ツマグロヒョウモン (*Argyreus hyperbius*) (ヒョウモンチョウ族，ドクチョウ亜科)　本種は性的二型を示し，メスはカバマダラの翅模様に似せるが，黄褐色の地にヒョウモンチョウ類に特徴的な黒点の豹紋も散りばめている．メスはカバマダラのベイツ型擬態者と考えられている (Su et al., 2015)．幼虫は他の日本産ヒョウモンチョウ類と同様にスミレ科を寄主としている．本種が有毒なチョウであるかどうかは不明であるため，以下に述べるように，生体の化学分析を試みた．

　上に述べたように，カバマダラに対するメス特異的擬態を示すのは，メスアカムラサキ，ツマグロヒョウモンおよびルリモンジャノメである．そのなかで少なくとも前2種のオスは「本来」の翅模様をとどめているものと思われる．チョウのミミクリー・リングにおけるメス特異的擬態はベイツ型擬態に限られ，ミュラー型擬態では顕著な性的二型が出現しにくいと考えられてきた (Mallet and Joron, 1999)．モデルに対する「美味しい擬態型翅模様」の相対密度の増加は，負の頻度依存選択によってベイツ型の擬態効果を下げてしてしまう一方，「不味い擬態型翅模様」の密度増加は，正の密度依存選択に

よってミュラー型の防御効果をさらに高めるからである (Turner, 1978; Mallet and Joron, 1999). もし，この理論が適用されるなら，メスアカムラサキもツマグロヒョウモンもカバマダラに対する無毒なベイツ型擬態種ということになる. 両種の食草スベリヒユ，スミレ類からは特定の毒成分の含有が知られていないことも，このことを支持している (特にスベリヒユは食用野草として利用されている). しかしながら，ツマグロヒョウモンの虫体 (幼虫時代，野生ノジスミレあるいはパンジーで飼育) を化学分析した結果，強力な毒性を示す青酸配糖体 (CN) のリナマリンならびにロタウストラリンを多量 (総CN量：メス 300-400 μg; オス 100-250 μg/虫体) に含有していることが判明した (中出ほか，未発表) (図 11-3). これらの毒成分は食草のスミレ類からは検出されなかったことから，ドクチョウ属 (*Heliconius*) (ドクチョウ亜科) で知られているように，本種もアミノ酸から CN 類を生合成している可能性を示唆した (Nahrstedt and Davis, 1985). リナマリンとロタウストラリンは，雌雄が同じ翅模様を示すハレギチョウ属 (ドクチョウ亜科) も保有していることが知られている (Nahrstedt and Davis, 1985).

　雌雄異型であるにもかかわらず，ツマグロヒョウモンが有毒種であることが判明したので，カバマダラ (雌雄) −ハレギチョウ (雌雄) −ツマグロヒョウモン (メス) におけるミュラー型ミミクリー・リングの構図が浮かび上がってきた. ハレギチョウ属 (*Cethosia*) のハレギチョウ類の多くはツマグロヒョウモ

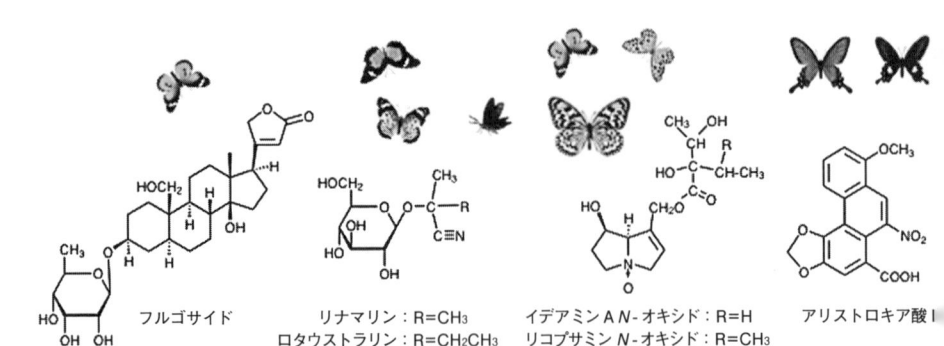

図11-3　有毒チョウ類の防御物質. フルゴサイド (カルデノライド類 CGs)，リナマリンおよびロタウストラリン (青酸配糖体類 CNs)，イデアミンおよびリコプサミン *N*-オキシド (ピロリジディンアルカロイド類 PAs)，アリストロキア酸 I (アリストロキア酸類 AAs).

ンのメスと類似の黒斑点を表す一方，カバマダラには豹紋が見られないこととあわせて考察すると，ツマグロヒョウモンのメスはドクチョウ亜科のなかで，より緊密な擬態同盟を形成している可能性が示唆される．メス特異的性な擬態型を示すメスアカムラサキとルリモンジャノメが有毒成分を保有しているかどうかは，今のところ不明である．

11-3　オオゴマダラミミクリー・リング

　大型のオオゴマダラ(*Idea leuconoe*) (マダラチョウ亜科，タテハチョウ科)はマダラチョウ亜科のなかでも原始的な種である (図 11-4)．開張は 120-140 mm，白地に黒の斑紋と翅脈模様をもち，カラフルな警告色ではないが，イソヒヨドリなど捕食性天敵が多い亜熱帯の森を悠々と飛翔する様は，際だっ

オオゴマダラ
Idea leuconoe
［マダラチョウ亜科］

フタボシオオゴマダラ
Idea hypermnestra
［マダラチョウ亜科］

ヒメゴマダラ
Ideopsis gaura
［マダラチョウ亜科］

オオゴマダラタイマイ
Graphium idaeoides
［アゲハチョウ科］

マダラガの一種
Cyclosia pieridoides
［マダラガ科］

図 11-4　オオゴマダラミミクリー・リングの代表的な構成種．注：図中のチョウ・ガ類が必ずしも同所的に生息しているとは限らない．

た存在と言える．沖縄産のオオゴマダラは虫体に食草ホウライカガミ (キョウチクトウ科) 由来のアルカロイド PA 類 (イデアミン A, B および C，リコプサミン，パルソンシン) を N-オキシドとして蓄積する (Nishida et al., 1991; Kim et al., 1994) (図 11-3)．1 個体が蓄積するアルカロイド量は 3 mg を超えることもあり，天敵に対する高い防御効果が示唆された．

　マダラチョウ亜科のほとんどのオス成虫は，防御成分と性フェロモン原料を獲得するため積極的に PA 含有植物を訪れてアルカロイド成分をファーマコファジーにより摂取するが，オオゴマダラならびに東南アジアのオオゴマダラ属 (*Idea*) のチョウは，キョウチクトウ科の食草から直接 PA を獲得しているようである (Ackery and Vane-Wright, 1984)．オオゴマダラは PA 類を防御物質［アロモン (allomone)］としてだけでなく (Nishida, 1994)，メスは産卵時の寄主認識の目印［カイロモン (kairomone)］として (Honda et al., 1997)，オスは揮発性の性フェロモン (pheromone) を生合成するための前駆体として (Nishida et al., 1996) 利用する．このような PA に対する強い結び付きは，原始マダラチョウ類の特徴と考えられ，そののち種分化が起こり PA を含まない植物 (トウワタ亜科など) に寄生するようになってからもファーマコファジーにより PA を防御・配偶行動に利用する性質を温存してきたものと思われる (Edgar, 1984; Nishida, 2002)．マレー半島に同所的に分布するフタボシオオゴマダラ (*I. hypermnestra*) (図 11-4) とホソバオオゴマダラ (*I. lynceus*) においては，体液の質量スペクトル分析により，PA の N-オキシド体が検出されたことから両種は熱帯雨林におけるミュラー型ミミクリーの関係にあるとみなされた (西田，未発表)．

　東南アジアの同地域には，一回り小型のヒメゴマダラ (*Ideopsis gaura*) も混生している (図 11-4)．本種の幼虫もキョウチクトウ科を寄主としているが，食草由来の毒成分の有無はいまだに不明である．ヒメゴマダラのオスは，頻繁にキク科ヒヨドリバナ属を吸蜜する．ヒメゴマダラのオス虫体 (マレーシア，ペナン州) の質量スペクトル分析から，リコプサミン (あるいはその立体異性体) を N-オキシド型で保有していることが分かった (西田，未発表)．したがって，上記 3 種のマダラチョウ類は同地域においてミュラー型擬態同盟を形成していることが分かった．

　東南アジア産のマネシヒカゲの一種 *Elymnias kuenstleri* (ジャノメチョウ亜

科) はオオゴマダラ属の擬態種と思われ，前節のルリモンジャノメ (*E. hyper-mnestra*) とカバマダラの関係 (図 11-1) に似て興味深い．アゲハチョウ科にもオオゴマダラあるいはヒメゴマダラに擬態したと思われる種が存在する．オオゴマダラタイマイ (*Graphium idaeoides*) (図 11-4)，ゴマダラタイマイ (*G. delessertii*) ならびにナガサキアゲハ (*Papilio memnon*) の白化型がこれら毒チョウのベイツ型擬態種と思われる．

　昼行性のマダラガの一種 (false *Idea* moth) *Cyclosia pieridoides* (図 11-4) は，オオゴマダラあるいはヒメゴマダラに類似の翅模様をもっている．本種の防御物質は未調査であるが，多くのマダラガ科の成虫がリナマリンとロタウストラリンを生合成/体内蓄積することから (Holzkamp and Nahrstedt, 1994; Nishida, 1994)，本種も CN を蓄積している可能性が高い．ミニチュアサイズの *C. piedoides* と大型のオオゴマダラやヒメゴマダラを並べると，翅の開張は比較にならないほど小さいが，捕食性の鳥類にとってはサイズよりも精巧な翅模様のほうが心理的効果を含めてより重要性をもっていることが知られている (Wickler, 1968; Halpin et al., 2013).

11-4　ジャコウアゲハミミクリー・リング

　ウォーレスによって指摘されたように，ベニモンアゲハをはじめ腹部を派手な紅色に染めたキシタアゲハ族 (アゲハチョウ科) の仲間は，特に真正アゲハチョウ属 (*Papilio*) のベイツ型擬態種のモデルとなる味の不味いチョウとして知られる (Uésugi, 1996) (図 11-5)．これらキシタアゲハ族の幼虫はウマノスズクサ科を食草とし，有毒のアリストロキア酸 (AA) 類 (図 11-3) を虫体組織に蓄積する (Euw et al., 1968; Nishida and Fukami, 1989; Wu et al., 2000)．そのなかで，日本本土に生息するジャコウアゲハ (*Atrophaneura alcinous*) の翅の色調は性的二型を示す．オスの表翅は漆黒色であるのに対して，メスは濃淡にはバリエーションがあるものの淡灰褐色を呈する．雌雄とも長い尾状突起と下裏翅外縁に沿ってピンクあるいはオレンジ色の目立つ斑紋列 (オスの表翅では不明瞭) を配し，腹側面各節は鮮やかな紅色地に黒斑をもつ (図 11-5b).

　昼行性のアゲハモドキ(*Epicopeia hainesii*) (アゲハモドキガ科) は，ジャコウアゲハよりはかなり小型であるが，類似の紅腹と翅模様ならびに尾状突起

図 **11-5**　紅腹のチョウとガにおけるミミクリー・リング．(a) ベニモンアゲハ (*Pachliopta aristolochiae*) (メス)．(b) ジャコウアゲハ (*Atrophaneura alcinous*) (メス，京都産)．(c) アゲハモドキ (*Epicopeia hainesii*) (メス)．(d) クロツバメ (*Histia flabellicornis*) (メス)．リナマリンを含む泡を分泌 (橙色矢印)．(e) ジャコウアゲハ (*A. alcinous*) (メス，京都産)．(f) ジャコウアゲハ (オス，西表島産)．(g) アゲハモドキ (オス，京都産)．(h) クロツバメ (オス，沖縄島産) (口絵参照)．

をもち，形状・色彩パターンがよく似ている (図 11-5c, g)．特に，比較的明るい灰色ないし淡褐色の色調と表翅の黒い翅脈の現れ方は，ジャコウアゲハのメスにかなりよく似ているが，オスにはそれほど似ていない．これは，性的二型を示す有毒モデル種のいずれか一方の性に擬態するというユニークな事例である．ジャコウアゲハもアゲハモドキも日本中部−南部にかけて林縁部や草原地に同所的に生息している．しかしながら，アゲハモドキは，北海道など日本北部ではジャコウアゲハが分布しない地域にも生息している (Inoue, 1978)．モデルのいない地域では捕食圧に対して身を守ることができず，他の防御手段をもっていない限り (目立つ色彩のため) 生存に不利である (Prudic and Oliver, 2008)．アゲハモドキの「不味さ」については不明であるが，モデルのジャコウアゲハがいない地域でも派手な紅色の色調を変えていないことから，本種自体が「不味い」あるいは有毒であることを強く示唆している．幼虫の寄主であるミズキ (ミズキ科) からは，CGs, PAs あるいは CNs のような典型的な有毒成分は知られていない．アゲハモドキ成虫の虫体抽出物を薄層クロマトグラフィーで予備的に分析した結果，極性物質を検出したが，リナマリンやロタウストラリンなどの CN 類は含まれていなかった (西田，未発表)．アゲハモドキが保有する可能性のある不味さの原因物質の化学的究明は今後の課題である．東アジアでは紅腹のジャコウアゲハ−ベニモンアゲハ−アゲハモドキ類の見事なミミクリー・リングが認められ，ベイツ型/ミュラー型擬態関係を解くための格好の材料を与えている．

　一方，マダラガ科のクロツバメ (*Histia flabellicornis*) は，ジャコウアゲハに似た黒翅・紅腹の色彩パターンをもつ昼行性のガであるが，表前翅は黒色，表後翅は金属光沢のある青藍色を呈する (図 11-5h)．クロツバメは，東南アジアから台湾，沖縄・奄美群島にかけて分布し (日本本土には分布しない)，多くの亜種に分類されているが，琉球列島における亜種の寄主はアカギ (*Bischofia javanica*) (トウダイグサ科) である．本種の分布地域は，ベニモンアゲハやジャコウアゲハなど黒翅・紅腹の有毒アゲハ類の分布と重なっている．クロツバメの成虫は，捕獲すると反射的にリナマリンと青酸 (HCN) を含む泡を分泌することから (図 11-5d)，沖縄地方においてはジャコウアゲハとミュラー型擬態同盟を結んでいる可能性がある (Nishida, 1994)．クロツバメは体サイズも翅型・色調ともそれほどジャコウアゲハに類似度が高いとは言

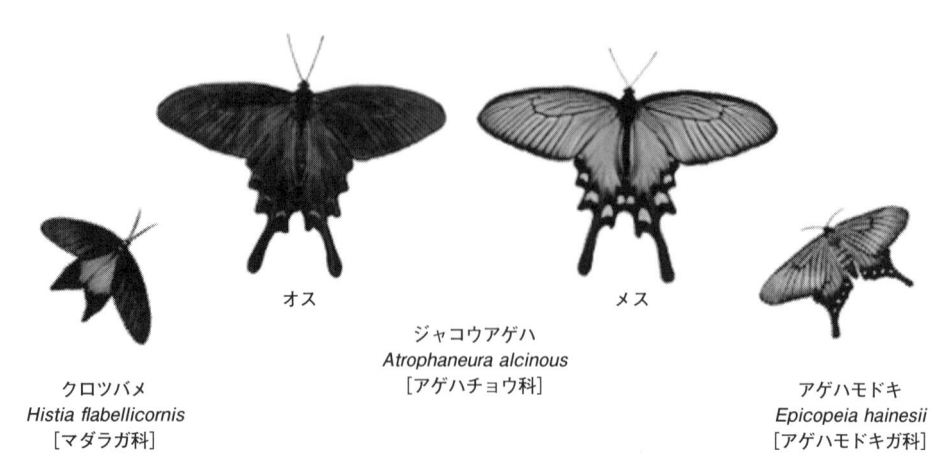

オス

メス

ジャコウアゲハ
Atrophaneura alcinous
[アゲハチョウ科]

クロツバメ
Histia flabellicornis
[マダラガ科]

アゲハモドキ
Epicopeia hainesii
[アゲハモドキガ科]

図 11-6　ジャコウアゲハミミクリー・リングを構成するチョウとガ. 注：図中の種相互が必ずしも同所的に生息しているとは限らない.

えないが, ジャコウアゲハのメスよりはオスのほうに比較的似ている. これは, ジャコウアゲハのメスにより近い色調を示すアゲハモドキの場合とは逆の関係になる. クロツバメに特徴的な下翅の青藍色の光沢は, ジャコウアゲハのオスの黒色の翅の色調からはやや外れてしまうが, 亜熱帯の太陽光を浴びた西表島のジャコウアゲハのオスの表翅は, クロツバメの表翅を想起させるような青藍色に輝いている (図 11-5f). ジャコウアゲハのオスは, 捕食性鳥類の視覚による選択を通してクロツバメとの相互作用のなかで構造色の装備を進化させたのかもしれない. これら 2 種のミュラー型擬態関係は比較的ゆるいものであるかもしれないが, この擬態様式は, 有毒チョウのオスの翅モルフだけを安定化させた稀な性的二型の例と考えられる. 図 11-6 に示したように, ジャコウアゲハの性的二型は, ミュラー型擬態関係にあると思われる 2 種のガ類 (アゲハモドキとクロツバメ) との適応的な相互作用のなかで対称的に進化した可能性を示すものである.

11-5　総合考察

　上記三つのミミクリー・リングで見てきたように, チョウが虫体に蓄積する不味物質の化学的素性を明らかにすることが, 警告色の発達と擬態の進化

を理解するうえで決定的な要素となっている．いうならば，その知見なしで
チョウの斑紋の適応性について論じても暫定的な推論でしかない (Nishida,
2002)．そのうえ，実際には捕食者と餌食双方の生理・生態学的な不確定要素
が絡まって，「不味さ」の定義自体が困難を伴っている (Mallet and Joron,
1999)．モデルのチョウが蓄える防御物質の質と量は，しばしば食草に含まれ
るアレロケミカルス (allelochemicals) の質と量に依存的であり，各地域集団
における個体あるいは個体群レベルでの「不味さ」のバリエーションを生み
だし，モデル/ミミックの関係をさらに複雑にしている (Nishida, 2002)．した
がって，ベイツ型擬態とミュラー型擬態はチョウ側の「不味さスペクトル」
と天敵側の「捕食スペクトル (predatory spectrum)」の両方の選択圧が絡み
合って，逆転現象さえ起こりうる (Huheey, 1984; Turner, 1984)．「捕食スペ
クトル」は捕食者の化学感覚受容能 (味覚・嗅覚) と毒成分に対する抵抗力/
感受性のバリエーションによるところが大きい．昆虫食動物の化学感覚受容
は，種によって大きく異なり，そのようなバリエーションは子育て期など食
欲旺盛な時期あるいは餌資源全体が豊富な時期などシーズンによっても個体
レベルで変化する (Fink and Brower, 1981; Glendinning and Brower, 1990)．
ミミクリー・リングの全体像を理解するためには餌資源と捕食者双方のスペ
クトルを時間・空間的に解析していく必要がある (Joron and Mallet, 1998)．

　本章では，特にミュラー型擬態が関わったツマグロヒョウモン (カバマダラ
ミミクリー・リング) とジャコウアゲハ (ジャコウアゲハミミクリー・リング)
の性的二型に注目して取りあげた．有毒のモデル種において，翅模様の二分
化は最初にミュラーが提唱したように「個体数依存選択」により適応度を下
げるため不利に働く (Turner, 1978; Mallet and Joron, 1999)．上記 2 例は，こ
のような概念に矛盾するものである．このような有毒チョウにおける多型の
パラドックスは，稀ながらアフリカのカバマダラ (Owen et al., 1994) や南アメ
リカのヌマタドクチョウ (*Heliconius numata*) (Brown and Benson, 1974) など
で知られている．

　ジャコウアゲハ (オス) – クロツバメ (両性) の相互擬態においては，双方の
防御物質 (AA および CN) がミュラー型擬態を通して相互に強め合い，不味
さの効果を最大限に発揮していると言える．ジャコウアゲハ (メス) – アゲハ
モドキ (両性) の関係においては，後者の防御化学因子は不明ではあるが，上

述のようにミュラー型擬態である可能性が疑われた．そもそも，ジャコウア
ゲハのメスは，なぜ色彩を変化させる必要があったのだろうか？　アフリカ
のカバマダラのメスの場合は，「美味しい」メスアカムラサキ類 (*Hypolimnas*)
の密度過剰状態から逃れるためにメスだけが擬態型になったと説明されてい
る (Smith et al., 1993)．ジャコウアゲハにおいても過密なベイツ型擬態者から
の回避が働いた可能性も考えられる．実際に，オナガアゲハやクロアゲハな
ど柑橘食の黒翅系アゲハ類は本州中部では時空的に生息域を共有しているこ
とも多く，オナガアゲハ (特にメス) は，日本本土におけるジャコウアゲハ
(オス) への精巧な擬態者とみなされる．特に行動が鈍いメスのチョウがより
高い捕食圧を受ける傾向にある (Ohsaki, 1995, 2005) ことも，メス特異的な擬
態型を生みだした背景にあるかもしれない．したがって，有毒チョウ・ガ類
の防御化学因子や翅模様の地理的バリエーションの解析のみならず，共存す
る無毒なベイツ型擬態者から受ける異種間インパクトについても注目してい
く必要がある．

　ツマグロヒョウモン (メス)–カバマダラ (両性) の擬態関係においては，双
方が不味物質 (unpalatable element) (CN あるいは CG および PA) によって身
を守っている．この場合，ツマグロヒョウモンのオスも有毒であり，黒斑の豹
紋翅パターンは，ミドリヒョウモン (*Argynnis paphia*) やオオウラギンスジ
ヒョウモン (*Argyronome ruslana*) など同所的に生息する草原性/森林性のヒョ
ウモンチョウ類によく似ている．我々の最近の調査から，これらのヒョウモ
ンチョウ類の成虫にも CN 類が含まれていることが判明し (中出・中ほか，未
発表)，翅模様の異なるツマグロヒョウモンのメスだけを除外した「豹紋型
ヒョウモンチョウミミクリー・リング」を形成している可能性が浮上してい
る．これらの化学的状況証拠は，性的二型はベイツ型擬態種のみならずミュ
ラー型擬態種においても可能であることを肯定するものである．その場合，
新たな性特異的モルフが他の有毒種への擬態によって強化され，もとの翅模
様でいるより高い保護効果を受けることが条件となっているようである．こ
のことは，性選択と自然選択のメカニズムに関する新たな議論を呼び起こし
そうである．この仮説をより堅固なものにするためにも，さらなる追究が必
要であることはいうまでもない．

　ミミクリー・リングにおける上記以外の性限定的な多型は，翅や腹部に特

異な外分泌腺をもち臭気を発散するチョウ類によく見られる．この場合，雌雄で該当部位の形態に違いが見られる．ジャコウアゲハなどキシタアゲハ族のオスでは，後翅内縁に特有の毛束をもち，独特の芳香を放つ (Honda, 1980)．これは，性特異的な形態的かつ化学的多型現象と言える．これらオス特異的な芳香成分の性フェロモンとしての役割はほとんど分かっていないが，ジャコウアゲハのオスが発散する臭気は，内的防御因子 AA 類の存在を視覚 (警告色) とともに嗅覚的に警告する効果 (警告臭) をもっているものと思われる (Nishida and Fukami, 1989).

　カバマダラ属 (*Danaus*) の種のオス成虫はファーマコファジーにより PA 含有植物からアルカロイドを摂取し，防御物質とヘアペンシル (hairpencil) 分泌腺から放出する性フェロモン原料を獲得する (Boppré, 1984)．この場合，オスだけが PA を保持した有毒モデルとなり，場合によっては食草由来の CG 類とのダブル防御している可能性もある．すなわち，化学成分蓄積による性的二型を示している．この場合，メスはたとえ防御物質を保持していなくても同じ翅模様をもつオスによって間接的に自己擬態 (automimicry) の原理によって守られることになる (Brower, 1969)．ジョオウマダラにおいては，オスのもつ PA の一部が交尾の際にメスに受け渡され，直接メスに防御能を賦与する一方，PA はさらに卵にまで移行することによってオスの子孫も守られることになる (Eisner and Meinwald, 1995).

　これに対して，原始的なオオゴマダラにおいては幼虫時代に食草から十分な PA を取り込み (雌雄とも)，オスは PA の一部を揮発性の性フェロモンに変換してメスに求愛する (Nishida et al., 1996)．フェロモン成分は PA 蓄積量を反映するため，メスは求愛のプロセスのなかでオスの防御能を確認することができる (Nishida, 2002)．マダラチョウの仲間では，このような PA 由来のフェロモンシステムが性選択に決定的な役割を果たしている (Eisner and Meinwald, 1987; Nishida, 2002)．オオゴマダラの室内行動実験において，図 11-7 に示すような翅模様をコピーしたダミーをヒラヒラさせると，交尾経験のない雌雄とも視覚的にモデルによく反応して誘引される．モデルの腹部末端にオスのヘアペンシル抽出物 (0.1 オス当量) を塗布しておくと，性成熟メスはモデルの近くの植物に舞い降りて腹部を曲げる (交尾受け入れ行動) (図 11-7) (Nishida et al., 1996)．興味深いことに，多くのメスは「翅パターンを印

図 11-7　オオゴマダラのメスの求愛受け入れ姿勢．メスは，オスのヘアペンシル抽出物 (オスの性フェロモン) を染み込ませた紙製のモデル (左) に対して視覚および嗅覚的に応答し，腹部を下方に曲げたまま硬直状態になる (右下)．

刷した紙モデル＋フェロモン」のかわりに，翅の模様をプリントしていない「白の紙モデル＋フェロモン」に対してもヒラヒラ動かすとモデルに接近して接触した．なかには，腹を曲げて交尾受け入れ行動を示す個体も認められた．しかし，「黒の紙モデル＋フェロモン」には全く応答しなかった (西田，未発表)．このことは，メス成虫が視覚と嗅覚の両方でオスを選択しているものの，視覚刺激の寄与はやや劣ることを如実に示している．翅のモルフの違いが性選択における制約となることが指摘されている (Turner, 1984; Krebs and West, 1988)．オオゴマダラの翅模様はもともと単型ではあるが，もし仮に自然状態において異型のオスが求愛したとしても，嗅覚刺激だけでも十分メスの求愛受け入れ姿勢をとらせることがありうるかもしれない．すなわち，性選択のプロセスにおいて視覚的要素とともに，あるいは視覚的要素を飛び越えて化学的要素 (性フェロモン) が，新しい翅模様モルフを許容する要因になりうることを暗示している．

　さらに，オオゴマダラ類のオスは捕獲すると必ず白と黄色に目立つヘアペンシルの毛束を反射的に突出させて，フェノールと p-クレゾールを含む強烈な

臭気を発散する (Schulz and Nishida, 1996). これは警告色と同時に発動される オス特異的な警告臭と考えられる (Nishida et al., 1996). 興味深いことに, オオゴマダラの擬態種と考えられるゴマダラタイマイは, 後翅裏翅内縁に くっきりとした黄色の斑紋をもち, あたかも虜になったオオゴマダラのオス がヘアペンシルを突出しているようにも見える. これを捕獲した鳥に何らか の心理的な印象を与える効果があるかもしれない. この場合, オオゴマダラ のオスが擬態種の翅模様のテンプレートとなっている.

　ベイツ型擬態にせよミュラー型擬態にせよ, モデルと擬態種の翅模様の収 斂的な進化には, 自然選択と性選択のはざまで, 有毒成分だけではなく翅の 色素をはじめとするいろいろな化学的要素が巧妙に関与しているものと思わ れる.

謝　辞

　本主題に多大な知見とディスカッションの機会を与えてくださった故 Miriam Rothschild 博士に謝意を表します. ヒョウモンチョウ類の研究に携わった 京都大学大学院農学研究科の高松寛樹, 中出彩, 和田篤史, 小野肇各氏なら びに鳥取大学農学部の中秀司氏 (文中に未発表データとして表記) に感謝しま す. また, 本章に貴重なコメントをくださった本間淳氏, ならびに原文 (英語 版) を校閲くださった H. Frederik Nijhout 博士に感謝します.

引用文献

Ackery PR and Vane-Wright RI (1984) Milkweed butterflies. British Museum (Natural History), London
Boppré M (1984) Chemically mediated interactions between butterflies. In: Vane-Wright RI, Ackery PR (eds) The biology of butterflies. Academic Press, London, pp 259-275
Boppré M (1986) Insects pharmacophagously utilizing defensive plant chemicals (pyrrolizidine alkaloids). Naturwissenschaften 73: 17-26
Brower LP (1969) Ecological chemistry. Sci Am 220: 22-29
Brower LP (1984) Chemical defence in butterflies. In: Vane-Wright RI, Ackery PR (eds) The biology of butterflies. Academic Press, London, pp 109-134
Brown KS and Benson WW (1974) Adaptive polymorphism associated with multiple Müllerian mimicry in *Heliconius numata* (Lepid:Nymph.) Biotropica 6: 205-228
Cohen JA (1985) Differences and similarities in cardenolide contents of queen and monarch butterflies in Florida and their ecological and evolutionary implications. J Chem Ecol 11: 85-103
Edgar JA (1984) Parsonsieae: Ancestral larval foodplants of the Danainae and Ithomiinae. In: Vane-Wright RI, Ackery PR (eds) The biology of butterflies. Academic Press, London, pp 91-93

Edgar JA, Boppré M and Schneider D (1979) Pyrrolizidine alkaloid storage in African and Australian danaid butterflies. Experientia 35: 1447-1448

Eisner T and Meinwald J (1987) Alkaloid-derived pheromones and sexual selection in Lepidoptera. In: Prestwich GD, Blomquist GJ (eds) Pheromone biochemistry. Academic Press, Orlando, pp 251-269

Eisner T and Meinwald J (1995) The chemistry of sexual selection. Proc Natl Acad Sci USA 92: 50-55

Euw Jv, Reichstein T and Rothschild M (1968) Aristolochic acid-I in the swallowtail butterfly *Pachliopta aristolochiae* (Fabr.) (Papilionidae). Isr J Chem 6: 659-670

Fink LS and Brower LP (1981) Birds can overcome the cardenolide defense of monarch butterflies in Mexico. Nature 291: 67-70

Glendinning JI and Brower LP (1990) Feeding and breeding responses of five mice species to overwintering aggregations of the monarch butterfly. J Anim Ecol 59: 1091-1112

Gordon IJ and Smith DAS (1989) Genetics of the mimetic African butterfly *Hypolimnas misippus*: hindwing polymorphism. Heredity 80: 62-69

Halpin C, Skelhorn J and Rowe C (2013) Predators' decisions to eat defended prey depend on the size of undefended prey. Anim Behav 85: 1315-1321

Holzkamp G and Nahrstedt A (1994) Biosynthesis of cyanogenic glucosides in the Lepidoptera: Incorporation of [U-^{14}C]-2-methylpropanealdoxime, 2S-[U-^{14}C]-methylbutanealdoxime and D,L-[U-^{14}C]-*N*-hydroxyisoleucine into linamarin and lotaustralin by the larvae of *Zygaena trifolii*. Insect Biochem Molec Biol 24: 161-165

Honda K (1980) Odor of a papilionid butterfly: odoriferous substances emitted by *Atrophaneura alcinous alcinous* (Lepidoptera: Papilionidae). J Chem Ecol 6: 867-873

Honda K, Hayashi N, Abe F and Yamauchi T (1997) Pyrrolizidine alkaloids mediate host-plant recognition by ovipositing females of an Old World danaid butterfly, *Idea leuconoe*. J Chem Ecol 23: 1703-1713

Huheey JE (1984) Warning coloration and mimicry. In: Bell WJ, Cardé RT (eds) Chemical ecology of insects. Chapman and Hall, London, pp 257-297

Inoue H (1978) Genus *Epicopeia* Westwood from Japan, Korea and Taiwan, Lepidoptera: Epicopeiidae. Tyo to Ga (Trans Le Soc Jpn) 29: 69-75

Joron M and Mallet J (1998) Diversity in mimicry: paradox or paradigm. Trends Ecol Evol 13: 461-466

Kim CS, Nishida R, Fukami H, Abe F and Yamauchi T (1994) 14-Deoxyparsonsianidine *N*-oxide: A pyrrolizidine alkaloid sequestered by the giant danaine butterfly, *Idea leuconoe*. Biosci Biotech Biochem 58: 980-981

Krebs RA and West DA (1988) Female mate preference and the evolution of female-limited Batesian mimicry. Evolution 42: 1101-1104

Mallet J and Joron M (1999) Evolution of diversity in warning color and mimicry: polymorphisms, shifting balance, and speciation. Annu Rev Ecol Syst 30: 201-233

Mebs D, Reuss E and Schneider M (2005) Studies on the cardenolide sequestration in African milkweed butterflies (Danaidae) Toxicon 45: 581-584

Mebs D, Wagner MG, Toennes SW, Wunder C and Boppré M (2012) Selective sequestration of cardenolide isomers by two species of *Danaus* butterflies (Lepidoptera: Nymphalidae: Danainae) Chemoecology 22: 269-272

Nahrstedt A and Davis RH (1985) Biosynthesis and quantitative relationships of the cyanogenic glucosides, linamarin and lotaustralin, in genera of the Heliconiini (Insecta: Lepidoptera). Comp Biochem Physiol 82B: 745-749

Nishida R (1994/1995) Sequestration of plant secondary compounds by butterflies and moths. Chemoecology 5/6: 127-138

Nishida R (2002) Sequestration of defensive substances from plants by Lepidoptera. Annu Rev Entomol 47: 57-92

Nishida R and Fukami H (1989) Ecological adaptation of an Aristolochiaceae-feeding swallowtail butterfly, *Atrophaneura alcinous*, to aristolochic acids. J Chem Ecol 15: 2549-2563

Nishida R, Kim, CS, Fukami H and Irie R (1991) Ideamine *N*-oxides: Pyrrolizidine alkaloids sequestered by a danaine butterfly, *Idea leuconoe*. Agric Biol Chem 55: 1787-1797

Nishida R, Schulz S, Kim CS, Fukami H., Kuwahara Y, Honda K and Hayashi N (1996) Male sex pheromone of the giant danaine butterfly, *Idea leuconoe*. J Chem Ecol 22: 949-972

Ohsaki N (1995) Preferential predation of female butterflies and the evolution of Batesian mimicry. Nature 378: 173-175

Ohsaki N (2005) A common mechanism explaining the evolution of female-limited and both-sex Batesian mimicry in butterflies. J Anim Ecol 74: 728-734

Owen DF, Smith DAS, Gordon IJ and Owiny AM (1994) Polymorphic Müllerian mimicry in a group of African butterflies: a reassessment of the relationship between *Danaus chrysippus*, *Acraea encedon* and *Acraea encedana* (Lepidoptera: Nymphalidae). J Zool 232: 93-108

Prudic KL and Oliver JC (2008) Once a Batesian mimic, not always a Batesian mimic: mimic reverts back to ancestral phenotype when the model is absent. Proc R Soc B 275: 1125-1132

Prudic KL, Khera S, Solyom A and Timmermann BN (2007) Isolation, identification, and quantification of potential defensive compounds in the viceroy butterfly and its larval host-plant, Carolina willow. J Chem Ecol 33: 1149-1159

Reichstein T, Euw Jv, Parsons JA and Rothschild M (1968) Heart poison in the Monarch butterfly. Science 161: 861-866

Ritland DB and Brower LP (1991) The viceroy is not a Batesian mimic. Science 350: 497–498

Rothschild M (1979) Mimicry, butterflies and plants. Symb Bot Upsal 22: 82-99

Rothschild M, Euw Jv, Reichstein T and Smith DAS (1975) Cardenolide storage in *Danaus chrysippus* (L.) with additional notes of *D. plexippus* (L.). Proc Roy Soc London (B) 190: 1-31

Schneider D, Boppré M, Schneider H, Thompson WR, Boriack CJ, Petty RL and Meinwald J (1975) A pheromone precursor and its uptake in male *Danaus* butterflies. J Comp Physiol 97: 245-256

Schulz S and Nishida R (1996) The pheromone system of the male danaine butterfly, *Idea leuconoe*. Bioorg Med Chem 4: 341-349

Smith, DAS (1973) Batesian mimicry between *Danaus chrysippus* and *Hypolimnas misippus* (Lepidoptera) in Tanzania. Nature 242: 129-131

Smith DAS, Owen DF, Gordon IJ and Owiny AM (1993) Polymorphism and evolution in the butterfly *Danaus chrysippus* L. (Lepidoptera: Danainae). Heredity 71: 242-251

Su S, Lim M and Kunte L (2009) Prey from the eyes of predators: Color discriminability of aposematic and mimetic butterflies from an avian visual perspective. Evolution 69: 2985-2994

Trigo JR (2000) The chemistry of antipredator defense by secondary compounds in neotropical Lepidoptera: facts, perspectives and caveats. J Braz Chem Soc 11: 551-561

Turner JRG (1978) Why male butterflies are non-mimetic: natural selection, sexual selection, group selection, modification and sieving. Biol J Linn Soc 10: 385-432

Turner JRG (1984) Mimicry: the palatability spectrum and its consequences. In: Vane-Wright RI, Ackery PR (eds) The biology of butterflies. Academic Press, London, pp 141-161

Uésugi K (1996) The adaptive significance of Batesian mimicry in the swallowtail butterfly, *Papilio polytes* (Insecta, Papilionidae): Associative learning in a predator. Ethology 102: 762-775

Wickler W (1968) Mimicry in plants and animals. Wiedenfeld and Nicholson, London

Wu TS, Leu YL and Chan YY (2000) Aristolochic acids as a defensive substance for the aristolochiaceous plant-feeding swallowtail butterfly, *Pachliopta aristolochiae interpositus*. J Chinese Chem Soc 47: 221-226

Yata O and Morishita K (1985) Butterflies of the South East Asian Islands, Vol II. Pieridae and Danaidae. Plapac Co Ltd, Tokyo

12 章
先島諸島におけるシロオビアゲハの個体数変動に関する数理モデル (II)

関村利朗

鈴木憲幸

竹内康博

要　約

　最近の実験と数理解析の結果を基礎に，我々は，琉球列島の最南端に位置する先島諸島のシロオビアゲハの個体数変動に関して以前提出した数理モデル (Sekimura et al., 2014) の拡張版を提出する．拡張数理モデルは，三つの変数と一つの外部定数からなる，すなわち，3 種類のチョウ [シロオビアゲハのメスの 2 種類の型 (非擬態型 f. *cyrus*，擬態型 f. *polytes*) と毒チョウのベニモンアゲハ] の個体数密度とチョウの捕食者である．この拡張モデルで，我々は新たに，メスの二型：f. *cyrus*, f. *polytes* の捕食率に差を設けた．f. *polytes* が擬態によって受ける利得とベニモンアゲハが被る損失は彼らの相対的頻度に依存するという擬態効果は引き続き考慮に入れる，すなわち，擬態メスの捕食による死亡率はモデル毒チョウのベニモンアゲハの増加とともに減少し，一方，ベニモンアゲハの死亡率は擬態メスの増加とともに増えるというものである．環境収容力の導入によって密度依存の個体数変化を仮定し，我々は 3 変数常微分方程式系 (ODEs) からなる拡張数理モデル系を構築し，数理的に解析すると同時にコンピュータ・シミュレーションによって解析結果を確認した．

キーワード

　シロオビアゲハ (*Papilio polytes*)，ベイツ型擬態 (Batesian mimicry)，個体数変動 (population dynamics)，数理モデル (mathematical model)，コンピュータ・シミュレーション (computer simulation)，擬態種の擬態型率 (relative abundance of the mimic)，先島諸島 (Sakishima Islands).

12-1　はじめに

　シロオビアゲハ (*Papilio polytes* L.) は擬態をするチョウとして知られ，インドから東南アジア諸国，中国南東部，フィリピン，台湾，そして日本の琉球列島と広く生息・分布している (Clarke and Sheppard, 1972)．シロオビアゲハはメス限定多型，すなわち，メスの斑紋は多型であるが，オスは単一で黒地の後翅に白い帯が 1 本走る斑紋だけである．現在，琉球列島に生息するこのチョウのメスには，主に二つの型，すなわち，擬態型 (mimetic form f. *polytes*) とオスの斑紋に似た非擬態型 (non-mimic form f. *cyrus*) が知られている．擬態型メス f. *polytes* は，後翅の辺縁部に赤色斑点の列をもつ毒チョウのベニモンアゲハ　(*Pachiliopta aristolochinae*) に擬態している (図 12-1)．このシロ

図12-1　メス限定擬態多型のシロオビアゲハ (*Papilio polytes*) と，モデルの毒チョウのベニモンアゲハ (*Pachiliopta aristolochinae*)．(a) 非擬態型メス (*P. polytes* f. *cyrus*)．(b) 擬態型メス (*P. polytes* f. *polytes*)．(c) シロオビアゲハのオス．(d) モデルの毒チョウのベニモンアゲハ．

オビアゲハのメスの擬態はベイツ型擬態 (Batesian mimicry) として知られている.

　山内 (1994) は，擬態種とモデル種の 2 種類のチョウが相互作用しあう二種系の個体数変動についての数理モデルを構築し，解析した．その個体数変動モデルでは，ベイツ型擬態を行う擬態種とそのモデル種の内因性成長率，環

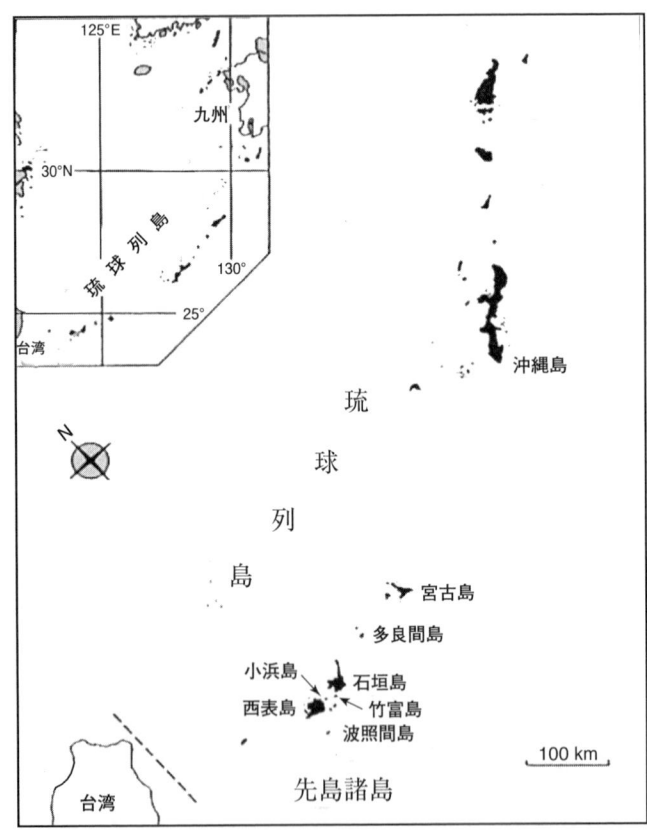

図 12-2　先島諸島の地図．先島諸島 (Sakishima Islands) は日本の南西部に位置し，琉球列島 (Ryukyu Islands) の一部であり，宮古列島 (Miyako Islands) と八重山列島 (Yaeyama Islands) を含んでいる．宮古列島は宮古島 (Miyako-jima Is.)，多良間島 (Tarama-jima Is.)，その他を含む．八重山列島は石垣島 (Ishigaki-jima Is.)，波照間島 (Hateruma-jima Is.)，西表島 (Iriomote-jima Is.)，竹富島 (Taketomi-jima Is.)，小浜島 (Kohama-jima Is.)，その他を含む．

境収容力による密度効果，そして捕食率に着目して解析し，先島諸島におけるシロオビアゲハの擬態の問題に応用した例がある．山内の数理モデルでは，実際観察される擬態種とモデル種の共存状態など多くの事実を説明した一方で，擬態種の存在下でしかモデル種は存続・維持できない，など現実的でない結果も出ている．

関村ら (2014) は，日本の琉球列島の最南端に位置する先島諸島 (宮古列島と八重山列島からなる) で観察されるシロオビアゲハの個体数変動に関する数理モデルを構築した (図 12-2)．その数理モデルは，3 種類のチョウ：毒チョウのベニモンアゲハ (*P. aristolochinae*) とシロオビアゲハのメスの二型：擬態型 f. *polytes* と非擬態型 f. *cyrus* の個体数密度の変化を表す 3 変数常微分方程式系からなる．その数理モデルは先島諸島で観察され，また野外で行われた実験結果と実験室などで得られた実験結果を基礎にして構築されたものである．数理的解析とコンピュータ・シミュレーションによって，関村らは先島諸島のシロオビアゲハの個体数変動の実験データの背後にある論理的因果関係を明らかにした．特に，宮古島で 1975 年から 14 年間観察され続けたシロオビアゲハの擬態型率の経年変化の記録と，先島諸島における島ごとの擬態型率の変異は数理モデルにより見事に再現された．

新たな拡張数理モデルの詳細とその結果を述べる前に，次の 12-2 節でフィールドデータの要点を簡単にまとめ，12-3 節でモデル拡張に必要なシロオビアゲハ擬態の基本的事項を述べておく．

12-2　先島諸島におけるシロオビアゲハの観察と記録データ

12-2-1　宮古島における擬態型メス f. *polytes* の個体数変動の記録

上杉 (1992) は，宮古島にモデル種ベニモンアゲハの定着が確認された後の 1975 年から 1989 年までの 14 年間にわたる同島でのシロオビアゲハの擬態型率 (relative abandence; RA) の経年変化を観察・記録した．ここで，擬態型率 (RA) はシロオビアゲハの全メス (非擬態型 f. *cyrus* + 擬態型 f. *polytes*) 中での f. *polytes* の割合で定義される．

$$RA = \frac{\text{擬態型メス f. } polytes}{(\text{非擬態メス f. } cyrus) + (\text{擬態型メス f. } polytes)} \times 100 \ (\%)$$

観察・記録結果は，1975 年にモデル種である毒チョウのベニモンアゲハが宮

古島に定着する前の擬態型率 (RA) 約 18% から増加を続け，観察 10 年後には
ほぼ飽和状態に達し，定着以後 14 年間にその割合が約 50% へとシグモイド曲
線状に増加していったことを示した (図 12-5a 参照)．

12-2-2　先島諸島の島ごとの擬態型率 (RA) の変異

　上杉 (1992) は，また，先島諸島における島ごとのベニモンアゲハとシロオ
ビアゲハ f. *polytes* の個体数の相関関係を調べるために，ベニモンアゲハが八
重山列島に定着してから 14 年経過した後の 1982 年に，先島諸島の 7 島で同
時期に 3 種類のチョウ：ベニモンアゲハ，シロオビアゲハ f. *polytes*, f. *cyrus*
の個体数調査を行い，島ごとの RA の変異を記録した．図 12-5b の横軸は，
擬態型有利さ指数 (advantage index; AI) を示し，関係する 3 種類全てのチョ
ウに対するベニモンアゲハの相対比率を表す．

$$AI = \frac{\text{ベニモンアゲハの個体数}}{\text{(ベニモンアゲハの個体数} + \text{シロオビアゲハメス (f. } cyrus + \text{f. } polytes)\text{の個体数}} \times 100 \ (\%)$$

図 12-5a, b の縦軸は，12-2-1 項で定義した擬態型率 (RA)，すなわち，シロオ
ビアゲハの全メス (非擬態型 + 擬態型) 中の f. *polytes* の割合を表す．図 12-5b
中の野外での観測データは，明らかに AI と RA が正の相関を示している．す
なわち，チョウ全体中でのベニモンアゲハの比率が高い島では，シロオビア
ゲハのメス中での f. *polytes* の比率もそれにつれて高いことを示している．

12-3　シロオビアゲハの個体数変動に関する拡張数理モデル

　この節でまずシロオビアゲハの擬態の基本的事項をまとめ，それらを基礎
にして新たな 3 変数常微分方程式系からなる拡張数理モデルを構築する．

12-3-1　シロオビアゲハ擬態の基本的事項

(a)　シロオビアゲハのメス二型 f.*cyrus* と f.*polytes* 間の捕食リスクの差

　シロオビアゲハのメスにはオスに似た非擬態型 f. *cyrus* と毒チョウのベニモ
ンアゲハに似た擬態型 f. *polytes* の 2 種類の型がある．一方，オスは黒地の前
翅の外縁部に沿って白い帯が走り，尾状突起をもつ黒地の後翅の中央に白帯
をもつ 1 種類のみである．f. *polytes* はベニモンアゲハと一緒にいると鳥などの
捕食者から身を守るうえで，f. *cyrus* に比べて有利であると考えられている．

実際，捕食者と考えられるヒヨドリによるメス二型 (f. *cyrus* と f. *polytes*) を入れた餌箱を使った学習実験もその考えを実証している (Uesugi, 1996)．また，大崎 (1995) は鳥などの捕食者の襲撃の痕跡であるビーク・マークに注目し，ボルネオ島で採集したチョウの翅のビーク・マーク率について分析し，(1) 毒チョウのベニモンアゲハと f. *polytes* のビーク・マーク率を比較すると，毒チョウのビーク・マーク率は低く，(2) オスも f. *polytes* もビーク・マーク率は毒チョウに次いで低いが，f. *cyrus* のみビーク・マーク率が高いことを見いだした (Ohsaki, 1995)．このようにベニモンアゲハが近くか，あるいは同所にいる場合には，限度はあるが擬態はチョウの生存に有利に働くものと考えられる．

　しかし一方で，ベニモンアゲハが生息していない竹富島で行われた以下の野外実験の結果は注目すべきものであった (Uesugi, 1997)．上杉はまず約 300 個体の飼育したシロオビアゲハを野外に放し，その後，毎日，1 週間にわたってそれらの再捕獲を行って記録にまとめた．その結果は実に驚くべきものである．すなわち，f. *polytes* の生残率は f. *cyrus* に比べて統計的に有意に低かったのである．一方，オスと f. *cyrus* の生残率には差は見られなかった．この結果は，ベニモンアゲハのいないところでは，擬態型 f. *polytes* が生きるうえで不利で，非擬態型 f. *cyrus* やオスに比べて何らかのコスト (負荷) を背負っていることを意味する．

(b) オスは擬態型 f. *polytes* より非擬態型 f. *cyrus* のほうが好きか？

　シロオビアゲハのオスにとって，非擬態型 f. *cyrus* のほうが擬態型 f. *polytes* に比べて認識しやすいものと思われる．というのも，f. *cyrus* の斑紋はオスに似ているが，f. *polytes* は別種のベニモンアゲハに似ているからである．つまり，f. *polytes* とオスに似た f. *cyrus* が同じ場所にいた場合，オスは f. *cyrus* により反応し，f. *cyrus* との交配機会が増えることになる．実際，羽化直後のまだ飛べない 2 種類の型のメスを野外においてオスからのアプローチ回数と交尾回数を記録した実験結果は驚くべきもので，擬態型 f. *polytes* はオスからほとんど無視され，交尾に至ったのは非擬態型 f. *cyrus* だけである，というものであった (Uesugi, 1997)．すなわち，子孫を多く残すという観点からは，f. *cyrus* のほうが f. *polytes* に比べて有利であることになる．このようにオスとの関係でみれば，擬態が決して有利なものではないことが分かる．

(c) 擬態型 f. *polytes* と非擬態型 f. *cyrus* の生理的寿命

　大崎 (2009) は，伊丹市昆虫館の 30 m 四方のガラス張りの室内でシロオビアゲハの成虫 3 種類 (オス，f. *cyrus*，f. *polytes*) を自由に飛翔させ，生き残ったチョウの数を計測するという実験を行い，それぞれの寿命の長さが，f. *cyrus*＞オス＞ f. *polytes* の順であることを示した．大崎は，この f. *polytes* の寿命が最も短いという結果について，擬態に際して翅の赤色斑紋 (赤色色素) を細胞内で生合成するためのコスト (負荷) に起因するのではないかと考えた (カロテノイド仮説)．さらに，この考えは f. *polytes* のなかでも赤い部分が多いチョウほど寿命が短いという実験結果とも符合するとした (Ohsaki, 2009)．

　一方，金城 (2000) は沖縄島で捕獲したシロオビアゲハを使って，吸蜜条件の違いが f. *cyrus* と f. *polytes* の寿命に及ぼす影響について実験を行った．例えば，毎日蜂蜜を与えるという良い条件下では，両者 f. *cyrus* と f. *polytes* の寿命

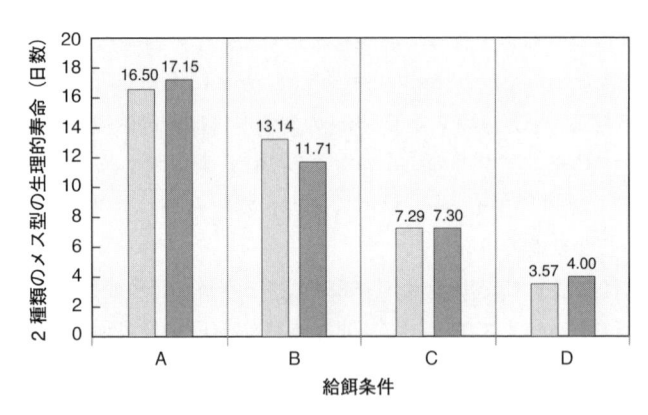

図 12-3　メス二型 (f. *cyrus* と f. *polytes*) の異なる給餌条件下での生理的寿命．横軸は給餌条件 A, B, C, D を表す．(A) 毎日午前・午後の定時に 2 回，カルピス・ウオーターを与えた．(B) 毎日午前・午後の定時に 2 回，水で 2 倍希釈したカルピス・ウオーターを与えた．(C) 毎日午前・午後の定時に 2 回水のみを与えた．(D) 羽化後，何も与えなかった．
　グラフ中，各給餌条件下の左側 (薄いアミ) の縦棒は f. *cyrus* の寿命，右側の (濃いアミ) の縦棒は f. *polytes* の寿命を表す．各縦棒上の数字は平均の寿命 (日数) を表す．例えば，給餌条件 (A) の左側の縦棒上の数字 16.50 は 10 個体の f. *cyrus* の平均寿命 (16.50 日) と読む．測定した個体数は，f. *cyrus* については条件 (A) が 10 個体，条件 (B) が 7 個体，条件 (C) が 14 個体，条件 (D) が 14 個体である．f. *polytes* については給餌条件 (A) が 14 個体，条件 (B) が 7 個体，条件 (C) が 10 個体，条件 (D) が 10 個体であった．
　上記の測定データの分析結果によると，全ての給餌条件 (A-D) において，f. *cyrus* と f. *polytes* の生理的寿命の差に統計的に有意性は見いだされなかった．加えて，給餌条件 (A-D) がチョウの寿命に与える影響については，統計的な有意性が明確に示された．

には統計的に有意な差はないことが分かった (実際，f. *cyrus* の平均寿命が 23.5 日，f. *polytes* の平均寿命が 22 日). 毎日水だけを与えた場合，あるいは，何も与えない場合には，f. *cyrus* の平均寿命は，それぞれ 8.8 日，5.3 日と短くなり，f. *polytes* の平均寿命も，それぞれ 7.8 日，4.6 日と短くなった. この結果は，自然の環境あるいは食餌環境 (長雨期や乾燥期などによって) が悪くなると，f. *cyrus* と f. *polytes* の平均寿命が急に短くなることを示している. その際，f. *cyrus* は f. *polytes* よりいくぶん長く生きることも示唆している.

　関村らは，ここ数年にわたって，室温 25℃ の実験室内のビニール袋中で f. *cyrus* と f. *polytes* の平均寿命を測定してきた (図 12-3 参照). その結果は，f. *cyrus* と f. *polytes* の平均寿命はともに食餌環境の良し悪しに依存して大きく変化するものの，どの食餌環境下でも f. *cyrus* と f. *polytes* の平均寿命に統計的有意な差は見られない，というものであった.

12-3-2　3 変数常微分方程式系からなる拡張数理モデル

　12-2 節で述べたフィールドデータを解析し，再現するためシロオビアゲハの個体数変動に対する新たな拡張数理モデルを提出する. モデル系は 3 変数常微分方程式系 (ODEs) からなり，変数は毒チョウのベニモンアゲハ，擬態型シロオビアゲハ f. *polytes*，非擬態型 f. *cyrus* の 3 種類の個体数密度である. そのほかに，外部から一定値を与える捕食者 (ヒヨドリなど) 密度 p を加えて 4 種類の生物の個体数密度を，それぞれ n_1, n_2, n_3, p で表す. なお，シロオビアゲハのオスの影響・効果は直接我々のモデル方程式系には含まれないが，種内競争係数を表すパラメータ値を通じて間接的に表される.

　捕食者密度 p を含めた 4 種類の個体数密度の変化は次のように定式化される.

$$\frac{dn_1}{dt} = n_1 \left\{ r_1 \left(1 - \frac{n_1}{K_1} \right) - a \left(\frac{n_2}{n_1 + n_2} \right) p \right\} \tag{1}$$

$$\frac{dn_2}{dt} = n_2 \left\{ r_2 \left(1 - \frac{n_2 + a_{23} n_3}{K_2} \right) - \beta_2 \left(\frac{n_2}{n_1 + n_2} \right) p \right\} \tag{2}$$

$$\frac{dn_3}{dt} = n_3 \left\{ r_3 \left(1 - \frac{n_3 + a_{32} n_2}{K_3} \right) - \beta_3 p \right\} \tag{3}$$

この拡張数理モデルでは，3 種類のチョウ全てに密度効果を考慮した. この密度効果は環境収容力 (carrying capacity) K_1, K_2, K_3 ($= K_2$) を通じて全 3 式

の右辺の第一項に反映されている．我々は同種のメス：f. *polytes*, f. *cyrus* については，環境収容力 K_2, K_3 は同じであると仮定した．3種類のチョウの増殖率 r_1, r_2, r_3 の値は，12-3-1項で述べたシロオビアゲハ擬態の基本的事項を考慮して設定される．また，(2) 式と (3) 式の右辺第一項のなかで，シロオビアゲハのメスの二型 f. *polytes*, f. *cyrus* の間に種内競争効果 (競争係数 a_{23}, a_{32}) を導入している．これは花蜜などの直接的な資源獲得競争のほかに，12-3-1項 (b) で述べたオスをも含めた広い意味での資源獲得競争の効果を表すものとしている．さらに，(1) 式と (2) 式の右辺第二項の捕食者密度 p に掛かっている $[n_2/(n_1+n_2)]$ 項は擬態効果を表している．すなわち，この項は f. *polytes* の密度 n_2 が増えるとモデルチョウ (ベニモンアゲハ) にも自身にもマイナス効果を増大させる効果を表現している．パラメータ a, β_2, β_3 は，捕食者の3種類のチョウ (ベニモンアゲハ，f. *polytes*, f. *cyrus*) に対する捕食率 (predation rate) の差を表している．我々は新たな拡張モデルで，メス二型 f. *polytes*, f. *cyrus* に対してそれぞれ異なる捕食率 β_2, β_3 を仮定した．これは12-3-1項 (a) で述べた竹富島で行われた野外実験の結果を反映したものである．なお，捕食率に関しては不等式 $a<\beta_2$, β_3 を仮定するが，これはベニモンアゲハが毒チョウであることを反映している．一方，(2) 式と (3) 式の右辺第二項は捕食者のメス二型 f. *polytes*, f. *cyrus* の個体数密度変化への影響を表しており，(2) 式の f. *polytes* のほうに $[n_2/(n_1+n_2)]$ (<1) が掛かっているが，(3) 式の f. *cyrus* のそれには数字の 1 が掛かっている．これは非擬態型メスのみビーク・マーク率が高いという事実を反映させている．

12-4　システム方程式系の数理解析とコンピュータ・シミュレーション

12-4-1　数理解析

　12-3-1項で述べたシロオビアゲハの擬態に関する基本事項をもとに，我々はシステム方程式系 (1), (2), (3) に含まれる f. *polytes* と f. *cyrus* の二つの要因 (増殖率と捕食率) によって分けた次の三つの場合，それぞれについて数理的に解析し，併せてコンピュータ・シミュレーションで確かめる．第一の場合： $r_2<r_3$ かつ $\beta_2=\beta_3$ $(=\beta)$，第二の場合： $r_2=r_3$ かつ $\beta_2>\beta_3$，第三の場合： $r_2=r_3$ かつ $\beta_2=\beta_3$ $(=\beta)$ の三つの場合である．

(Case 1) $r_2 < r_3$ かつ $\beta_2 = \beta_3 (=\beta)$ の場合

これは Sekimura et al., 2014 で解析した場合で，$r_2 < r_3$ すなわち (f. *polytes* の増殖率) < (f. *cyrus* の増殖率)，かつ $a < \beta$ すなわち (ベニモンアゲハの捕食率) < (シロオビアゲハの捕食率) が成立する場合である.

我々はさらに f. *cyrus* 自身の生存を保証する．$r_3 > \beta p$ すなわち，f. *cyrus* の増殖率が捕食率以上であると仮定する．逆に，$r_3 \leq \beta p$ であれば $dn_3/dt \leq 0$ より，f. *cyrus* の個体数密度 n_3 は 0 となり，絶滅することになる.

以下にシステム方程式系 (1), (2) そして (3) を解いて得られた結果とコンピュータ・シミュレーションをまとめておく.

[結果 C1-1]　　シロオビアゲハのメス中の擬態型率 (RA) のベニモンアゲハの環境収容力 K_1 に関する変化率は正である．すなわち，

$$\frac{d}{dK_1}\left(\frac{n_2}{n_2 + n_3}\right) = \frac{d\,(RA)}{dK_1} > 0 \tag{4}$$

[結果 C1-2]　　擬態型有利さ指標 (AI) のベニモンアゲハの環境収容力 K_1 に関する変化率は正である．すなわち，

$$\frac{d}{dK_1}\left(\frac{n_1}{n_1 + n_2 + n_3}\right) = \frac{d\,(AI)}{dK_1} > 0 \tag{5}$$

(4), (5) 式から，ベニモンアゲハの環境収容力 K_1 に関する擬態型率 (RA) の変化と擬態型有利さ指標 (AI) の変化の比は，以下のように正となる.

$$\frac{d\,(RA)}{dK_1} \bigg/ \frac{d\,(AI)}{dK_1} > 0 \tag{6}$$

不等式 (6) が 12-2-2 項で説明した，先島諸島で観察された擬態型率 (RA) の擬態型有利さ指標 (AI) に対する正の相関関係 (図 12-5b 参照．Uesugi, 1992) の数理解析的基礎を与える.

図 12-4, 図 12-5 のコンピュータ・シミュレーションで使った各種のパラメータ値は下記のとおりである．なお，それらパラメータ値は 3 種類の個体数密度 $E_{123} = (n_1, n_2, n_3)$ の安定解存在条件を満たしている．$r_1 = 0.5$, $r_2 = 1.0$, $r_3 = 2.0$, $K_1 = 50$, $K_2 = 50$, $a_{23} = 0.5$, $a_{32} = 0.35$, $p = 0.5$, $a = 0.6$, $\beta = 1.0$, $n_{10} = 0.01$, $n_{20} = 7.2$, $n_{30} = 34$. ここで，n_{i0} は n_i の初期値である.

(Case 2) $r_2 = r_3$ かつ $\beta_2 > \beta_3$ の場合

これは 12-3-1 項 (c) と 12-3-1 項 (a) の最終段落で述べた二つの実験結果を反映させたものである．すなわち，(i) f. *polytes* と f. *cyrus* の生理的寿命に統

計的に有意な差は見られなかったこと (すなわち, $r_2 = r_3$), (ii) f. *polytes* の生残率は f. *cyrus* の生残率に比べて統計的に有意に低かったこと (Uesugi, 1997). この (ii) の結果はベニモンアゲハのいない竹富島 (Uesugi, 1991, 1992) での放蝶実験から得られたもので, f. *polytes* のほうが f. *cyrus* に比べてより多く捕食者 (ヒヨドリなど) にアタックされたことを意味する (すなわち, $\beta_2 > \beta_3$).

[結果 C2-1]　　　我々は, まず初期条件として $n_{10} = 0$, $n_{20} > 0$ そして $n_{30} > 0$ を仮定する. この初期条件の設定は, ベニモンアゲハのいない竹富島の状況を表している. システム方程式系の解の一意性は, 任意の時刻 $t > 0$ に対して $n_1(t) = 0$, $n_2(t) > 0$ そして $n_1(t) > 0$ を意味する. 解：$n_2(t)$ と $n_3(t)$ は次の 2 変数方程式系を満たす.

$$\frac{dn_2}{dt} = n_2 \left\{ r_2 - \beta_2 p - r_2 \left(\frac{n_2 + a_{23} n_3}{K_2} \right) \right\} \tag{7}$$

$$\frac{dn_3}{dt} = n_3 \left\{ r_3 - \beta_3 p - r_3 \left(\frac{n_3 + a_{32} n_2}{K_3} \right) \right\} \tag{8}$$

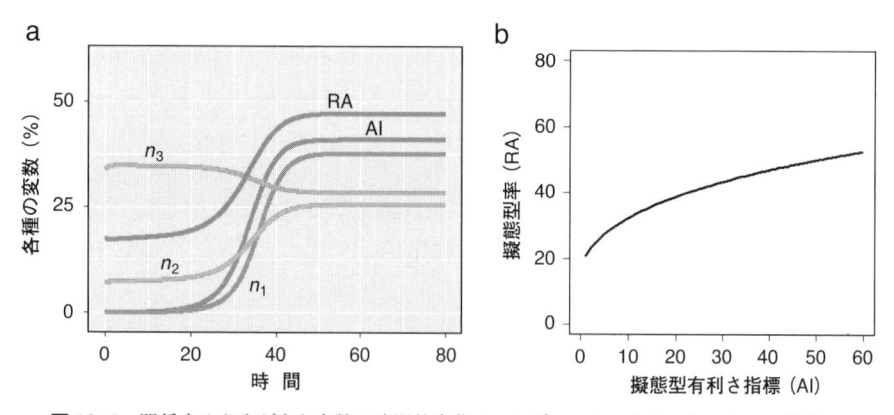

図 12-4　関係するさまざまな変数の時間的変化のコンピュータ・シミュレーション結果.
　(a) n_3 は f. *cyrus* の個体数密度, n_2 は f. *polytes* の個体数密度, RA は擬態型率, AI は擬態型有利さ指標, n_1 はベニモンアゲハの個体数密度を表す。コンピュータ・シミュレーションで使ったパラメータ値は以下のとおりで, これらで系の正の平衡状態の安定性は確かめられる. $r_1 = 0.5$, $r_2 = 1.0$, $r_3 = 2.0$; $K_1 = 50$, $K_2 = 50$; $a_{23} = 0.5$, $a_{32} = 0.35$; $p = 0.5$; $a = 0.6$, $\beta_2 = \beta_3 = 1.0$; $n_{10} = 0.01$, $n_{20} = 7.2$, $n_{30} = 34$ (初期値).
　(b) RA の AI に対する正の相関関係を示す数値計算結果. 数値計算で利用したパラメータ値は図 12-4 (a) を求めたものと全て同じである.

この系 (7), (8) は典型的なロトカ・ボルテラ (Lotka-Volterra) 競争系である．まず，$r_i > \beta_i p$ $(i = 2, 3)$ を仮定する (この仮定がなければ，i 番目の個体数密度は常に 0 に収束する)．このとき，容易に以下のことを証明できる．

(i) 次の条件 (9)，すなわち，

$$a_{23} > \frac{1 - \beta_2 p/r_2}{1 - \beta_3 p/r_3} \quad \text{そして} \quad a_{32} < \frac{1 - \beta_3 p/r_3}{1 - \beta_2 p/r_2} \tag{9}$$

が成り立つとき，任意の $n_{20} > 0$ と $n_{30} > 0$ に対して，$n_2(t) \to 0$ すなわち，f. *polytes* は消失する．

(ii) 次の条件 (10)，すなわち，

$$a_{23} > \frac{1 - \beta_2 p/r_2}{1 - \beta_3 p/r_3} \quad \text{そして} \quad a_{32} > \frac{1 - \beta_3 p/r_3}{1 - \beta_2 p/r_2} \tag{10}$$

が成り立つとき，ある適当な $n_{20} > 0$ と $n_{30} > 0$ に対して，$n_2(t) \to 0$.

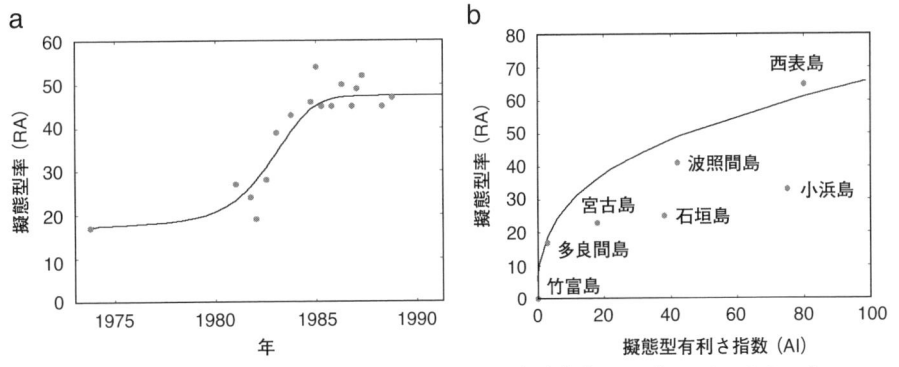

図 12-5 (a) 宮古島のシロオビアゲハの個体数の経年変化とコンピュータ・シミュレーション結果．黒丸 (●) は，宮古島にベニモンアゲハが 1975 年に定着が確認された以降の 14 年間に観察記録されたシロオビアゲハ擬態型率 RA の経年変化を示す．実線は方程式系 (1), (2), (3) を使って数値的に得た RA の経年変化を示す．この数値計算で使われたパラメータ値は全て図 12-4 を得るのに使われたものと同じであり，系の正の平衡解の安定性もこれらのパラメータ値で確かめられている．
　(b) 先島諸島の島々における擬態型率 RA の変異とコンピュータ・シミュレーション結果．横軸は擬態型有利さ指標 (AI) で，ベニモンアゲハの関係するチョウ 3 種類 (ベニモンアゲハ，f. *cyrus*, f. *polytes*) のなかでの比率を表す．縦軸は擬態型率 RA である．黒丸 (●) は先島諸島の 7 島 (竹富島，多良間島，宮古島，石垣島，波照間島，小浜島，西表島) での AI に対応する RA を示す (Uesugi, 1992)．図中の実線は，方程式系 (1), (2), (3) を使って得た RA の AI に対する上に凸な正の相関関係を再現している．不等式 (6) はこの正の相関関係の理論的基礎を与えている．数値計算に使われたパラメータ値は図 12-5 (a) で使われたものと全て同じである．

　我々は，条件 (9) のもとで，方程式系 (7)，(8) の平衡解 $E_3 = (0, (K_3/r_3)(r_3 - \beta_3 p))$ が大局的に安定であることを証明できる．また，条件 (10) のもとで，E_3 そして $E_2 = ((K_2/r_2)(r_2 - \beta_2 p), 0)$ が局所安定であることを証明できる．

　ちなみに，12-4-1 (Case 1) のパラメータ値に対して，

$$a_{23} < \frac{1 - \beta_2 p/r_2}{1 - \beta_3 p/r_3} \quad \text{そして} \quad a_{32} < \frac{1 - \beta_3 p/r_3}{1 - \beta_2 p/r_2} \tag{11}$$

が満たされ，ベニモンアゲハのいない状況下で f. *polytes* と f. *cyrus* が方程式系 (7)，(8) の正の平衡解として共存できることを注意しておきたい．

[結果 C2-2]　　次に，以下のパラメータ値のセットを考える．$r_1 = 0.5$，$r_2 = 1.0$，$r_3 = 1.0$，$K_1 = 50$，$K_2 = 50$，$a_{23} = 1$，$a_{32} = 0.3$，$p = 0.5$，$a = 0.6$，$\beta_2 = 0.8$，$\beta_3 = 0.7$，$n_{10} = 0.01$，$n_{20} = 1$，$n_{30} = 34$．これは，もともとベニモンアゲハのいない竹富島に初めてベニモンアゲハが導入された後の 3 種類のチョウの個体数変動を予想するものである．このパラメータ値の設定と 12-4-1 (Case 1) でのシミュレーションに使ったパラメータ値の設定の差は，今回の設定が条件 $r_2 = r_3 = 1.0$，$\beta_2 > \beta_3$ を満たし，f. *polytes* の初期値が小さいということであり，また条件 (9) を満たし，ベニモンアゲハがいないときは f. *cyrus* だけが生き残る

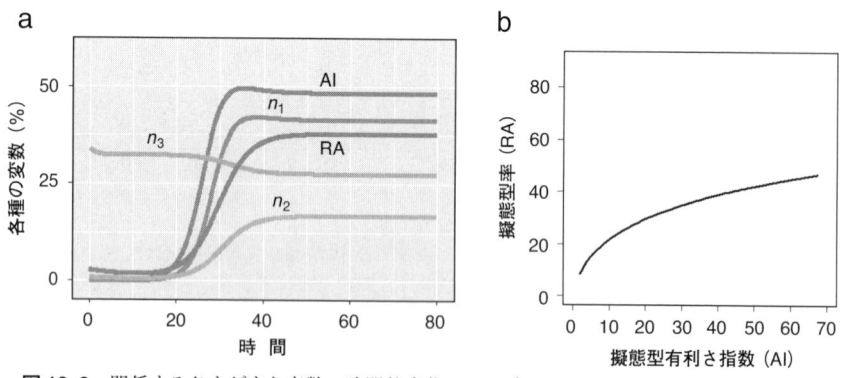

図 12-6　関係するさまざまな変数の時間的変化のコンピュータ・シミュレーション結果．
　(a) n_3 は f. *cyrus* の個体数密度，n_2 は f. *polytes* の個体数密度．RA は擬態型率，AI は擬態型有利さ指標，n_1 はベニモンアゲハの個体数密度を表す．コンピュータ・シミュレーションで使ったパラメータ値は以下のとおりで，これらで系の正の平衡状態の安定性は確かめられる．$r_1 = 0.5$，$r_2 = 1.0$，$r_3 = 1.0$；$K_1 = 50$，$K_2 = 50$；$a_{23} = 1$，$a_{32} = 0.3$；$p = 0.5$；$a = 0.6$，$\beta_2 = 0.8$，$\beta_3 = 0.7$；$n_{10} = 0.01$，$n_{20} = 1$，$n_{30} = 34$ (初期値)．
　(b) RA の AI に対する正の相関関係を示す数値計算結果．数値計算で利用したパラメータ値は図 12-6 (a) を求めたものと全て同じである．

という設定になっている．図 12-6a は，ベニモンアゲハの導入が 3 種類の
チョウ (ベニモンアゲハ，f. *polytes*，f. *cyrus*) の安定な共存状態をもたらすこ
とを示している．

　さらに，図 12-6b は，先島諸島で観察された擬態型率 (RA) と擬態型有利
さ指標 (AI) の正の相関関係 (図 12-5b 参照) を示している．

[結果 C2-3]　　上記の諸結果は，12-4-1 (Case 1) で得られた結果 (シミュ
レーション結果も含めて) と定性的に同じ結果が，12-4-1 (Case 2) でも得ら
れることを意味している．

(Case 3) $r_2 = r_3$ かつ $\beta_2 = \beta_3 (= \beta)$ の場合

　第三の場合として，種内競争係数と捕獲率の値を，それぞれ $a_{23} = 1.1$, $a_{32} =$
0.1, $\beta = 1$ とする．その他のパラメータ値は 12-4-1 (Case 2) と同じと仮定す
る．今の場合，12-4-1 (Case 2) と同じく条件 (9) は満たされる．図 12-7 は図
12-6 とよく似た振る舞いを示している．

　最後に，この 12-4 節で得られた数学的結果を次の方法でコンパクトにまと
めておく．

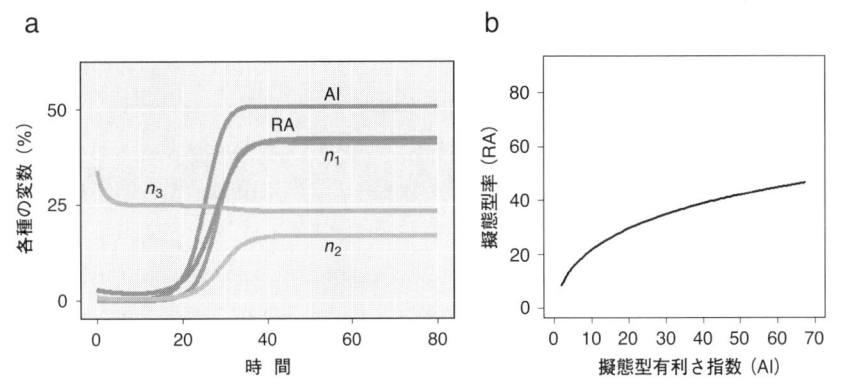

図 12-7　関係するさまざまな変数の時間的変化のコンピュータ・シミュレーション結果．
　(a) n_3 は f. *cyrus* の個体数密度，n_2 は f. *polytes* の個体数密度，RA は擬態型率，AI は擬態
型有利さ指標，n_1 はベニモンアゲハの個体数密度を表す．コンピュータ・シミュレーション
で使ったパラメータ値は以下のとおりで，これらで系の正の平衡状態の安定性は確かめられ
る．$r_1 = 0.5$, $r_2 = 1.0$, $r_3 = 1.0$; $K_1 = 50$, $K_2 = 50$; $a_{23} = 1.1$, $a_{32} = 0.1$; $p = 0.5$; $a = 0.6$, $\beta_2 = \beta_3 =$
1.0; $n_{10} = 0.01$, $n_{20} = 1$, $n_{30} = 34$ (初期値)．
　(b) RA の AI に対する正の相関関係を示す数値計算結果．数値計算で利用したパラメー
タ値は図 12-7 (a) を求めたものと全て同じである．

まず，(9)，(10)，(11) 式の右辺を次のように定義する．

$$a_{23}^c < \frac{1-\beta_2 p/r_2}{1-\beta_3 p/r_3} \quad \text{そして} \quad a_{32}^c < \frac{1-\beta_3 p/r_3}{1-\beta_2 p/r_2} \tag{12}$$

12-4-1 (Case 3) で考えた第三の場合，$a_{23}^c = a_{32}^c = 1$ となることは容易に分かる．また，12-4-1 (Case 1)，12-4-1 (Case 2) の場合は，$a_{23}^c < 1$，$a_{32}^c > 1$ となることも容易に示すことができる．

　条件 $a_{23} > a_{23}^c$ は，ベニモンアゲハがいないとき，f. *cyrus* との競争の結果 f. *polytes* が絶滅する ($n_2(t) \to 0$) ことを意味する．この 12-4 節で得られた結果から，たとえ f. *polytes* が 12-4-1 (Case 1) の条件のように内的増殖率が f. *cyrus* に比べて小さい場合や，また，12-4-1 (Case 2) の条件の f. *polytes* の捕食者による捕獲率が f. *cyrus* に比べて高い場合のように，f. *polytes* に何らかの不利益があったとしても，ベニモンアゲハの侵入によりある意味の利益を受けて，f. *polytes* は f. *cyrus* と共存できることが分かった．この同じ結果は条件 $(\beta_2/r_2) > (\beta_3/r_3)$ が成立することによっても得られることを述べておく．

12-5　結果のまとめと今後の課題

　12-3-1 項で記した新しい実験結果を基礎にして，我々は先島諸島の擬態するシロオビアゲハの個体数変動に関する数理モデル (Sekimura et al., 2014) の拡張を行い，解析を行った．我々は新たにメスの二型 (f. *polytes* と f. *cyrus*) に対する捕食者の捕食率に差をつけ，それぞれ β_2，β_3 と表し，その個体数変動に与える意義を考察した．新しい拡張数理モデル系 (1)，(2)，(3) には，三つの主要な効果：(i) 密度効果：これは環境収容力 (carrying capacity) で表現する，(ii) 擬態効果：これは f. *polytes* の数が増えるとベニモンアゲハにも自身にもマイナス効果を増大させる効果である，(iii) 種内競争効果：これは f. *polytes* と f. *cyrus* が広い意味での資源獲得競争の効果，が含まれている．増殖率に関しては，$(r_2 < r_3)$ そして $(r_2 = r_3)$ の二つの場合を考慮し，捕食率に関しては，3 種類のチョウ (ベニモンアゲハ，f. *polytes*，f. *cyrus*) に不等式 $a < \beta_2$，β_3 で表される大小関係を仮定した．

　システム方程式系の数理解析とコンピュータ・シミュレーションを通して，我々は先島諸島におけるシロオビアゲハの個体数変動に関する論理的関係の

拡張を行うことができた．特に，宮古島における擬態型率 (RA) の経年変化と，先島諸島の島々での擬態型率 (RA) の違いとその原因について議論を行った．また，実験事実とシステム方程式系の数学的解析との比較を行い，チョウの個体数密度の平衡解の存在条件を求め，評価した．

我々の得た結果によると，野外でのさまざまなデータを理解するための鍵となる要因の一つは，それぞれの島ごとのベニモンアゲハの環境収容力 K_1 である．先島諸島で観察された擬態型率 (RA) の擬態型有利さ指標 (AI) に対する正の相関関係は，元をたどれば，ベニモンアゲハの環境収容力 K_1 に対する擬態型率 (RA) と擬態型有利さ指標 (AI) の正の変化率に起因する．

12-4 節で得た解析結果から，f. *polytes* と f. *cyrus* の増殖率に関する二つの場合：$(r_2 < r_3)$ と $(r_2 = r_3)$ の両者とも，先島諸島のシロオビアゲハの個体数変動の実験結果を再現するのに十分であることが明らかになった．最初の場合：$(r_2 < r_3)$ の関係は，シロオビアゲハの擬態にはチョウ自身に何らかの明確なあるいは遺伝的な変化をもたらす必要があることを示しているのかもしれない．一方，二番目の $(r_2 = r_3)$ の関係は，擬態に関係する実験結果を再現するためには，チョウ自身の遺伝的な変化というよりも周りの生態学的要因，例えば種内競争係数 (a_{23}, a_{32}) や捕食率 β_2, β_3 の変化が必要である，と言っている．しかし，どちらの場合が先島諸島で起きているのかを確定することは現時点では難しい．というのも，チョウに関する実験は野外であれ，実験室内であれ微妙であり，不確かさが含まれる．今後，より信頼性の高い実験が行われ，真実が明らかにされることを願っている．

最後に，我々は本章で行った数理解析とコンピュータ・シミュレーションが先島諸島のメス限定の擬態多型の解明の一つの理論的基礎になることを希望したい．

引用文献

Clarke CA and Sheppard PM (1972) The genetics of the mimetic butterfly *Papilio polytes* L. Proc R Soc Lond B 263:431-458

Kinjyou A (2000) Mimetic relationship in swallowtail butterflies in the Ryukyus. Nat Insects 36(12):24-27

Ohsaki N (1995) Preferential predation of female butterflies and the evolution of batesian mimicry. Nature 378:173-175

Ohsaki N (2005) A common mechanism explaining the evolution of female-limited and both-sex Batesian mimicry in butterflies. J Anim Ecol 74:728-734

Sekimura T, Fujihashi Y and Takeuchi Y (2014) A model for population dynamics of the mimetic butterfly *Papilio polytes* in the Sakishima Islands, Japan. J Theor Biol 361:133-140

Uesugi K (1991) Temporal changes in records of the mimetic butterfly *Papilio polytes* with establishment of its model *Pachliopta aristolochiae* in the Ryukyu Islands. Jpn J Ent 59 (1):183-198

Uesugi K (1992) Polymorphism of the mimetic butterfly *Papilio polytes*, L. Insectalium 22: 4-10

Uesugi K (1996) The adaptive significance of Batesian mimicry in the butterfly, *Papilio polytes* (Insecta, Papilionidae): Associative learning in a predator. Ethology 102: 762-775

Uesugi K (1997) Shiroobi-ageha(*Papilio polytes*). Iden 51(2): 68-71

Yamauchi A (1994) A population dynamic model of the Batesian mimicry. Res Popul Ecol 53: 295-315

13 章
タテハモドキ族 (タテハチョウ科) における季節多型に関わる表現型要素の進化的なトレンド

Jameson W. Clarke

(翻訳：鈴木誉保)
Jameson W. Clarke

(翻訳：鈴木誉保)

要　約

　昆虫の季節多型は同一の遺伝子型が発生過程での環境条件に応答して異なる表現型を生みだす現象である．チョウのなかには季節によって姿を変えるものがあり，季節ごとの環境変化に対してうまく適応している．チョウの翅模様を作っている要素群は発生学的に半自律的であり，したがって発生進化生物学的な変化を模様全体にわたって引き起こすことが可能である．こうした模様の発生学的な柔軟性は，一つの種の極端なまでに多様化した季節多型を生じさせている．本研究では，我々は以下の三つの疑問について検証した．(1) 翅模様の要素は，例えばそのかたちやパターンは，どのように季節多型間で変化するのか．(2) この変形は系統的な観点から説明できるのか．(3) もしそうであるならば，何が乾季の隠蔽擬態模様をもたらしている発生学的な戦略を可能にしているのか．これらの問いに答えるために，我々はタテハモドキ族 (タテハチョウ科) に属するチョウのうち季節により翅の模様が多型を示す 34 種について，どのように模様の多様性がもたらされるのかを調べた．その結果，前翅のかたちと目玉模様の大きさが季節により違いが生じることを示し，特にクレードごとに乾季の翅模様の進化の仕方が異なることを示した．これらの結果は，進化的に独立した起源をもつことを示唆するものなのかもしれない．

キーワード

　表現型多型 (polyphenism)，季節多型 (seasonal polyphenism)，形の多型 (shape polyphenism)，色模様 (color pattern)，模様の進化 (pattern evolution)，

模様要素 (pattern element), タテハモドキ族 (Junoniini), タテハモドキ属 (*Junonia*), アフリカタテハモドキ属 (*Precis*),

13-1　はじめに

　昆虫の季節多型は同一の遺伝子型が発生過程での環境条件に応じてさまざまな表現型を生みだす現象である. ブレークフィールドとシャピロはもっと正確に季節多型を定義しているが, 彼らによれば季節多型とはある種の環境要因の制御下において表現型が変化し, 繰り返し表出されることを指す (Brakefield et al., 1996). 多くのチョウが 1 年のうちに数世代を重ねるが, 環境により誘導できる翅模様の多型をもつことによって季節ごとの環境変化に対してうまく適応することができる. 例えば, 春季や雨季に捕食者と被捕食者が十分にいる条件下で, 大きな目立つ目玉模様は捕食者を怯ませる役目を果たすと期待される (Prudic et al., 2014). 一方で, 秋季や乾季に被捕食者が少ない条件下であれば, 大きな目立つ目玉模様をもっていることは捕食者によって見つけられてしまうリスクを高め, より隠蔽的な色をしていることよりも生存の確率は低下してしまうだろう (Brakefield and Larsen, 1984).

　毎年予想される環境の変化に適応するための特別な形や模様になることが一般的であり, 季節多型という戦略はあまりとらない. 実際にセセリチョウ科 (Hesperiidae), シジミチョウ科 (Lycaenidae), シロチョウ科 (Pieridae), タテハチョウ科 (Nymphalidae) などで見られる程度である (Brakefield and Larsen, 1984). チョウの翅模様を作っている模様要素は発生学的に半自律的であり, したがって, 発生進化生物学的な変化を模様全体にわたって引き起こすことが可能である (Nijhout, 1991). こうした模様の発生学的な柔軟性は, 種内や種間で生じる極端なまでに多様化した季節多型にも貢献するだろう. 例えばベニタテハモドキ (*Precis octavia*) は以前には異なる種だと考えられていたほど季節によって大きな違いを生みだすが, 実験室内で温度や照度をさまざまに変えて幼虫を飼育することで季節多型を人為的に誘導する実験により, 同種だと判断された例もある (McLeod, 1968).

　季節多型の遺伝学, 発生学, 内分泌制御についての基盤はますます理解が進みつつあるものの, 季節多型を生みだしている模様要素についての研究はほとんどなされていないのが現状である (Rountree and Nijhout, 1995; Oostra et al., 2011; Monteiro et al., 2015). したがって，我々は以下の三つの疑問について検証した．(1) 翅模様の要素は，例えばそのかたちやパターンは，どのように季節多型間で変化するのか．(2) この変形は系統的な観点から説明できるのか．(3) もしそうであるならば，何が乾季の隠蔽擬態模様をもたらしている発生学的な戦略を可能にしているのか．これらの問いに答えるために，我々はタテハモドキ族 (タテハチョウ科) に属する 34 種の季節多型を示すチョウの翅模様の多様性を調べた．

タテハモドキ族 (タテハチョウ科) はタテハチョウ亜科の六つの主要な族の一つであり，六つの属と 85 の種を含む．属としては，メスアカムラサキ属 (*Hypolimnas*, 26 種)，アフリカタテハモドキ属 (*Precis*, 17 種)，シンジュタテハ属 (*Salamis*, 3 種)，キオビコノハ属 (*Yoma*, 2 種)，トガリシンジュタテハ属 (*Protogoniomorpha*, 2 種)，タテハモドキ属 (*Junonia*, 35 種) が含まれる (Kodandaramaiah, 2009). この族はアフリカに端を発し，およそ 4000–3000 万年前に分岐したと推定され，その後アジアやオセアニアへと進出した (Wahlberg, 2005; Kodandaramaiah, 2007). 多くの属はおよそ 2500 万年前に，キオビコノハ属 (*Yoma*) とトガリシンジュタテハ属 (*Protogoniomorpha*) の 2 属は約 2000 万年前に分岐したと推定される (Wahlberg, 2006). この族に分類される種は素早く飛翔することが特徴的であり，中程度から大きな体サイズを示し，モデル生物としてこの分類群ではよく研究の対象となるアメリカタテハモドキ (*Junonia coenia*) のような顕著な多型を示す (Win et al., 2016).

解析の結果，前翅のかたちと目玉模様の大きさが季節により違いが生じることを示し，また乾季に翅を構成する要素を変更するやり方はクレードごとに異なることを示した．

13-2 方 法

タテハモドキ族の季節型が示す表現型の違いは高精度のデジタル画像と画像処理ソフトウェアによって計測され，評価された．標本は，ロンドン自然史博物館とスミソニアン国立自然史博物館から借り受けた．ロンドンの博物館から受け取った画像は 35 mm 写真フィルムで，EPSON Perfection V600 フラットベッドデジタルスキャナを使ってデジタル化した．スミソニアン国立自然史博物館から借り受けた標本の画像は Nikon CoolPix P600 16.1 メガピクセ

ルデジタルカメラを利用して，固定した距離から撮影して取得した．全ての
画像はミリ単位の精度の物差しと一緒に撮影した．

　解析に利用する標本は，タテハモドキ族の系統を広くカバーするように選別
した．その結果，主要な 6 属 (*Hypolimnas, Junonia, Precis, Protogoniomorpha,*

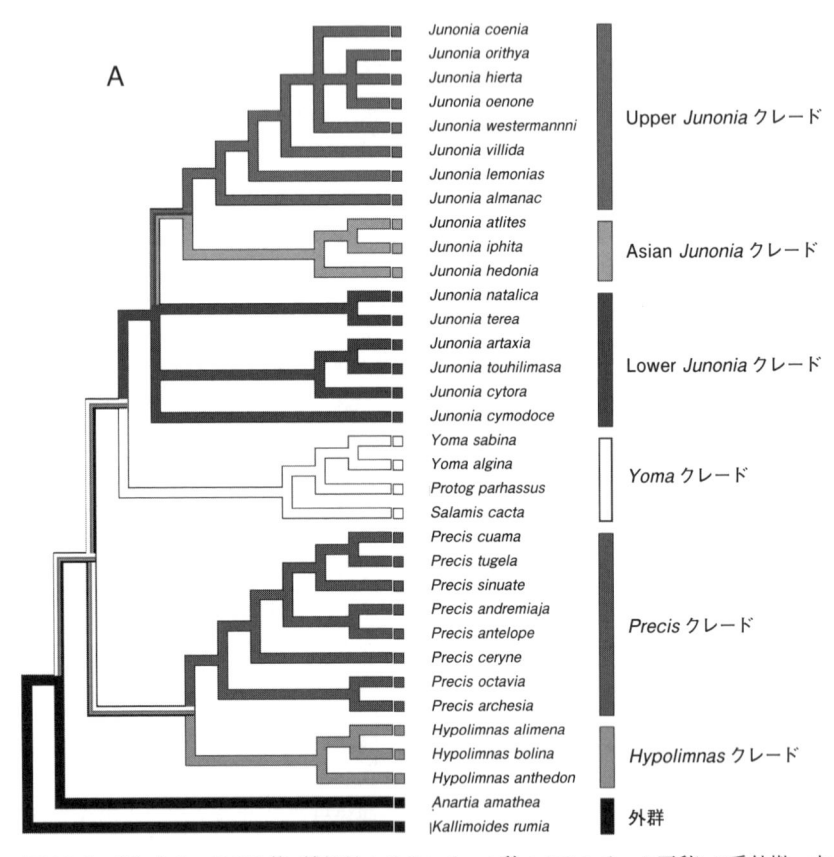

図 13-1　(A) タテハモドキ族 (鱗翅目：タテハチョウ科：タテハチョウ亜科) の系統樹．本
研究に使われた種について，クレード名とともに記載．系統樹形は Kodandaramaiah (2007)
による．(B) 一般化されたタテハモドキの裏面の翅の図と計測に利用した特徴量．(a) Sub-
marginal band proximity [NSP]．(b) Eyespot proximity [NEP]．(c) Central symmetry sys-
tem proximity [NCP]．(d) Eyespot diameter [NED]．計測は翅の大きさに対して標準化を
行っており，標準化のための翅の大きさとして，(e) 三角形の辺の長さの合計 (翅脈の基
部，Cu2 脈の終端，Rs 脈の終端) [RCR 角形] で定める特徴量を利用している (口絵参照)．

Salamis, Yoma) と，代表的な種と外群として2属 (*Anartia, Kallimoides*) を利用した．選別した標本はそれぞれが属するクレードを反映しながら，以下のように機能的な分類 (Upper *Junonia*, Asian *Junonia*, Lower *Junonia*, *Yoma*, *Precis*, *Hypolimnas* (図 13-1A) を行った．Lower *Junonia* は系統的な種間関係が多系統をつくっていて十分に解決していないのだが，解析の必要のためにクレードとして扱った．実験の再現性を保証するために，1種につき少なくとも四つの標本を利用した．標本を採取した地域の違いや性的二型の違いを取り除くために，標本は同じ地域から採取された性別の分かっている標本を利用した．もし種が顕著に異なる季節多型を示したならば，採集された日付を確認

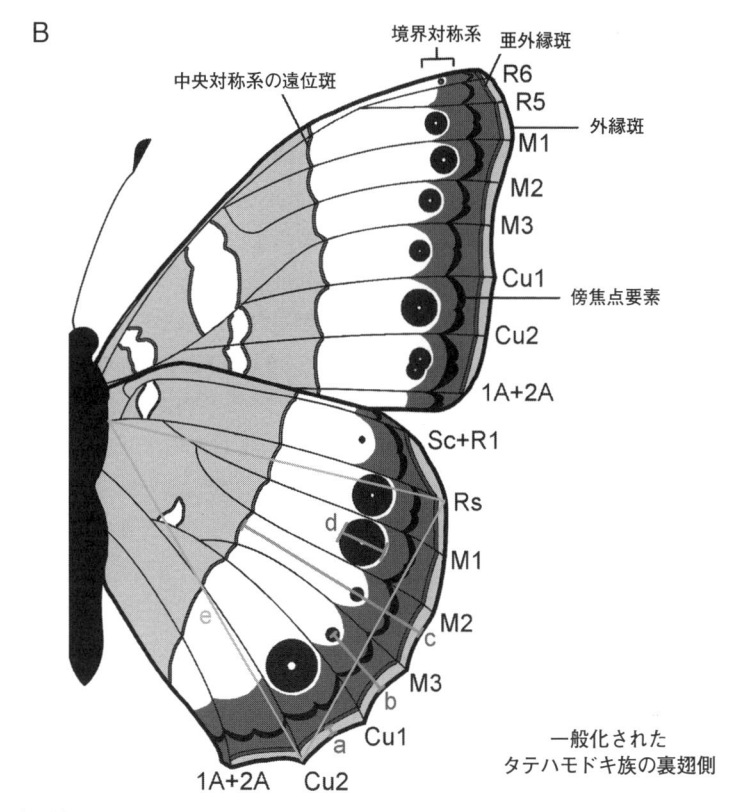

図 13-1（続き）

し文献を利用して以前に記載されたものと比較した. 最終的に利用した標本
には, アフリカ・アジア・オセアニア・北アメリカ産の 34 種が含まれた.

　後翅裏側の模様要素の大きさと位置は, 画像処理ソフトウェアである ImageJ
v1.51g で作成されたランドマークをもとに計測された (Schneider et al., 2012).
翅の裏面は, チョウが飛んでいないときに最もよく見せている面であること
から解析のために選んだ. 飛翔していないときには前翅はその一部が後翅で
隠れてしまうことが多い一方で, 後翅は全く隠れずにその全面が見えている
ことから解析のために選んだ. ランドマーク間の距離は, 20 ミリメートルの
物差しを使ってそれぞれの画像ごとにピクセルからミリメートルへと変換し
た. 翅の大きさに対して翅の模様要素の大きさや模様要素間の距離を標準化
するために, 翅の大きさの代表値として図 13-1B にて e で示した水色の三角
形の辺の長さの合計 (翅脈の基部, Cu2 脈の終端, Rs 脈の終端) を利用した.
この三角形を以降 RCR 三角形と呼ぶことにする.

　解析のために後翅裏面の翅脈 (Sc + R1, Rs, M1, M2, M3, Cu1) を利用し
て, 以下の特徴量を計測した (図 13-1B; a-d). (a) 亜外縁斑紋の標準化され
た位置 (normalized submarginal band proximity; NSP). 翅の外縁と亜外縁斑
紋との距離を RCR 三角形によって割った値 (図 13-1B; a). (b) 目玉模様の標
準化された位置 (normalized eyespot proximity; NEP). 翅の外縁と目玉模様
の中心位置の距離を RCR 三角形によって割った値 (図 13-1B; b). (c) 中央対
称系遠位斑紋の標準化された位置 (normalized central symmetry system prox-
imity; NCP). 翅の外縁と中央対称系の遠位斑紋との距離を RCR 三角形に
よって割った値 (図 13-1B; c). (d) 目玉模様の標準化された直径 (normalized
eyespot diameter; NED). 目玉模様の中心を通る目玉模様の端から端までの
長さのうち最も長いものを RCR 三角形によって割った値 (図 13-1B; d). 以下
では, ここで示した略記号 (NSP, NEP, NCP, NED) を用いて解説する.

　前翅の翅頂部の形態は四つに分類された (枯葉型, 低突起型, 中突起型,
高突起型) (図 13-2). 形の分類の一貫性を確保するために, 翅の形態は外部
の研究者と著者とで独立に分類作業を行った. 独立に行った作業は, 結果的
に互いに一致していることが確認できた.

　季節多型によって全く異なっている場合も含めて, 全ての計測は汎用ソフ
トウェアである Mesquite ver. 3.04 (Maddison and Maddison, 2015) の特徴行

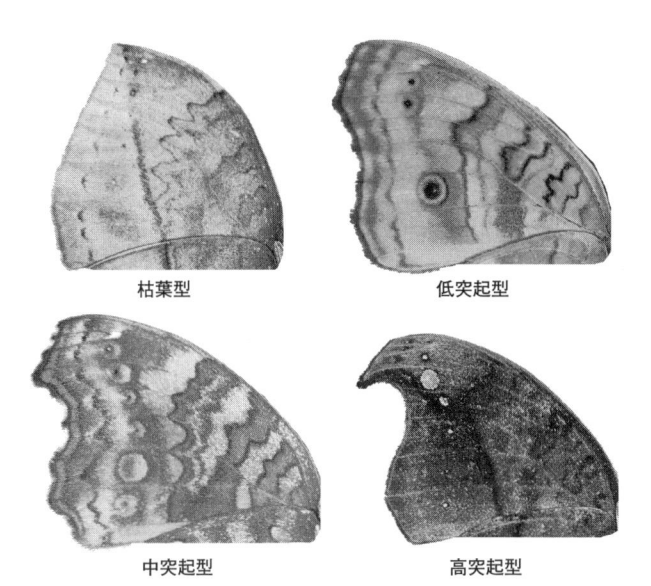

枯葉型　　　　　　　　低突起型

中突起型　　　　　　　高突起型

図 13-2　乾季型で見られる前翅の翅頂部のかたちの 4 分類．低突起型から中突起型を経て高突起型へと翅頂部がとがるようになっていることに注意せよ．翅頂部のとがり方は M1 の終端部が突き出るように変化している．M1 終端部のとがり方は，枯葉型には見られない．

列に記載した．季節多型間の模様要素データを特徴づけるため，既知のタテハモドキ族の分子系統樹 (Kodandaramaiah, 2007) 上に特徴をマップし最節約法により推定を行った．

13-3　結　果

13-3-1　模様要素ごとの違い

　模様要素の違いの出方は，計測した特徴量ごとに異なるものであった．NSP は季節多型間でも異なるクレード間でも有意な違いは見られなかった．NCP と NEP は季節多型間では有意な違いは見られなかったものの，クレード間では明らかな違いが見られた．NED は季節多型間でもクレード間でも有意な違いが見られた．注意を促しておきたいのは，傍焦点 (parafocal) 要素は季節多型間で違いが見られているものの，模様要素の境界をはっきりと識別することが難しかったためにこの研究の対象からは除外していることである．

13-3-2　脈室ごとの違い

　模様要素の違いの出方は，模様要素が位置する脈室ごとに異なるもので あった．Sc+R1，M2，M3 脈室では全てのクレードの季節多型間で NED，NSP，NCP，NEP の違いはほとんどなかった．これは目玉模様が多くの場合 にほとんど見えなくなっているか消失してしまっているためだと考えられる． 一方，Rs，M1，Cu1 脈室ではクレード間で NED と NCP に顕著な違いが見ら れ，NED については季節多型間で有意な違いが見られた．図 13-3 に示すよ うに，タテハモドキ (*Junonia almana*) は季節多型間で比較したときに，脈室 ごとに目玉模様の大きさが顕著に見つけられる．この種では，Sc + R1 の目玉 模様がいずれの季節型でも消失している．M2 と M3 の目玉模様は雨季型で は消失し，乾季型では存在はするもののとても小さい．Rs, M1, Cu1 の目玉 模様は雨季型では大きく，乾季型ではとても小さい．

13-3-3　クレードごとの季節多型の目玉模様の違い

　季節型間での目玉模様の違いを最節約法により解析を行い，Rs (図 13-4)，

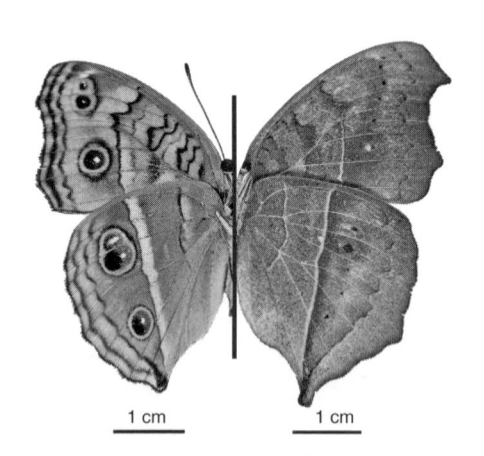

図 13-3　タテハモドキ (*Junonia almana*) の季節二型．(左) 雨季型．色のコントラストが 目立ち，大きな目玉模様が見られ，翅頂部はほとんどとがっていない (低突起型)．(右) 乾 季型．色のコントラストが低く，目玉模様は劇的に小さくなっており，翅頂部は過度にと がっている (高突起型)．

M1 (図 13-7)，Cu1 (図 13-8) について分子系統樹にマップした．しかしながら，全てのクレードにおいて季節多型間の違いは検出できなかった．

　Upper *Junonia* クレードに属する全ての種は Rs, M1, Cu1 の目玉模様について季節ごとに大きさの違いが顕著に見られた．しかし，ベニモンタテハモドキ (*J. westermanni*) については M1 での目玉模様に違いはなく (図 13-7)，ルリボシタテハモドキ (*J. hierta*) については Cu1 での目玉模様に違いがなかった (図 13-8)．

　Lower *Junonia* クレードでは，種間においても，季節による目玉模様の違いを脈室ごとに見ても，いずれも違いが顕著であった．Rs の目玉模様については，

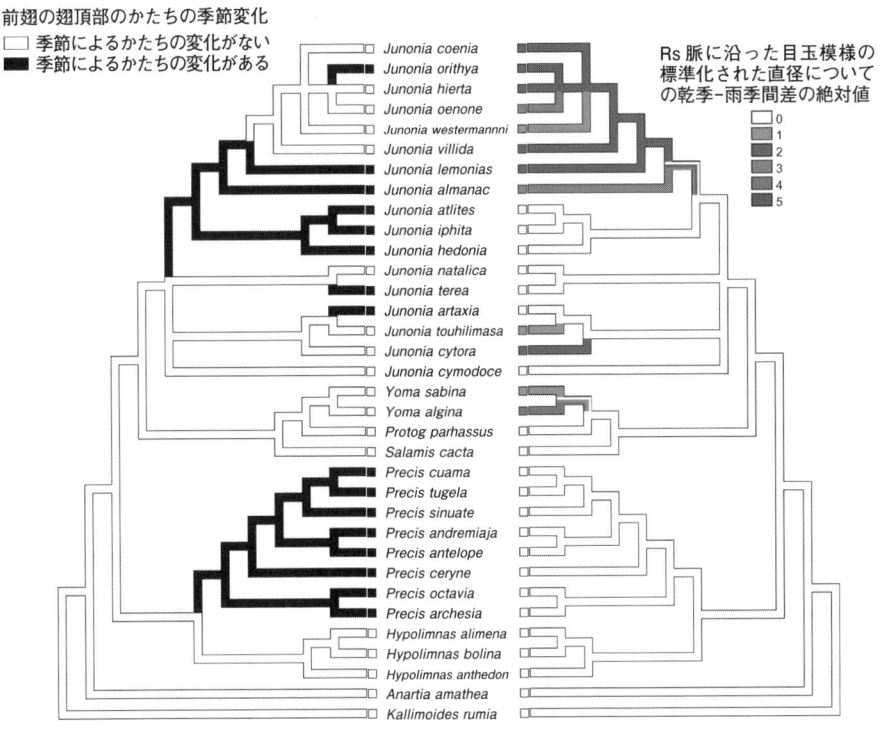

図 13-4　最節約法による祖先の状態推定．前翅の翅頂部のかたちの季節による違い (左) と，乾季と雨季による Rs で標準化された目玉模様の直径の長さの違い (右) を推定したもの．右図については，数値が大きくなるほど目玉模様の長さが乾季と雨季で大きく異なっていることを示す．系統樹形は Kodandaramaiah ら (2007) に基づく．

オオルリタテハモドキ (*J. cytora*) と *J. touhilimasa* を除いてほとんどの種で季節ごとの大きさの違いは見られなかった (図 13-4).　しかしながら，M1 と Cu1 の目玉模様については，オオルリタテハモドキの Cu1 脈室を除いて全ての種で季節ごとにその程度は異なるものの大きさの違いが見られた (図 13-7, 図 13-8).

　Yoma クレードは季節ごとの目玉模様の違いは広範囲で見られた．*Yoma algina* は Rs, M1, Cu1 での目玉模様に大きな違いがある一方で，キオビコノハ (*Y. sabina*) は Rs, M1 でわずかな違いが検出されたものの Cu1 では違いはほとんどなかった．シンジュタテハ (*Protogoniomorpha parhassus*) は M1, Cu1 で違いが見られたものの，Rs では違いはなかった．カクタシンジュタテ

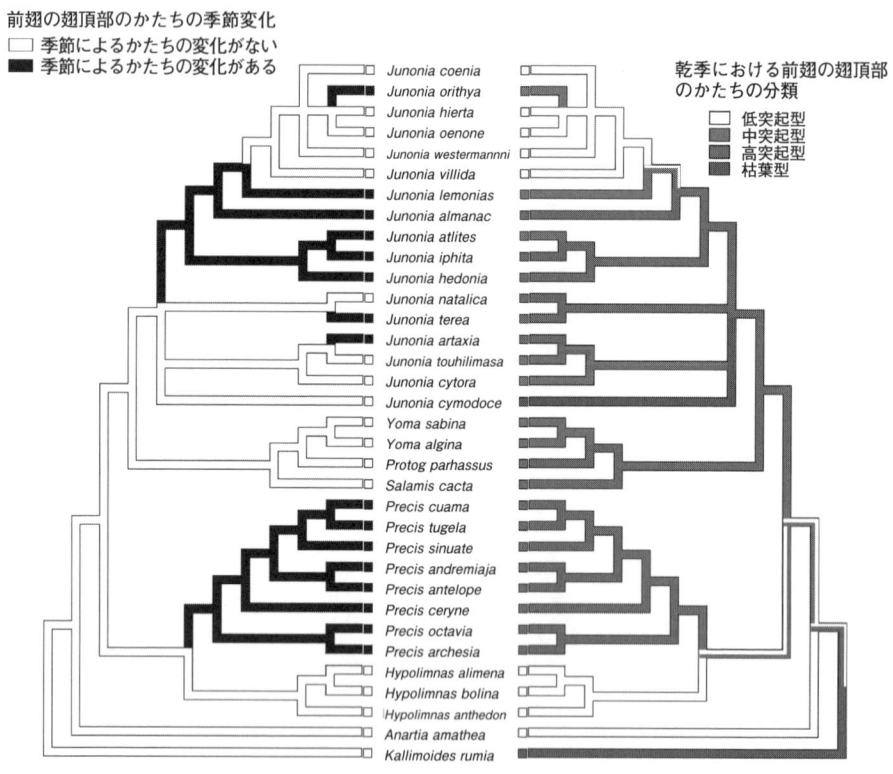

図 13-5　最節約法による祖先の状態推定．前翅の翅頂部のかたちの季節による違い (左) と，乾季型の前翅の翅頂部のかたちの分類 (右) を推定したもの．季節により前翅の翅頂部のかたちに違いが見られるときと，乾季型の前翅の翅頂部のかたちがとがっているときが関連していることに注意せよ．系統樹形は Kodandaramaiah ら (2007) に基づく．

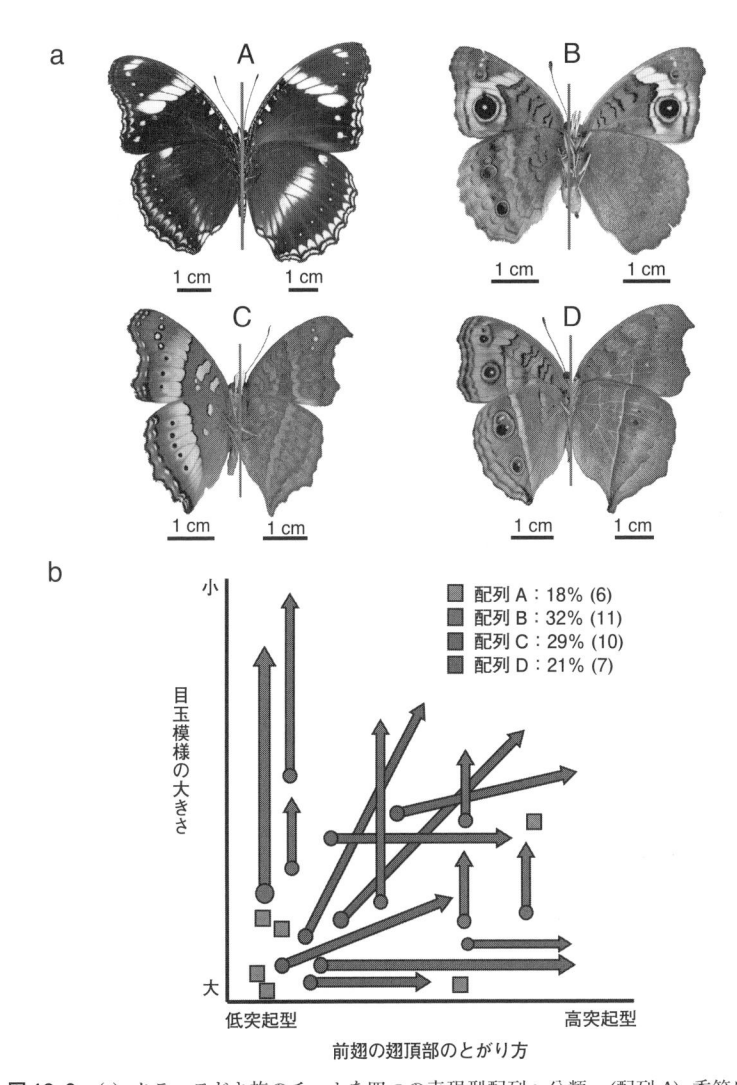

図 13-6　(a) タテハモドキ族のチョウを四つの表現型配列へ分類. (配列 A) 季節によって目玉模様の大きさにも翅のかたちにも違いがない. (配列 B) 季節によって目玉模様の大きさのみ違いがある. (配列 C) 季節によって翅のかたちのみ違いがある. (配列 D) 季節によって目玉模様の大きさにも翅のかたちにも違いがある. チョウの写真は, 雨季型 (左) と乾季型 (右) を併せたものである.

　(b) 前翅の翅頂部のとがり方と目玉模様の大きさの相関図. 雨季型 (丸) と乾季型 (矢印) が表示されている. 雨季型と乾季型の性質が共通している部分は四角で表現されている. 翅頂部のかたちの変化は低突起型から高突起型への変化しかないことに注意せよ. 一方, 目玉模様の大きさは縮小方向にしか変化していない.

ハ (*Salamis cacta*) では，どの脈においても季節ごとの違いは見いだせなかった (図 13-4, 図 13-7, 図 13-8).

　Precis クレード，*Hypolimnas* クレード，Asian *Junonia* クレードでは季節ごとの目玉模様の違いは全くといってよいほど見られなかった．ただし，アンテドンムラサキ (*H. anthedon*) については，目玉模様を失っているという他ではあまり見られない特徴が見られた (図 13-4, 図 13-7, 図 13-8).

13-3-4　クレードごとでの前翅の翅頂部におけるかたちの季節間の違い

　前翅の翅頂部のかたちは季節間でもクレード間でも違いが見られた．Upper

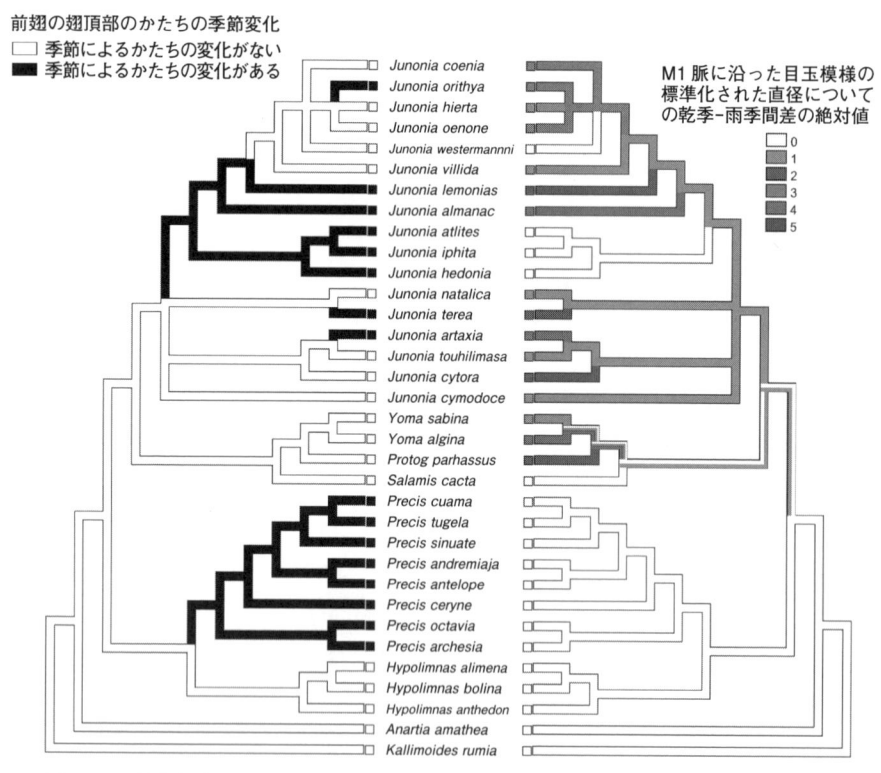

図 13-7　最節約法による祖先の状態推定．前翅の翅頂部のかたちの季節による違い (左) と，乾季と雨季による M1 で標準化された目玉模様の直径の長さの違い (右) を推定したもの．右図については，数値が大きくなるほど目玉模様の長さが乾季と雨季で大きく異なっていることを示す．系統樹形は Kodandaramaiah ら (2007) に基づく．

Junonia クレードではいろいろなタイプの季節間の違いがあり，かたちの違い
はアオタテハモドキ (*J. orithya*)，ジャノメタテハモドキ (*J. lemonias*)，タテハ
モドキ (*J. almana*) でのみ見られた．同様に，Lower *Junonia* クレードではカ
バタテハモドキ (*J. terea*) と *J. artaxia* の2種のみが季節により前翅にかたちの
違いが見られた．しかしながら，他のクレードではいろいろなタイプの形の
違いは，季節間の違いでは見られなかった．*Yoma* クレードでも *Hypolimnas*
クレードでも季節間の翅のかたちの違いは見られなかった．一方，Asian
Junonia と *Precis* クレードでは，調べたなかでは全ての種において季節ごとの

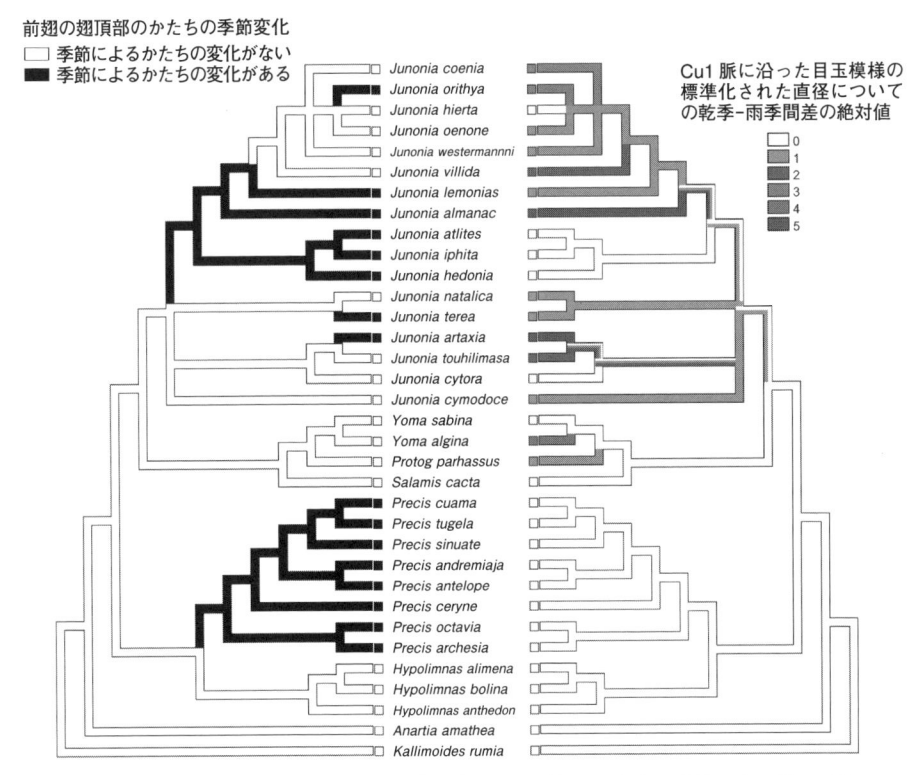

図 13-8　最節約法による祖先の状態推定．前翅の翅頂部のかたちの季節による違い (左)
と，乾季と雨季による Cu1 で標準化された目玉模様の直径の長さの違い (右) を推定したも
の．右図については，数値が大きくなるほど目玉模様の長さが乾季と雨季で大きく異なって
いることを示す．系統樹形は Kodandaramaiah ら (2007) に基づく．

かたちの違いが見られた (図 13-5).

13-3-5　かたちのタイプとかたちの変化

　乾季型の前翅の翅頂部のかたちと種が季節多型をもっているかどうかの間には関連が見いだされた. 乾季型の前翅の翅頂部のかたちが低突起型あるいは枯葉型であった種は, 前翅のかたちについて季節ごとに違いがなかった (図 13-5). さらに, 前翅の翅頂部のかたちが季節ごとに異なる種は, 雨季型に比べて乾季型のほうが突起度が増すように変化していた (図 13-5, 図 13-6b). 雨季型の前翅の翅頂部のかたちが低突起型である種は, 乾季型のかたちが中突起型あるいは高突起型をしていた. 同様に, 雨季型の前翅の翅頂部のかたちは中突起型である種は, 乾季型のかたちが高突起型をしていた. 以上の関連を調べた結果, 前翅のかたちを季節によって変化させる種は高突起型をとり, 一方, 前翅のかたちを季節によって変化させない種では低突起型をとるという一般的な傾向があることが分かった.

13-4　議　論

　以上の結果は, 季節多型をとる表現型を作る要素とそれらの進化の仕方にはダイナミックな関係があることを明らかにした. 季節多型を作り出す表現型の各要素は互いに進化的に独立しており, この柔軟性がさまざまなやり方での自然選択に対して柔軟に応答できる性質をもたらし, また多様な応答の仕方はこの族の系統的な歴史を反映していると思われる. 季節多型を生みだす異なる模様要素は一つのまとまった単位としては進化していないようだ.

　タテハモドキ族のチョウで進化した季節多型を調べることで, 乾季型の隠蔽擬態がどのように自然選択にさらされながら生みだされてきたかについても洞察を与えてくれるだろう. 本研究の発見は, 季節多型の模様要素の翅上での位置は変化していないことを示した. このことは, 自然選択は模様要素の位置を変化させるような影響を及ぼさないか, あるいは模様要素の位置は何らかの発生拘束 (模様形成メカニズムに起因する進化的な変化を許さない制約) を受けているため自然選択に応答できないか, のいずれかを示唆している. 種間の目玉模様の位置の違いはクレードごとに特徴的であることから, 季節多型の進化に伴って目玉模様の位置が変わらないのは自然選択が働いて

いないからだと考えるほうが妥当であるように思える. これは, タテハモドキ族においては, 目玉模様の位置を変更させることについてほとんど発生拘束がかかっていないことを示唆している.

しかしながら, 目玉模様の大きさの違いは別の可能性を提示しているのかもしれない. 目玉模様の違いが見られる種では, 乾季型は雨季型と比べて目玉模様の大きさが小さくなっていた. これは, 自然選択にさらされてきたことを強く示唆している. 同時に, 大きな目玉模様が形成されている脈室ではほとんど大きさに違いは見られなかった. 例えば, Upper と Lower *Junonia* クレードの雨季型は, Rs, M1, Cu1 のいずれの脈室でも大きな目玉模様が見られる一方で, M2, M3 の脈室ではいつも小さな目玉模様であった. 対照的に, *Precis* クレードでは全ての脈室で常に小さな目玉模様が観察された. いずれの場合においても, M2, M3 の脈室で大きな目玉模様が観察されていないことになる. 以上は, 大きさの異なる目玉模様を保持することのできる許容度と目玉模様をもっている脈室に対しての両方に発生拘束がかかっている可能性を示唆しているように見える.

同様に, 季節によって翅のかたちが変化するクレードでは, 乾季型は常により角があるか鎌状の形をした前翅のかたちをしており, このことは自然選択にさらされていることを強く示唆している (図 13-5, 図 13-6b). 対照的に, 別のクレードでは, ほとんど角がなく丸みを帯びたかたちをしているか (*Hypolimnas* クレード), あるいは高度に角の発達したかたちをしているか (*Yoma* と Asian *Junonia* クレード) のどちらかに偏っており, クレードでは一定の翅のかたちをしている. つまり, タテハモドキ族は, 可塑的に別の翅のかたちをもちつつもそれぞれの季節型のかたちは進化的に固定しているか, あるいは, 角が有るか無いかがはっきりと分かれて固定してしまっているかのいずれかの状態をとっていることが分かった. このことは, 可塑的な翅のかたちを生みだす進化的な能力はタテハモドキ族全体で見られた初期に進化し, 後期になって属が成立し始めたころにどちらかの翅のかたちへと固定されたことを示唆している.

個々の表現型要素が互いに独立していることは, 我々がここで表現型配列 (phenotypic configurations) とおおよそ呼ぶものの進化的な創出を可能にしていると考える. ここで, 表現型配列とは表現型要素に違いを作り整列させる

ことを意味している．このアイデアを説明するために，目玉模様の大きさの
違いと前翅の翅頂部のかたちを組み合わせたもののみを使ってみる．この組
み合わせでは，大ざっぱに言えば，次の四つのグループに分けられる (図 13-
6a)．配列 A；大きさもかたちもばらつきがない，配列 B；大きさのみばらつ
く，配列 C；かたちのみばらつく，配列 D；大きさもかたちも両方ともがば
らつく．

　この四つの表現型配列の系統樹上での分布は興味深いものを示していた．
第一に，それぞれの表現型配列は図 13-1A で記述したクレードに対応してい
た．すなわち，*Hypolimnas* クレードは配列 A に属し (図 13-4 と図 13-6a)，
Upper *Junonia* クレードは配列 B に属し (図 13-5 上部)，*Precis* と Asian
Junonia クレードは配列 C に属し (図 13-4 と図 13-6a) ていた．第二に，これ
ら四つの表現型配列の相対的な頻度とその系統樹上での位置は季節によって
かたちに違いが生じる種と季節によって目玉模様の大きさに違いが生じる種
は同じではないという傾向がある．乾季型の強くとがった翅のかたちはタテ
ハモドキ族の初期で獲得され，*Hypolimnas* と Upper *Junonia* の両クレードで
独立に失われたものなのかもしれない (図 13-4 右)．興味深いことに，異なる
翅のかたちを季節により可塑的に作り出せる能力は，突起状の形を獲得する
時期とほとんど同じなのかもしれない．もしそうであるならば，*Hypolimnas*,
Yoma, そして Lower *Junonia* と Upper *Junonia* のいくつかの種にてそのかたち
は 2 次的に失われたのかもしれない (図 13-4 左)．あるいは，別の可能性とし
ては，翅のかたちを変化させる能力は何度も独立して進化的に獲得したのか
もしれない．すなわち，*Precis* クレードで一度，*Junonia* 属で一度，それ以降
のいくつかの形質を消失を伴いながら進化してきた可能性がある (図 13-4
左)．

　Kallimoides 属の枯葉擬態模様がそうであるように，枯葉に似た翅のかたち
は独立に進化してきたように思える．これは隠蔽擬態に関わる表現型要素の
重要性についていくつかの興味深い疑問を投げかける．もしある種が目玉模
様の大きさを変更するか，あるいは，季節ごとに翅のかたちを変化させるか
のいずれかであるなら，どうしてその種はどちらかしか選択しないのだろう
か？　一方の表現型要素が可塑性を示すなら，もう一方の可塑性は不必要な
のだろうか？　さらに言えば，両方の性質が必要だったり，あるいは，両方

の性質が不要だったりする種はいないのだろうか？

　また，表現型要素とその進化的な道筋の相互作用について別の興味深い疑問は，翅の模様が示す色とコントラストの役割である．目玉模様は目立つがゆえにサイズを小さくすることで見えなくするのと同様に，目玉模様の周囲の翅の色と同じ色へと変化させる．ハイイロタテハモドキ (*J. atlites*) はこの好例である．実際に，目玉模様のサイズはそのままであるが線を細くして，翅と同様の色へと変化させることで，識別するのを難しくしている．色とコントラストを季節ごとに変化させることはタテハモドキ族で広く見られるけれども，全ての乾季型では色は地味になりパターンの線も識別しにくくなる．どの程度まで色やコントラストを変化させれば，目玉模様のサイズや翅のかたちを変更できないことを補償できるのかはよく分かっていない．これらの要素についての詳細な解析は別の論文で紹介することになるだろう．

　チョウの季節多型は一つの形質であるとしばしば考えられてきた．実際に，チョウの翅模様は発生学的に半自律している連続相同な模様要素により構成されているため，それらの模様要素は独立に変更することができ，自然選択に応答したりさまざまなやり方で拘束を生みながら再配列することができる．タテハモドキのチョウの季節多型は，少なくとも三つの独立した発生メカニズム (翅のかたちの形態形成，色素合成パスウェイ，パターン要素の配置メカニズム) により変更してきた．季節多型を受け継ぐというよりもむしろ，これらのチョウは季節多型を生みだすツール群と収斂進化により隠蔽的になるやり方を受け継いできている．

謝　辞

　チョウの標本を快く利用させてくださったスミソニアン国立自然史博物館 (the Smithsonian National Museum of Natural History) ならびにロンドン自然史博物館 (the National History Museum in London) に感謝申し上げます．研究の指針や方向性について議論してくださった H. F. Nijhout 博士に感謝申し上げます．また，研究へのフィードバックや批判をいただきました Richard Gawne 博士ならびに Kenneth Mckenna 博士に，画像のデータベース化を手伝っていただいた Leo Kerner 博士に感謝申し上げます．本論文に有益な批判とコメントを賜ったレフリーの方々に感謝いたします．本研究は，H. F.

Nijhout 博士が採択されました National Science Foundation グラント (IOS-0641144, IOS-1557341, IOS-1121065) のご支援によります.

引用文献

Brakefield PM and Larsen TB (1984) The evolutionary significance of dry and wet season forms in some tropical butterflies. Biol J Linn Soc 22:1-12

Brakefield PM, Gates J, Keys D, Kesbeke F, Wijngaarden PJ, Monteiro A, French V and Carroll SB (1996) Development, plasticity and evolution of butterfly eyespot patterns. Nature 384:236-242

Kodandaramaiah U (2009) Eyespot evolution: phylogenetic insights from *Junonia* and related butterfly genera (Nymphalidae: Junoniini). Evol Dev 11:489-497

Kodandaramaiah U and Wahlberg N (2007) Out-of-Africa origin and dispersal-mediated diversification of the butterfly genus *Junonia* (Nymphalidae: Nymphalinae). J Evol Biol 20:2181-2191

Maddison WP and Maddison DR (2015) Mesquite: a modular system for evolutionary analysis. Version 3.04 http://mesquiteproject.org

McLeod L (1968) Controlled environment experiments with *Precis octavia* Cram (Nymphalidae). J Res Lepidoptera 7:1-18

Monteiro A, Tong X, Bear A et al (2015) Differential expression of ecdysone receptor leads to variation in phenotypic plasticity across serial homologs. PLoS Genet 11:e1005529

Nijhout HF (1991) The development and evolution of butterfly wing patterns. Smithsonian Institution Press, Washington

Oostra V, de Jong MA, Invergo BM, Kesbeke F, Wende F, Brakefield PM and Zwaan BJ (2011) Translating environmental gradients into discontinuous reaction norms via hormone signalling in a polyphenic butterfly. Proc R Soc Lond B 278:789-797

Prudic KL, Stoehr AM, Wasik BR and Monteiro A (2015) Eyespots deflect predator attack increasing fitness and promoting the evolution of phenotypic plasticity. Proc R Soc B 282: 10.1098/rspb.2014.1531

Rountree DB and Nijhout HF (1995) Genetic control of a seasonal morph in *Precis coenia* (Lepidoptera: Nymphalidae). J Insect Physiol 41:1141-1145

Schneider CA, Rasband WS and Eliceiri KW (2012) NIH Image to ImageJ: 25 years of image analysis. Nat methods 9:671-675

Wahlberg N (2006) That awkward age for butterflies: insights from the age of the butterfly subfamily Nymphalinae (Lepidoptera: Nymphalidae). Syst Biol 55:703-714

Wahlberg N, Brower AV and Nylin S (2005) Phylogenetic relationships and historical biogeography of tribes and genera in the subfamily Nymphalinae (Lepidoptera: Nymphalidae). Biol J Linn Soc 86:227-251

Win NZ, Choi EY, Park J and Park JK (2016) Taxonomic review of the tribe Junoniini (Lepidoptera: Nymphalidae: Nymphalinae) from Myanmar. J Asia-Pacific Biodiversity. 9:383-388

14 章
チョウにおける野外オスの交尾歴推定法

佐々木那由太
小長谷達郎
渡辺 守
Ronald L. Rutowski

要 約

　チョウ類において広く見られる翅の模様の性的二型は，性選択によって進化してきたと伝統的に考えられてきた．しかし，野外で交尾中の個体を確認することが困難であることなどの理由により，この仮説を野外において検証した研究はごく稀であった．本章では，アオジャコウアゲハ (*Battus philenor*) を用いて内部生殖器の状態からオスの交尾成功度を推定する方法を確立した．室内で羽化させたオスを交尾前や交尾後に解剖することにより，オスの内部生殖器は交尾を経験することで，短く，軽くなり，そして色さえも変化することが明らかとなった．この変化は交尾時のオスの齢に影響を受けず，交尾後 2 日程度で元に戻ることも分かった．内部生殖器の状態を指標として野外で捕獲された 68 頭のオスの最近の交尾成功を調べ，最近交尾した個体とそうでない個体で形質を比較したところ，最近交尾した個体は後翅の色が長波長側へ偏り，緑がかっていたことが分かった．

キーワード

　アオジャコウアゲハ (*Battus philenor*)，オスの交尾成功 (male mating success)，射精物質 (ejaculate substances)，性選択 (sexual selection)，装飾形質 (ornament).

14-1　はじめに

　チョウの翅の色や模様の多様性は，長年人々の興味を掻き立ててきた．Darwin (1874) や Wallace (1889) の研究を皮切りに，これまで多くの研究者が

チョウの翅の模様について，種間での相違点と共通点 (Nijhout, 1990) や生態
学的意義 (Rutowski, 1997)，色の生成機構 (Koch et al., 1998)，進化発生学
(Beldade et al., 2002)，遺伝学 (Carroll, 1994) など，さまざまな見地から研究
を行っている．そのなかでも多くのチョウに見られる翅模様の性的二型は，
その生態学的意義が古くから注目されてきた．性的二型が見られるチョウに
おいてほとんどの場合，オスのほうが煌びやかで複雑な色や模様をもつため，
Darwin (1874) やその後の研究者は，オスに特異的な翅の色模様はメスがそう
いった派手な色模様をもつオスを選り好んだ結果進化したと推察している
(Kemp and Rutowski, 2011；しかし Allen et al., 2011 やほかのいくつかの論文
では異なる仮説が挙げられている)．

　オスのある特定の形質がメスの配偶者選択によって進化してきたことを示
すためには，(1) メスが形質に対して選好性をもつこと，(2) 形質の有無や強
弱によって野外のオスの繁殖成功度に差が出ていることを示す必要がある
(Kemp and Rutowski, 2011)．チョウの場合，メスが求愛行動において受け身
で自発的な求愛を行うことが少ないため，メスの選り好みを検出することが
難しいと言われてきた (例えば，Wiklund, 2003)．さらに，野外において交尾
中の個体を見つけられることは非常に稀であり，オスがどの程度交尾に成功
しているか知ることができない．結果としてチョウにおいてオスの翅の色模
様とメスの配偶者選択について分かっていることと言えば，一部の種でメス
がオスの翅の反射する紫外光を基に配偶者選択をしているくらいのことであ
り (Kemp, 2007)，鳥 (Hill and Montgomerie, 1994; Keyser et al., 1999; Blount
et al., 2003) や魚 (Grether et al., 2005) など他の色彩豊かな動物と比べて知見
が少ないのが現状である (Kemp, 2007)　　　．

　野外のオスの交尾成功度を調べることが容易になれば，チョウの翅の色模
様と性選択の関係に関する知見も増えよう．今回我々は，新たなチョウのオ
スの交尾歴推定法を確立するに当たり，交尾による内部生殖器の状態変化に
着目した．チョウのオスは交尾時に精包や付属物質と呼ばれるものをメスへ
注入し，種によっては1回の交尾で注入されるそれらの物質の重さが体重の
15%にも達する (例えば，Rutowski et al., 1983; Svärd and Wiklund, 1989)．オ
スに連続して交尾を行わせると，2回目以降の交尾でメスに注入する物質の
量が1回目と比べて極端に少なくなり，1回目と同等の量の注入物質を2回

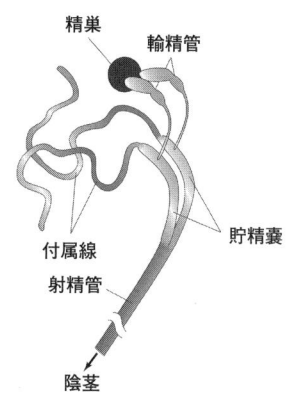

図 14-1　アオジャコウアゲハのオスの内部生殖器の模式図 (Sasaki et al., 2015 より引用).

目の交尾で注入するには数日の休養が必要であることが明らかにされている
(Bissoondath and Wiklund, 1996; Watanabe and Hirota, 1999). この事実は,
交尾を行うことによってオス体内の注入物質が一時的に枯渇することを示唆
しており, オス体内の注入物質量か, または注入物質を貯蔵する器官の状態
を調べることで最近交尾したオスを見分けることができる可能性が考えられ
たのである.

　典型的なチョウのオスの内部生殖器は図 14-1 のようになっている. 精巣か
ら伸びた 2 本の輪精管は, 貯精嚢と呼ばれる 2 本の管からなる精子貯蔵器官
へ接続しており, 精巣で生産された精子は交尾を行うまでここに保存される
(Riemann et al., 1974; LaChance et al., 1977). 貯精嚢を尾端方向へ下がって行
くとやがて 2 本の管が合流する場所がある. そこから陰茎までつながる 1 本
の管状の部分は射精管と呼ばれ, メスに注入されて精包を形成する物質と付
属物質が生産, 貯蔵される場所である. 交尾時には陰茎に近いほうから付属
物質, 精包物質, 精子の順番でメスに注入されるため (Watanabe and Sato,
1993), オスが精子を注入するためには射精管内の精包物質や付属物質を余さ
ずメスに注入する必要があると考えられる. したがって, 交尾直後のオスの
射精管は交尾直前の注入物質貯蔵量などとは関係なく空になるに違いなく,
射精管の状態を調べることでそのオスがいつ交尾したかどうかを知ることが
できるだろう.

　この研究の目的の一つは，アオジャコウアゲハ (*Battus philenor*) のオスを用いて交尾による射精管の状態変化とその変化がどの程度の期間持続するのかを記録し，それを基に最近交尾したオスとそうでないオスを区別する基準を作ることである．もう一つは，温室内での実験によってメスがオスの翅色に選好性をもつことが示唆されているアオジャコウアゲハにおいて，野外で捕獲したオスの交尾成功度と翅の色の関係を調べ，オスの翅色が性選択を受けていることを証明することである．

　なお，本章に掲載されているデータは全て Sasaki et al. (2015) にて発表したものを用いている．

14-2　材料と方法

14-2-1　材　料

　実験に用いた全ての個体はアリゾナ州にあるメスキートウォッシュ川とシカモア川の合流地点付近 (33°43′50″ N, 111°30′50″ W) に存在する個体群から採集したものである．室内での交尾実験には 2011 年の 6 月初旬から 7 月中旬に野外で卵または若齢幼虫だった個体を飼育して用いた．全ての幼虫の飼育は 14L10D かつ日中の気温が 30℃，夜間の気温が 24℃，湿度が 55% である人の入れるほどの大きさの環境室にて行われた．食草には現地の食草であるウマノスズクサ属の一種 *Aristolochia watsonii* を十分量与えた．成虫は羽化当日に体重と前翅長を測定した後，左翅の腹側に個体番号を記し，小型のケージ (〜1 m³) に雌雄を別にして放ち室温 (〜24℃) で飼育した．餌には 20% ショ糖溶液を毎日 20 分間与えた．

14-2-2　基準の作成

　交尾による射精管の状態変化を明らかにするため，まず異なる羽化後日数 (0, 3, 6 日) の未交尾オスを解剖し，射精管の状態を調べた．次に，異なる羽化後日数 (1, 3, 5 日) のオスと若齢の未交尾メスをハンドペアリング法 (Watanabe and Hirota, 1999) によって交尾させ，その後オスを解剖し，射精管の状態を調べた．最後に，羽化翌日に若齢メスと交尾させたオスを，さまざまな期間 (1, 2, 3, 5 日) 飼育した後解剖し，射精管の状態を調べた．

　胸部を圧迫し動かなくなったオスから腹部を取り，ペトリ皿に置いた後に

昆虫用の生理食塩水を滴下した．射精管を含む内部生殖器を顕微鏡下で腹部から注意深く摘出し，付着している脂肪体を除去した．顕微鏡付属のデジタルカメラで内部生殖器全体の写真を撮った後，射精管のみ取り出し生重量を 0.01 mg の精度で測定した (基準 ①)．写真の解析には画像処理ソフトウェア ImageJ (Abràmoff et al., 2004) を用い，射精管の長さを画面上で測定した (基準 ②)．我々の行った予備実験において，未交尾オスの射精管の尾端側 2 割程度は白色でザラメ状の物質で満たされており，残りの部分は透明でペースト状の物質で満たされていた．一方，交尾直後のオスの射精管は全体が黄ばんでいるが透明で，ザラメ状の物質はどこにも見当たらなかった．すなわち，未交尾オスの射精管は尾端側とそれ以外で色が異なるが，交尾直後のオスでは全て同じ色だったのである．そこで，射精管の尾端側 2 割程度の部分と残りの部分の透明度を写真上で測定し，その差を基準の一つとすることにした (基準 ③)．

14-2-3　野外オスの交尾歴推定

2011 年の 7 月 16 日から 8 月 1 日の間の午前中，アリゾナ州のサンフラワーにてオスを 68 個体捕獲した．それぞれの個体は前翅長を測定し，Watanabe et al. (1986) の基準を用いて齢を翅の汚損度から五段階 (I が最も若く，V が最も老いている) で評価した後，捕獲した日のうちに解剖し，内部生殖器の状態を記録した．

14-2-4　後翅の色の測定

解剖に用いた野外オスの左後翅を切り離し，粘着スプレーで黒い台紙の上に貼り付けた．個々の翅の反射スペクトルは Rutowski et al. (2010) の手法を用いて測定した．酸化マグネシウム板を白色標準とし，300-700 nm の反射率を求めた．アオジャコウアゲハの後翅の反射スペクトルは単峰型であるため，我々は明度 (intensity)，彩度 (chroma)，色相 (hue) の 3 要素を色のパラメータとして抽出した (Montgomerie, 2008)．

14-3　結　果

14-3-1　交尾歴や羽化後日数と射精管の状態の関係

　射精管の長さと重さは体サイズと相関する可能性が考えられたので，前翅長を用いて補正した (相対射精管重量 = 射精管重量$^{1/3}$/前翅長，相対射精管

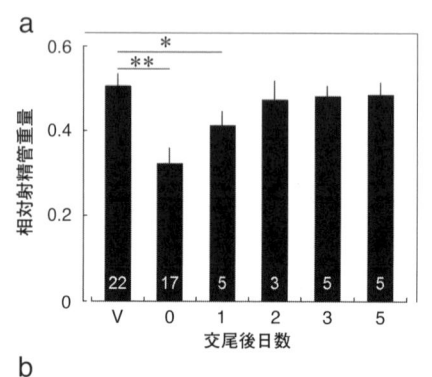

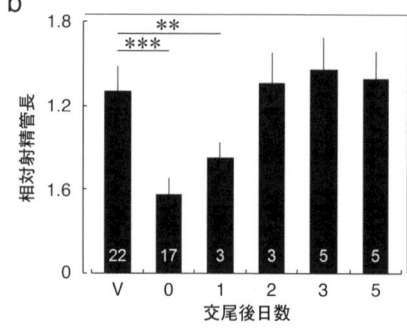

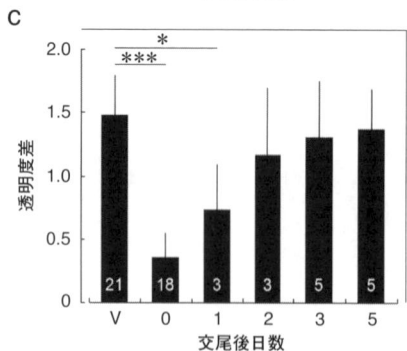

図 14-2　未交尾オス (V) と交尾直後のオス (0)，交尾からさまざまな日数を経過したオス (1, 2, 3, 5) の射精管の重さ (a) と長さ (b)，透明度差 (c) (Sasaki et al., 2015 より引用). *，**，***はテューキーの HSD 検定において p 値がそれぞれ 0.05, 0.01, 0.001 未満であることを示す.

長＝射精管長/前翅長). 未交尾オスの相対射精管重量と相対射精管長, 透明度差は 0.5, 1.3, 1.3 程度であり, オスの羽化後日数との関係は見られなかった (重さ: ANOVA: $F_{2,21} = 1.554$, $p = 0.237$; 長さ: ANOVA: $F_{2,21} = 2.276$, $p = 0.130$; 透明度差: ANOVA: $F_{2,21} = 0.475$, $p = 0.629$). 交尾直後のオスの相対射精管重量と相対射精管長, 透明度差は 0.32, 0.5, 0.3 程度と全てにおいて交尾オスの半分程度の値しかなかったが, オスの羽化後日数との関係が見られない点は未交尾オスと共通していた (重さ: ANOVA: $F_{2,16} = 0.027$, $p = 0.974$; 長さ: ANOVA: $F_{2,16} = 1.331$, $p = 0.296$; 透明度差: ANOVA: $F_{2,16} = 0.170$, $p = 0.845$). 交尾による射精管の重さや長さ, 透明度差の減少は時間経過ともに回復し, 交尾から 2 日後には未交尾オスと有意な差がなくなった (図 14-2). したがって, 射精管の状態を用いれば交尾後 2 日以内の個体をそれ以外の個体から区別することができると考えられた.

14-3-2　基準の作成

　室内実験の結果を用い, 野外で捕獲したオスが最近交尾したかどうかを判定するための基準を作成した. 相対射精管重量の分布は交尾から 0 日後と 1 日後のオスで 0.251 - 0.453 なのに対し, 未交尾オスでは 0.465 - 0.565 であり重複が存在しなかった. 同様に, 相対射精管長と透明度差の分布も交尾 0-1 日後のオスと未交尾オスで重複がなかった (長さ; 0.401 - 0.940 vs 1.084 - 1.628, 透明度差; 0.013 - 0.964 vs 1.105 - 2.148). そこで我々はおのおのの形質において, 未交尾オスの下限未満を示す個体を最近交尾したオスであると見なすこととした. すなわち, 捕獲された個体の内射精管の重量が 0.46 未満, 長さが 1.0 未満, 透明度差が 1.0 未満の個体を最近交尾したオスとしたのである.

14-3-3　野外オスの最近の交尾成功

　捕獲した全てのオスを当てはまる基準に応じて A-H までのグループに分けた (表 14-1). このうち, 基準を 2 個以上満たす個体すなわちグループ E-H に属する個体を最近交尾したオス, 1 個も満たさなかった個体すなわちグループ A に属する個体を最近交尾していないオスとした.
　一般化線形モデルを用い, 最近交尾したオス (グループ E-H) と最近交尾していないオス (グループ A) で形質を比較した. 比較に用いた形質は後翅の

明度と色相，そして齢である．彩度は他の全ての形質と相関が見られたため，比較する形質からは外した (表 14-2)．解析の結果，後翅の色相と齢がオスの最近の交尾成功に影響を与えており (表 14-3)，最近交尾していたオスはそうでないオスよりもより緑色に近い後翅をもち年老いた個体であることが分かった (図 14-3 と図 14-4)．

表 14-1　野外で捕獲した 68 個体を基準によって分類したときのそれぞれのグループの個体数．＋と－はそれぞれの基準を満たしたこと，または満たさなかったこと示す．

基準	グループ							
	A	B	C	D	E	F	G	H
重量	−	−	−	＋	−	＋	＋	＋
長さ	−	−	＋	−	＋	−	＋	＋
透明度差	−	＋	−	−	＋	＋	−	＋
個体数	23	30	2	1	2	5	0	5

表 14-2　野外オスの齢や後翅の色の 3 要素どうしの相関係数 (スピアマンの ρ)．＊は p が 0.01 未満であることを示す．

	1	2	3	4
1. 明度	−			
2. 彩度	− 0.584＊	−		
3. 色相	− 0.087	− 0.383＊	−	
4. 齢	− 0.102	− 0.581＊	0.211	−

表 14-3　後翅の明度と色相，齢がオスの最近の交尾成功に与える影響 (一般化線形モデル，二項分布)．＊は p が 0.05 未満であることを示す．

説明変数	自由度	逸脱度
	34	45.004
明度	1	0.669
色相	1	4.744＊
齢	1	1.760＊

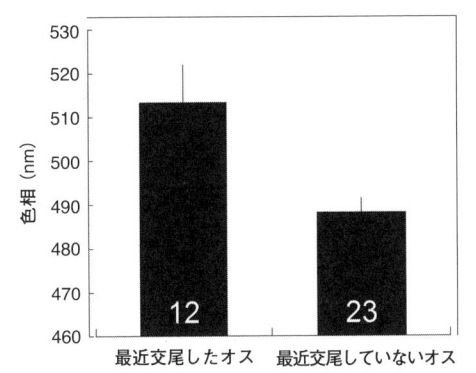

図 14-3　最近交尾したオス (グループ E-H) と最近交尾していないオス (グループ A) の後翅の色相 (Sasaki et al., 2015 より転載).

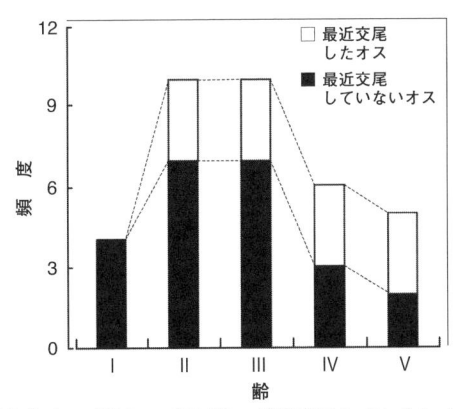

図 14-4　最近交尾したオス (グループ E-H)，最近交尾していないオス (グループ A) の，齢ごとの頻度 (Sasaki et al., 2015 より改変).

14-4　考　察

14-4-1　野外オスの交尾成功度推定法

　チョウの配偶者選択に関する研究の大半は，狭い密閉空間に数頭の雌雄を放ち行動を観察するというものであった (Krebs and West, 1988; Robertson and Monteiro, 2005; Andersson et al., 2007)．この方法はメスが選択を行っていることをじかに観察できる一方で，野外とは全く異なる状況での行動観察

であるためメスが野外でも同じ行動を示す保証がないことや，メスの配偶者選択がオスの交尾成功度に対してどれほどの影響があるのか分からないことが問題であった．室内実験でメスが好んだ形質をもつオスが野外においても高い交尾成功を実現していることを証明できればこれらの研究は大幅に説得力を増すが，チョウにおいて野外のオスの交尾成功度を調べた研究は特殊な事例を除いて存在しない (Kemp and Rutowski, 2011)．交尾中のチョウを見つけるのが非常に困難なため，同じ場所で交尾中のオスとそうでないオスを捕獲し形質を比較するという，他の昆虫類において頻繁に用いられる手法 (Flecker et al., 1988; Harari et al., 1999; Alcock and Kemp, 2006) を使用できないことが主たる原因である．そのためチョウ類において野外のオスの形質と交尾成功度の関係を調べるためには，直接交尾を確認せずにオスの交尾成功度を推定する手法を開発する必要があった．

　Tsubaki and Matsumoto (1998) はギフチョウ (*Luehdorfia japonica*) のオスの交尾頻度を，尾部の把握器における鱗粉の脱落具合を基に推定した．この種においてはオスが交尾相手のメスの次の交尾を抑制するために交尾栓を作ることが知られており，その際に把握器付近の鱗粉を消費するという (Matsumoto, 1987)．把握器付近の鱗粉は交尾をすればするほど脱落するため，これを用いればオスが羽化してから捕獲されるまでに何回程度交尾したかを知ることができるのである．交尾中の個体とそうでない個体を比較する実験が「捕獲した瞬間の交尾成功度」しか知ることができないのと比べると，こちらの手法のほうが高い精度でオスの交尾成功度を推定できると言える．しかし，交尾により尾端の鱗粉が脱落する現象はチョウ類において一般的ではないため，この手法が使えるのは限られた種のみとなってしまう．

　我々は本研究において，内部生殖器の状態変化を用いた新たなオスの交尾成功度推定法を確立した．オスの内部生殖器の構造にあまり種ごとの差異はなく，交尾時に精包や付属物質など，精子以外の物質を注入することも多くの種で共通している (例えば, Drummond, 1984)．したがってこの方法は多くのチョウにおいて利用可能であるに違いない．実際, 交尾によるオス内部生殖器の状態変化は，ナミアゲハ (*Papilio xuthus*) (佐々木，未発表データ) やキアゲハ (*P. machaon*) (佐々木，未発表データ), ジャコウアゲハ (*Byasa alcinous*) (佐々木，未発表データ), キタキチョウ (*Eurema mandarina*) (小長谷，私信)

で確認されており，これらの種で内部生殖器の状態からオスの交尾成功度を推定できることはほぼ確実である．加えてこの手法では交尾から数日以内の個体を見分けることができるので，鱗粉の脱落具合を用いた手法ほどではないにせよ，比較的高精度でオスの交尾成功度を推定することができるだろう．今回の手法を性選択の研究へ利用するにあたって注意すべき点は，交尾成功度との関係を調べ難い形質のあることだ．例えば多くのチョウにおいてメスは大きな精包をオスから注入されることで産卵数や寿命を増加させられるため (Watanabe, 1988; Oberhauser, 1992)，より大きな精包を注入できるオスと交尾すべきと考えられるが，オスの精包生産能力そのものと交尾成功度の関係を今回の手法を用いて調べることは原理的に不可能である．また体サイズなど交尾の有無とは関係なく射精管の重さや長さへ影響を与える形質も，交尾成功度との関係を調べるには注意を要する．

　把握器付近の鱗粉や内部生殖器の状態に限らず，交尾によって変化するオスの形質があればオスの交尾成功度を推定する指標になり得る．さまざまな種において交尾中の雌雄を注意深く観察するなどのことにより，上にあげた二つの方法よりも高い精度でオスの交尾成功度を推定でき，また，さまざまな形質との関係を調べることのできる方法を確立することができるかもしれない．

14-4-2　アオジャコウアゲハの野外オスにおける形質と交尾成功の関係

　最近交尾したアオジャコウアゲハのオスはそうでないオスと比べて老齢で，後翅がより緑色に近かったことから，オスの後翅の色が彼らの交尾成功に重要であり，性選択にさらされている形質であることが示唆された．この結果は温室内における本種のメスがオスの翅色に対して選好性をもつことを明らかにした Rutowski and Rajyaguru (2013) の研究と大枠では一致する．しかし，Rutowski and Rajyaguru (2013) で報告されていたメスに好まれるオスの形質は後翅の色相ではなく彩度であり，矛盾が生じている．

　室内実験と野外実験の結果の矛盾は先行研究においても報告されてきた．例えばキチョウ (*E. hecabe*) において，室内実験ではより翅色の輝きの強いオスがメスに好まれたのに対し，野外で交尾していたオスは老齢で翅色の輝きが鈍かった (Kemp, 2008)．この矛盾が生じた原因は，野外調査を行った場所が極めて高密度の個体群であったことにある．羽化したてで交尾拒否のでき

ないメスが大量に存在したため，本来メスに好まれないようなオスも交尾できてしまっていたのだ．交尾拒否をできなかった可能性の高い，捕獲時点で初回交尾を行っていたメスのデータを除いて解析を行うと翅色の輝きの強いオスの交尾成功度が高くなったため，野外においてもメスは翅色の輝きの強いオスを好んでいるようであった．老齢オスの交尾成功度が野外において高くなったことには，オスの競争能力が関係している可能性が考えられよう．一般に，オスは老齢になるほど交尾に貪欲になるため (Karl et al., 2013)，老齢オスがより熱心に探雌飛翔を行った結果羽化直後のメスを発見する可能性が高まったのかもしれない．翅色の輝きが鈍いオスの交尾成功度が高い理由も，老齢オスの摩耗した翅の輝きが鈍かった可能性がある．

　アオジャコウアゲハにおいて，交尾成功に関係するオスの形質が室内実験と野外調査で食い違った理由はまだ不明である．キチョウの研究 (Kemp, 2008) のように室内と野外でオスどうしの競争の強度に違いがあったことがその原因かもしれない．実際 Rutowski and Rajyaguru (2013) の実験で用いられた全てのメスは交尾を受け入れやすい未交尾メスだったのに対し，野外を飛んでいた大半のメスは交尾をほとんど受け入れない既交尾メスであり (佐々木，未発表データ)，野外のほうが雄間競争が強く働いていたと考えられる．したがって，今後は雄間競争の強度と交尾に成功するオスの形質の関係を調べるべく，異なる雌雄の密度において，それぞれどのようなオスが交尾に成功するかを見るような実験をする必要があるだろう．

謝　辞

　本研究を行うに当たり，総合研究大学院大学の長谷川克氏および，アリゾナ州立大学の Rutowski 研究室のメンバー，特に Sean Hannam 氏には実験の補助や内容についての議論などさまざまな形で協力をいただきました．本研究は日本学術振興会が実施する組織的な若手研究者等海外派遣プログラム (佐々木，小長谷)，JSPS 科研費 JP24570019 (渡辺)，NSF Grant IOS 1145654 (Rutowski) の助成を受けたものです．

引用文献

Abràmoff MD, Magalhães PJ and Ram SJ (2004) Image processing with ImageJ. Biophotonics Int 11:36-43

Alcock J and Kemp DJ (2006) The behavioral significance of male body size in the tarantula hawk wasp *Hemipepsis ustulata* (Hymenoptera: Pompilidae). Ethology 112:691-698

Allen CE, Zwaan BJ and Brakefield PM (2011) Evolution of sexual dimorphism in the Lepidoptera. Annu Rev Entomol 56:445-464

Andersson J, Karlson AKB, Vongvanich N and Wiklund C. (2007) Male sex pheromone release and female mate choice in a butterfly. J Exp Biol 210:964-970

Beldade P, Koops K and Brakefield PM (2002) Developmental constraints versus flexibility in morphological evolution. Nature 416:844-847

Bissoondath CJ and Wiklund C (1996) Male butterfly investment in successive ejaculates in relation to mating system. Behav Ecol Sociobiol 39:285-292

Blount JD, Metcalfe NB, Birkhead TR and Surai PF (2003) Carotenoid modulation of immune function and sexual attractiveness in zebra finches. Science 300:125-127

Carroll SB, Gates J, Keys DN, Paddock SW, Panganiban GE, Selegue JE and Williams JA (1994) Pattern formation and eyespot determination in butterfly wings. Science 265:109-114

Darwin C (1874) The Descent of Man and Selection in Relation to Sex. John Murray and Sons, London

Drummond BA (1984) Multiple mating and sperm competition in the Lepidoptera. In: Smith RL (ed) Sperm competition and the evolution of animal mating systems, pp 291-370

Flecker AS, Allan JD and McClintock NL (1988) Male body size and mating success in swarms of the mayfly Epeorus longimanus. Ecography 11:280-285

Grether GF, Cummings ME and Hudon J (2005) Countergradient variation in the sexual coloration of guppies (*Poecilia reticulata*) : drosopterin synthesis balances carotenoid availability. Evolution 59:175-188

Harari AR, Handler AM and Landolt PJ (1999) Size-assortative mating, male choice and female choice in the curculionid beetle Diaprepes abbreviatus. Anim Behav 58:1191-1200

Hill GE and Montgomerie R (1994) Plumage color signals nutritional condition in the house finch. Proc R Soc Lond B 258:47-52

Karl I, Heuskin S and Fischer K (2013) Dissecting the mechanisms underlying old male mating advantage in a butterfly. Behav Ecol Sociobiol 67:837-849

Kemp DJ (2007) Female butterflies prefer males bearing bright iridescent ornamentation. Proc R Soc Lond B 274:1043-1047

Kemp DJ (2008) Female mating biases for bright ultraviolet iridescence in the butterfly *Eurema hecabe* (Pieridae). Behav Ecol 19:1-8

Kemp DJ and Rutowski RL (2011) The role of coloration in mate choice and sexual interactions in butterflies. Adv Study Behav 43:55-92

Keyser AJ and Hill GE (1999) Condition-dependent variation in the blue-ultraviolet coloration of a structurally based plumage ornament. Proc R Soc Lond B 266:771-777

Koch PB, Keys DN, Rocheleau T, Aronstein K, Blackburn M and Carroll SB (1998) Regulation of dopa decarboxylase expression during colour pattern formation in wild-type and melanic tiger swallowtail butterflies. Development 125:2303-2313

Krebs RA and West AD (1988) Female mate preference and the evolution of female-limited batesian mimicry. Evolution 42:1101-1104

LaChance LEO, Richard RD and Ruud RL (1977) Movement of eupyrene sperm bundles from the testis and storage in the ductus ejaculatoris duplex of the male pink bollworm: effects of age, strain, irradiation, and light. Annu Entomol Soc Am 70:647-651

Montgomerie R (2008) CLR, version 1.05. Queen's University, Kingston, Canada. (available as of 14 December 2011 at http://post.queensu.ca/~mont/color/analyze.html)

Nijhout HF (1990) A comprehensive model for colour pattern formation in butterflies. Proc R Soc London B 239:81-113

Oberhauser KS (1992) Rate of ejaculate breakdown and intermating intervals in monarch butterflies. Behave Ecol Sociobiol 31:367-373

R Development Core Team (2009) R: A language and environment for statistical computing. R

Foundation for Statistical Computing, Vienna, Austria. ISBN 3-900051-07-0, URL http://www.R-project.org

Riemann JG, Thorson BJ and Ruud RL (1974) Daily cycle of release of sperm from the testes of the Mediterranean flour moth. J Insect Physiol 20:195-207

Robertson KA and Monteiro A (2005) Female *Bicyclus anynana* butterflies choose males on the basis of their dorsal UV-reflective eyespot pupils. Proc R Soc London B 272:1541-1546

Rutowski RL (1997) Sexual dimorphism, mating systems and ecology in butterflies. In: Choe JC and Crespi BJ (eds) The Evolution of Mating Systems in Insects and Arachnids. Cambridge University Press, Cambridge, pp 257-272

Rutowski RL, Newton M and Schaefer J (1983) Interspecific variation in the size of the nutrient investment made by male butterflies during copulation. Evolution 34:708-713

Rutowski RL, Nahm A and Macedonia JM (2010) Iridescent hindwing patches in the pipevine swallowtail: differences in dorsal and ventral surfaces relate to signal function and context. Funct Ecol 24:767-775

Rutowski RL and Rajyaguru PK (2013) Male-specific iridescent coloration in the pipevine swallowtail (*Battus philenor*) is used in mate choice by females but not sexual discrimination by males. J Insect Behav 26:200-211

Sasaki N, Konagaya T, Watanabe M and Rutowski RL (2015). Indicators of recent mating success in the pipevine swallowtail butterfly (*Battus philenor*) and their relationship to male phenotype. J Insect Physiol 83:30-36

Svärd L and Wiklund C (1989) Mass and production rate of ejaculates in relation to monandry/polyandry in butterflies. Behav Ecol Sociobiol 24:395-402

Takeuchi T (2016) Agonistic display or courtship behavior? A review of contests over mating opportunity in butterflies. J Ethol 35:1-10

Tsubaki Y and Matsumoto K (1998) Fluctuating asymmetry and male mating success in a sphragis-bearing butterfly *Luehdorfia japonica* (Lepidoptera: Papilionidae). J Insect Behav 11:571-582

Wallace AR (1889) Darwinism: an exposition of the theory of natural selection, with some of its applications. Macmillan, London

Watanabe M (1988) Multiple matings increase the fecundity of the yellow swallowtail butterfly, *Papilio xuthus* L., in the summer generations. J Insect Behav 1:17-29

Watanabe M and Hirota M (1999) Effects of sucrose intake on spermatophore mass produced by male swallowtail butterfly *Papilio xuthus* L. Zool Sci 16:55-61

Watanabe M and Sato K (1993) A spermatophore structured in the bursa copulatrix of the small white *Pieris rapae* (Lepidoptera, Pieridae) during copulation, and its sugar content. J Res Lepid 32:26-36

Watanabe M, Nozato K and Kiritani K (1986) Studies on ecology and behavior of japanese black swallowtail butterflies (Lepidoptera: Papilionidae) : V. Fecundity in summer generations. Appl Entomol Zool 21:448-453

Wiklund C (2003) Sexual selection and the evolution of butterfly mating systems. In: Boggs CL, Watt WB, Ehrlich PR (eds) Butterflies: ecology and evolution taking flight. University of Chicago Press, Chicago, pp 67-90

V 部
チョウの幼虫，他の昆虫の色模様

ニホンカワトンボ *Mnais costalis* の交尾 (上が橙色翅の♂，下が無色翅の♀).
翅色には多型があり，地域によって異なる (17 章 本文参照) (二橋亮撮影).

15 章
ナミアゲハ幼虫の体色と模様切り替えの分子機構

金 弘渕

藤原晴彦

要 約

昆虫の擬態現象はダーウィンの時代以来ずっと着目されてきた. 広義の擬態とは, ある生物種が別の生物種や周囲の環境に色彩, 模様や形態を似せることで捕食者から身を守るという生存戦略である. 鱗翅目 (チョウやガ) の成虫は, 鮮やかな色彩や多様な斑紋のある翅をもつため, 擬態の例が多く知られ, 進化生物学の研究を行ううえで優れたモデルの一つである. 成虫の翅と同様に, 幼虫の皮膚も擬態と関連したさまざまな色彩や斑紋をもつ. 成虫の翅の模様は羽化後, 変化することはないが, 幼虫の体色や模様は脱皮に伴い切り替わることがある. 例えば, ナミアゲハ (Papilio xuthus) の 1 齢から 4 齢幼虫は突起構造のある白黒の体色をしており, 鳥のフンに擬態していると考えられているが, 5 齢幼虫 (終齢幼虫) になると突起構造はなくなり全身が緑色へと変化し, 寄主植物との見分けがつきにくくなる. 筆者らは, ナミアゲハの幼虫の体色と模様パターンの切り替えに焦点を当て, 近年行われてきた研究, 特に, ナミアゲハの幼虫皮膚 (クチクラ) の着色機構, 昆虫ホルモンと模様パターン形成の関連性およびアゲハチョウ属 (Papilio) 幼虫の模様の進化と制御について議論する.

キーワード

擬態 (mimicry), 幼虫の体色形成 (larval pigmentation), クチクラ着色 (cuticular melanization), エクジステロイド (ecdysteroid), 幼若ホルモン (juvenile hormone), 鱗翅目 (Lepidoptera), ナミアゲハ (Papilio xuthus), シロオビアゲハ (Papilio polytes), キアゲハ (Papilio machaon).

15-1　はじめに

約150年前，ベイツの論文『アマゾン河流域における昆虫相への寄与』(Bates, 1862) を読んだダーウィンはベイツへの手紙で「これは今まで読んだ論文のなかで最も優れた立派なものの一つです．昆虫の擬態は本当に驚くべき現象です…」と書いた (Darwin, 1863)．今日では，擬態現象は科学者だけでなく一般の人々も惹きつける興味深い進化のテーマとなっている．このような擬態を制御する分子機構を解明するために，成虫の翅や幼虫の皮膚における色彩や模様の進化について理解しなければならない．鱗翅目の成虫は鮮やかな色彩や多様な模様をもっており，色彩および模様の進化を研究するうえで優れた材料の一つである．近年，鱗翅目の成虫において翅の色彩と模様の進化に関して多くの研究が行われているが (Nijhout, 1991; Reed et al., 2011; The Heliconius Genome Consortium, 2012; Kunte et al., 2014)，幼虫における研究は数少ない．

一般的に，鱗翅目の幼虫の体は柔らかく，成虫のように飛んで逃げることもできない．しかしながら，幼虫は，自然選択によりさまざまな化学的，色彩的，形態的な「装備」を進化させることで，厳しい自然界での生存競争において生き残ってきた (Scoble, 1992)．これらの「装備」のなかで，体色および模様パターンは，視覚認識において重要であるので特に興味深い．一般的に，色や模様パターンは対捕食者戦略として大きく二つの働きがある．有毒な幼虫は派手な色模様をもつことが多く，それらは捕食者に対して警告シグナルとして機能する．また，無毒で美味しい幼虫の多くは，植物の芽，小枝や苔などの生息環境の一部に似せるか，背景に調和して身を隠す (Pasteur, 1982)．

ナミアゲハの幼虫は，脱皮とともに体色パターンを切り替えることが知られている (図 15-1)．1齢から4齢幼虫は白黒の体色 [擬態パターン (mimetic pattern) とする．図 15-1a] をしており，鳥のフンへの擬態と考えられている．5齢 (終齢) 幼虫になると，体色は，緑色の下地に後胸に1対の目玉模様のあるパターンへと劇的に変化し，寄主植物の色模様と調和する [隠蔽パターン (cryptic pattern) とする．図 15-1b]．このような体色パターンの切り替えは，他のアゲハチョウ属 (*Papilio*) のチョウでも見られ (Prudic et al.,

図 15-1 ナミアゲハの幼虫．(a) 4 齢幼虫 (鳥のフン擬態パターン)．(b) 5 齢幼虫 (隠蔽パターン)．

2007)，適応的な戦略であると考えられている (Tullberg et al., 2005)．近年，2種類の昆虫ホルモンである幼若ホルモン (juvenile hormone; JH) および脱皮ホルモン (ecdysone; エクジソン) (図 15-2a, 2b) が，ナミアゲハ幼虫の着色と体色パターンの切り替えを直接的に制御していることが報告されている (Futahashi and Fujiwara, 2007, 2008)．

　本章では，ナミアゲハの幼虫クチクラの着色および着色のホルモンによる制御の分子機構の最前線について紹介する．さらに，3 種のアゲハチョウ属の幼虫の色模様の進化について議論し，将来への展望について述べる．

15-2　ナミアゲハ幼虫のクチクラの着色

　昆虫のクチクラは真皮細胞から分泌され，キチンとタンパク質からなる外骨格が硬化したものである．鱗翅目の幼虫ではクチクラの黒色色素は主にメラニンからなり，メラニンは前駆体のドーパミンまたは L-3,4-ジヒドロキシフェニルアラニン (L-3,4-dihydroxyphenylalanine; DOPA) の酸化により合成される (Kramer and Hopkins, 1987; Wright, 1987; Hiruma and Riddiford, 2009)．ナミアゲハとタバコスズメガ (*Manduca sexta*) の幼虫では，クチクラの着色は，分泌タンパク質の局在化 (図 15-2c，ステップ 1) と色素前駆体の合成 (図 15-2d，ステップ 2) の二つのステップからなり (Walter et al., 1991; Hiruma and Riddiford, 2009; Futahashi et al., 2010)，それぞれクチクラと真皮細胞で行われる (図 15-2)．

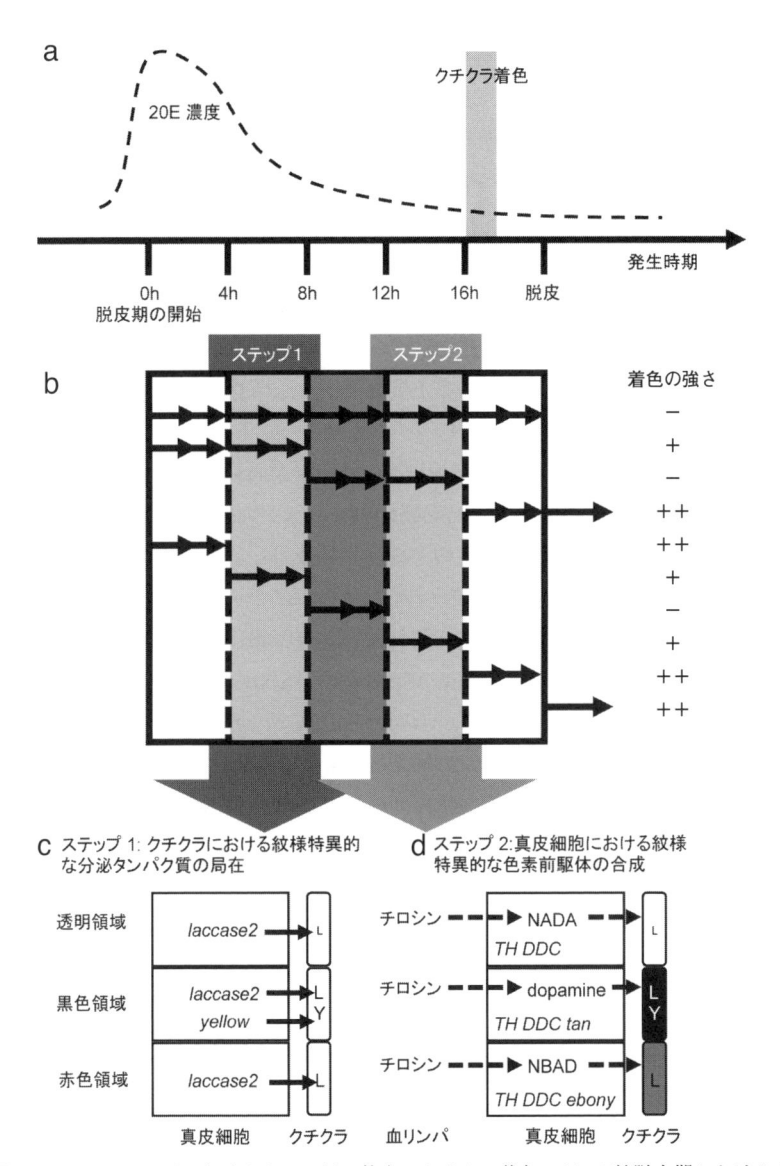

図 15-2 2-ステップにおけるナミアゲハ幼虫のクチクラ着色. (a) 4 齢脱皮期における血リンパ中の 20E 濃度変化. (b) 20E 塗布のタイミングによるクチクラ着色への影響. 破線と破線の間隔は 4 時間 (矢印は 1 回 20E を塗布することを示す). (c) ステップ 1. クチクラにおける模様特異的な分泌タンパクの局在. L (Laccase 2 タンパク質), Y (Yellow タンパク質). (d) ステップ 2. 真皮細胞における模様特異的な色素前駆体の合成. NADA (*N*-アセチルドーパミン), NBAD (*N*-β-アラニルドーパミン) (Futahashi et al., 2010 より改編).

　ステップ1では，フェノールオキシダーゼ (phenoloxidase; PO) である Laccase2 タンパク質 (laccase2, *Lac2*) および Yellow という色素関連タンパク質が合成され，新たに形成されるクチクラに局在する (図 15-2c) (Kramer and Hopkins, 1987; Hiruma and Riddiford, 1988, 2009; Futahashi and Fujiwara, 2007). *Lac2* は昆虫においてドーパミンを酸化しドーパミン-メラニンを合成する化学反応を触媒することが知られている (Hiruma and Riddiford, 2009; Futahashi et al., 2011; Noh et al., 2016). コクヌストモドキ (*Tribolium castaneum*) では，TmLac2 (*TmLac2* によりコードされている) は，幼虫，蛹，成虫の全発育段階でのクチクラ黒化の主要な PO として機能していることが知られている (Arakane et al., 2005).

　二橋らはナミアゲハの *Lac2* が将来的にクチクラの黒色になる領域で発現することを明らかにした (4 齢の脱皮開始 (HCS) 後の 11 時間以内) (Futahashi et al., 2010). *Lac2* の発現は脱皮の中間期に始まり，色素前駆体がクチクラ表面に到達すると Lac2 タンパク質が機能し始める. *Lac2* の発現は，mRNA レベルでのメラニン合成系遺伝子発現および色素前駆体の合成に先駆けて行われる (Hiruma and Riddiford, 1988; Walter et al., 1991; True et al., 1999; Futahashi and Fujiwara, 2005). また，*yellow* (Yellow タンパク質をコードする遺伝子) の発現パターンはステップ1における *Lac2* の発現パターンと類似している. Yellow タンパク質はクチクラに分泌され，着色における補酵素として機能すると考えられているが (Futahashi and Fujiwara, 2005)，その詳細は明らかにされていない (Futahashi et al., 2010; Noh et al., 2016).

　ステップ2では，メラニン化合物の前駆体がフェノール性アミノ酸 (主にチロシン) から合成される (図 15-2d). この合成経路 (ドーパミン-メラニン合成経路) は多くの昆虫種で保存されている (Futahashi and Fujiwara, 2005; Hiruma and Riddiford, 2009; Massey and Wittkopp, 2016; Noh et al., 2016). チロシンはチロシン水酸化酵素 (tyrosine hydroxylase; TH) により水酸化されて DOPA になり，DOPA は DOPA 脱炭酸酵素 (DOPA decarboxylase; DDC) により脱炭酸化されてドーパミンとなる (Futahashi and Fujiwara, 2005). ドーパミンは多くの昆虫種の主要な黒色色素前駆体として知られている (Hiruma et al., 1985). 真皮細胞で合成されたドーパミンはクチクラに取り込まれ，PO および他の着色関連タンパク質の働きにより酸化されてドーパミン-メラニンと

なる. しかしながら, ドーパミンは黒色色素だけでなく, Ebony というタンパク質の働きによって赤褐色色素に変換されたり, ドーパミン *N*-アセチル転移酵素 (dopamine *N*-acetyltransferase; DAT) の働きによって透明な色素である *N*-アセチルドーパミン (*N*-acetyldopamine; NADA) に変換される (Wittkopp et al., 2002; Futahashi and Fujiwara, 2005; Futahashi et al., 2010; Massey and Wittkopp, 2016).

　ナミアゲハでは, メラニン合成遺伝子の空間的な局在が体色パターンに影響を及ぼすことが知られている (Futahashi and Fujiwara, 2005). 二橋と藤原は, メラニン合成系遺伝子 (*TH*, *DDC* や *tan*) の空間的な発現パターンが, 将来的に黒色色素が合成される領域と完全に一致することと (Futahashi and Fujiwara, 2005; Futahashi et al., 2010), *ebony* の発現が眼状紋の赤色領域に限定されていることを明らかにした (Futahashi and Fujiwara, 2005). 彼らはまた, 幼虫皮膚の培養実験において, 3-ヨードチロシン (3IT; TH の酵素活性阻害剤) を培養液に加えると着色が完全に阻害されること, また, 3IT 存在下でチロシンを添加しても着色しないが, 3IT 存在下で DOPA を加えた場合には, 全領域での着色と明瞭な模様パターンが形成されることを見いだした (Futahashi and Fujiwara, 2005). これらの結果は, クチクラの着色パターン形成が, 個々の真皮細胞へのメラニン前駆体の異なる取り込みによるものではなく, メラニン合成関連タンパク質の空間的な局在により形成されていることを意味する.

　クチクラの着色は 4 齢幼虫脱皮期後半 (HCS 後 16-18 時間) の脱皮の直前に起こることが知られている. 二橋らはメラニン合成遺伝子 (*TH*, *DDC*, *ebony* と *tan*) の発現時期を調べ, これらのメラニン合成遺伝子の発現時期がクチクラ着色の開始時期と正確に一致することを示した. したがって, クチクラの着色は脱皮ホルモンであるエクジソンによって制御されていることが予想された (Futahashi and Fujiwara, 2005, 2007; Futahashi et al., 2010).

15-3　幼虫皮膚の着色のホルモン制御

　昆虫では, エクジソンと幼若ホルモンが幼虫の皮膚の着色と直接的もしくは間接的に関与することが知られている (Hiruma and Riddiford, 1990, 2009; Hwang et al., 2003; Futahashi and Fujiwara, 2008).

15-3-1　クチクラ着色のエクジソンによる制御

エクジソンはステロイドホルモンの一種で，昆虫の発育と繁殖における中心的な調節因子である (Kopec, 1926). 幼虫の脱皮と蛹への変態は，エクジソンの放出により開始される (Yamanaka et al., 2013).

昆虫の着色がエクジソンにより制御されていることは，1976年，カールソンとセカーリズにより初めて示された. 彼らはオオクロバエ (*Calliphora*) の一種で，エクジソンが *DmDDC* を制御することを示した (Karlson and Sekeris, 1976; Hiruma and Riddiford, 2009). タバコスズメガにおいて，着色期間の *Msddc* (DDC をコードする遺伝子) の発現開始には，事前に 20-ヒドロキシエクジソン (20-hydroxyecdysone; 20E. 活性型のエクジソン) の曝露が必要であるが，恒常的な 20E 高濃度期間だけでは *Msddc* を発現させるには不十分で，*Msddc* の発現には 20E 低濃度期間も必要不可欠であることを示した (Hiruma and Riddiford, 1986, 1990, 2007; Hiruma et al., 1995).

二橋らは，ナミアゲハの幼虫皮膚に局所的に塗布する方法で，着色に対する 20E の影響の効果を検証した. その結果，タバコスズメガの場合と同様に，脱皮期におけるクチクラの着色は 20E の恒常的な濃度上昇だけでは起こらず，正常な着色開始には 20E の濃度が低下することが必要であることを示した. さらに，彼らは幼虫脱皮期に体内のエクジソン濃度が低下していく時期に 20E を塗布すると，5齢幼虫の本来の着色が阻害され (図 15-2b)，またメラニン合成系遺伝子である *TH*, *DDC* および *ebony* の発現は抑制されることを示した (Futahashi and Fujiwara, 2007). しかしながら，*yellow* の発現の抑制は見られなかった (Futahashi and Fujiwara, 2007).

上流の転写因子のなかにも，色素合成系遺伝子のように，エクジソンにより発現が調節されるものもある. エクジソンシグナル伝達経路では，20E はホルモンシグナルとして働き，下流の転写因子の発現を制御する (Yao et al., 1992; Yamanaka et al., 2013). 比留間らはタバコスズメガの培養細胞 (GV1) において，二つの核内レセプター型転写因子 *E75B* および *MHR4* を発現させると，*Msddc* プロモーターの活性が抑制されることを明らかにした (Hiruma and Riddiford, 2007). キイロショウジョウバエ (*Drosophila melanogaster*) では，エクジソンレセプターは *DmDDC* の転写開始点に対し −97 から −83 bp

の領域に存在するエクジソン応答エレメント (EcRE) に結合し，*DmDDC* の発現を制御することが分かっている (Chen et al., 2002)．また，キイロショウジョウバエにおいて Yellow は成虫の体の着色パターンに関与する因子であり，プレパターン因子としても知られている (Massey and Wittkopp, 2016)．近年，キャレーらは酵母ワンハイブリッドと RNAi スクリーニングを使い，エクジソン経路の下流因子を探索し，候補遺伝子として絞り込まれた少なくとも四つの転写因子 (*Hr78*, *Hr38*, *Hr46* と *Eip78C*) が *yellow* のエンハンサーを制御しているのではないかと考えた．さらに RNAi 実験で，これらの転写因子をノックダウンすると，クチクラの着色の異常が見られた (Kalay et al., 2016)．山口らはカイコ (*Bombyx mori*) で，それぞれの体節に茶褐色のスポット模様が生じる *L* (multi lunar) 突然変異体を用い，皮膚の組織培養で高濃度の 20E を添加すると *L* の原因遺伝子と考えられる *BmWnt1* の発現が誘導されることを示した (Yamaguchi et al., 2013)．

　二橋らはナミアゲハにおいて，マイクロアレイデータを解析し，エクジソン経路の転写因子である *E75A* および *E75B* が模様特異的パターニングに関与すると考えた (Futahashi et al., 2012)．*E75* はエクジソン経路の初期に発現する遺伝子であることが知られている (Jindra et al., 1994; Palli et al., 1995; Jindra and Riddiford, 1996)．*E75A* および *E75B* は，脱皮期の中期に将来眼状紋が生じる領域で特異的に発現するが，その発現時期は *yellow* と類似している．つまり，20E に誘導された *E75A* および/または *E75B* の発現が，模様のプレパターンといくつかの黒色模様関連遺伝子の発現時期の両方を制御することを示唆している (Futahashi et al., 2012)．興味深いことに，*3DE 3b-reductase* は，*TH* または *DDC* と同様に，将来黒色になる領域において特異的に発現する．そのタンパク質は不活性化された 3-デヒドロエクジソンをエクジソンに変換する機能をもつので，領域特異的なエクジソン合成は，複雑なクチクラの着色およびパターニングに重要であるかもしれない (Futahashi et al., 2012)．

　これまでに行われてきた研究から，エクジソン経路と幼虫の着色・パターニングの関係は複雑であると考えられるが，現状では制御遺伝子が数種類同定されているにすぎず，詳細な制御機構はいまだに明らかにされていない．

15-3-2　幼若ホルモンによる幼虫体色パターンの切り替えの制御

　昆虫の幼若ホルモン (JH) は，脳の後方に存在するアラタ体から分泌され，セスキテルペノイドに分類される (Jindra et al., 2013)．JH はエクジソンと同様に，昆虫の脱皮，変態または卵の発生などの生理学的過程で重要な役割を果たす (Jindra et al., 2013)．JH は昆虫の変態を妨げることから，「現状維持 (status quo)」ホルモンとしても知られている (Riddiford, 1996)．鱗翅目昆虫において JH とエクジソンの関係を単純化すると，1齢から4齢幼虫において JH が高濃度で存在する時期にエクジソンが分泌されると幼虫から幼虫への脱皮が起こり，終齢幼虫において JH が低濃度で存在する時期にエクジソンが分泌されると幼虫は蛹へと変態する．また，JH は脱皮ホルモンであるエクジステロイドの作用を調節すると考えられている (Jindra et al., 2013; Kayukawa et al., 2016)．近年の研究により，JH のシグナル伝達経路は，エクジソンの制御下にあり昆虫変態に関わる遺伝子 *Broad-Complex* の発現活性を直接的に阻害することで，エクジステロイドの働きを制御することが明らかにされている (Nijhout and Wheeler, 1982; Ogihara et al., 2015; Kayukawa et al., 2016).

　JH が幼虫の着色に影響を与えることを示す研究がいくつかある．例えばタバコスズメガでは，アラタ体の摘出による JH の濃度低下は体色の黒色化を引き起こす (Truman et al., 1973)．さらに，タバコスズメガの黒化変異体 (*bl*) を用い，4齢脱皮期の幼虫に JH を塗布すると，5齢幼虫は正常な緑色に戻る (Riddiford, 1975).

　前述したように，ナミアゲハの幼虫は1齢から4齢までは白黒の体色で，5齢になると緑色の体色に切り替わる (図 15-1)．二橋は，ナミアゲハの4齢幼虫で 20E を体内注射し強制的に脱皮させると，早熟の5齢幼虫において緑色の隠蔽型模様への切り替えが阻害されることを示した (Futahashi, 2006)．この結果から，二橋は，ナミアゲハ幼虫の模様切り替えは JH とエクジソンの相互作用により制御されると考えた．二橋と藤原は，幼虫の体色パターンを制御する JH の機能の詳細を明らかにするため，4齢幼虫の皮膚に3種類の JH 類似体 (JHA) を塗布し，一部の個体が脱皮後に完全または部分的に体色を切り替えることができないことを示した (図 15-3)．つまり，JHA で処理した幼虫は5齢で，4齢で見られる白黒パターンになるか，または4齢と5齢 (緑色)

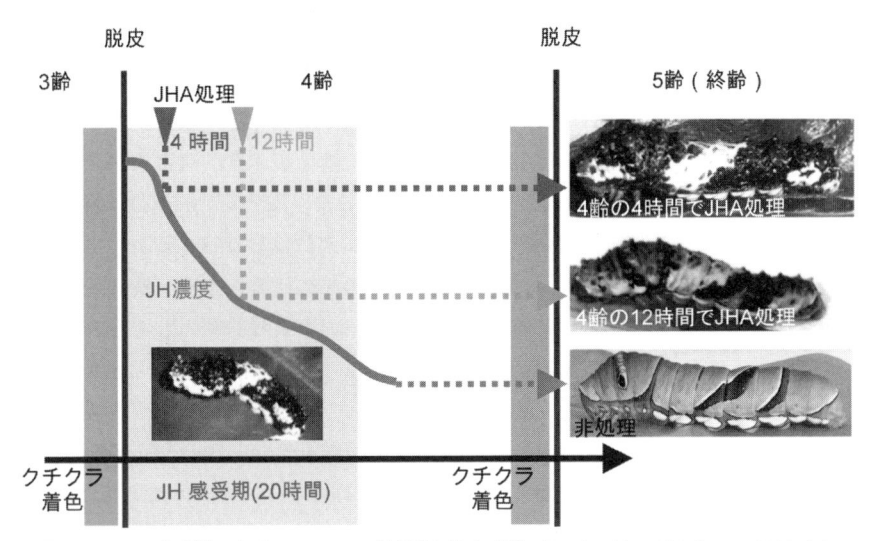

図 15-3　JH 感受期における JHA (JH 類似物) 塗布実験 (Futahashi and Fujiwara, 2008 より改変) (口絵参照).

　の両方の体色パターンを示した．彼らは，さらに，皮膚は 4 齢初期の 20 時間の間のみ JHA に対して反応しやすいことを示し，この期間を「JH 感受期」と命名した．また，通常の個体では 4 齢期初期に体液中の JH 濃度が継続的に低下していた．これらのことから，発育段階における特定期間の JH の濃度低下がナミアゲハ幼虫の体色パターンの切り替えを制御していることが分かる (Futahashi and Fujiwara, 2008).

　しかしながら，JH 経路についての知見は断片的にしかなく，JH がどのような分子機構で体色パターンを変化させ，色素合成を制御しているのかについてはいまだに解明されていない (Jindra et al., 2013). 著者らは，ナミアゲハの最新のゲノム情報を用いた RNA シーケンスにより，幼虫体色パターンの切り替えに関与するいくつかの候補遺伝子を見いだした．さらなる研究により，幼虫の着色における JH 経路の下流因子の解明を目指している．

15-4　アゲハチョウ属における種特異的な体色パターン

15-4-1　幼虫の緑色は黄色と青色をあわせて生じる

　多くのアゲハチョウ属の終齢幼虫に見られる体色の緑色は寄主植物の色と

調和するので，幼虫が身を隠すのに適していると考えられている．これまで，幼虫の体色の緑色に関与している色素の正体は不明であり，色彩の類似性から植物由来のクロロフィルに起因していると誤解されていた時期もあった (Meldola, 1873)．その後，特定の黄色と青色色素の組み合わせによって，緑色の着色が形成されていることが示された．プリブラムとレデラーは，昆虫の黄色色素がカロテノイドであり，青色色素の大部分がビリベルジンであることを示した (Przibram and Lederer, 1933)．その後の研究により，鱗翅目の昆虫色素が特定のタンパク質と結合し，色素-タンパク質複合体として存在することが明らかになった (Kawooya et al., 1985)．

　これまでに，さまざまな鱗翅目昆虫において，青色色素結合タンパク質 (ビリン結合タンパク質; BBP) が同定されている (Riley et al., 1984; Huber et al., 1987; Saito and Shimoda, 1997; Kayser et al., 2009)．タバコスズメガでは，insecticyanin (INS) がビリン結合タンパク質であることが示された．また，リディフォードらは真皮で合成された INS は真皮の色素顆粒に貯蔵されるか，または血リンパおよび表皮に分泌されることを見いだした (Hiruma and Riddiford, 1990)．黄色色素結合タンパク質については，脊椎動物でカロテノイド結合タンパク質 (CBP) の研究が進んでいるが (Bhosale and Bernstein, 2007)，鱗翅目では CBP の性状と機能はほとんど調べられていない．鱗翅目では，カイコの変異体 yellow-blood (*Y*) (黄色の繭を作る) を用いて，黄色結合タンパク質 BmCBP が同定されたが (Tsuchida and Sakudoh, 2015)，*BmCBP* 遺伝子の発現は表皮では検出されなかった．

　ナミアゲハでは，二橋と藤原により真皮の緑色の呈色に関与しているタンパク質として，青色色素と結合するビリン結合タンパク質 (BBP ファミリータンパク質，BBP ファミリー) と二つのカロテノイド結合タンパク質 (PCBP 1，PCBP2) が同定された．二橋らは，ナミアゲハの幼虫を用い，*in situ* ハイブリダイゼーション法で，*BBP1* と *BBP2* および *PCBP1* の発現パターンが幼虫の緑色領域と完全に位置することを示した (Futahashi et al., 2012)．*BBP* と *CBP* 以外には，*yellow-related gene* (*YRG*) という遺伝子は幼虫の緑色と黄色領域で発現しており，黄色色素の関連因子として考えられた (Shirataki et al., 2010)．

　近年，次世代シーケンス (NGS) 技術により，カイコを含めたいくつかの鱗翅目昆虫の全ゲノムデータが発表されている (Suetsugu et al., 2013; Li et al.,

2015; Nishikawa et al., 2015; Kanost et al., 2016). 他の鱗翅目昆虫のゲノム
データにおける推定上の *BBP* と *CBP* 相同遺伝子を, BLAST 検索により見い
だすことは可能で, それらの候補遺伝子の分子機能についてはこれから着目
すべきところである.

15-4-2　アゲハチョウ属昆虫に特有な体色模様パターン

　適応進化における重要な問題の一つは, 幼虫の体色パターンがどのように
進化してきたかである. アゲハチョウ属には約 200 種のチョウが含まれてお
り, アゲハチョウ科の 3 分の 1 以上を占める (Prudic et al., 2007). アゲハ
チョウ属の全ての幼虫は, 4, 5 齢までは鳥のフンに似たような体色をしてい
る (Prudic et al., 2007). 一方で, 終齢幼虫の体色は, 鳥のフン様のパターン,
緑色の隠蔽的なパターンおよび派手で警告的なパターンの大きく三つに分け
られる (Prudic et al., 2007; Yamaguchi et al., 2013).

　白瀧らは, 3 種のアゲハチョウ属のチョウであるナミアゲハ, キアゲハおよ
びシロオビアゲハの幼虫を用い, 体色パターン形成について調べた (Shirataki
et al., 2010). ナミアゲハとシロオビアゲハの終齢幼虫の体色は隠蔽的な緑色
で, 胸部第二体節に眼状紋, 腹部の背側に V 字模様が存在する. 一方, キア
ゲハの終齢幼虫では, 緑色の皮膚に黒色の帯とオレンジ色のスポット模様があ
る. 幼虫の体色模様は, ナミアゲハとシロオビアゲハはよく似ているが, 系統
的にはナミアゲハはシロオビアゲハよりもキアゲハに近縁な種であると考えら
れている (図 15-4) (Zakharov et al., 2004).

　白瀧らは上記の 3 種のアゲハチョウから, *TH, DDC, yellow, BBP1* および
YRG を含むいくつかの着色関連遺伝子をクローニングし, *in situ* ハイブリダイ
ゼーション法を用いてそれらの発現パターンを比較した (図 15-4). その結果,
TH, DDC および *yellow* の発現は, ナミアゲハおよびシロオビアゲハの眼状紋
内の黒色領域と V 字模様内の黒色領域およびキアゲハの黒色の帯で見られた.
BBP1 および *YRG* は 3 種全ての緑色領域に共通して発現していたにもかかわ
らず, *BBP1* はシロオビアゲハの青色スポットで特異的に発現し, *YRG* はキア
ゲハのオレンジスポットで特異的に発現していた. また, *ebony* はナミアゲハの
眼状紋内の赤色領域で特異的に発現していた. これらのことから空間的な遺伝
子発現パターンと着色の間に強い相関があることが示された (図 15-4).

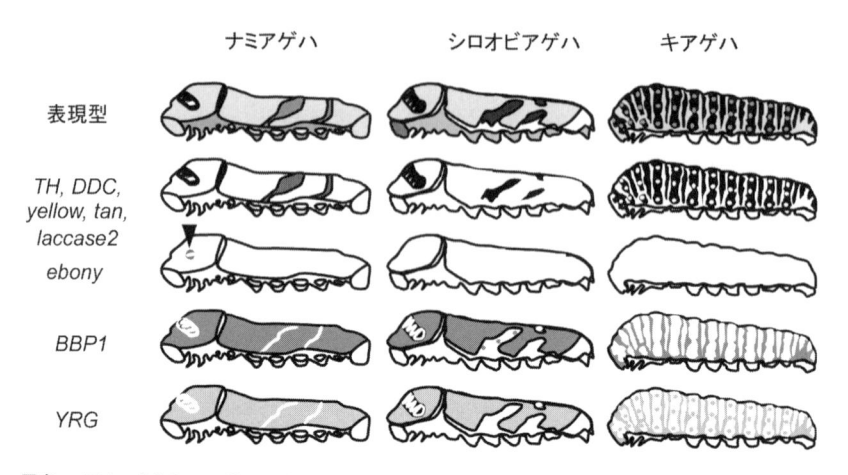

黒色 = *TH + DDC + yellow + tan + laccase2*; Red = *TH + DDC + ebony + laccase2*;
青色 = *BBP*; 黄色 = *YRG*; 緑色 = *BBP + YRG*;
濃い緑色 = *TH + DDC + yellow + tan + laccase2 + BBP + YRG*

図15-4　アゲハチョウ属幼虫における種特異的な色素関連遺伝子の発現パターンの模式図 (Shirataki et al., 2010 より改変) (口絵参照).

15-4-3　アゲハチョウ属における *YRG* のトランス制御

　近年，進化の過程で生まれた種間における形態学的および表現型の違いの遺伝的基盤は，大規模で網羅的な配列情報などを利用して明らかにされつつある (Kunte et al., 2014; Nishikawa et al., 2015; Wallbank et al., 2016). ショウジョウバエ属では，近縁種の着色の差異の遺伝的基盤について調べている研究がいくつかある (Wittkopp et al., 2009; Massey and Wittkopp, 2016). F_1 雑種を用いた研究は，近縁種間における異なる遺伝子発現制御システムへの理解につながる (Wittkopp et al., 2003; Wittkopp et al., 2008; Wittkopp and Kalay, 2012).

　白瀧は，ナミアゲハのオスとシロオビアゲハのメスをハンドペアリング法により交雑させ (Clarke and Sheppard, 1956), F_1 雑種を飼育し，5齢幼虫の体色パターンが両親の中間的な特徴を示すことを見いだした (Shirataki et al., 2010). また，色素関連遺伝子のなかでは，YRG が種間における配列の差が最も大きいことから，種特異的な YRG プローブ (PxYRG と PpYRG) が設計

可能で，これを用いて F_1 雑種の終齢幼虫において空間的発現パターンが調べられた．その結果，シロオビアゲハ特異的なプローブでもナミアゲハ特異的なプローブでも YRG は同様の発現パターンを示した (Shirataki et al., 2010)．この結果は，YRG 遺伝子の発現が主にトランス制御によって行われていることを示唆する．

15-5　結論と将来の展望

アゲハチョウ属のチョウでは，幼虫の体色パターンは被食者・捕食者間の相互作用に影響を与える重要な生態学的要素と考えられる．幼虫の体色パターンはエクジソンおよび幼若ホルモンの濃度と分泌時期により正確に制御されている．ナミアゲハでは，近年，着色機構および着色経路が徐々に解明されつつあるが，ホルモンによる制御機構の詳細はいまだに解明されておらず，体色パターンの基礎となる分子機構も十分に研究されていない．次世代シーケンス技術は，幼虫の体色パターンの原因遺伝子を探索するのに非常に有用な情報を提供する．さらに，エレクトロポレーション法による遺伝子のノックダウン (Ando and Fujiwara, 2013) や CRISPR/Cas9 システム (Li et al., 2015) のような先駆的な機能解析法は，ナミアゲハのような非モデル種の遺伝子機能を調べるのに有用であり，体色パターンの研究は著しく進展するだろう．

引用文献

Ando T and Fujiwara H (2013) Electroporation-mediated somatic transgenesis for rapid functional analysis in insects. Development 140 (2):454-458. doi:10.1242/dev.085241

Arakane Y, Muthukrishnan S, Beeman RW, Kanost MR and Kramer KJ (2005) *Laccase 2* is the phenoloxidase gene required for beetle cuticle tanning. Proc Natl Acad Sci USA 102 (32):11337-11342. doi:10.1073/pnas.0504982102

Bates HW (1862) XXXII. Contributions to an insect fauna of the Amazon valley. *Lepidoptera*: *Heliconidæ*. Trans Linnean Soc Lond 23 (3):495-566. doi:10.1111/j.1096-3642.1860. tb00146.x

Bhosale P and Bernstein PS (2007) Vertebrate and invertebrate carotenoid-binding proteins. Arch Biochem Biophys 458 (2):121-127. doi:10.1016/j.abb.2006.10.005

Chen L, Reece C, O'Keefe SL, Hawryluk GW, Engstrom MM and Hodgetts RB (2002) Induction of the early-late *Ddc* gene during *Drosophila metamorphosis* by the ecdysone receptor. Mech Dev 114 (1-2):95-107

Clarke CA and Sheppard PM (1956) Hand-pairing of butterflies. Lepid News New Haven 10:47-53

Darwin CR (1863) To H.W. Bates "Letter no.3816". Cleveland Health Sciences Library, Cleveland, Ohio

Futahashi R (2006) Molecular mechanisms of mimicry in larval body marking of the swallow-tail butterfly, *Papilio xuthus*. Doctoral thesis, The University of Tokyo

Futahashi R and Fujiwara H (2005) Melanin-synthesis enzymes coregulate stage-specific lar-val cuticular markings in the swallowtail butterfly, *Papilio xuthus*. Dev Genes Evol 215 (10):519-529. doi:10.1007/s00427-005-0014-y

Futahashi R and Fujiwara H (2007) Regulation of 20-hydroxyecdysone on the larval pigmenta-tion and the expression of melanin synthesis enzymes and *yellow* gene of the swallowtail butterfly, *Papilio xuthus*. Insect Biochem Mol Biol 37 (8):855-864. doi:10.1016/j.ibmb.2007.02.014

Futahashi R and Fujiwara H (2008) Juvenile hormone regulates butterfly larval pattern switch-es. Science 319 (5866):1061. doi:10.1126/science.1149786

Futahashi R, Banno Y and Fujiwara H (2010) Caterpillar color patterns are determined by a two-phase melanin gene prepatterning process: new evidence from *tan* and *laccase2*. Evol Dev 12 (2):157-167. doi:10.1111/j.1525-142X.2010.00401.x

Futahashi R, Tanaka K, Matsuura Y, Tanahashi M, Kikuchi Y and Fukatsu T (2011) Laccase2 is required for cuticular pigmentation in stinkbugs. Insect Biochem Mol Biol 41 (3):191-196. doi:10.1016/j.ibmb.2010.12.003

Futahashi R, Shirataki H, Narita T, Mita K and Fujiwara H (2012) Comprehensive microarray-based analysis for stage-specific larval camouflage pattern-associated genes in the swal-lowtail butterfly, *Papilio xuthus*. BMC Biol 10:46. doi:10.1186/1741-7007-10-46

Hiruma K and Riddiford LM (1986) Inhibition of dopa decarboxylase synthesis by 20-hydrox-yecdysone during the last larval moult of *Manduca sexta*. Insect Biochemistry 16 (1):225-231. doi:10.1016/0020-1790(86)90100-9

Hiruma K and Riddiford LM (1988) Granular phenoloxidase involved in cuticular melaniza-tion in the tobacco hornworm: regulation of its synthesis in the epidermis by juvenile hor-mone. Dev Biol 130 (1):87-97

Hiruma K and Riddiford LM (1990) Regulation of dopa decarboxylase gene expression in the larval epidermis of the tobacco hornworm by 20-hydroxyecdysone and juvenile hormone. Dev Biol 138 (1):214-224

Hiruma K and Riddiford LM (2007) The coordination of the sequential appearance of MHR4 and dopa decarboxylase during the decline of the ecdysteroid titer at the end of the molt. Mol Cell Endocrinol 276 (1-2):71-79. doi:10.1016/j.mce.2007.07.002

Hiruma K and Riddiford LM (2009) The molecular mechanisms of cuticular melanization: the ecdysone cascade leading to dopa decarboxylase expression in *Manduca sext*a. Insect Biochem Mol Biol 39 (4):245-253. doi:10.1016/j.ibmb.2009.01.008

Hiruma K, Riddiford LM, Hopkins TL and Morgan TD (1985) Roles of dopa decarboxylase and phenoloxidase in the melanization of the tobacco hornworm and their control by 20-hydroxyecdysone. J Comp Physiol B 155 (6):659-669

Hiruma K, Carter MS and Riddiford LM (1995) Characterization of the dopa decarboxylase gene of *Manduca sexta* and its suppression by 20-hydroxyecdysone. Dev Biol 169 (1):195-209. doi:10.1006/dbio.1995.1137

Huber R, Schneider M, Mayr I, Muller R, Deutzmann R, Suter F, Zuber H, Falk H and Kayser H (1987) Molecular structure of the bilin binding protein (BBP) from *Pieris brassicae* after refinement at 2.0 A resolution. J Mol Biol 198 (3):499-513

Hwang JS, Kang SW, Goo TW, Yun EY, Lee JS, Kwon OY, Chun T, Suzuki Y and Fujiwara H (2003) cDNA cloning and mRNA expression of L-3,4-dihydroxyphenylalanine decarboxy-lase gene homologue from the silkworm, *Bombyx mori*. Biotechnol Lett 25 (12):997-1002

Jindra M and Riddiford LM (1996) Expression of ecdysteroid-regulated transcripts in the silk gland of the wax moth, *Galleria mellonella*. Dev Genes Evol 206 (5):305-314. doi:10.1007/s004270050057

Jindra M, Sehnal F and Riddiford LM (1994) Isolation, characterization and developmental expression of the ecdysteroid-induced *E75* gene of the wax moth *Galleria mellonella*. Eur J Biochem 221 (2):665-675

Jindra M, Palli SR and Riddiford LM (2013) The juvenile hormone signaling pathway in insect development. Annu Rev Entomol 58:181-204. doi:10.1146/annurev-ento-120811-153700

Kalay G, Lusk R, Dome M, Hens K, Deplancke B and Wittkopp PJ (2016) Potential direct regulators of the *Drosophila yellow* gene identified by yeast one-hybrid and RNAi screens. G3 (Bethesda) 6 (10):3419-3430. doi:10.1534/g3.116.032607

Kanost MR, Arrese EL, Cao X et al (2016) Multifaceted biological insights from a draft genome sequence of the tobacco hornworm moth, *Manduca sexta*. Insect Biochem Mol Biol. doi:10.1016/j.ibmb.2016.07.005

Karlson P and Sekeris CE (1976) Control of tyrosine metabolism and cuticle sclerotization by ecdysone. The insect integument. 1-571. Elsevier Scientific Publishing Company, Amsterdam, Oxford & New York.,

Kawooya JK, Keim PS, Law JH, Riley CT, Ryan RO and Shapiro JP (1985) Why are green caterpillars green. Acs Symposium Series 276:511-521

Kayser H, Mann K, Machaidze G, Nimtz M, Ringler P, Muller SA and Aebi U (2009) Isolation, characterisation and molecular Imaging of a high-molecular-weight insect biliprotein, a member of the hexameric arylphorin protein family. J Mol Biol 389 (1):74-89. doi:10.1016/j.jmb.2009.03.075

Kayukawa T, Nagamine K, Ito Y, Nishita Y, Ishikawa Y and Shinoda T (2016) Krüppel homolog 1 inhibits insect metamorphosis via direct transcriptional repression of *Broad-complex*, a pupal specifier gene. J Biol Chem 291 (4):1751-1762. doi:10.1074/jbc.M115.686121

Kopec S (1926) The morphogenetical value of the weight of rabbits at birth. J Genet 17 (2):187-198

Kramer KJ and Hopkins TL (1987) Tyrosine metabolism for insect cuticle tanning. Archives of Insect Biochemistry and Physiology 6 (4):279-301. doi:10.1002/arch.940060406

Kunte K, Zhang W, Tenger-Trolander A, Palmer DH, Martin A, Reed RD, Mullen SP and Kronforst MR (2014) *doublesex* is a mimicry supergene. Nature 507 (7491):229-232. doi:10.1038/nature13112

Li X, Fan D, Zhang W et al (2015) Outbred genome sequencing and CRISPR/Cas9 gene editing in butterflies. Nat Commun 6:8212. doi:10.1038/ncomms9212

Massey JH and Wittkopp PJ (2016) The genetic basis of pigmentation differences within and between *Drosophila* species. Curr Top Dev Biol 119:27-61. doi:10.1016/bs.ctdb.2016.03.004

Meldola R (1873) On a certain class of cases of variable protective colouring in insects. Proc Zool Soc 153-162

Nijhout HF (1991) The development and evolution of butterfly wing patterns. Smithsonian Institution Press: Washington, D.C.

Nijhout HF and Wheeler DE (1982) Juvenile hormone and the physiological basis of insect polymorphisms. Q Rev Biol 57 (2):109-133

Nishikawa H, Iijima T, Kajitani R et al (2015) A genetic mechanism for female-limited Batesian mimicry in *Papilio* butterfly. Nat Genet. doi:10.1038/ng.3241

Noh MY, Muthukrishnan S, Kramer KJ and Arakane Y (2016) Cuticle formation and pigmentation in beetles. Curr Opin Insect Sci 17:1-9. doi:10.1016/j.cois.2016.05.004

Ogihara MH, Hikiba J, Iga M and Kataoka H (2015) Negative regulation of juvenile hormone analog for ecdysteroidogenic enzymes. J Insect Physiol. doi:10.1016/j.jinsphys.2015.03.012

Palli SR, Sohi SS, Cook BJ, Lambert D, Ladd TR and Retnakaran A (1995) Analysis of ecdysteroid action in *Malacosoma disstria* cells: cloning selected regions of E75- and MHR3-like genes. Insect Biochem Mol Biol 25 (6):697-707

Pasteur G (1982) A classificatory review of mimicry systems. Annu Rev Ecol Syst 13:169-199

Prudic KL, Oliver JC and Sperling FA (2007) The signal environment is more important than diet or chemical specialization in the evolution of warning coloration. Proc Natl Acad Sci U S A 104 (49):19381-19386. doi:10.1073/pnas.0705478104

Przibram H and Lederer E (1933) Das tiergrun der heuschrecken als mischung aus farbstoffen. Anz Akad Wiss Wien 70:163-165

Reed RD, Papa R, Martin A et al (2011) *optix* drives the repeated convergent evolution of butterfly wing pattern mimicry. Science 333 (6046):1137-1141. doi:10.1126/science.1208227

Riddiford LM (1975) The biology of the black larval mutant of the tobacco hornworm, *Manduca sexta*. J Insect Physiol 21 (12):1931–1933, 1935–1938

Riddiford LM (1996) Juvenile hormone: the status of its "status quo" action. Arch Insect Biochem Physiol 32 (3-4):271-286. doi:10.1002/(SICI)1520-6327(1996)32:3/4<271::AID-ARCH2>3.0.CO;2-W

Riley CT, Barbeau BK, Keim PS, Kezdy FJ, Heinrikson RL and Law JH (1984) The covalent protein structure of insecticyanin, a blue biliprotein from the hemolymph of the tobacco hornworm, *Manduca sexta* L. J Biol Chem 259 (21):13159-13165

Saito H and Shimoda M (1997) Insecticyanin of *Agrius convolvuli*: purification and characterization of the biliverdin-binding protein from the larval hemolymph. Zoolog Sci 14 (5):777-783. doi:10.2108/zsj.14.777

Scoble MJ (1992) The Lepidoptera. Oxford University Press, London

Shirataki H, Futahashi R and Fujiwara H (2010) Species-specific coordinated gene expression and trans-regulation of larval color pattern in three swallowtail butterflies. Evol Dev 12 (3):305-314. doi:10.1111/j.1525-142X.2010.00416.x

Suetsugu Y, Futahashi R, Kanamori H et al (2013) Large scale full-length cDNA sequencing reveals a unique genomic landscape in a lepidopteran model insect, *Bombyx mori*. G3 (Bethesda) 3(9):1481-1492. doi:10.1534/g3.113.006239

The Heliconius Genome Consortium (2012) Butterfly genome reveals promiscuous exchange of mimicry adaptations among species. Nature 487 (7405):94-98. doi:10.1038/nature11041

True JR, Edwards KA, Yamamoto D and Carroll SB (1999) *Drosophila* wing melanin patterns form by vein-dependent elaboration of enzymatic prepatterns. Curr Biol 9 (23):1382-1391

Truman JW, Riddiford LM and Safranek L (1973) Hormonal control of cuticle coloration in tobacco hornworm, *Manduca sexta*: Basis of an ultrasensitive bioassay for juvenile hormone. J Insect Physiol 19 (1):195-203. doi:10.1016/0022-1910(73)90232-1

Tsuchida K and Sakudoh T (2015) Recent progress in molecular genetic studies on the carotenoid transport system using cocoon-color mutants of the silkworm. Arch Biochem Biophys 572:151-157. doi:10.1016/j.abb.2014.12.029

Tullberg BS, Merilaita S and Wiklund C (2005) Aposematism and crypsis combined as a result of distance dependence: functional versatility of the colour pattern in the swallowtail butterfly larva. Proc Biol Sci 272 (1570):1315-1321. doi:10.1098/rspb.2005.3079

Wallbank RW, Baxter SW, Pardo-Diaz C et al (2016) Evolutionary novelty in a butterfly wing pattern through enhancer shuffling. PLoS Biol 14 (1):e1002353. doi:10.1371/journal.pbio.1002353

Walter MF, Black BC, Afshar G, Kermabon AY, Wright TR and Biessmann H (1991) Temporal and spatial expression of the *yellow* gene in correlation with cuticle formation and dopa decarboxylase activity in *Drosophila* development. Dev Biol 147 (1):32-45

Wittkopp PJ and Kalay G (2012) *Cis*-regulatory elements: molecular mechanisms and evolutionary processes underlying divergence. Nat Rev Genet 13 (1):59-69. doi:10.1038/nrg3095

Wittkopp PJ, Vaccaro K and Carroll SB (2002) Evolution of *yellow* gene regulation and pigmentation in *Drosophila*. Curr Biol 12 (18):1547-1556

Wittkopp PJ, Carroll SB and Kopp A (2003) Evolution in black and white: genetic control of pigment patterns in *Drosophila*. Trends Genet 19 (9):495-504. doi:10.1016/S0168-9525(03)00194-X

Wittkopp PJ, Haerum BK and Clark AG (2008) Regulatory changes underlying expression differences within and between *Drosophila* species. Nat Genet 40 (3):346-350. doi:10.1038/ng.77

Wittkopp PJ, Stewart EE, Arnold LL, Neidert AH, Haerum BK, Thompson EM, Akhras S, Smith-Winberry G and Shefner L (2009) Intraspecific polymorphism to interspecific divergence: genetics of pigmentation in *Drosophila*. Science 326 (5952):540-544. doi:10.1126/science.1176980

Wright TR (1987) The genetics of biogenic amine metabolism, sclerotization, and melanization in *Drosophila melanogaster*. Adv Genet 24:127-222

Yamaguchi J, Banno Y, Mita K, Yamamoto K, Ando T and Fujiwara H (2013) Periodic *Wnt1* expression in response to ecdysteroid generates twin-spot markings on caterpillars. Nat Commun 4:1857. doi:10.1038/ncomms2778

Yamanaka N, Rewitz KF and O'Connor MB (2013) Ecdysone control of developmental transitions: lessons from *Drosophila* research. Annu Rev Entomol 58:497-516. doi:10.1146/annurev-ento-120811-153608

Yao TP, Segraves WA, Oro AE, McKeown M and Evans RM (1992) *Drosophila* ultraspiracle modulates ecdysone receptor function via heterodimer formation. Cell 71 (1):63-72

Zakharov EV, Caterino MS and Sperling FA (2004) Molecular phylogeny, historical biogeography, and divergence time estimates for swallowtail butterflies of the genus *Papilio* (Lepidoptera: Papilionidae). Syst Biol 53 (2):193-215. doi:10.1080/10635150490423403

16 章
模様形成の仕組みを明らかにするためのモデルシステムとしてのミズタマショウジョウバエ

越川滋行
福冨雄一
松本圭司

要 約

ミズタマショウジョウバエは，翅に黒色メラニンによる水玉模様をもち，チョウと並んで，昆虫の翅の模様形成を研究するための優れた材料である．世代時間は他のショウジョウバエと同様に短く，トランスジェニック (遺伝子組換え体) が作れるため，遺伝子の機能にまで踏み込んだ研究が可能である．野外での生態や生活史には未解明な点が多いが，毒キノコの毒に対して強い耐性を示すことが知られ，その機構の研究も始まっている．近縁種と模様を比較すると，横脈や縦脈の末端での着色は他の種と共通しているが，ミズタマショウジョウバエでは特に着色の形状の修飾が見られるほか，鐘状感覚子の周辺の着色はミズタマショウジョウバエ特有である．これまでに *Wnt* シグナリングのリガンドである Wingless が模様を誘導すること，そのシグナルを受けてメラニン合成系の遺伝子である *yellow* が働くことが分かっている．今後，より詳細な模様形成メカニズムを明らかにしていくことにより，形態進化の原理の解明に貢献し，またチョウの翅の模様のような他のシステムとの類似性を発見する助けになるだろう．

キーワード

ミズタマショウジョウバエ (*Drosophila guttifera*)，着色 (pigmentation)，模様 (color pattern)，進化 (evolution)，発生 (development)，遺伝子組換え体 (transgenic)，シス制御因子 (*cis*-regulatory element)，系統学 (phylogeny)，生態学 (ecology)，生活史 (life history)，分類学 (taxonomy)．

16-1　はじめに

　チョウの模様の研究は近年大きく進み，ゲノムの特徴，模様が形成される仕組み，模様の機能や進化のパターンなどについての知見が急速に進展している．単一のモデル種でなく，アフリカヒメジャノメ (*Bicyclus anynana*)，ドクチョウ属 (*Heliconius*)，タテハモドキ属 (*Junonia*)，アカタテハ属 (*Vanessa*)，アゲハチョウ属 (*Papilio*) などを含む複数のモデル種を用いることで，相互の特性を生かし，研究が進展してきた経緯がある (Nijhout, 1991; Carroll et al., 1994; Brakefield et al., 1996; Joron et al., 2011; Reed et al., 2011; Heliconius Genome Consortium, 2012; Martin et al., 2012; Kunte et al., 2014; Monteiro, 2015; Nishikawa et al., 2015; Beldade and Peralta, 2017)．脊椎動物では，ゼブラフィッシュ (*Danio rerio*) を用いた研究が盛んであるほか，近年はネコの仲間や，背中に縞模様をもつげっ歯類であるヨスジクサマウス (*Rhabdomys pumilio*) を用いた研究もされ，模様研究は非常にエキサイティングなときを迎えている (Kaelin et al., 2012; Singh and Nüsslein-Volhard, 2015; Mallarino et al., 2016)．

　我々は双翅目の昆虫である *Drosophila guttifera* (ミズタマショウジョウバエ：新称) を使って模様の形成メカニズムの研究をしてきた (図 16-1)．ミズタマショウジョウバエは翅に模様をもつという点ではチョウと共通性がある．しかしいくつかの重要な違いもある．まずチョウのように色のある鱗粉をも

図16-1　ミズタマショウジョウバエのオス．着色のパターンは，性別によらずほぼ同じである．

つわけではなく，翅の膜状部のクチクラが着色している［ただし，チョウでも膜状部のクチクラが着色し翅の色に寄与している例もある (Stavenga et al., 2010)］．また着色はメラニン色素による黒色の着色のみである．同属別種である *Drosophila melanogaster* (キイロショウジョウバエ) は遺伝学をはじめとするさまざまな分野で用いられるモデル実験動物であることから，その知識や資源を生かして，ミズタマショウジョウバエでもさまざまな実験解析が可能である．場合によっては，模様形成に関わる遺伝子のエンハンサーなど，模様形成機構の一部をキイロショウジョウバエのなかに移して解析することも容易である．このように，チョウの模様研究とよく似た興味関心をもちながらも異なった材料の特性を生かしてできる研究があり，ショウジョウバエはチョウとは独立に進化した模様をもつために，比較対象としても好適である．

　本章ではミズタマショウジョウバエの生物学について概観し，さらにショウジョウバエの模様形成はチョウの場合とどのように違うのか，さらにショウジョウバエの特性を生かすことで，チョウの模様形成，さらには生物一般の模様形成の理解にどのように貢献できるかについて述べたい．

16-2　ミズタマショウジョウバエの系統的位置

　双翅目 (Diptera) ショウジョウバエ科 (Drosophilidae) に属するショウジョウバエは数多く記載され，現生のものでは72属，4000種以上に達する (Yassin, 2013)．なかでもショウジョウバエ属 (*Drosophila*) は1160種以上が記載されており (Markow and O'Grady, 2006; Toda, 2017．所属について議論のある分類群を別属として扱えばこの数は変動する)，最も研究されている種であるキイロショウジョウバエもこの属に属する．ただし，ショウジョウバエ属は単系統ではなく，キイロショウジョウバエも含めてその位置づけには議論がある (O'Grady, 2010)．

　ミズタマショウジョウバエ (*D. guttifera*) はイギリスの昆虫学者フランシス・ウォーカーによってフロリダ産の標本に基づき1849年に記載された (Walker, 1849)．多くの博物館標本を整理，記載するなかでの1種という扱いで，ラテン語で4行，英語で21行の文章のみでの記載であった．その後，Sturtevant (1921) は北アメリカのショウジョウバエを整理するなかで，ミズタマショウジョウバエの複数の標本を検討し，形態的特徴を再記載している．Sturtevant

(1942) は近縁な種をまとめるグループとしていくつかの種群 (species group) を新たに設け，ミズタマショウジョウバエはミズタマショウジョウバエ種群 (guttifera group) を構成する唯一の種とされた．同時にホシショウジョウバエ種群 (quinaria group) を設け，11 種をここに分類した (*D. quinaria*, *D. deflecta*, *D. palustris*, *D. subpalustris*, *D. occidentalis*, *D. suboccidentalis*, *D. munda*, *D. subquinaria*, *D. transversa*, そしておそらく *D. phalerata* と *D. nigromaculata* も含まれるであろうとしている)．Patterson (1943) はアメリカ合衆国の南西部およびメキシコ北部のショウジョウバエの整理を行い，多くの種を美しい図版とともに再記載している．ミズタマショウジョウバエは全身のカラーイラストと，蛹，内部生殖器の図版とともに解説された．また，同時にホシショウジョウバエ種群に 3 種を追加記載している (*D. suffusca*, *D. tenebrosa*, *D. innubila*)．なお，その後もホシショウジョウバエ種群には多くの種が記載され，現在では約 31 種を含むグループとされている (Markow and O'Grady, 2006; Toda, 2017)．

　近年では，遺伝情報によってミズタマショウジョウバエとホシショウジョウバエ種群との近縁性はほぼ確かであると考えられている (Perlman et al., 2003; Izumitani et al., 2016)．また形態的にも，ホシショウジョウバエ種群との類縁性に気づいていた研究者がおり (例えば，Patterson and Stone, 1952 が言及している)，ホシショウジョウバエ種群に含むという扱いをされる場合もある (Throckmorton, 1962, 1975; Markow and O'Grady, 2006)．ホシショウジョウバエ種群の種とミズタマショウジョウバエの詳細な類縁関係は，完全に明らかになっているわけではないが，いくつかの研究が共通して示しているのは，ホシショウジョウバエ種群はユーラシアの種を多く含む群と北アメリカの種を多く含む群に分かれ，ミズタマショウジョウバエは，そのうち北アメリカの種を多く含む群に入るというものである (Perlman et al., 2003; Markow and O'Grady, 2006; Izumitani et al., 2016)．ホシショウジョウバエ種群の内部にはさまざまな程度に胸部，腹部や翅に黒い着色によって模様をもつ種がいるが (Patterson, 1943; Werner and Jaenike, 2017)，ミズタマショウジョウバエは胸部に明瞭な縦縞，腹部と翅に明瞭な水玉模様をもち，ホシショウジョウバエ種群の種と比較した場合でも，最も目立つ種の一つである．

16-3　ミズタマショウジョウバエを用いた食性，毒耐性，行動の研究

　ミズタマショウジョウバエの野外での生態はあまり研究されていない．ホシショウジョウバエ種群はキノコを食べる種類が多いが，Sturtevant (1921) は，ミズタマショウジョウバエもキノコのそばで見つかること，またキノコのみで卵から成虫まで育つことから，野外ではキノコを食べていると考えた ［ヒダをもつキノコ (gill-fungi) でも小孔をもつキノコ (pore-fungi) でも可能と書かれているが，キノコの種名は特定されていない］．Bunyard and Foote (1990a) はアメリカ合衆国オハイオ州の野外から採取したキノコからどのようなハエが羽化するか調べ，シビレタケ属の一種 *Psilocybe polytrichophila*，およびモリノカレバタケ (*Collybia dryophila*) からミズタマショウジョウバエが羽化してきたことを報告している．実験室でツクリタケ ［いわゆるマッシュルーム (*Agaricus bisporus*)］，バナナ，トマト，レタス，寒天のどれが産卵場所として好まれるか調べたところ，ツクリタケが最もよく選ばれた．またツクリタケで卵から成虫まで育つことも確認されている (Bunyard and Foote, 1990b)．実験室では，キノコを加えた餌のほか，シュガーフードと呼ばれる砂糖，コーンミール (乾燥させ破砕したトウモロコシ)，イースト，寒天を主体とした餌や，モラセスフードと呼ばれる，モラセス (糖蜜)，コーンミール，イースト，寒天を主体とした餌で飼育することができる．

　ミズタマショウジョウバエと他の数種のキノコ食のショウジョウバエは，人を含む多くの動物にとって猛毒である α-アマニチンに対して非常に高い耐性をもつことが知られている (Spicer and Jaenike, 1996)．この特性に注目し，ミズタマショウジョウバエは模様形成だけでなく，キノコ毒耐性のモデル生物としても期待されている．α-アマニチンは RNA ポリメラーゼ II に結合することで毒性を発揮するが，キイロショウジョウバエのアマニチン耐性変異株の一つでは，RNA ポリメラーゼ II にアミノ酸置換が起きていることが知られている (Chen et al., 1993)．しかしミズタマショウジョウバエや他のキノコ食種にはそのような変異は知られておらず，他のメカニズムが関与していることが予想されている (Stump et al., 2011)．キイロショウジョウバエには，RNA ポリメラーゼの変異以外の遺伝子座への変異によってアマニチン耐性を

獲得した系統が知られており (ただし耐性はそれほど強くない)，それらの原因遺伝子座のマッピングや，遺伝子発現の解析等が行われている (Begun and Whitley, 2000; Mitchell et al., 2014, 2015).

ミズタマショウジョウバエは普通の餌で育てた場合と，キノコ抽出液を加えた餌で育てた場合とで，産卵場所の好みが変わることが知られており，匂い条件づけ (olfactory conditioning) の古典的な例とされている (Cushing, 1941). また配偶行動についての研究もなされている (Grossfield, 1977). ミズタマショウジョウバエの胸部や腹部，翅の着色パターンの生態学的意義と機能についてはよく分かっていない．いくつかのショウジョウバエの種においては，翅の着色を求愛ディスプレイに用いると言われている (Ringo and Hodosh, 1978; Fuyama, 1979; Yeh et al., 2006). Dombeck and Jaenike (2004) は *D. falleni* の腹部の斑紋の数が適応度に与える影響について解析している.

16-4　模様の進化の様相

Dombeck and Jaenike (2004) はホシショウジョウバエ種群のうち 7 種とミズタマショウジョウバエの翅と腹部の模様の進化パターンについて検討し，イラスト化している．本章では，翅の模様に注目して，また近年の分子系統学の成果も踏まえ，翅の模様進化の様子をまとめた (図 16-2). ホシショウジョウバエ種群は前述のように大きく二つのグループに分けられ，ここではユーラシアの種を多く含むグループをクレード A，北アメリカの種を多く含むグループをクレード B とする．クレード A は翅の着色パターンが単純で，唯一 *D. innubila* がほとんど黒い着色をもたないほかは，横脈周辺に黒い着色をもつ．クレード B では，翅の模様の進化の様相はやや複雑である．クレード B の根元付近にくる種 [*D. guttifera*, *D. nigromaculata* と (*D. deflecta* + *D. palustris* + *D. subpalustris*)] はいずれも横脈周辺と縦脈末端に着色をもつが，それらの種の系統関係については，解析手法により樹形が異なってくる．ミズタマショウジョウバエは横脈と縦脈末端に加えて，鐘状感覚子の周辺にもこの種に特有の着色をもつ (ミズタマショウジョウバエとホシショウジョウバエ種群を合わせたなかでは特有であり，おそらくショウジョウバエ属のなかでも鐘状感覚子の周りに円形の着色をもつ種は他にいないと思われる). クレード B に属するその他の種のうち，*D. quinaria* は横脈のほかに縦脈末端に

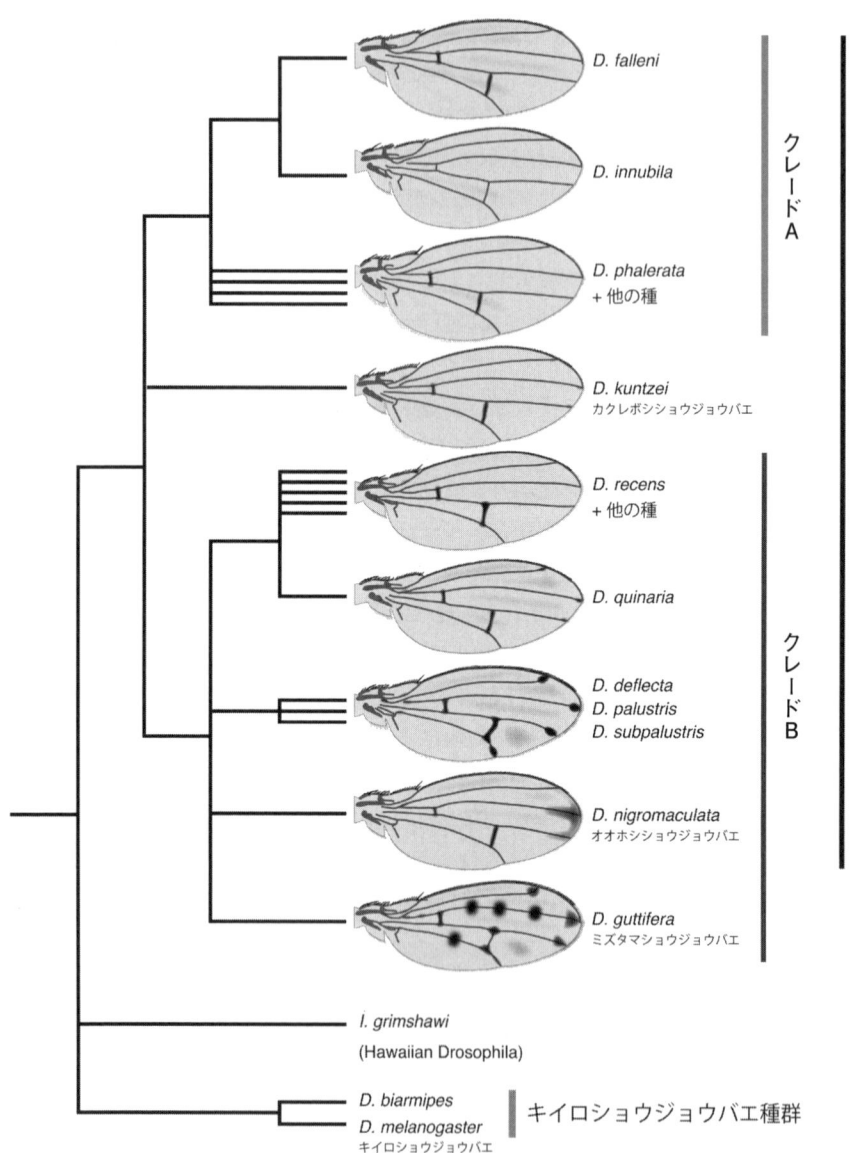

図 16-2 ミズタマショウジョウバエとホシショウジョウバエ種群の系統関係．Izumitani et al. (2016) および Perlman et al. (2003) を参考に作図した．着色の要素についての分類は図 16-3 を参照．

も弱い着色をもつが，その他の種は横脈周辺のみに着色をもつ．*D. quinaria* と同様に横脈と縦脈末端に弱い着色をもつカクレボシショウジョウバエ (*D. kuntzei*) は Perlman et al. (2003) によればクレード B の最も根元にくるが，樹形の支持が低い．このように，系統関係がはっきりしていないため，正しい模様の要素の獲得や消失のシナリオを描くには時期尚早である．少なくとも，縦脈末端では模様が平行進化しているか，複雑な模様から単純な模様に戻った系統があることを想定する必要がある．いずれにしても，より正確な系統情報を得ることが進化の道筋を明らかにするうえで重要である．

16-5　ショウジョウバエの翅の模様形成

　ショウジョウバエの翅の模様形成のメカニズムに取り組んだ研究は，True et al. (1999) に端を発する．*Drosophila grimshawi* (*Idiomyia grimshawi* のシノニム) と *D. rajasekari* (*D. biarmipes* のシノニム)，さらに遺伝子の機能の議論にはキイロショウジョウバエを用いて，模様のある種は遺伝子発現によるパターニングと，翅脈を通じた前駆体の輸送により模様を形成すると論じた．Wittkopp et al. (2002) は，キイロショウジョウバエの体幹部や翅での *yellow* 遺伝子と *ebony* 遺伝子の機能を論じるとともに，*D. biarmipes* で，翅の斑紋の場所には Yellow タンパク質が局在し，Ebony タンパク質が少ないことを示した．Yellow は黒色メラニンの合成に促進的に働くと考えられている．Ebony はメラニンの前駆体であるドーパミンに β-アラニンを付加して NBAD (*N-β-alanyldopamine*) を作る酵素であり，前駆体を別の物質に変換することで黒色メラニン合成に対して抑制的に働く．Gompel et al. (2005) は *D. biarmipes* の *yellow* 遺伝子発現制御を解析し，*yellow* 遺伝子のエンハンサー (近傍の遺伝子の転写を活性化する配列) の進化が模様の獲得に寄与していることを示した．さらに，*D. biarmipes* とともに，ミズタマショウジョウバエでも Yellow タンパク質が黒い斑紋になる場所に局在し，Ebony タンパク質は透明になる部分に局在することを示した．*D. biarmipes* の *yellow* 遺伝子の発現は，斑紋ができる場所，つまり翅の前方末端部分で多くなっているが，翅の後方部分で発現する *engrailed* 遺伝子が，後方での *yellow* 遺伝子の発現を抑制していると考えられている．翅の前方末端部分では *Distal-less* 遺伝子が発現し，*yellow* 遺伝子を含めたメラニン合成系遺伝子の発現を正に制御していると考えられて

いる (Arnoult et al., 2013).

16-6　ミズタマショウジョウバエの翅の模様とその特徴

　ミズタマショウジョウバエは翅に明瞭な黒い水玉模様をもち，これはメラニン色素による着色であると考えられている (図 16-3)．着色は横脈の周辺，縦脈の末端，鐘状感覚子の周辺に見られる．また，それらより弱い着色が翅脈と翅脈の間に見られる．前述のように，横脈の周辺の着色は，ホシショウジョウバエ種群ではほとんどの種で見られ，またホシショウジョウバエ種群以外でも多くのショウジョウバエに見られる形質である．ただしミズタマショウジョウバエの場合は後横脈周辺の着色が，後横脈の中心付近でくびれており，特徴的な砂時計型 (あるいはひょうたん型) の着色を形成している．縦脈末端の着色も，いくつかの種で見られるが，ミズタマショウジョウバエの着色の範囲が最も大きい．鐘状感覚子の周辺の着色は，ミズタマショウジョウバエだけに見られる特徴である［ただしハワイ産のショウジョウバエである *Idiomyia grimshawi* (*Drosophila grimshawi* のシノニム) など，翅の全域

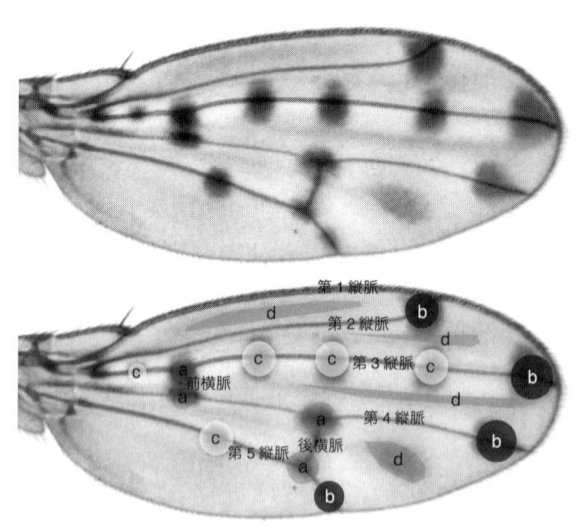

図 16-3　(上) ミズタマショウジョウバエの翅の模様．(下) 模様の解釈．a (青) は横脈の周辺，b (紫) は縦脈の末端，c (黄) は鐘状感覚子の周辺，d (赤) は翅脈間の影 (口絵参照).

にまだら状の模様がある種は少なくない]．鐘状感覚子の位置は，他のショウ
ジョウバエと同様に，第 3 縦脈に並ぶほか，前横脈の中央付近にもあるが，
知られている限りショウジョウバエではミズタマショウジョウバエでのみ，第
5 縦脈上にもある．そして，この第 5 縦脈上の鐘状感覚子の周辺にも着色が
ある (Sturtevant, 1921; Werner et al., 2010)．ミズタマショウジョウバエの翅
の着色は蛹期に開始するが，成虫になった直後はまだ色が薄く，その後 1 日
ほどかけて着色の大部分が完成する (Fukutomi et al., 2017).

16-7　ミズタマショウジョウバエの *wingless* 遺伝子は模様形成を誘導する

　Werner et al. (2010) は，ミズタマショウジョウバエの *yellow* 遺伝子のシス制
御領域を解析し，水玉状の発現を駆動するエンハンサー (翅脈-斑紋エンハン
サー，*vein-spot* CRE) と，翅脈間の灰色の影の部分で発現を駆動するエンハン
サーを発見した．翅脈-斑紋エンハンサーは，ミズタマショウジョウバエに導
入すると，全ての水玉の場所で発現を駆動するが，キイロショウジョウバエに
導入した場合には，横脈の周辺と，縦脈末端部でしか発現を駆動しない．し
かしこの違いは，つまりエンハンサーに情報入力している因子の局在が，種間
で違うということを意味している．さらに，キイロショウジョウバエではある
程度，蛹の翅での遺伝子発現パターンが知られているため，翅脈-斑紋エンハ
ンサーが駆動するパターンとよく似た発現パターンを示す遺伝子を，上流の
因子の候補とすることができると考えた．そのなかで，*wingless* 遺伝子が，ミ
ズタマショウジョウバエの蛹の翅の将来水玉模様の着色ができる場所の中心
(横脈周辺，縦脈末端，鐘状感覚子) で発現していることが分かったのである．
近縁種であり，鐘状感覚子周辺に着色をもたない *D. deflecta* では，鐘状感覚
子での発現が見られなかった．ミズタマショウジョウバエの自然発生突然変
異系統である *schwarzvier* (ドイツ語で黒い 4 という意味で，黒ビールを指す
schwarzbier とかけた駄洒落である) は，第 4 縦脈の周辺に異所的な黒い着色を
もつ．この系統でも *wingless* が第 4 縦脈で過剰に発現していることが分かっ
た．*wingless* の機能について，より直接的な証拠を得るため，GAL 4-UAS シス
テム (酵母に由来する転写因子 GAL 4 と，その結合配列である UAS を用いて，
場所特異的に遺伝子の強制発現を起こすシステム) を利用した遺伝子の異所

的強制発現が試みられたが，良好な GAL 4 系統を作出するに至らなかった．しかしシステム構築の過程で，いくつか作成した UAS-*wingless* 系統のうちで，エンハンサートラップの原理により異所的な *wingless* の発現を引き起こす系統が作出された．この系統では，蛹期の第 2〜4 縦脈に沿って過剰な *wingless* の発現が見られる．そして，成虫の翅ではその場所に過剰な黒い着色を生じていた．これらの結果から，Werner et al. (2010) は *wingless* が着色を誘導する上流の因子であると結論づけた．

チョウにおいてもドクチョウ属やオオイチモンジ属 (*Limenitis*) で，*wingless* と同じファミリーである *WntA* が翅の黒い要素を含む模様の形状の決定に関与していることが示されている (Martin et al., 2012; Gallant et al., 2014; Martin and Reed, 2014)．また，アメリカカタテハモドキ (*Junonia coenia*) や他のいくつかの種において，*wingless* が basal (B)，discal (DI and DII)，marginal (EI) と呼ばれる模様の要素が生じる位置で発現することが分かっており (Carroll et al., 1994; Martin and Reed, 2010, 2014; Huber et al., 2015)，また目玉模様の中心で発現する例も知られている (Monteiro et al., 2006)．さらに，カイコの幼虫期の胸部に見られる斑紋も *Wnt1* (*wingless* のホモログ) によって制御されることが分かっている (Yamaguchi et al., 2013)．進化において Wingless のような分泌性シグナル因子が果たす役割については，本書の第 4 章を参照されたい (Martin and Courtier-Orgogozo, 2017)．

Werner et al. (2010) は，Wingless がモルフォゲンとして知られ，拡散により長い距離のシグナル伝達を行うとする説に基づいて，着色誘導のモデルを提唱した．Wingless タンパク質を産生する細胞は少なく，将来模様ができる場所の中心に位置している．分泌された Wingless タンパク質は拡散ないし運搬され，より広い範囲の細胞にシグナルを伝達する．そのシグナルは，おそらく未知の転写因子を介して，*yellow* などメラニン合成に直接に関与する遺伝子群の転写を活性化し，それらの遺伝子産物によりメラニン色素が合成され，着色が起こる．このモデルの妥当性については，今後，実験により検証されるべきである．

16-8　*wingless* 遺伝子のシス制御領域の進化

wingless の発現パターンは，近縁種と比較してミズタマショウジョウバエで

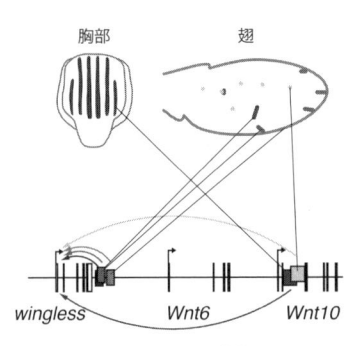

図 16-4 ミズタマショウジョウバエの蛹の翅と胸部での *wingless* の発現を駆動するエンハンサー．翅の縁と横脈の発現はミズタマショウジョウバエとキイロショウジョウバエで共通であることから祖先的な形質と考えられる．縦脈末端，鐘状感覚子，胸部の縞での発現は，ミズタマショウジョウバエでは見られるがキイロショウジョウバエでは見られないことから，新しく進化した形質であると考えられる．Koshikawa et al. (2015) および Koshikawa (2015) より改変．

のみユニークに進化している．この発現パターンの進化がどのように起こったのかを知るため，*wingless* 周辺領域がレポーターアッセイにより調べられ，ミズタマショウジョウバエの祖先で獲得されたエンハンサー活性が三つ新たに同定された (それぞれ翅の縦脈末端，翅の鐘状感覚子，胸のストライプでの発現を駆動する．図 16-4)．この新たなエンハンサー活性の獲得が，模様の進化につながったと考えられる．これは発生制御因子がエンハンサーを獲得することによって新しい発現領域を獲得したことを実験的に示した初めての例である (Koshikawa et al., 2015)．この例をより一般化すると，多くの生物において，シス制御領域が新しくエンハンサーを獲得することで発生制御遺伝子が新しい発現領域を獲得することが，ヘテロトピー (heterotopy．ある構造が体の別の場所に重複または移動すること) の原因の一部である可能性がある (Gould, 1977; West-Eberhard, 2003; Rubinstein and de Souza, 2013; Rebeiz et al., 2015．より詳しい議論は Koshikawa, 2015 を参照のこと)．

16-9 キイロショウジョウバエの翅に人工的に着色を起こす試み

　ミズタマショウジョウバエの模様形成に関係する遺伝子は，いまのところメラニン合成に直接関与すると考えられる *yellow* と，それを上流で制御する

wingless の二つしか同定されていない．*wingless* によるシグナルは，多くの場合は古典的経路 (canonical pathway) と呼ばれる経路によって細胞内で伝達されるが，その結果として下流の遺伝子発現を制御するのは Pangolin/dTCF と呼ばれる転写因子である．Pangolin/dTCF と結合する DNA のコンセンサス配列が，*yellow* 遺伝子のエンハンサー (翅脈-斑紋エンハンサー) の内部にも見られたことから，それらを全て別の配列に置換したところ，下流のレポーター遺伝子の発現に変化がなかった (Werner et al., 2010)．つまり，*wingless* による位置情報は，古典的経路で直接に *yellow* 遺伝子を制御しているわけではない．別の転写因子を介してコントロールしている可能性があるが，この因子は未同定である．さらに，*yellow* がメラニン合成に直接関与する遺伝子であるのは確かだが，翅に模様がないキイロショウジョウバエにおいて *yellow* 遺伝子を強制的に過剰発現させても，ほとんど着色が形成されない (Gompel et al., 2005; Riedel et al., 2011)．現在のところ，翅に黒い斑紋を作り出すためには，*yellow* に加えて，メラニン合成系の他の遺伝子の発現が必要である可能性と，メラニンの前駆体であるドーパやドーパミンなどが翅へ多く輸送されることが必要である可能性が考えられる．

16-10　模様形成における多様性と一般性

　ミズタマショウジョウバエの研究で明らかになったことは，他の生物の模様形成についても当てはまるのだろうか？　ショウジョウバエは実験材料として有用であることから，ショウジョウバエの模様形成機構については，個別の事象を認めつつも，統一的なメカニズムを提示することは可能であると思われる．チョウとショウジョウバエでは，独立に進化している部分が多いだろうが，例えば *Wnt* や *Distal-less* の使われ方など，興味深い類似が見られる (Brakefield et al., 1996; Werner et al., 2010; Martin et al., 2012; Arnoult et al., 2013)．さらに比較を脊椎動物まで広げると，パターン形成も，メラニン合成も，制御している遺伝子は大きく異なっていて，類似点を見いだすのは難しい (Kopp, 2009; Kaelin et al., 2012; Kronforst et al., 2012; Mallarino et al., 2016)．しかし，組織のなかで細胞が距離を測る仕組みや遺伝子発現の階層的な制御構造など，おそらく共通するメカニズムがあるはずであり，包括的なデータの比較によって，生物の多様性を生みだす仕組みが見えてくるのでは

ないだろうか.

謝　辞

　本章執筆の機会を与えてくださった関村利朗先生，H. Frederik Nijhout 先生，および中部大学の関係者の皆様，ミーティングで議論をしてくださった方々に心より御礼申し上げます．また分類学上の記述に関してご指導くださった戸田正憲先生，キノコについて教えてくださった白水貴先生，英文の原文の査読をしてくださった Arnaud Martin 先生，鈴木誉保先生，研究環境を提供してくださった船山典子先生に御礼申し上げます．本章の執筆の一部は科研費 (15K18586) および住友財団の支援により行われました.

引用文献

Arnoult L, Su KF, Manoel D, Minervino C, Magriña J, Gompel N and Prud'homme B (2013) Emergence and diversification of fly pigmentation through evolution of a gene regulatory module. Science 339: 1423-1426. doi: 10.1126/science.1233749

Begun DJ and Whitley P (2000) Genetics of alpha-amanitin resistance in a natural population of *Drosophila melanogaster*. Heredity 85: 184-190. 10.1046/j.1365-2540.2000.00729.x

Beldade P and Peralta CM (2017) Developmental and evolutionary mechanisms shaping butterfly eyespots. Curr Opin Insect Sci 19: 22-29. doi: 10.1016/j.cois.2016.10.006

Brakefield PM, Gates J, Keys D, Kesbeke F, Wijngaarden PJ, Monteiro A, French V and Carroll SB (1996) Development, plasticity and evolution of butterfly eyespot patterns. Nature 384: 236-242. doi: 10.1038/384236a0

Bunyard B and Foote BA (1990a) Acalyptrate Diptera reared from higher fungi in Northeastern Ohio. Entomol News 101: 117-121

Bunyard B and Foote BA (1990b) Biological notes on *Drosophila guttifera* (Diptera: Drosophilidae), a consumer of mushrooms. Entomol News 101: 161-163

Carroll SB, Gates J, Keys DN, Paddock SW, Panganiban GE, Selegue JE and Williams JA (1994) Pattern formation and eyespot determination in butterfly wings. Science 265: 109-114. doi: 10.1126/science.7912449

Chen Y, Weeks J, Mortin MA and Greenleaf AL (1993) Mapping mutations in genes encoding the two large subunits of *Drosophila* RNA polymerase II defines domains essential for basic transcription functions and for proper expression of developmental genes. Mol Cell Biol 13: 4214-4222. doi: 10.1128/MCB.13.7.4214

Cushing, JE (1941) An experiment in olfactory conditioning in *Drosophila guttifera*. Proc Natl Aca Sci USA 27: 496-499

Dombeck I and Jaenike J (2004) Ecological genetics of abdominal pigmentation in *Drosophila falleni*. Evolution 58: 587-596. doi: 10.1554/03-299

Fukutomi Y, Matsumoto K, Agata K, Funayama N and Koshikawa S (2017) Pupal development and pigmentation process of a polka-dotted fruit fly, *Drosophila guttifera* (Insecta, Diptera). Dev Genes Evol 227: 171-180. doi: 10.1007/s00427-017-0578-3

Fuyama Y (1979) A visual stimulus in the courtship of *Drosophila suzukii*. Experientia 35: 1327-1328

Gallant JR, Imhoff VE, Martin A et al (2014) Ancient homology underlies adaptive mimetic diversity across butterflies. Nat Commun 5: 4817. doi: 10.1038/ncomms5817

Gompel N, Prud'homme B, Wittkopp PJ, Kassner VA and Carroll SB (2005) Chance caught on the wing: *cis*-regulatory evolution and the origin of pigment patterns in *Drosophila*. Nature 433: 481-487. doi: 10.1038/nature03235

Gould SJ (1977) Ontogeny and phylogeny. Harvard University Press, Cambridge

Grossfield J (1977) *Drosophila* courtship: decapitated quinaria group females. J NY Entomol Soc 85: 119-126

Huber B, Whibley A, Poul YL, Navarro N, Martin A, Baxter S, Shah A, Gilles B, Wirth T, McMillan WO and Joron M (2015) Conservatism and novelty in the genetic architecture of adaptation in *Heliconius* butterflies. Heredity 114: 515-524. doi: 10.1038/hdy.2015.22

Izumitani HF, Kusaka Y, Koshikawa S, Toda MJ and Katoh T (2016) Phylogeography of the subgenus *Drosophila* (Diptera: Drosophilidae): evolutionary history of faunal divergence between the Old and the New Worlds. PLoS One 11: e0160051. doi: 10.1371/journal. pone.0160051

Joron M, Frezal L, Jones RT et al (2011) Chromosomal rearrangements maintain a polymorphic supergene controlling butterfly mimicry. Nature 477: 203-206. doi: 10.1038/nature10341

Kaelin CB, Xu X, Hong LZ et al (2012) Specifying and sustaining pigmentation patterns in domestic and wild cats. Science 337: 1536-1541. doi: 10.1126/science.1220893

Kopp A (2009) Metamodels and phylogenetic replication: a systematic approach to the evolution of developmental pathways. Evolution 63: 2771-2789. doi: 10.1111/j.1558-5646.2009. 00761.x

Koshikawa S (2015) Enhancer modularity and the evolution of new traits. Fly (Austin) 9: 155-159. doi: 10.1080/19336934.2016.1151129

Koshikawa S, Giorgianni MW, Vaccaro K, Kassner VA, Yoder JH, Werner T and Carroll SB (2015) Gain of *cis*-regulatory activities underlies novel domains of *wingless* gene expression in *Drosophila*. Proc Natl Acad Sci USA 112: 7524-7529. doi: 10.1073/pnas. 1509022112

Kronforst MR, Barsh GS, Kopp A et al (2012) Unraveling the thread of nature's tapestry: the genetics of diversity and convergence in animal pigmentation. Pigment Cell Melanoma Res 25: 411-433. doi: 10.1111/j.1755-148X.2012.01014.x

Kunte K, Zhang W, Tenger-Trolander A, Palmer DH, Martin A, Reed RD, Mullen SP and Kronforst MR (2014) *doublesex* is a mimicry supergene. Nature 507: 229-232. doi: 10.1038/ nature13112

Mallarino R, Henegar C, Mirasierra M, Manceau M, Schradin C, Vallejo M, Beronja S, Barsh GS and Hoekstra HE (2016) Developmental mechanisms of stripe patterns in rodents. Nature 539: 518-523. doi: 10.1038/nature20109

Martin A and Courtier-Orgogozo V (2017) Morphological evolution repeatedly caused by mutations in signaling ligand genes. In: Sekimura T, Nijhout F (ed) Diversity and evolution of butterfly wing patterns: an integrative approach, Springer, New York. doi: 10.1007/978-981-10-4956-9

Martin A and Reed RD (2010) *wingless* and *aristaless2* define a developmental ground plan for moth and butterfly wing pattern evolution. Mol Biol Evol 27: 2864-2878. doi: 10.1093/molbev/msq173

Martin A and Reed RD (2014) *Wnt* signaling underlies evolution and development of the butterfly wing pattern symmetry systems. Dev Biol 395: 367-378. doi: 10.1016/j.ydbio.2014. 08. 031

Martin A, Papa R, Nadeau NJ et al (2012) Diversification of complex butterfly wing patterns by repeated regulatory evolution of a *Wnt* ligand. Proc Natl Aca Sci U S A 109: 12632-12637. doi: 10.1073/pnas.1204800109

Markow TA and O'Grady PM (2006) *Drosophila*: a guide to species identification and use. Academic Press, New York

Mitchell CL, Saul MC, Lei L, Wei H and Werner T (2014) The mechanisms underlying *α*-amanitin resistance in *Drosophila melanogaster*: a microarray analysis. PLoS One 9: e93489. doi: 10.1371/journal.pone.0093489

Mitchell CL, Yeager RD, Johnson ZJ, D'Annunzio SE, Vogel KR and Werner T (2015) Long-term resistance of *Drosophila melanogaster* to the mushroom toxin alpha-amanitin. PLoS One 10: e0127569. doi:10.1371/journal.pone.0127569

Monteiro A (2015) Origin, development, and evolution of butterfly eyespots. Annu Rev Entomol 60: 253-271. doi: 10.1146/annurev-ento-010814-020942

Monteiro A, Glaser G, Stockslager S, Glansdorp N and Ramos D (2006) Comparative insights into questions of lepidopteran wing pattern homology. BMC Dev Biol 6: 52. doi: 10.1186/1471-213X-6-52

Nijhout HF (1991) The development and evolution of butterfly wing patterns. Smithsonian Institution Press, Washington DC

Nishikawa H, Iijima T, Kajitani R et al (2015) A genetic mechanism for female-limited Batesian mimicry in *Papilio* butterfly. Nat Genet 47: 405-409. doi:10.1038/ng.3241

O'Grady PM (2010) Whither *Drosophila*? Genetics 185: 703-705. doi: 10.1534/genetics.110. 118232

Patterson JT (1943) The Drosophilidae of the Southwest. Univ Texas Publ 4313: 7-216.

Patterson JT and Stone WS (1952) Evolution in the genus *Drosophila*. Macmillan Company, New York

Perlman SJ, Spicer GS, Shoemaker DD and Jaenike J (2003) Associations between mycophagous *Drosophila* and their *Howardula* nematode parasites: a worldwide phylogenetic shuffle. Mol Ecol 12: 237-249. doi: 10.1046/j.1365-294X.2003.01721.x

Rebeiz M and Williams TM (2017) Using *Drosophila* pigmentation traits to study the mechanisms of *cis*-regulatory evolution. Curr Opin Insect Sci 19: 1-7. doi: 10.1016/j.cois.2016.10. 002

Rebeiz M, Jikomes N, Kassner VA and Carroll SB (2011) Evolutionary origin of a novel gene expression pattern through co-option of the latent activities of existing regulatory sequences. Proc Natl Acad Sci U S A 108: 10036-10043. doi: 10.1073/pnas.1105937108

Rebeiz M, Patel NH and Hinman VF (2015) Unraveling the tangled skein: The evolution of transcriptional regulatory networks in development. Annu Rev Genomics Hum Genet 16: 103-131. doi: 10.1146/annurev-genom-091212-153423

Reed RD, Papa R, Martin A et al (2011) *optix* drives the repeated convergent evolution of butterfly wing pattern mimicry. Science 333: 1137-1141. doi: 10.1126/science.1208227

Riedel F, Vorkel D and Eaton S (2011) Megalin-dependent *yellow* endocytosis restricts melanization in the *Drosophila cuticle*. Development 138: 149-158. doi:10.1242/dev. 056309

Ringo JM and Hodosh RJ (1978) A multivariate analysis of behavioral divergence among closely related species of endemic Hawaiian *Drosophila*. Evolution 32: 389-397. doi: 10.1111/j.1558-5646.1978.tb00654.x

Rubinstein M and de Souza FSJ (2013) Evolution of transcriptional enhancers and animal diversity. Phil Trans R Soc B 368(1632): 20130017. doi:10.1098/rstb.2013.0017

Singh AP and Nüsslein-Volhard C (2015) Zebrafish stripes as a model for vertebrate colour pattern formation. Curr Biol 25: R81-R92. doi: 10.1016/j.cub.2014.11.013

Spicer GS and Jaenike J (1996) Phylogenetic analysis of breeding site use and α-amanitin tolerance within the *Drosophila quinaria* species group. Evolution 50: 2328-2337. doi: 10.2307/2410701

Stavenga DG, Giraldo MA and Leertouwer HL (2010) Butterfly wing colors: glass scales of *Graphium sarpedon* cause polarized iridescence and enhance blue/green pigment coloration of the wing membrane. J Exp Biol 213:1731-1739. doi: 10.1242/jeb.041434

Stump AD, Jablonski SE, Bouton L and Wilder JA (2011) Distribution and mechanism of α-amanitin tolerance in mycophagous *Drosophila* (Diptera: Drosophilidae). Environ Entomol 40: 1604-1612. doi: 10.1603/EN11136

Sturtevant AH (1921) The North American species of *Drosophila*. Carnegie Institution of Washington, Washington DC

Sturtevant AH (1942) The classification of the genus *Drosophila*, with the description of nine new species. Univ Texas Publ 4213: 5-51

The Heliconius Genome Consortium (2012) Butterfly genome reveals promiscuous exchange of mimicry adaptations among species. Nature 487: 94-98. doi:10.1038/nature11041

Throckmorton LH (1962) The problem of phylogeny in the genus *Drosophila*. Univ Texas Publ 6205: 207-343

Throckmorton LH (1975) The phylogeny, ecology, and geography of *Drosophila*. Handbook of Genetics (King RC, ed), vol 3. 421-469.

Toda, MJ (2017) DrosWLD-Species: taxonomic information database for world species of Drosophilidae. Available at: http://bioinfo.lowtem.hokudai.ac.jp/db/Accessed 25 Jan 2017

True JR, Edwards KA, Yamamoto D and Carroll SB (1999) *Drosophila* wing melanin patterns form by vein-dependent elaboration of enzymatic prepatterns. Curr Biol 9: 1382-1391. doi: 10.1016/S0960-9822(00)80083-4

Walker F (1849) List of specimens of dipterous insects of the collection of the British Museum. Part 4. 689-1172. British Museum (N.H.), London

Werner T and Jaenike J (2017) Drosophilids of the Midwest and Northeast. River Campus Libraries, University of Rochester, Rochester

Werner T, Koshikawa S, Williams TM and Carroll SB (2010) Generation of a novel wing colour pattern by the Wingless morphogen. Nature 464: 1143-1148. doi: 10.1038/nature08896

West-Eberhard MJ (2003) Developmental plasticity and evolution. Oxford University Press, Oxford

Wittkopp PJ, True JR and Carroll SB (2002) Reciprocal functions of the *Drosophila* Yellow and Ebony proteins in the development and evolution of pigment patterns. Development 129: 1849-1858

Yamaguchi J, Banno Y, Mita K, Yamamoto K, Ando T and Fujiwara H (2013). Periodic *Wnt1* expression in response to ecdysteroid generates twin-spot markings on caterpillars. Nat Commun 4: 1857. doi: 10.1038/ncomms2778

Yassin A (2013) Phylogenetic classification of the Drosophilidae Rondani (Diptera): the role of morphology in the postgenomic era. Sys Entomol 38: 349-364. doi: 10.1111/j.1365-3113.2012.00665.x

Yeh SD, Liou SR and True JR (2006) Genetics of divergence in male wing pigmentation and courtship behavior between *Drosophila elegans* and *D. gunungcola*. Heredity 96: 383-395. doi:10.1038/sj.hdy.6800814

17章
トンボの色覚と体色の多様性に関わる分子機構

二橋 亮

要 約

トンボは大きな複眼をもち，体色の多様性に富む昼行性の昆虫である．視覚をもとに雌雄や別種を見分けるため，体色は生態や繁殖行動において重要な役割を果たしている．本章では，トンボの色覚と体色形成に関する最近の知見を紹介する．最初に種内多型の例として，日本産カワトンボ属2種 (ニホンカワトンボとアサヒナカワトンボ) を取り上げる．この2種には，翅色に多型が見られ，多型の組み合わせが地域によって異なっている．この複雑な地域多型は，異種間の交尾を避けるために，形質置換が連続的に生じている結果と考えられている．次に，12種のトンボの網羅的な遺伝子解析によって筆者らが発見した色覚に関わるオプシン遺伝子のトンボにおける極端な多様性を紹介する．オプシン遺伝子の同定を正確に行うにあたっては，遺伝子配列を手作業で精査することが必須であると考えられた．それぞれのオプシン遺伝子は，成虫と幼虫の間，および成虫複眼の背側と腹側の間で，発現パターンが全く異なっており，水中生活を行い幼虫と空中を飛び回る成虫の生態や行動の違いを反映していると考えられた．また，オプシン遺伝子はトンボの種間で多様性が見られ，それぞれの種の生息環境や行動の違いと関連している可能性が考えられた．最後に，筆者らが発見したアカトンボの黄色から赤色への体色変化メカニズムを紹介する．この体色変化は，性特異的なオモクローム色素の酸化還元状態の違いによって制御されていた．これは，動物の体色変化メカニズムとして従来知られていないものであった．トンボにおける遺伝子機能解析系の確立が，今後の研究を進めるうえでの課題であろう．

キーワード

トンボ (dragonfly), 体色多型 (color polymorphism), 形質置換 (character displacement), オプシン (opsin), 色覚 (color vision), 色素 (pigment), 酸化還元反応 (redox), オモクローム (ommochrome).

17-1　はじめに

　トンボは, チョウと並んで最も色彩多様性の見られる昆虫の一つであり, 古くから生態学的, 進化学的な側面から着目されてきた (Tillyard, 1917; Corbet, 1999; Bybee et al., 2016). トンボは, 一般の人々にも馴染みが深く, 例えば日本ではほとんどの人が「赤とんぼ」や「とんぼのめがね」の歌を知っている (上田, 2004; 井上・谷, 2010). この本で紹介されているように, チョウの翅や幼虫体表の模様形成メカニズムが急速に解明されている一方で, トンボの色や模様を作る分子機構に関しては, ちょうど研究が開始された段階とも言えよう.

17-2　相手の認識におけるトンボの体色の重要性

　トンボは他の多くの昆虫と異なり, 成虫の体色が成熟過程で劇的に変化する種が多い (多くの場合, 雌雄で異なる体色を示すようになる). 例えば, アカトンボ［アキアカネ (*Sympetrum frequens*) などの赤くなるトンボの総称］の仲間では, オスは成熟すると体色が黄色から赤色へと変化するが, メスは生涯を通じて黄色っぽい個体が多い (図 17-1a-c). さらに, 同種内のメスもしくはオスのなかに体色多型が存在する例も多く知られており (図 17-1c-f, i-n), いくつかの種では多型が遺伝的に制御されていることが知られている (Futahashi, 2016a). 野外で稀に見つかるギナンドロモルフ (雌雄モザイク) の個体では, 雌雄の体色がモザイク状に現れることから, 性特異的な体色形成は基本的に細胞ごとに制御されていることが考えられる (図 17-1g, h).

　トンボの成虫の体色は, 雌雄や種の認識に重要であることが, 生態学的な研究から明らかになっている (Corbet, 1999; Svensson et al., 2007, 2014; Cordoba-Aguilar, 2008; Takahashi et al., 2014; Beatty et al., 2015; Drury et al., 2015). 体色の似た個体間 (異種間やオス同士) で連結や交尾が見られること

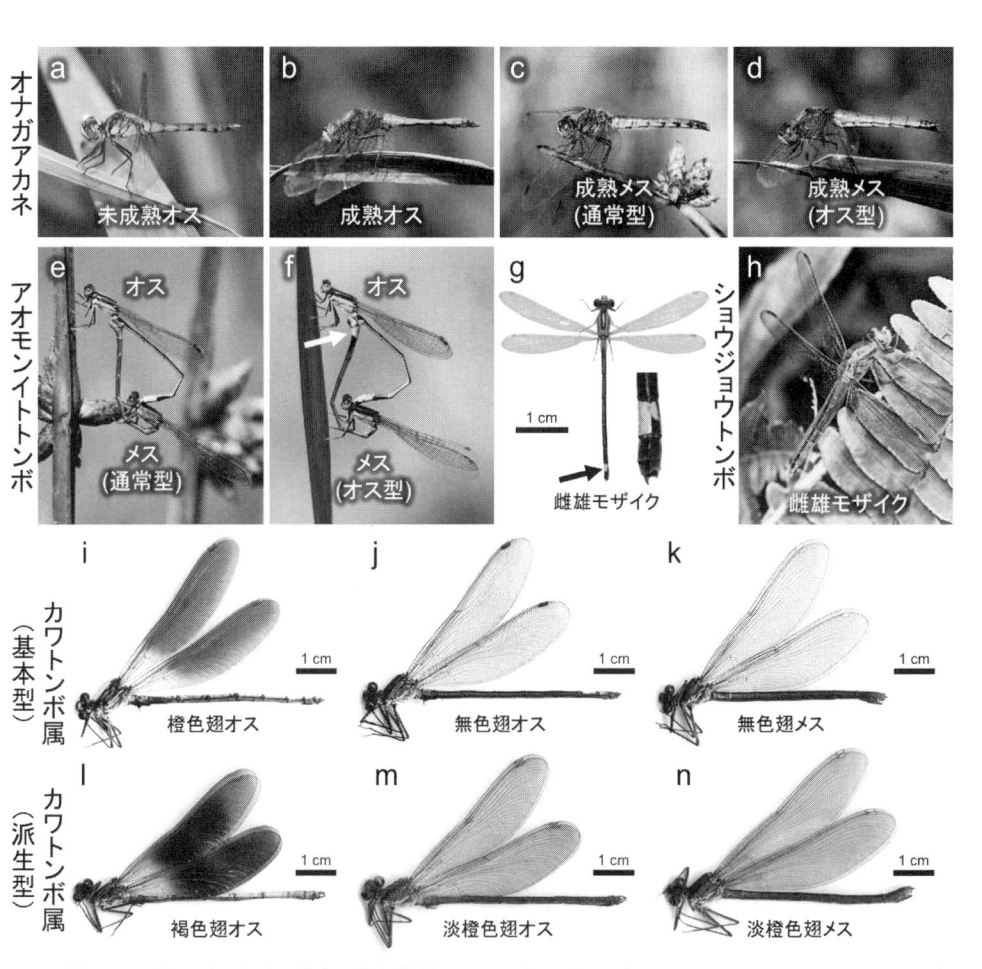

図 17-1　トンボにおける種内の体色多型．(a-d) オナガアカネ (*Sympetrum cordulegaster*) における雌雄の体色の違い，オスの体色変化，およびメスの体色多型．(e-f) アオモンイトトンボ (*Ischnura senegalensis*) におけるメスの体色多型．矢印はオスとオス型メスで見られる水色斑．(g) アオモンイトトンボの雌雄モザイク．大部分はメスの体色を示すが，左側腹端 (矢印) にオスの体色と付属器の特徴が見られる (写真：杉村光俊氏提供)．(h) ショウジョウトンボの雌雄モザイク．左側を中心にオスの体色が見られ，右側前方にメスの体色が見られる (写真：田中浩二氏提供)．(i-n) カワトンボ属の翅色多型．なわばりオスは橙色翅 (i) もしくは褐色翅 (l) で，メス型オスは無色翅 (j) もしくは淡橙色翅 (m)．メスは無色翅 (k) もしくは淡橙色翅 (n)．(i-k, m, n) ニホンカワトンボ．(l) アサヒナカワトンボ．図 17-3 も参照 (口絵参照)．

があり (図 17-2 a-c)，野外で種間雑種が発見されることもある (図 17-2 d-f)
(Corbet, 1999; 二橋, 1999; 二橋・二橋, 2007; 守安・杉村, 2007; 尾園ほか,
2012; Sanchez-Guillen et al., 2014; Futahashi, 2016a). 種間雑種の親の組み合
わせは，両親由来の核 DNA と母親由来のミトコンドリア DNA の解析から判

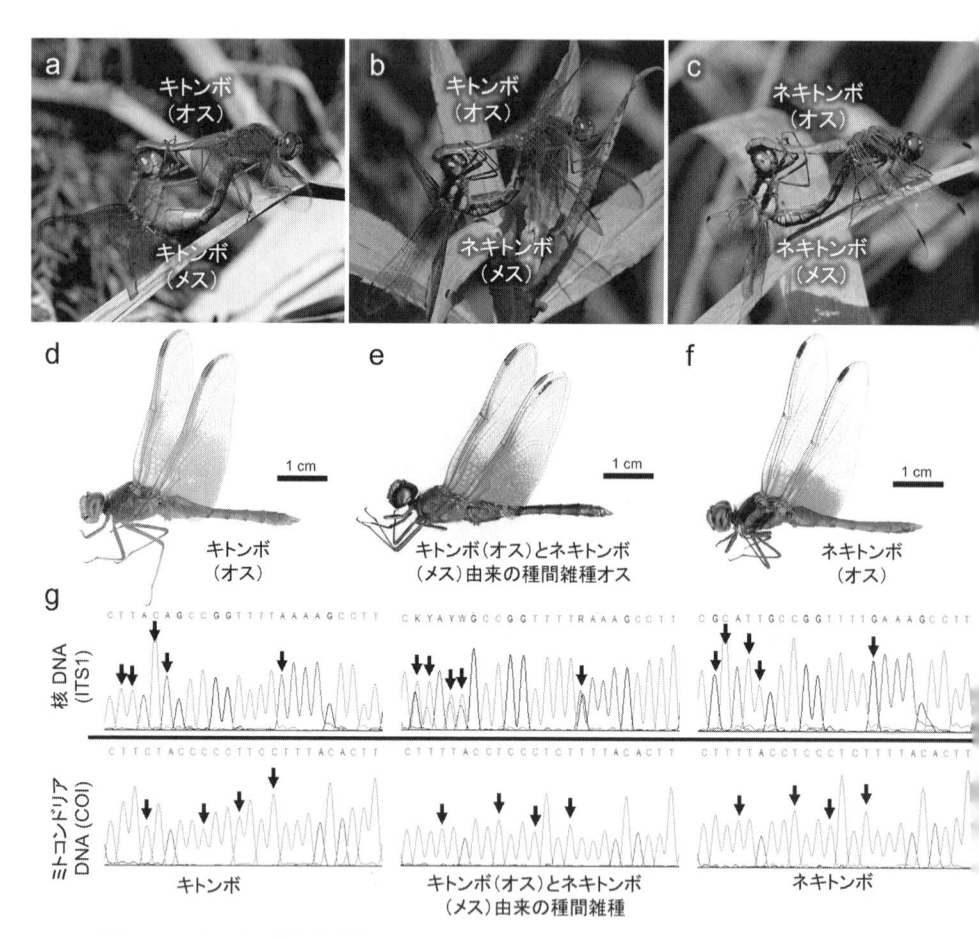

図 17-2　トンボの異種間交尾．(a) キトンボ (*Sympetrum croceolum*) の交尾．(b) キトンボ
のオスとネキトンボ (*Sympetrum speciosum*) のメスの異種間交尾．尾園ほか (2012) を改変．
(c) ネキトンボの交尾．(d) キトンボのオス．(e) キトンボのオスとネキトンボのメス由来の
種間雑種オス．(f) ネキトンボのオス．(g) キトンボ，種間雑種，ネキトンボにおける核
DNA およびミトコンドリア DNA の解析．核 DNA のマーカーとして ITS1 領域，ミトコン
ドリア DNA のマーカーとして COI を使用．矢印は種特異的な塩基配列．

定することが可能である (図 17-2 g). なお, マユタテアカネ (*Sympetrum eroticum*) ではオスが別種のメスを捕えやすい傾向があるなど, 交雑の組み合わせには方向性があることが示唆されている (二橋, 1999; Futahashi and Hayashi, 2004a). トンボでこのような誤認連結が多いのは, 聴覚や嗅覚が弱い (鼓膜器官が存在せず, 触角も未発達である. Yager, 1999; Cocroft and Rodriguez, 2005) ことに起因するのかもしれない.

17-3　カワトンボ属の翅色多型と形質置換

　体色の似た近縁種が同所的に生息する際に, それぞれの種が単独で生息するときよりも体色の種差が大きくなる例も知られており, これは近縁種間の交尾や闘争を避けるために形質置換が生じた結果と考えられている (Waage, 1975; Suzuki, 1984; Tynkkynen et al., 2004; 林ほか, 2004b; Drury and Grether, 2014; Hassall, 2014; Tsubaki and Okuyama, 2016). ここでは, 日本に生息するカワトンボ属 2 種 ［ニホンカワトンボ (*Mnais costalis*) とアサヒナカワトンボ (*Mnais pruinosa*)］の例を紹介する (Hayashi et al., 2004a; 林ほか, 2004b; 尾園ほか, 2012). これら 2 種は核 DNA のリボソーム DNA (ITS1) 領域の塩基配列の違い, オス成虫の頭幅に対する翅長の比率, 翅の縁紋の形, 幼虫の尾鰓の形で区別が可能である. 一方で, 野外で種間雑種が発見されており, 2 種間でミトコンドリア DNA の種間浸透が複数の地域で並行して生じていることが報告されている (Hayashi et al., 2004a; 二橋・林, 2004b; Hayashi et al., 2005). 両種ともに, 複雑な翅の多型が存在し (図 17-1 i-n, 図 17-3), どちらも橙色翅オス, 無色翅オス, 無色翅メスの組み合わせが基本型となっている (図 17-1 i-k) (Asahina, 1976; 林ほか, 2004b; 尾園ほか, 2012). ニホンカワトンボのオスの橙色と無色の多型は, 橙色型が優性の 1 遺伝子座のメンデル遺伝に従うと考えられている (Tsubaki, 2003). 生態学的な研究から, 橙色翅のオスはなわばりを作るのに対して, 無色翅のオスはメスに擬態し, 基本的になわばりを作らないことが報告されている (Nomakuchi et al., 1984; Tsubaki et al., 1997; 林ほか, 2004b).

　これら三つの基本型に加えて, 地域集団によってはさらに三つの翅色型 (アサヒナカワトンボの褐色翅オス, ニホンカワトンボの淡橙色翅オス, ニホンカワトンボの淡橙色翅メス) が出現する (図 17-1l-n) (Asahina, 1976; 林ほか,

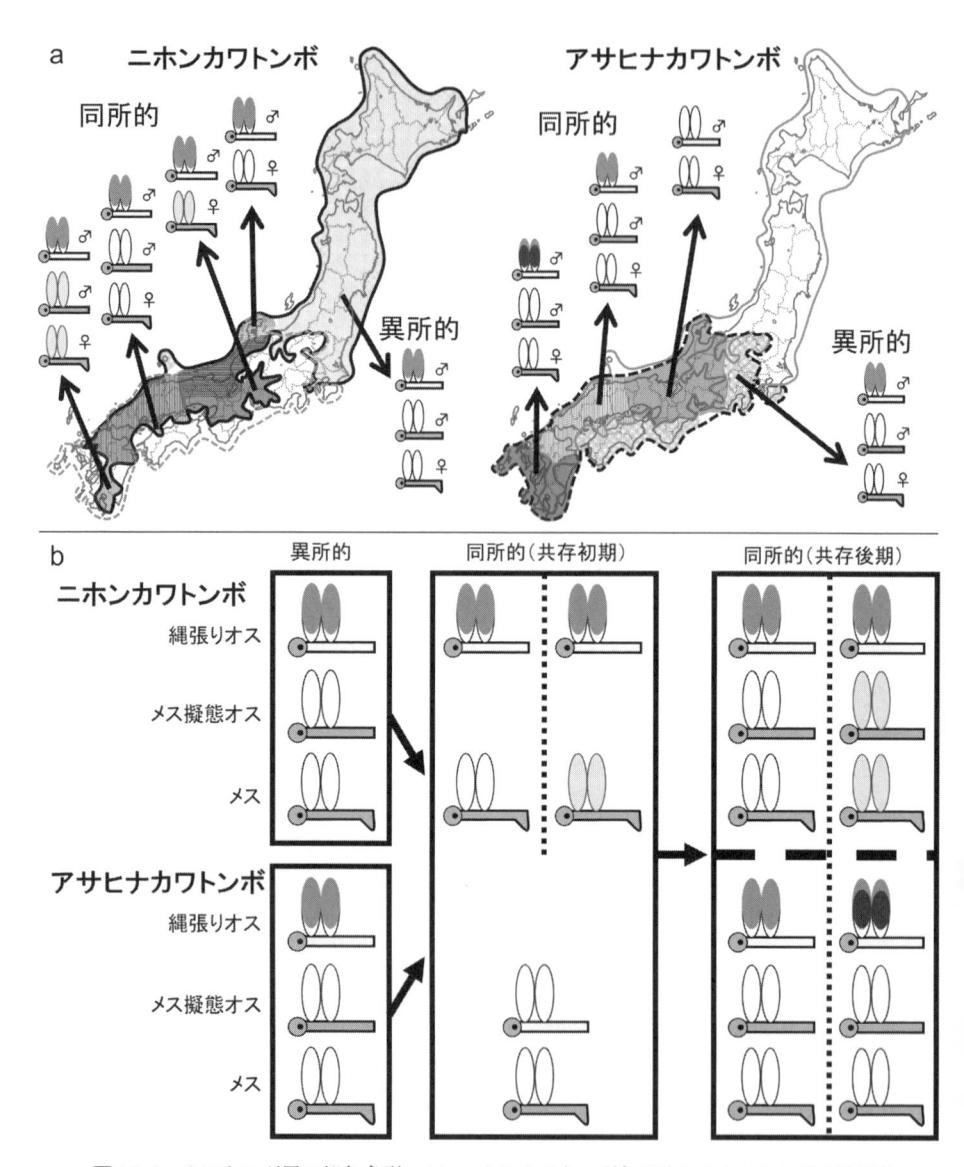

図 17-3　カワトンボ属の翅色多型．(a) ニホンカワトンボとアサヒナカワトンボの地理的多型．(b) 翅色多型の進化モデル．それぞれの型の写真は図 17-1 (i-n) を参照．図 17-3 (a) に示すように，翅色多型は共存域の地域によって異なり，淡橙色型のオスとメスは，無色翅型のオスとメスと一緒に見られることが多い．例えばニホンカワトンボは地域によってはオスに三型 (橙色翅，淡橙色翅，無色翅)，メスに二型 (淡橙色翅，無色翅) が同時に出現する．林ほか (2004b)，尾園ほか (2012) を改変．

2004b; 尾園ほか, 2012). その結果, ニホンカワトンボではオスの翅色に三型 (橙色翅, 淡橙色翅, 無色翅), メスの翅色に二型 (淡橙色翅, 無色翅) が見られ, アサヒナカワトンボではオスの翅色に三型 (褐色翅, 橙色翅, 無色翅), メスの翅色に一型 (無色翅) が見られる. 興味深いことに, 翅色は腹部の体色とも相関が見られ, 成熟したなわばりオス (橙色翅もしくは褐色翅) は腹部が白っぽいのに対して (図 17-1 i, l), メス型オスやメス (無色翅もしくは淡橙色翅) は腹部が金緑色である (図 17-1 j, k, m, n) (Asahina, 1976; 林ほか, 2004b; 尾園ほか, 2012). なお, これら以外に房総半島のアサヒナカワトンボの集団で翅全体が白濁する型 (白濁橙色翅オス, 白濁翅オス, 白濁翅メス) が知られていたが (Asahina, 1976), この型は現在ではほぼ絶滅状態と考えられている (二橋・林, 2004b; 尾園ほか, 2012).

　カワトンボ属の翅色多型の地域変異は, 2 種の共存状態と関連している (Suzuki, 1984; 林ほか, 2004b; Tsubaki and Okuyama, 2016). どちらの種も, 単独で生息している地域では, 橙色翅オス, 無色翅オス (メス型オス), 無色翅メスの基本型の組み合わせからなる (図 17-3 a). 2 種が共存する中部日本では, ニホンカワトンボのオスは基本的に橙色翅のみ, アサヒナカワトンボのオスは基本的に無色翅のみとなっている (図 17-3 a). また, ニホンカワトンボでは太平洋側を中心にメスの翅色が淡橙色型へと変化しており, これらの地域では雌雄ともに翅色によって 2 種の区別が可能になっている (図 17-3 a). 翅色の違いに加えて, 中部日本のニホンカワトンボのオスは, 同所的に生息するアサヒナカワトンボや単独生息域 (東日本) のニホンカワトンボ集団よりも体サイズが大きく, より開放的な生息環境を好むことから, 異種間の交配を避けるために形質置換が複数の点で生じていることが考えられる (Tsubaki and Okuyama, 2016). ところが, 西日本では 2 種が混生しているにもかかわらず, ニホンカワトンボとアサヒナカワトンボともに, なわばりオスとメス型オスの両方が見られる. 興味深いことに, 西日本のニホンカワトンボでは, この地域のメスに合わせて 2 種類のメス型オス (無色翅と淡橙色翅) が出現する (図 17-3). 九州南西部では, アサヒナカワトンボのなわばりオスは, 橙色翅のかわりに褐色翅となっており, この地域ではニホンカワトンボのメスとメス型オスは淡橙色翅のみとなっているため, 翅色だけで 2 種の区別が可能となっている (図 17-3 b, 右端). 西日本の共存域で, 2 種ともに翅色

多型が維持されている理由は不明であるが，ミトコンドリア DNA の種間浸透の度合いが西日本では中部日本よりも小さいことが知られており (Hayashi et al., 2005)，西日本では繁殖隔離機構がより強固になっているのかもしれない.

　このような複雑な翅色多型に関して，以下のような段階的な形質置換モデルが提唱されている (林ほか，2004b). ① どちらも単独で生息しているときは，橙色翅オス，無色翅オス，無色翅メスの組み合わせからなる. ② 2種の共存初期 (中部日本) では，オスの翅色が種間で異なるように固定される (ニホンカワトンボは橙色翅のみ，アサヒナカワトンボは無色翅のみ). また，ニホンカワトンボのメスの翅色が淡橙色になると2種の形質置換がより顕著になる. なお，中部日本のアサヒナカワトンボでは，無色翅オスの腹部がなわばりオスのように白っぽくなり，状況に応じてなわばり戦略をとることが知られている (図 17-3b，中央) (Siva-Jothy and Tsubaki, 1989; 林ほか，2004b). ③ 2種が共存して時間が経つと，生殖隔離が強くなるためか，西日本では再び2種ともになわばりオス (橙色翅もしくは褐色翅) とメス型オス (無色翅もしくは淡橙色翅) が出現する. この際に，ニホンカワトンボでは淡橙色翅型のメスにあわせて，単独生息域では存在しなかった淡橙色翅型のオスが2次的に出現したことが予想される. 一方で，アサヒナカワトンボの褐色翅に関しては，いったん失われた翅色がモデルなしに再構築されたため，通常の橙色翅とは異なる表現型になった可能性がある.

　カワトンボの翅の橙色はチロシン由来であり，メラニン関連色素であると考えられている (Hooper et al., 1999). メラニン前駆体のドーパミンは神経伝達物質としても知られていることから，メラニン合成に関わる遺伝子が，翅色となわばり行動の多型に関与している可能性が考えられる. 今後，翅色多型の分子基盤の解明が望まれる.

17-4　トンボにおける多数のオプシン遺伝子の同定

　トンボは環境や餌，天敵，競争相手，雌雄などを視覚的に認識する. トンボの視覚に関しては，電気生理学的な側面から研究されてきた. 光の点滅を用いた臨界融合頻度解析から，トンボの動体視力は非常によくて 1/300 秒間隔の光の点滅を見分けられると報告されている (McFarland and Lowe, 1983). その一方で，複眼の構造から考えると，視力は意外に悪くて 0.01 程度と言わ

れている (Kirschfeld, 1976).　時間分解能 (動体視力) と空間分解能 (視力) 以外に，視覚の重要な要素として，光の異なる波長を見分ける能力，すなわち色覚があげられる．電気生理学的な研究から，トンボには3〜5種類の色受容細胞が存在することが示唆されていた (Autrum and Kolb, 1968; Eguchi, 1971; Meinertzhagen et al., 1983; Yang and Osorio, 1991; Bybee et al., 2012; Huang et al., 2014).

　動物の色覚の多様性に重要な役割を果たす遺伝子として，オプシン遺伝子が有名である (Briscoe and Chittka, 2001; Terakita, 2005; Briscoe, 2008; Shichida and Matsuyama, 2009; Hering et al., 2012; Cronin et al., 2014).　異なる種類のオプシン遺伝子は，一般的に異なる波長に感度をもつ光センサーを作り出す．例えば，ヒトでは青色，緑色，赤色に対応する3種類のオプシン遺伝子をもっており，三原色で世の中を見ることができる．一方，ミツバチやショウジョウバエでは，紫外線に対応するオプシン遺伝子をもっているが，赤色に対応するオプシン遺伝子をもたないため，紫外線は見えるが赤色を灰色と区別できない．これまでの研究から，大部分の動物では，2〜5種類のオプシン遺伝子が色覚に関わっていると考えられてきた (Cronin et al., 2014).

　筆者らは，次世代シーケンサーを用いたトンボの幼虫と成虫の視覚器官の網羅的な遺伝子解析 (RNAseq) によって，トンボでは極めて多数のオプシン遺伝子をもつことを発見した (Futahashi et al., 2015).　最初にアキアカネ (トンボ科) の視覚器官を用いて解析を行った．Trinity というソフトを用いてオプシン遺伝子配列をコンピュータで構築した結果，オプシン遺伝子と相同性のあるコンティグ (DNA の断片配列から構築されたコンセンサス配列) が60種も得られた．しかし，これらのコンティグの配列を精査したところ，キメラになっているものや，部分長のみ同定されているものが多数含まれていた (図 17-4a)．筆者らは，同様にシオカラトンボ (Orthetrum albistylum) (トンボ科) のオプシン遺伝子を解析したところ，オプシン遺伝子と相同性のあるコンティグが144種も得られ，キメラのパターンがアキアカネとは全く異なることが確認された (図 17-4a)．他の遺伝子も調べてみた結果，配列のよく似たパラログ遺伝子が存在する場合，キメラが生じて配列が正確に構築できないことが確認された．

　この問題を克服するため，Integrative Genomics Viewer (Thorvaldsdottir et

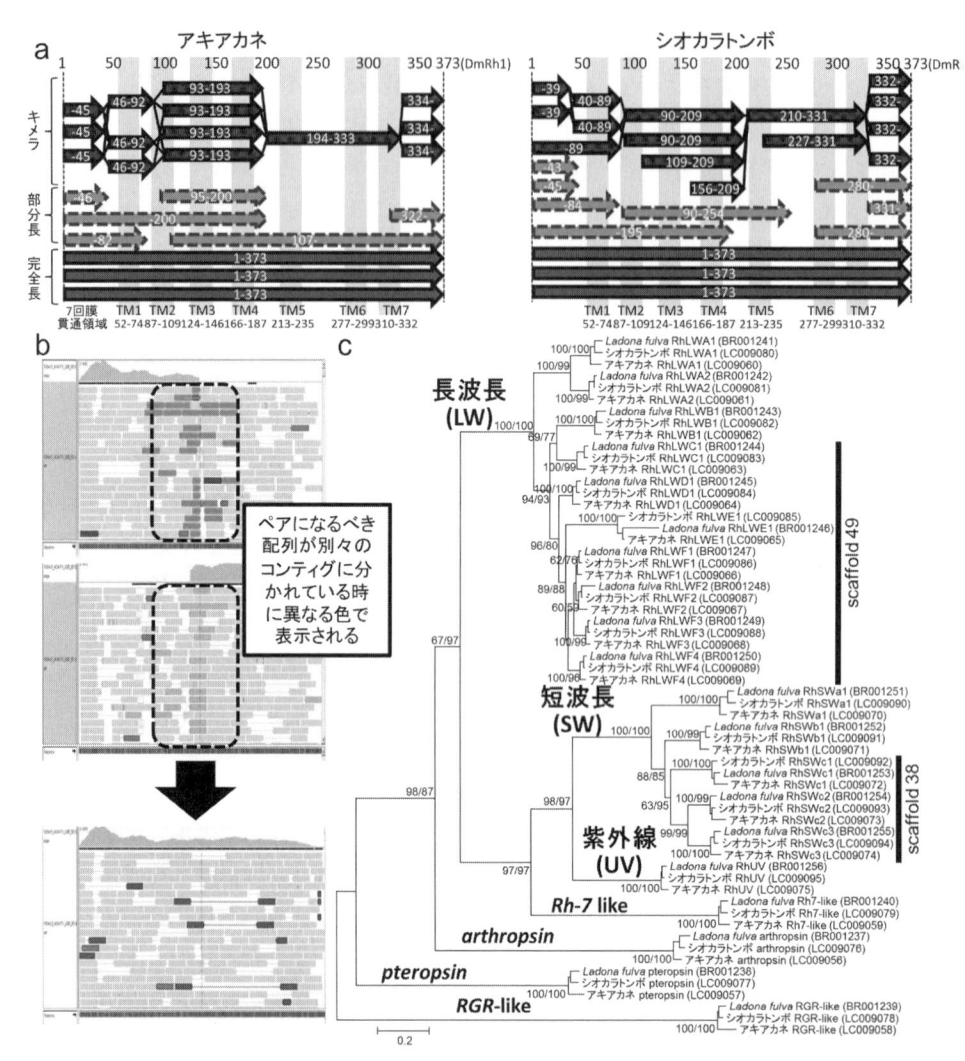

図17-4　トンボ科3種における20種のオプシン遺伝子の同定と手作業による改訂．(a) 手作業による補正前のオプシン遺伝子配列をコンピュータで構築した結果．長波長タイプのオプシン遺伝子をキイロショウジョウバエ (*Drosophila melanogaster*) の *ninaE/Rh1* 遺伝子との相同性を基に整列させた．(b) Integrative Genomics Viewer を用いた手作業による改訂作業．(c) トンボ科3種のオプシン遺伝子の分子系統樹．アミノ酸配列795残基を基に作成した．近隣結合法と最尤法のブートストラップ値を示した．それぞれの配列のアクセッション番号をカッコ内に示した．長波長タイプのオプシン7種 (*LWC1, LWD1, LWE1* および *LWF1-F4*) と短波長タイプのオプシン3種 (*SWc1-c3*) はトンボ科の一種 *Ladona fulva* のゲノム上で並んで存在している．二橋 (2016b) を改変．

al., 2013) というソフトを用いて，コンティグの配列の改訂を手作業で行った (図 17-4 b)．この過程で，配列の似た複数のパラログ遺伝子の間では，配列が一つに統合されてしまい，部分的に配列情報が欠落する事例が多いことが判明した (二橋, 2016b)．手作業で改訂した配列情報は，RT-PCR と DNA シーケンスによって確認作業を行った．このようにして，アキアカネとシオカラトンボの 2 種に関しては，どちらも合計 20 種類 (紫外線タイプ 1 種，短波長タイプ 5 種，長波長タイプ 10 種，非視覚型 4 種) について全長と思われる配列を得ることに成功した (図 17-4 c)．そのころに，トンボ科ヨツボシトンボ属の一種 *Ladona* (= *Libellula*) *fulva* のドラフトゲノム配列が公開されたので，オプシン遺伝子の探索を行ったところ，アキアカネ，シオカラトンボと全く同じ 20 種類のオプシン遺伝子のみが存在することが確認された (図 17-4 c)．分子系統解析の結果，これら 20 種のオプシン遺伝子は，それぞれ単系統を形成したことから (図 17-4 c)，トンボ科のトンボは，基本的に 20 種のオプシン遺伝子をもつことが明らかになった．

　トンボのオプシン遺伝子は，昆虫のなかでは際立って多いことが明らかになった (図 17-5 a)．トンボは，どうして極端に多いオプシン遺伝子をもっているのだろうか．トンボの複眼の構造は，幼虫と成虫，さらに成虫の背側と腹側で大きく異なっている (図 17-5 b-c) (Labhart and Nilsson, 1995)．アキアカネを用いた電気生理学的な解析から，複眼背側は紫外線 (300 nm) から青緑色 (500 nm) までの主に短波長領域を認識するのに対して，複眼腹側は紫外線から赤色 (620 nm) までの幅広い波長領域を認識することが確認された (図 17-5 d)．興味深いことに，大部分のオプシン遺伝子は，幼虫もしくは成虫のどちらか一方だけで発現しており，さらに成虫で発現するオプシン遺伝子は，複眼背側，複眼腹側，単眼のどこか 1 カ所のみで発現することが明らかになった (17-6)．成虫では多くの種類のオプシン遺伝子が発現するのに対して，幼虫では発現するオプシン遺伝子の種類が少なく，視覚への依存度の少ない水中生活を反映していることが考えられた．成虫の複眼においては，実際の光の応答感度の違い (図 17-5 d) に対応して，短波長タイプのオプシンは主に背側で，長波長タイプのオプシンは主に腹側で発現することが確認された．この結果は，複眼背側では空から直接届く光 (短波長成分が多い) を受容するのに対して，複眼腹側では地表の物体からの反射光 (長波長成分を多く含む)

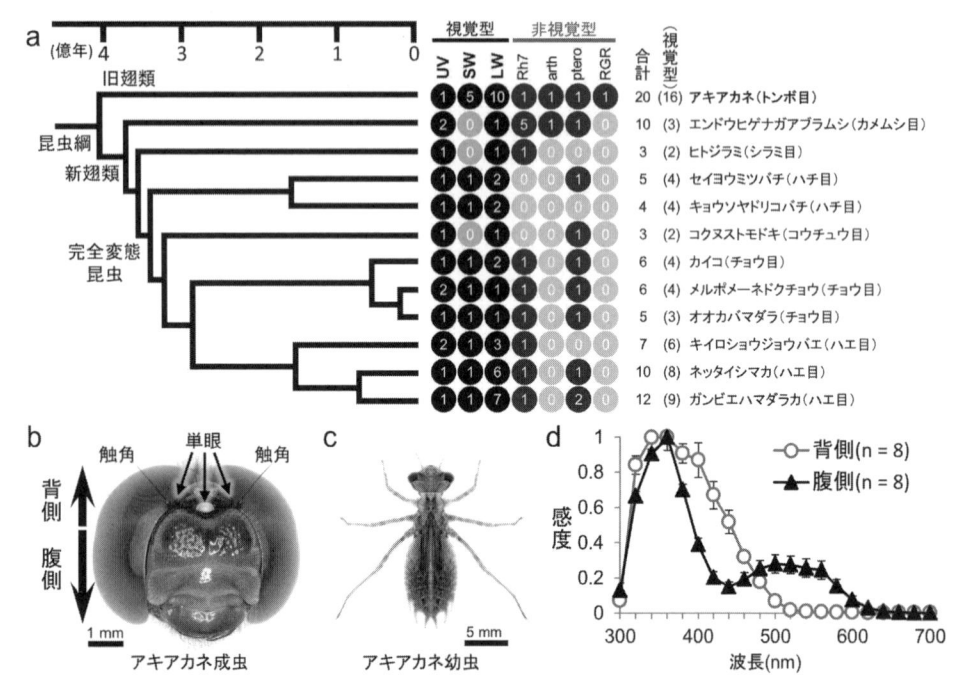

図 17-5 昆虫のオプシン遺伝子とアキアカネ複眼の分光感度. (a) 昆虫における紫外線タイプ，短波長タイプ，長波長タイプ，rhodopsin7 タイプ (Rh7)，arthropsin タイプ (arth)，pteropsin タイプ (ptero)，retinal G-protein coupled receptor タイプ (RGR) のオプシン遺伝子の数を示した．昆虫の系統樹は Misof et al. (2014) を参考に作製した. (b) アキアカネ成虫頭部の正面図. (c) アキアカネ幼虫 (写真；尾園暁氏提供). (d) アキアカネ成虫複眼の背側と腹側の分光感度. Futahashi et al. (2015) を改変.

を受容することを反映しているものと考えられる.

17-5　トンボの種間のオプシン遺伝子の多様性

　トンボの体色や行動，生息環境には種間で多様性が見られる (Corbet, 1999; 尾園ほか, 2012). トンボの種間のオプシン遺伝子の多様性を調べるため，さらに次の 10 科 10 種のトンボで同様に解析を行った．タカネトンボ (*Somatochlora uchidai*) (エゾトンボ科)，コヤマトンボ (*Macromia amphigena*) (ヤマトンボ科)，オニヤンマ (*Anotogaster sieboldii*) (オニヤンマ科)，ムカシヤンマ (*Tanypteryx pryeri*) (ムカシヤンマ科)，ヤマサナエ (*Asiagomphus melaenops*)

(サナエトンボ科)，ギンヤンマ (*Anax parthenope*) (ヤンマ科)，ムカシトンボ (*Epiophlebia superstes*) (ムカシトンボ科)，アジアイトトンボ (*Ischnura asiatica*) (イトトンボ科)，ニホンカワトンボ (*Mnais costalis*) (カワトンボ科)，ホソミオツネントンボ (*Indolestes peregrinus*) (アオイトトンボ科) (図 17-6) (Futahashi et al., 2015)．最初の 6 種は不均翅亜目，最後の 3 種は均翅亜目，ムカシトンボはムカシトンボ亜目に属する (尾園ほか，2012; 二橋，2014)．解析の結果，オプシン遺伝子の数は，15 から 33 とトンボの種間で非常に多様化していた (図 17-6)．

　RNAseq の大きな利点の一つとしては，遺伝子の網羅的な発現量のデータが簡便に得られることがあげられる．分子系統樹と発現パターンから，短波長タイプのオプシンを三つ (a, b, c)，長波長タイプのオプシンを六つ (A, B, C, D, E, F) に分けることが可能であった (図 17-6)．なお，非視覚型オプシンは，幼虫および成虫の視覚器官ではほとんど発現していなかった (Futahashi et al., 2015)．オプシン遺伝子の時期および領域特異的な発現は，次のように多くのトンボで保存されていた．① グループ a の短波長タイプのオプシン遺伝子，およびグループ B と C の長波長タイプのオプシン遺伝子は，主に幼虫で発現していた．② グループ b の短波長タイプのオプシン遺伝子，およびグループ F の長波長タイプのオプシン遺伝子は，主に成虫の複眼腹側で発現していた．③ グループ c の短波長タイプのオプシン遺伝子，およびグループ E の長波長タイプのオプシン遺伝子は，主に成虫の複眼背側で発現していた．④ グループ D の長波長タイプのオプシン遺伝子は，成虫の単眼で特異的に発現していた (図 17-6)．なお，均翅亜目では，オプシン遺伝子の背腹間での発現の違いは不明瞭であった (図 17-6)．

　興味深いことに，種によっては特定のグループのオプシン遺伝子の欠落に伴い，他のグループのオプシン遺伝子が補完的に発現している例が確認された．例えば，単眼で発現するグループ D のオプシン遺伝子をもたない種 (ギンヤンマ，ヤマサナエ，オニヤンマ) では，グループ C や E の遺伝子 (の一部) が単眼で発現するようになっていた．トンボ科の一種 *L. fulva* のゲノムではグループ C, D, E, F の遺伝子が並んで存在していたことから，これらの遺伝子間で染色体の再編成が生じて，系統特異的な発現パターンを示すようになったのかもしれない．このように，トンボでは異なる光環境に合わせて，

異なるオプシン遺伝子を使い分けており，オプシン遺伝子数の著しい増加がその基盤となっていることが考えられた．

　オプシン遺伝子の種数や組み合わせはトンボの種ごとに異なっており，それぞれの種の生息環境や行動と関連している可能性が考えられた．例えば，幼虫が砂に潜ったり，穴に潜って生活する種類 (ヤマサナエ，ムカシヤンマ，

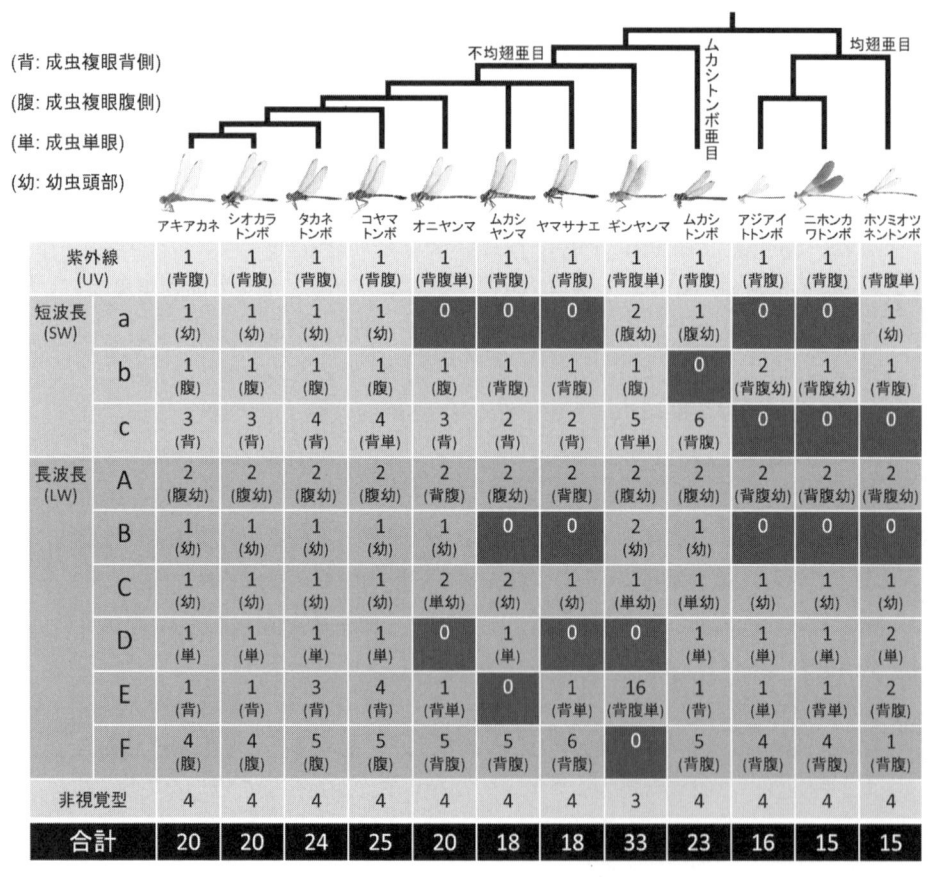

図 17-6　トンボ 12 種におけるオプシン遺伝子のタイプ別の種数と発現パターン．トンボの系統樹 (二橋, 2014) を上に示す．短波長タイプのオプシンは三つ (a-c)，長波長タイプのオプシンは六つ (A-F) に分類される．主に発現する組織と時期をカッコ内に示した (背：成虫複眼背側，腹：成虫複眼腹側，単：成虫単眼，幼：幼虫頭部)．Futahashi et al. (2015) を改変．

オニヤンマ) では，幼虫期に発現する短波長タイプのオプシン遺伝子が存在せ
ず，成虫が黄昏時に盛んに接触飛翔を行う種 (タカネトンボ，コヤマトンボ，
ギンヤンマ，ムカシトンボ) では，成虫の複眼背側で発現する短波長タイプ，
長波長タイプのオプシン遺伝子の数が増加する傾向が確認された (図 17-6)
(Futahashi et al., 2015)．トンボにおけるオプシン遺伝子の多様化は，多様な
体色の進化とも関連している可能性が考えられ，今後の解析が待たれる．

　色鮮やかな体色や斑紋は，チョウや一部のコウチュウでも見られるが，これ
らのグループではオプシン遺伝子の数は少ない［例えば，視覚型オプシンの数
はアキアカネの 16 種に対して，メルポメーネドクチョウ (*Heliconius melpomene*)
では 4 種，コクヌストモドキ (*Tribolium castaneum*) では 2 種にすぎない］(図
17-5)．これは，鱗翅目 (チョウ目) 昆虫 (夜行性のガが大部分) や鞘翅目 (コ
ウチュウ目) 昆虫の大半は夜行性であることが関係しているものと思われる．
我々ヒトも哺乳類の祖先が夜行性であったため，他の脊椎動物と比較すると
オプシンの数が少なくなっていることが知られている．トンボのオプシン遺伝
子が非常に多様であることは，現存するほぼ全ての種が昼行性であり，さらに
他の昆虫とは 3.5 億年以上前に分岐したこと (図 17-5a) (Misof et al., 2014) と
も関係しているように思われる．

17-6　アカトンボの体色変化メカニズム

　トンボには，赤，黄色，青，緑などのさまざまな色が見られる．動物の体
色は大きく構造色と色素に大別されるが，構造色のメカニズムに関しては，
最近報告が相次いでおり，多層膜構造が光沢色に関わる例が広く知られてい
る (Vukusic et al., 2004; Hariyama et al., 2005; Schultz et al., 2009; Stavenga et
al., 2012; Nixon et al., 2013, 2015; Guillermo-Ferreira et al., 2015)．また，光沢
を示さないトンボの水色の体色は，色素細胞内の微細構造による光のコヒー
レント散乱が原因と報告されている (Prum et al., 2004)．一方で，トンボの色
素に関してはいまだに知見に乏しい．

　筆者らは，3 種類のアカトンボ［アキアカネ，ナツアカネ (*Sympetrum dar-*
winianum)，ショウジョウトンボ (*Crocothemis servilia*)］の皮膚の赤色色素の
分析を行った (Futahashi et al., 2012)．その結果，いずれの種類でも，キサン
トマチン (還元型は赤紫色) と脱炭酸型キサントマチン (還元型は橙色) の 2

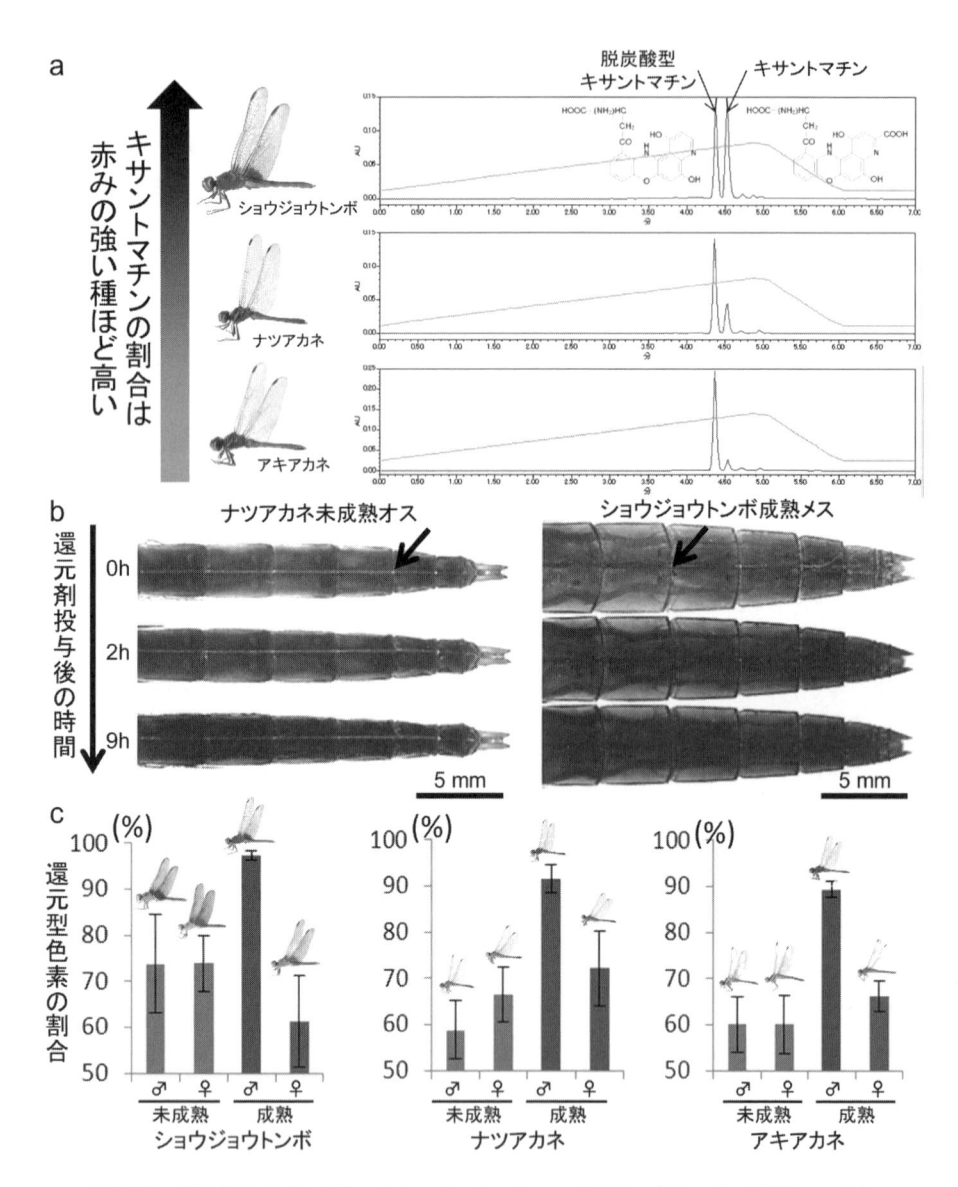

図 17-7　酸化還元反応によるアカトンボのオモクローム色素の変化．(a) 3 種類のアカトンボ (ショウジョウトンボ，ナツアカネ，アキアカネ) のオスのオモクローム色素の分析．(b) 還元剤による黄色から赤色への体色変化．矢印は投与した位置を示す．(c) オモクローム色素の還元型の割合．平均値と標準偏差 (それぞれ 10〜12 個体を使用) を示す．Futahashi et al. (2012) を改変．

種類のオモクローム色素が主要な成分であることが確認された．また，鮮やかな赤色の種ほどキサントマチンの割合が高いことが確認された (図 17-7 a)．オモクローム色素の特徴としては，試験管内で酸化還元反応により色が可逆的に変化することが以前から知られていた (Linzen, 1974)．興味深いことに，筆者らは還元剤 (ビタミン C) の局所投与によって，赤くなる前の未成熟オスや，通常は赤くならない成熟メスが，成熟オスのように赤く変化することを発見した (図 17-7 b)．さらにアカトンボから抽出したオモクローム色素の酸化還元電流を測定することで，色素の酸化型と還元型の比率を解析した結果，3 種類のアカトンボ全てにおいて，成熟オスのみほぼ100%の色素が還元型になっていることが確認された (図 17-7 c)．以上の結果から，アカトンボがオス特異的に赤くなる現象は，色素の酸化還元反応が原因となっていることが明らかになった (Futahashi et al., 2012)．

　動物の体色変化メカニズムは，① 新たな色素の合成や分解，② 色素の局在変化，③ 餌からの色素の取り込み，の三つが主な原因と考えられてきた (Stevens and Merilaita, 2011)．アカトンボの体色変化は，色素の還元反応という他の動物からは従来知られていないメカニズムによるものであった．還元型色素が抗酸化能を有していたことを考えると (Futahashi et al., 2012)，オス特異的な赤色色素には，成熟オスが日差しの強い水辺でなわばりを作る際に，紫外線からの酸化ストレスを軽減するという役割もあるのかもしれない．

17-7　おわりに

　トンボの視覚や体色が発達していることは，ちょうど100 年前にも指摘されていた (Tillyard, 1917)．近年の分子生物学的研究から，トンボは他の昆虫と比べて複雑な色覚をもっていることが明らかになった．またトンボの体色変化は，他の昆虫から知られていないメカニズムによるものであった．一方で，体色形成に関わる遺伝子に関しては，いまだに断片的な情報が得られているにすぎない (Chauhan et al., 2014; Chauhan et al., 2016)．次世代シーケンサーの急速な普及により，非モデル生物でも容易に遺伝子配列や発現情報を得ることが可能となってきたが，トンボのオプシン遺伝子のように，配列の似たパラログ遺伝子をゲノム未知の生物で調べる場合は，現時点ではマニュアル・アセンブリによる評価が必要と感じている．トンボの体色形成とその進化の研

究は，チョウと同じように魅力的で挑戦的な研究テーマと言えるかもしれない．最近，チョウでは効果的な遺伝子機能阻害やゲノム編集の手法が相次いで報告されている (Ando and Fujiwara, 2013; Li et al., 2015; Nishikawa et al., 2015; Perry et al., 2016; Zhang and Reed, 2016; Beldade and Peralta, 2017). トンボでこれらの手法が適用可能かどうかを確かめることが，今後の解析に向けての重要なポイントとなるであろう (Okude et al., 2017).

謝　辞

　ギナンドロモルフの写真を提供いただいた杉村光俊氏，田中浩二氏，アキアカネ幼虫の写真を提供いただいた尾園暁氏，原稿作成にあたって有益なコメントをいただいた奥出絃太氏，二橋美瑞子博士に厚くお礼申し上げる．筆者の研究は，JSPS 科研費 (23780058, 26660276, 26711021) による支援を受けて遂行したものである．

引用文献

Ando T and Fujiwara H (2013) Electroporation-mediated somatic transgenesis for rapid functional analysis in insects. Development 140:454-458

Asahina S (1976) A revisional study of the genus *Mnais* (Odonata, Calopterygidae) VIII. A proposed taxonomy of Japanese *Mnais*. Tombo 19:2-16

Autrum H and Kolb G (1968) Spektrale Empfindlichkeit einzelner Sehzellen der Aeschniden. Z Vgl Physiol 60:450-477

Beatty CD, Andrés JA and Sherratt TN (2015) Conspicuous coloration in males of the damselfly *Nehalennia irene* (Zygoptera:Coenagrionidae) : Do males signal their unprofitability to other males? PLoS One 10: e0142684

Beldade P and Peralta CM (2017) Developmental and evolutionary mechanisms shaping butterfly eyespots. Curr. Opin. Insect Sci 19: 22-29

Briscoe AD (2008) Reconstructing the ancestral butterfly eye: focus on the opsins. J Exp Biol 211: 1805-1813

Briscoe AD and Chittka L (2001) The evolution of color vision in insects. Annu Rev Entomol 46: 471-510

Bybee S, Córdoba-Aguilar A, Duryea MC et al (2016) Odonata (dragonflies and damselflies) as a bridge between ecology and evolutionary genomics. Front Zool 13:46

Bybee SM, Johnson KK, Gering EJ, Whiting MF and Crandall KA (2012) All the better to see you with: a review of odonate color vision with transcriptomic insight into the odonate eye. Org Divers Evol 12: 241-250

Chauhan P, Hansson B, Kraaijeveld K, de Knijff P, Svensson EI and Wellenreuther M (2014) De novo transcriptome of *Ischnura elegans* provides insights into sensory biology, colour and vision genes. BMC Genomics 15: 808

Chauhan P, Wellenreuther M and Hansson B (2016) Transcriptome profiling in the damselfly *Ischnura elegans* identifies genes with sex-biased expression. BMC Genomics 17: 985

Cocroft RB and Rodríguez RL (2005) The behavioral ecology of insect vibrational communication. BioScience 55:323-334

Corbet PS (1999) Dragonflies, Behavior and Eology of Odonata. Cornell University Press, New York

Córdoba-Aguilar A (2008) Dragonflies and Damselflies: Model Organisms for Ecological and Evolutionary Research. Oxford University Press, New York

Cronin TW, Johnsen S, Marshall NJ and Warrant EJ (2014) Visual Ecology, Princeton University Press, Princeton

Drury JP and Grether GF (2014) Interspecific aggression, not interspecific mating, drives character displacement in the wing coloration of male rubyspot damselflies (*Hetaerina*). Proc Biol Sci 281: 20141737

Drury JP, Anderson CN and Grether GF (2015) Seasonal polyphenism in wing coloration affects species recognition in rubyspot damselflies (*Hetaerina* spp.). J Evol Biol 28: 1439-1452

Eguchi E (1971) Fine structure and spectral sensitivities of retinular cells in the dorsal sector of compound eyes in the dragonfly, *Aeschna*. Z Vgl Physiol 71: 201-218

Feuda R, Marlétaz F, Bentley MA and Holland PW (2016) Conservation, duplication, and divergence of five opsin genes in insect evolution. Genome Biol Evol 8: 579-587

二橋亮 (1999) トンボ数種の異常連結 (交尾) の記録. Aeschna 36: 47-55

二橋亮 (2014) DNA 解析から見た日本のトンボ再検討 (2). Tombo 56: 57-59

Futahashi R (2016a) Color vision and color formation in dragonflies. Curr. Opin. Insect Sci 17: 32-39

二橋亮 (2016b) トンボの RNAseq 解析とオプシン遺伝子—マニュアル・アセンブリの重要性—. 蚕糸・昆虫バイオテック 85: 13-18

二橋亮・二橋弘之 (2007) ハッチョウトンボの黒化個体の記録. Tombo 50:73-74

Futahashi R and Hayashi F (2004a) DNA analysis of hybrids between *Sympetrum eroticum eroticum* and *S. baccha matutinum*. Tombo 47: 31-36

二橋亮・林文男 (2004b) 房総半島 (千葉県) におけるオオカワトンボとカワトンボの分布様式. Tombo 47: 41-46

Futahashi R, Kurita R, Mano H and Fukatsu T (2012) Redox alters yellow dragonflies into red. Proc Natl Acad Sci USA 109: 12626-12631

Futahashi R, Kawahara-Miki R, Kinoshita M, Yoshitake K, Yajima S, Arikawa K and Fukatsu T (2015) Extraordinary diversity of visual opsin genes in dragonflies. Proc Natl Acad Sci USA 112: E1247-1256

Guillermo-Ferreira R, Bispo PC, Appel E, Kovalev A and Gorb SN (2015) Mechanism of the wing colouration in the dragonfly *Zenithoptera lanei* (Odonata: Libellulidae) and its role in intraspecific communication. J Insect Physiol 81: 129-136

Hariyama T, Hironaka M, Horiguchi H and Stavenga DG (2005) The leaf beetle, the jewel beetle, and the damselfly; insects with a multilayered show case. In: Shimozawa T, Hariyama T (eds) Structural colors in biological systems: principles and applications, Osaka University Press, Osaka, pp 153-176

Hassall C (2014) Continental variation in wing pigmentation in *Calopteryx* damselflies is related to the presence of heterospecifics. PeerJ 2:e438

Hayashi F, Dobata S and Futahashi R (2004a) Macro- and microscale distribution patterns of two closely related Japanese *Mnais* species inferred from nuclear ribosomal DNA, ITS sequences and morphology (Zygoptera: Odonata). Odonatologica 33:399-412

林文男・土畑重人・二橋亮 (2004b) 日本産カワトンボ属の分類的, 生態的諸問題への新しいアプローチ (1) 総論. Aeschna 41: 1-14

Hayashi F, Dobata S and Futahashi R (2005) Disturbed population genetics: suspected introgressive hybridization between two *Mnais* damselfly species (Odonata). Zool Sci 22:869-881

Hering L, Henze MJ, Kohler M et al (2012) Opsins in Onychophora (velvet worms) suggest a single origin and subsequent diversification of visual pigments in arthropods. Mol Biol Evol 29: 3451-3458

Hooper RE, Tsubaki Y and Siva-Jothy MT (1999) Expression of a costly, plastic secondary sexual trait is correlated with age and condition in a damselfly with two male morphs. Physiol Entomol 24: 364-369

Huang SC, Chiou TH, Marshall J, Reinhard J (2014) Spectral sensitivities and color signals in a polymorphic damselfly. PLoS One 9:e87972

井上清・谷幸三 (2010) トンボのすべて. トンボ出版, 大阪

Kirschfeld K (1976) The resolution of lens and compound eyes. Neural principles in vision (Berlin: Springer) pp 354-370

Labhart T and Nilsson DE (1995) The dorsal eye of the dragonfly *Sympetrum*: Specializations for prey detection against the blue sky. J Comp Physiol A Neuroethol Sens Neural Behav Physiol 1995, 176: 437-453

Li X, Fan D, Zhang W et al (2015) Outbred genome sequencing and CRISPR/Cas9 gene editing in butterflies. Nat Commun 6: 8212

Linzen B (1974) The tryptophan to ommochrome pathway in insects. Adv Insect Physiol 10:117-246

McFarland, WN and Lowe ER (1983). Wave produced changes in underwater light and their relations to vision. Environ Biol Fish 8: 173-184

Meinertzhagen IA, Menzel R and Kahle G (1983) The identification of spectral receptor types in the retina and lamina of the dragonfly *Sympetrum rubicundulum*. J Comp Physiol 151: 295-310

Misof B, Liu S, Meusemann K et al (2014) Phylogenomics resolves the timing and pattern of insect evolution. Science 346: 763-767

守安敦・杉村光俊 (2007) キトンボとネキトンボの種間交雑個体. 月刊むし 433:44-45

Nishikawa H, Iijima T, Kajitani R et al (2015) A genetic mechanism for female-limited Batesian mimicry in *Papilio* butterfly. Nat Genet 47: 405 – 409

Nixon MR, Orr AG and Vukusic P (2013) Subtle design changes control the difference in colour reflection from the dorsal and ventral wing-membrane surfaces of the damselfly *Matronoides cyaneipennis*. Opt Express 21: 1479-1488

Nixon MR, Orr AG and Vukusic P (2015) Wrinkles enhance the diffuse reflection from the dragonfly *Rhyothemis resplendens*. J R Soc Interface 12: 20140749

Nomakuchi S, Higashi K, Harada M and Maeda M (1984) An experimental study of the territoriality in *Mnais pruinosa pruinosa* Selys (Zygoptera: Calopterygidae). Odonatologica 13: 259-267

Okude G, Futahashi R, Kawahara-Miki R, Yoshitake K, Yajima S, Fukatsu T (2017) Electroporation-mediated RNA interference reveals a role of multicopper oxidase 2 gene in dragonfly's cuticular pigmentation. Appl Entomol Zool 53: 379-387

尾園暁・川島逸郎・二橋亮 (2012) ネイチャーガイド 日本のトンボ. 文一総合出版, 東京

Perry M, Kinoshita M, Saldi G, Huo L, Arikawa K and Desplan C (2016) Molecular logic behind the three-way stochastic choices that expand butterfly colour vision. Nature 535: 280-284

Prum RO, Cole JA and Torres RH (2004) Blue integumentary structural colours in dragonflies (Odonata) are not produced by incoherent Tyndall scattering. J Exp Biol 207: 3999-4009

Sánchez-Guillén RA, Córdoba-Aguilar A, Cordero-Rivera A and Wellenreuther M (2014) Genetic divergence predicts reproductive isolation in damselflies. J Evol Biol 27: 76-87

Schultz TD and Fincke OM (2009) Structural colours create a flashing cue for sexual recognition and male quality in a neotropical giant damselfly. Funct Ecol 23: 724-732

Shichida Y and Matsuyama T (2009) Evolution of opsins and phototransduction. Philos Trans R Soc Lond B Biol Sci 364: 2881-2895

Stavenga DG, Leertouwer HL, Hariyama T, De Raedt HA and Wilts BD (2012) Sexual dichromatism of the damselfly *Calopteryx japonica* caused by a melanin-chitin multilayer in the male wing veins. PLoS One 7: e49743

Stevens M and Merilaita S (2011) Animal Camouflage: Mechanisms and Function. Cambridge University Press, Cambridge

Svensson EI, Karlsson K, Friberg M and Eroukhmanoff F (2007) Gender differences in species recognition and the evolution of asymmetric sexual isolation. Curr Biol 17: 1943-1947

Svensson EI, Runemark A, Verzijden MN and Wellenreuther M (2014) Sex differences in developmental plasticity and canalization shape population divergence in mate preferences. Proc Biol Sci 281: 20141636

Suzuki K (1984) Character displacement and evolution of the Japanese *Mnais* damselflies (Zygoptera: Calopterygidae). Odonatologica 13: 287-300

Takahashi Y, Kagawa K, Svensson EI and Kawata M (2014) Evolution of increased phenotypic diversity enhances population performance by reducing sexual harassment in damselflies. Nat Commun 5: 4468

Terakita, A (2005) The opsins. Genome Biol 6: 213

Thorvaldsdóttir H, Robinson JT and Mesirov JP. (2013) Integrative Genomics Viewer (IGV) : high-performance genomics data visualization and exploration. Brief Bioinform 14: 178-192

Tillyard RJ (1917) The Biology of Dragonflies. Cambridge University Press, Cambridge

Tsubaki Y (2003) The genetic polymorphism linked to mate-securing strategies in the male damselfly *Mnais costalis* Selys (Odonata: Calopterygidae). Popul Ecol 45: 263-266

Tsubaki H and Okuyama H (2016) Adaptive loss of color polymorphism and character displacements in sympatric *Mnais* damselflies. Evol Ecol 30: 811

Tsubaki Y, Hooper RE and Siva-Jothy MT (1997) Differences in adult and reproductive lifespan in the two male forms of *Mnais pruinosa costalis* selys (Odonata: Calopterygidae). Res Popul Ecol 39: 149-155

Tynkkynen K, Rantala MJ and Suhonen J (2004) Interspecific aggression and character displacement in the damselfly *Calopteryx splendens*. J Evol Biol 17: 759-767

上田哲行 (2004) トンボと自然観. 京都大学学術出版会, 京都

Vukusic P, Wootton RJ and Sambles JR (2004) Remarkable iridescence in the hindwings of the damselfly *Neurobasis chinensis chinensis* (Linnaeus) (Zygoptera: Calopterygidae). Proc Biol Sci 271: 595-601

Waage JK (1975) Reproductive isolation and the potential for character displacement in the damselflies, *Calopteryx maculata* and *C. aequabilis* (Odonata: Calopterygidae). Syst Zoo 24: 24-36

Yager DD (1999) Structure, development, and evolution of insect auditory systems. Microsc Res Techniq 47:380-400

Yang EC and Osorio D (1991) Spectral sensitivities of photoreceptors and lamina monopolar cells in the dragonfly, *Hemicordulia tau*. J Comp Physiol A 169: 663-669

Zhang L and Reed RD (2016) Genome editing in butterflies reveals that *spalt* promotes and *Distal-less* represses eyespot colour patterns. Nat Commun 7:11769

事項索引

生物名索引

■ あ 行

チョウの斑紋多様性と進化
—統合的アプローチ—

2017 年 11 月 15 日　初 版 発 行

監　修	関村利朗 藤原晴彦 大瀧丈二
発行者	本間喜一郎
発行所	株式会社 **海游舎** 〒151-0061 東京都渋谷区初台 1-23-6-110 電話 03 (3375) 8567　FAX 03 (3375) 0922 http://kaiyusha.wordpress.com/

印刷・製本　凸版印刷（株）

ISBN978-4-905930-59-4　　PRINTED IN JAPAN